수매씽 개념 개념정리

Ⅰ 소인수분해

1. 소인수분해

(1) 소수와 합성수

(2) **거듭제곱** : 2^2, 2^3, 2^4, ...과 같이 같은 수를 여러 번 곱할 때, 곱하는 수와 곱하는 횟수를 이용하여 간단히 나타낸 것

① **밑** : 거듭하여 곱한 수

② **지수** : 거듭하여 곱한 횟수

(3) 소인수분해

① **소인수** : 어떤 자연수의 소수인 인수

② **소인수분해** : 1보다 큰 자연수를 소인수들만의 곱으로 나타내는 것

(4) **서로소** : 최대공약수가 1인 두 자연수

(5) 최대공약수 구하기

$$24 = 2^3 \times 3$$
$$60 = 2^2 \times 3 \times 5$$
$$\overline{2^2 \times 3 = 12}$$

공통인 소인수의 지수가 같으면 그대로, 다르면 작은 것을 선택해!

(6) 최소공배수 구하기

$$12 = 2^2 \times 3$$
$$30 = 2 \times 3 \times 5$$
$$\overline{2^2 \times 3 \times 5 = 60}$$

공통인 소인수의 지수가 같으면 그대로, 다르면 큰 것을 선택해!

공통이 아닌 소인수도 곱해야 해!

Ⅱ 정수와 유리수

1. 정수와 유리수

(1) 양수와 음수

서로 반대되는 성질을 가지는 양을 어떤 기준을 중심으로 한쪽은 '$+$', 다른 쪽은 '$-$'로 나타낼 수 있다.

➡ $+$: 양의 부호, $-$: 음의 부호

① **양수** : 양의 부호 $+$를 붙인 수

예 $+2$, $+\frac{1}{3}$, $+1.2$, ...

② **음수** : 음의 부호 $-$를 붙인 수

예 -3, $-\frac{1}{2}$, -3.5, ...

(2) 유리수의 분류

$$\text{유리수} \begin{cases} \text{정수} \begin{cases} \text{양의 정수(자연수)} : 1, 2, 3, ... \\ 0 \\ \text{음의 정수} : -1, -2, -3, ... \end{cases} \\ \text{정수가 아닌 유리수} : -\frac{4}{5}, \frac{7}{2}, 0.3, ... \end{cases}$$

(3) **수직선** : 직선 위에 원점을 대응시키고, 원점의 오른쪽과 왼쪽에 일정한 간격으로 점을 잡은 후, 오른쪽 점에 양의 정수를, 왼쪽 점에 음의 정수를 대응시킨 직선

수직선 위의 점들: -4, -3, -2, -1, 0, $+1$, $+2$, $+3$, $+4$, $-\frac{7}{3}$, -0.6, $+\frac{3}{4}$, $+2.5$

(4) **절댓값** : 수직선 위에서 어떤 수에 대응하는 점과 원점 사이의 거리

기호 | |

(5) 부등호의 사용

① a는 3 초과이다. ➡ $a > 3$

② a는 3 미만이다. ➡ $a < 3$

③ a는 3 이상이다. ➡ $a \geq 3$

④ a는 3 이하이다. ➡ $a \leq 3$

Ⅳ 좌표평면과 그래프

1. 좌표평면과 그래프

(1) 수직선 위의 점의 좌표
수직선 위의 점에 대응하는 수를 그 점의 **좌표**라 하고, 수 a가 점 P의 좌표일 때, 이것을 기호로 P(a)와 같이 나타낸다.

(2) 좌표평면
두 수직선을 점 O에서 서로 수직으로 만나게 할 때
① x축 : 가로의 수직선
② y축 : 세로의 수직선
③ x축과 y축을 통틀어 **좌표축**이라 한다.
④ 원점 : 두 좌표축이 만나는 점
⑤ **좌표평면** : 좌표축이 정해져 있는 평면

(3) 좌표평면 위의 점의 좌표
① **순서쌍** : 두 수의 순서를 정하여 짝 지어 나타낸 쌍
② 좌표평면 위의 한 점 P에서 x축, y축에 각각 내린 수선과 x축, y축이 만나는 점에 대응하는 수가 각각 a, b일 때, 순서쌍 (a, b)를 점 P의 좌표라 하고, 이것을 기호로 P(a, b)와 같이 나타낸다. 이때 a를 점 P의 x**좌표**, b를 점 P의 y**좌표**라 한다.

(4) 사분면
좌표평면을 x축과 y축에 의하여 네 부분으로 나눌 때, 이들을 각각 **제1사분면, 제2사분면, 제3사분면, 제4사분면**이라 한다.

(5) 그래프
① **변수** : 변하는 값을 나타내는 문자
② **그래프** : 한 변수와 그에 대응하는 다른 변수 사이의 관계를 좌표평면 위에 점, 직선, 곡선 등으로 나타낸 그림

2. 정비례와 반비례

(1) 두 변수 x, y에 대하여 x의 값이 2배, 3배, 4배, ...로 변함에 따라 y의 값도 2배, 3배, 4배, ...로 변할 때, y는 x에 **정비례**한다고 한다.

(2) $y = ax$ ($a \neq 0$)의 그래프

(3) 두 변수 x, y에 대하여 x의 값이 2배, 3배, 4배, ...로 변함에 따라 y의 값은 $\frac{1}{2}$배, $\frac{1}{3}$배, $\frac{1}{4}$배, ...로 변할 때, y는 x에 **반비례**한다고 한다.

(4) $y = \dfrac{a}{x}$ ($a \neq 0$)의 그래프

III 문자의 사용과 식

1. 문자의 사용과 식

(1) **곱셈 기호의 생략**

예 $b \times a \times (-2) \times a = -2a^2b$

(2) **나눗셈 기호의 생략**

예 $a \div 3b = \dfrac{a}{3b}$

(3) **대입** : 문자를 사용한 식에서 문자 대신 어떤 수로 바꾸어 넣는 것

예 $x=4$일 때, 식 $2x-1$의 값은

$2x-1=2 \times 4-1=7$

(4) **일차식과 수의 곱셈, 나눗셈**

① 식 $2x+3y+200$에서 수 또는 문자의 곱으로 이루어진 $2x$, $3y$, 200을 각각 식 $2x+3y+200$의 항이라 한다.

② **상수항** : 수로만 이루어진 항

③ **계수** : 수와 문자의 곱으로 이루어진 항에서 문자에 곱한 수

④ **다항식** : 하나 이상의 항의 합으로 이루어진 식

⑤ **단항식** : 다항식 중에서 하나의 항으로만 이루어진 식

⑥ **차수** : 문자를 포함한 항에서 문자가 곱해진 개수

⑦ 다항식에서는 차수가 가장 큰 항의 차수를 그 다항식의 차수라 한다. 특히, 차수가 1인 다항식을 **일차식**이라 한다.

⑧ **일차식과 수의 곱셈** : 분배법칙을 이용하여 일차식의 각 항에 수를 곱하여 계산한다.

⑨ **일차식과 수의 나눗셈** : 분배법칙을 이용하여 일차식의 각 항에 나누는 수의 역수를 곱하여 계산한다.

(5) **일차식의 덧셈과 뺄셈**

① **동류항** : 문자와 그 문자에 대한 차수가 같은 항

② **일차식의 덧셈과 뺄셈** : 분배법칙을 이용하여 괄호를 먼저 푼 후에 동류항끼리 모아서 계산한다.

2. 일차방정식

(1) **방정식과 항등식**

① **등식** : 등호 '$=$'를 사용하여 두 수 또는 두 식이 같음을 나타낸 식

② **방정식** : x의 값에 따라 참이 되기도 하고 거짓이 되기도 하는 등식을 x에 대한 방정식이라 한다.

③ **미지수** : 방정식에 있는 x, y 등의 문자

④ **방정식의 해(근)** : 방정식을 참이 되게 하는 미지수의 값

⑤ **항등식** : 미지수 x에 어떤 값을 대입하여도 항상 참이 되는 등식을 x에 대한 항등식이라 한다.

(2) **등식의 성질**

(3) **이항** : 등식의 성질을 이용하여 등식의 어느 한 변에 있는 항을 부호를 바꾸어 다른 변으로 옮기는 것

(4) **일차방정식** : 방정식의 우변에 있는 모든 항을 좌변으로 이항하여 정리한 식이 (x에 대한 일차)$=0$ 꼴이 되는 방정식을 x에 대한 일차방정식이라 한다.

(5) **x에 대한 일차방정식의 풀이**

❶ 미지수 x를 포함한 항은 좌변으로, 상수항은 우변으로 각각 이항한다.

❷ 양변을 정리하여 $ax=b$ $(a \ne 0)$ 꼴로 나타낸다.

❸ 양변을 x의 계수로 나눈다.

복잡한 계산 문제가
나와도, 계산 순서만 잘
기억하면 문제 없어!

2. 정수와 유리수의 계산

(1) 유리수의 덧셈

① 부호가 같은 두 수의 합

공통인 부호
$$(+2)+(+3)=+(2+3)=+5$$
절댓값의 합

② 부호가 다른 두 수의 합

절댓값이 큰 수의 부호
$$(+5)+(-3)=+(5-3)=+2$$
절댓값의 차

③ 덧셈의 계산 법칙

세 수 a, b, c에 대하여

㉠ 덧셈의 **교환법칙**

$: a+b=b+a$

㉡ 덧셈의 **결합법칙**

$: (a+b)+c=a+(b+c)$

(2) 유리수의 뺄셈

빼는 수의 부호를 바꾸기
$$-(+ \bullet) \;\rightarrow\; +(- \bullet)$$
뺄셈을 덧셈으로 바꾸기

(3) 유리수의 곱셈

① 부호가 같은 두 수의 곱

양의 부호
$$(-2)\times(-3)=+(2\times3)=+6$$
절댓값의 곱

② 부호가 다른 두 수의 곱

음의 부호
$$(+2)\times(-3)=-(2\times3)=-6$$
절댓값의 곱

③ 곱셈의 계산 법칙

세 수 a, b, c에 대하여

㉠ 곱셈의 **교환법칙** $: a\times b=b\times a$

㉡ 곱셈의 **결합법칙**

$: (a\times b)\times c=a\times(b\times c)$

㉢ 덧셈에 대한 곱셈의 **분배법칙**

$: a\times(b+c)=a\times b+a\times c$

$(a+b)\times c=a\times c+b\times c$

(4) 유리수의 나눗셈

① 부호가 같은 두 수의 나눗셈

양의 부호
$$(+15)\div(+5)=+(15\div5)=+3$$
절댓값의 나눗셈의 몫

② 부호가 다른 두 수의 나눗셈

음의 부호
$$(-15)\div(+5)=-(15\div5)=-3$$
절댓값의 나눗셈의 몫

유리수의 나눗셈은
나누는 수의 역수를
곱해 계산할 수 있어.

(5) 어떤 두 수의 곱이 1이 될 때,
한 수를 다른 수의 **역수**라 한다.

뺄셈에서는
교환법칙과 결합법칙이
성립하지 않아!

❶ 거듭제곱 먼저 계산하기

❷ 괄호를 ( ) → { }
→ [ ] 순서로 계산하기

❸ 곱셈, 나눗셈 계산하기

❹ 덧셈, 뺄셈 계산하기

혼합 계산은
이렇게!

수

매씽

MATHING

개념

중학 수학

1·1

개념북

개념북

한눈에 볼 수 있는 상세한 개념 설명과 세분화된 개념 설명(기초, 개념, 집중)을 통해 개념을 쉽게 이해할 수 있습니다. 또, 개념 확인 문제부터 단계적으로 제시한 문제들을 통해 실력을 한 단계 높일 수 있습니다.

확실한 개념 이해

개념의 원리를 이해하는 데 도움을 줘요!

한눈에 보이는 소단원 개념 설명
소단원 개념을 상세한 설명과 용어 정리로 한눈에 살펴볼 수 있습니다.

자기 주도 학습이 가능해요!

▲ 기초 : 이전 학년 개념

▲ 개념 : 본 학년 핵심 개념

▲ 집중 : 집중·심화 개념

기본을 다지는 문제 적용

교과서 대표 문제로 개념 완성하기
교과서에서 다루는 대표 문제를 모아 대표 유형으로 구성하였습니다.

문제 해결, 추론으로 교과 역량을 키워요!

필수 유형 문제로 실력 확인하기
학교 시험에 잘 나오는 문제를 선별하였습니다. 또, 〈한걸음 더〉를 통해 사고력을 향상시킬 수 있습니다.

실력을 다지는 마무리 점검

실전에 대비하는 서술형 문제
학교 시험에 잘 나오는 서술형 문제로 구성하여 서술형 내신 대비를 할 수 있습니다.

배운 내용을 확인하는 실전! 중단원 마무리
학교 시험에 대비할 수 있도록 중단원 대표 문제로 구성하여 실전 연습을 할 수 있습니다.

시험 출제 빈도가 높은 교과서에서 쏙 빼온 문제
교과서 속 특이 문제들을 재구성한 문제로 학교 시험에 대비할 수 있습니다.

워크북

개념북의 각 코너와 1 : 1로 매칭시킨 문제들을 통해 앞에서 공부한 내용을 다시 한번 확인하고, 스스로 실력을 다질 수 있습니다.

기본이 탄탄해지는 **개념 기본서**

수매씽 개념

구성과 특징

한번 더 개념 확인문제

개념북에서 학습한 개념에 대한 기초 문제를 다시 한번 복습하여 기초 개념을 다질 수 있습니다.

한번 더 개념 완성하기

〈개념 완성하기〉에서 풀어 본 문제를 다시 한번 연습하여 유형 학습의 집중도를 높일 수 있습니다.

한번 더 실력 확인하기

〈실력 확인하기〉에서 풀어 본 문제를 다시 한번 연습하여 기본 실력을 완성할 수 있습니다.

한번 더 실전! 중단원 마무리

〈실전! 중단원 마무리〉에서 풀어 본 문제를 다시 한번 연습하여 자신의 실력을 확인할 수 있습니다.

한번 더 교과서에서 쏙 빼온 문제

〈교과서에서 쏙 빼온 문제〉 외의 다양한 교과서 특이 문제를 한번 더 경험하며 실력을 한 단계 높일 수 있습니다.

차례

기본이 탄탄해지는 **개념 기본서**
수매씽 개념

I

소인수분해

1. 소인수분해

이 단원을 배우면 소인수분해의 뜻을 알고, 자연수를 소인수분해 할 수 있어요. 소인수분해를 이용하여 최대공약수와 최소공배수를 구할 수 있으면 다양한 실생활 문제를 해결할 수 있어요.

01 소수와 합성수

1 소수와 합성수

(1) **소수** : 1보다 큰 자연수 중에서 1과 그 수 자신만을 약수로 가지는 수

  예 2, 3, 5, 7, 11, 13, …

(2) **합성수** : 1보다 큰 자연수 중에서 소수가 아닌 수

  예 4, 6, 8, 9, 10, 12, …

주의 1은 소수도 아니고 합성수도 아니다.

참고 • 모든 소수의 약수는 2개이고, 합성수의 약수는 3개 이상이다.

  • 2는 소수 중 가장 작은 수이며, 유일한 짝수이다.

  • 자연수는 1, 소수, 합성수로 이루어져 있다.

용어

• **소수**(본디 素, 셈 數 / prime number)
1보다 큰 자연수 중 1과 자기 자신만을 약수로 가지는 수

  예 2, 3, 5, …

• **소수**(작을 小, 셈 數 / decimal)

  예 0.1, 3.2, …

기초 1 **초 5~6**
약수는 무엇인지 복습해 볼까?

(1) **약수** : 어떤 수를 나누어떨어지게 하는 수

  예 8을 1, 2, 4, 8로 나누면 나누어떨어진다.

  ➡ 1, 2, 4, 8은 8의 약수이다.

어떤 수의 약수 중 가장 작은 수는 1이고,
가장 큰 수는 그 수 자신이야.

(2) **약수 구하는 방법** : 어떤 수를 나누었을 때 나누어떨어지게 하는 수를 찾는다.

방법1
$8 \div 1 = 8$
$8 \div 2 = 4$
$8 \div 4 = 2$
$8 \div 8 = 1$
↳ 8의 약수

방법2
$8 = 1 \times 8$
$8 = 2 \times 4$
(8의 약수) $= 1, 2, 4, 8$

---

1 다음 수의 약수를 모두 구하시오.

(1) 9

(2) 16

(3) 24

(4) 50

1-1 다음 수의 약수를 모두 구하시오.

(1) 10

(2) 18

(3) 32

(4) 49

개념 2 소수와 합성수를 구분할 수 있을까?

2 →(약수)→ 1, 2 →(약수가 2개)→ 소수 ← 1과 자기 자신만을 약수로 가지는 수

4 →(약수)→ 1, 2, 4 →(약수가 3개 이상)→ 합성수 ← 1보다 큰 자연수 중 소수가 아닌 수

자연수		
	1	→ 약수가 1개
	소수	→ 약수가 2개
	합성수	→ 약수가 3개 이상

주의 1은 소수도 아니고 합성수도 아니다.

참고 1부터 30까지의 자연수 중 소수를 모두 찾는 방법은 다음과 같다. 이와 같은 방법을 에라토스테네스의 체라고 한다.
  ❶ 1은 소수가 아니므로 지운다.
  ❷ 남은 자연수 중 가장 작은 수 2를 남기고 2의 배수를 모두 지운다.
  ❸ 남은 자연수 중 가장 작은 수 3을 남기고 3의 배수를 모두 지운다.
  ❹ 남은 자연수 중 가장 작은 수 5를 남기고 5의 배수를 모두 지운다.
  ❺ 남은 자연수 중 가장 작은 수 7을 남기고 7의 배수를 모두 지운다.
  이와 같은 방법으로 계속하여 지우고 남은 자연수 2, 3, 5, 7, 11, 13, 17, 19, 23, 29는 모두 소수이다.

1̶ ② ③ 4̶ ⑤ 6̶ ⑦ 8̶ 9̶ 10
⑪ 12 ⑬ 14 15 16 ⑰ 18 ⑲ 20
21 22 ㉓ 24 25 26 27 28 ㉙ 30

---

2 다음 수의 약수를 모두 구하고, 소수 또는 합성수 중 알맞은 것에 ○표 하시오.

(1) 3 → 약수 : _____ (소수, 합성수)

(2) 6 → 약수 : _____ (소수, 합성수)

(3) 11 → 약수 : _____ (소수, 합성수)

(4) 20 → 약수 : _____ (소수, 합성수)

(5) 25 → 약수 : _____ (소수, 합성수)

(6) 41 → 약수 : _____ (소수, 합성수)

2-1 다음 수 중 소수인 것에는 '소', 합성수인 것에는 '합'을 써넣으시오.

(1) 5　　　　　　　　　　(　　　)

(2) 12　　　　　　　　　(　　　)

(3) 21　　　　　　　　　(　　　)

(4) 29　　　　　　　　　(　　　)

(5) 37　　　　　　　　　(　　　)

(6) 51　　　　　　　　　(　　　)

---

3 다음 중 소수와 합성수에 대한 설명으로 옳은 것에는 ○표, 옳지 않은 것에는 ×표를 하시오.

(1) 1은 소수이다.　　　　　　　(　　　)

(2) 소수의 약수는 항상 2개이다.　(　　　)

(3) 소수는 모두 홀수이다.　　　　(　　　)

(4) 10 이하의 자연수 중 소수는 4개이다.
　　　　　　　　　　　　　　(　　　)

3-1 다음 중 소수와 합성수에 대한 설명으로 옳은 것에는 ○표, 옳지 않은 것에는 ×표를 하시오.

(1) 가장 작은 합성수는 2이다.　　(　　　)

(2) 짝수 중에서 소수는 2뿐이다.　(　　　)

(3) 약수가 4개인 자연수는 합성수이다. (　　　)

(4) 모든 자연수는 소수이거나 합성수이다.
　　　　　　　　　　　　　　(　　　)

개념 완성하기

소수와 합성수 (1)

01 다음 수 중 소수는 모두 몇 개인지 구하시오.

> 1, 3, 15, 19, 27, 31, 69, 79

02 다음 수 중 합성수의 개수는?

> 1, 5, 16, 17, 23, 27, 41, 43, 63

① 1   ② 2   ③ 3

④ 4   ⑤ 5

소수와 합성수 (2)   중요 ✿

03 20에 가장 가까운 소수를 a, 30보다 큰 수 중 30에 가장 가까운 합성수를 b라 할 때, $a+b$의 값은?

① 49   ② 50   ③ 51

④ 52   ⑤ 53

04 20보다 크고 30보다 작은 자연수 중 소수의 개수를 a, 합성수의 개수를 b라 할 때, $b-a$의 값을 구하시오.

소수와 합성수의 성질

05 다음 중 옳지 <u>않은</u> 것은?

① 1은 소수도 아니고 합성수도 아니다.
② 짝수 중 소수는 하나뿐이다.
③ 가장 작은 소수는 2이다.
④ 7의 배수 중 소수는 1개이다.
⑤ 12의 약수 중 소수는 3개이다.

06 다음 중 옳은 것은?

① 1을 제외한 모든 홀수는 소수이다.
② 한 자리의 자연수 중 합성수는 5개이다.
③ 약수가 5개인 자연수는 합성수이다.
④ 가장 작은 합성수는 6이다.
⑤ 두 소수의 곱은 홀수이다.

02 소인수분해

1 거듭제곱

(1) **거듭제곱** : 2^2, 2^3, 2^4, …과 같이 같은 수를 여러 번 곱할 때, 곱하는 수와 곱하는 횟수를 이용하여 간단히 나타낸 것

(2) **밑** : 거듭하여 곱한 수

(3) **지수** : 거듭하여 곱한 횟수

예 $2 \times 2 = 2^2$ ← 2의 제곱

$2 \times 2 \times 2 = 2^3$ ← 2의 세제곱

$2 \times 2 \times 2 \times 2 = 2^4$ ← 2의 네제곱

참고 • 1의 거듭제곱은 항상 1이다. 즉, $1 = 1^2 = 1^3 = \cdots$

• 2^1은 간단히 2로 나타낸다.

용어

지수(가리킬 指, 셈 數) 어떤 수를 몇 번 곱했는지 가리키는 수

2 소인수분해

(1) **인수** : 자연수 a, b, c에 대하여 $a = b \times c$일 때, b, c를 a의 인수라 한다.

(2) **소인수** : 어떤 자연수의 소수인 인수

예 $12 = 1 \times 12 = 2 \times 6 = 3 \times 4$ ➔ 12의 인수 : 1, 2, 3, 4, 6, 12

➔ 12의 소인수 : 2, 3

(3) **소인수분해** : 1보다 큰 자연수를 소인수들만의 곱으로 나타내는 것

(4) 소인수분해 하는 방법

방법1

가지의 끝이 모두 소수가 될 때까지 소수로 나눈다.

방법2

나누어떨어지는 소수로 나눈다.

3 ← 몫이 소수가 되면 멈춘다.

➔ 소인수분해 한 결과 : $12 = 2 \times 2 \times 3 = 2^2 \times 3$

└ 같은 소인수의 곱은 거듭제곱을 이용하여 나타낸다.

참고 소인수분해 한 결과는 보통 크기가 작은 소인수부터 차례로 쓴다. 이때 곱하는 순서를 생각하지 않으면 그 결과는 오직 한 가지뿐이다.

용어

인수(원인 因, 셈 數) 유래가 되는 수 인수와 약수는 같은 뜻 으로 쓰인다.

소인수분해를 통해 모 든 합성수는 소수들의 곱으로 표현된다.

3 소인수분해를 이용하여 약수 구하기

자연수 A가 $A = a^m \times b^n$ (a, b는 서로 다른 소수, m, n은 자연수)으로 소인수분해 될 때

(1) A의 약수 : (a^m의 약수) × (b^n의 약수)

└ 1, a, a^2, …, a^m └ 1, b, b^2, …, b^n

(2) A의 약수의 개수 : $(m+1) \times (n+1)$

└ 소인수의 지수에 각각 1을 더한다.

예 12를 소인수분해 하면 $12 = 2^2 \times 3$

➔ 12의 약수 : 1, 2, 3, 4, 6, 12

➔ 12의 약수의 개수 : $(2+1) \times (1+1) = 6$

자연수 $A = a^l \times b^m \times c^n$ (a, b, c는 서로 다른 소수, l, m, n은 자연수)에 대하여

① A의 약수 : (a^l의 약수) × (b^m의 약수) × (c^n의 약수)

② A의 약수의 개수 : $(l+1) \times (m+1) \times (n+1)$

		2^2의 약수	
×	1	2	2^2
1	$1 \times 1 = 1$	$1 \times 2 = 2$	$1 \times 2^2 = 4$
3	$3 \times 1 = 3$	$3 \times 2 = 6$	$3 \times 2^2 = 12$

3의 약수

2^3과 2×3은 같은 값일까?

$2^3 = 2 \times 2 \times 2$, $2 \times 3 = 2 + 2 + 2$이므로 서로 다른 값이다.

개념 1 거듭제곱에서 밑과 지수는 무엇일까?

$$3 \times 3 \times 3 \times 3 = 3^4$$

지수 : 거듭하여 곱한 횟수
밑 : 거듭하여 곱한 수

$$\underbrace{a \times a \times \cdots \times a}_{a\text{가 } n\text{번}} = a^n \leftarrow \text{지수}$$
밑

참고 밑은 아래(밑)에 있어서 '밑'이라 부른다고 생각하면 쉽다.

1 다음 수의 밑과 지수를 각각 쓰시오.

(1) 2^5 → 밑 : _____, 지수 : _____

(2) 5^4 → 밑 : _____, 지수 : _____

(3) 7^3 → 밑 : _____, 지수 : _____

(4) 10^2 → 밑 : _____, 지수 : _____

1-1 다음 수의 밑과 지수를 각각 쓰시오.

(1) 2^4 → 밑 : _____, 지수 : _____

(2) 3^7 → 밑 : _____, 지수 : _____

(3) 9^3 → 밑 : _____, 지수 : _____

(4) 11^2 → 밑 : _____, 지수 : _____

개념 2 반복된 수의 곱은 거듭제곱을 이용하여 어떻게 나타낼까?

- $\underbrace{5 \times 5 \times 5}_{5\text{가 ③번 곱해짐}} = 5^{③}$

- $\underbrace{\frac{1}{2} \times \frac{1}{2} \times \frac{1}{2}}_{\frac{1}{2}\text{이 ③번 곱해짐}} = \left(\frac{1}{2}\right)^{③}$

- $\underbrace{2 \times 2 \times 2}_{2\text{가 ③번 곱해짐}} \underbrace{\times 5 \times 5}_{5\text{가 ②번 곱해짐}} = 2^{③} \times 5^{②}$

- $\dfrac{1}{\underbrace{2 \times 2}_{\substack{2\text{가 ②번}\\\text{곱해짐}}} \times \underbrace{3 \times 3 \times 3}_{\substack{3\text{이 ③번}\\\text{곱해짐}}}} = \dfrac{1}{2^{②} \times 3^{③}}$

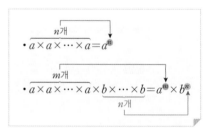

참고 $\underbrace{2 + 2 + 2 + 2 + 2}_{2\text{가 } 5\text{번 더해짐}} = 2 \times 5$

2 다음을 거듭제곱을 이용하여 나타내시오.

(1) $3 \times 3 \times 3 \times 3$

(2) $5 \times 5 \times 7 \times 7 \times 7$

(3) $2 \times 2 \times 3 \times 3 \times 5$

(4) $\dfrac{1}{7} \times \dfrac{1}{7} \times \dfrac{1}{7}$

(5) $\dfrac{1}{5 \times 5 \times 5 \times 5}$

2-1 다음을 거듭제곱을 이용하여 나타내시오.

(1) $2 \times 2 \times 2 \times 2 \times 2$

(2) $3 \times 3 \times 3 \times 7 \times 7$

(3) $2 \times 5 \times 5 \times 5 \times 7$

(4) $\dfrac{1}{3} \times \dfrac{1}{3} \times \dfrac{1}{5} \times \dfrac{1}{5} \times \dfrac{1}{5}$

(5) $\dfrac{1}{2 \times 2 \times 2 \times 3 \times 3 \times 7}$

개념 3 소인수분해는 어떻게 할까?

방법 1

가지의 끝이 모두 소수가 될 때까지 소수로 나눈다.

방법 2

나누어떨어지는 소수로 나눈다.

$$
\begin{array}{r}
2\ )\ \underline{60} \\
2\ )\ \underline{30} \\
3\ )\ \underline{15} \\
5
\end{array}
$$

← 몫이 소수가 되면 멈춘다.

같은 소인수의 곱은 거듭제곱으로!

➜ 소인수분해 한 결과 : $60 = 2 \times 2 \times 3 \times 5 = 2^2 \times 3 \times 5$

60의 소인수 : 2, 3, 5

---

3 다음 □ 안에 알맞은 수를 써넣어 소인수분해 하고, 소인수를 모두 구하시오.

(1)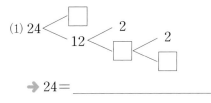

➜ 24 = ＿＿＿＿＿＿＿＿＿

소인수 : ＿＿＿＿＿＿＿＿＿

(2) 140

➜ 140 = ＿＿＿＿＿＿＿＿＿

소인수 : ＿＿＿＿＿＿＿＿＿

3-1 다음 수를 **3**과 같은 방법으로 소인수분해 하고, 소인수를 모두 구하시오.

(1) 44

(2) 98

(3) 135

(4) 252

---

4 다음 □ 안에 알맞은 수를 써넣어 소인수분해 하고, 소인수를 모두 구하시오.

(1)
$$
\begin{array}{r}
\square\ )\ \underline{52} \\
\square\ )\ \underline{26} \\
13
\end{array}
$$
➜ 52 = ＿＿＿＿＿＿＿

소인수 : ＿＿＿＿＿＿＿

(2)
$$
\begin{array}{r}
\square\ )\ \underline{150} \\
3\ )\ \underline{75} \\
\square\ )\ \underline{\square} \\
5
\end{array}
$$
➜ 150 = ＿＿＿＿＿＿＿

소인수 : ＿＿＿＿＿＿＿

4-1 다음 수를 **4**와 같은 방법으로 소인수분해 하고, 소인수를 모두 구하시오.

(1) ） 50

(2) ） 72

(3) ） 126

(4) ） 350

개념 4 소인수분해를 이용하여 약수를 모두 구할 수 있을까?

| 소인수분해 하기 | 45를 소인수분해 하면 $45=3^2 \times 5$ |

표 그리기

3^2의 약수

$\times$	1	3	3^2
1	$1 \times 1 = \mathbf{1}$	$1 \times 3 = \mathbf{3}$	$1 \times 3^2 = \mathbf{9}$
5	$5 \times 1 = \mathbf{5}$	$5 \times 3 = \mathbf{15}$	$5 \times 3^2 = \mathbf{45}$

5의 약수

약수 구하기

45의 약수 : 1, 3, 5, 9, 15, 45

약수의 개수 구하기

$45=3^2 \times 5^{\mathbf{1}}$이므로
3^2의 약수의 개수 : $\mathbf{2}+1$ ┐
$5^{\mathbf{1}}$의 약수의 개수 : $\mathbf{1}+1$ ┘ 지수보다 1만큼 큰 수
➡ $(2+1) \times (1+1) = 3 \times 2 = 6$

주의 $45=3^2 \times 5$에서 5의 지수는 0이 아니라 1이다.

$a^m \times b^n$ (a, b는 서로 다른 소수, m, n은 자연수)에서
➡ 약수 : (a^m의 약수) $\times$ (b^n의 약수)
➡ 약수의 개수 : $(m+1) \times (n+1)$

5 다음은 소인수분해를 이용하여 75의 약수를 구하는 과정이다. 표를 완성하고, 약수를 모두 구하시오.

$75 = 3 \times 5^2$

$\times$	1	3
1		
5		
5^2		

➡ 75의 약수 : _____

5-1 다음은 소인수분해를 이용하여 36의 약수를 구하는 과정이다. 표를 완성하고, 약수를 모두 구하시오.

$36 = 2^2 \times 3^2$

$\times$	1	2	2^2
1			
3			
3^2			

➡ 36의 약수 : _____

6 다음 수의 약수의 개수를 구하시오.

(1) 2^3

(2) $2^4 \times 11$

(3) $3^3 \times 5^2$

(4) 68

(5) 100

6-1 다음 수의 약수의 개수를 구하시오.

(1) 5^4

(2) 3×5^3

(3) $2^2 \times 7^3$

(4) 49

(5) 216

집중 **5** 제곱인 수는 무엇일까? 또, 제곱인 수를 어떻게 만들까?

집중**1** 자연수의 제곱인 수를 소인수분해 하면 어떤 특징이 있는지 확인해 보자.

$$2^{②}$$
$$3^{②}$$
$$4^{②}=16=2^{④}$$
$$5^{②}$$
$$6^{②}=36=2^{②}\times3^{②}$$
$$\vdots$$

어떤 자연수의 제곱인 수를 소인수분해 하면 각 소인수의 지수가 모두 짝수이네!

집중**2** 45에 자연수를 곱하거나 45를 자연수로 나누어 어떤 자연수의 제곱이 되도록 만들어 보자.

오른쪽 방법을 이용해 봐!

❶ 주어진 수를 소인수분해 한다.
❷ 모든 소인수의 지수가 짝수가 되도록 적당한 수를 곱하거나 적당한 수로 나눈다.

방법1 어떤 자연수를 곱하기
❶ 소인수분해 하기
　$45=3^2\times\boxed{5}$ ← 지수가 홀수
❷ 소인수의 지수를 짝수로 만들기
　$45\times5=3^2\times5\times5$ ← 5를 곱한다.
　$\quad\;\;=3^2\times5^2=15^2$

방법2 어떤 자연수로 나누기
❶ 소인수분해 하기
　$45=3^2\times\boxed{5}$ ← 지수가 홀수
❷ 소인수의 지수를 짝수로 만들기
　$45\div5=3^2\times5\div5$ ← 5로 나눈다.
　$\quad\;\;=3^2$

---

7 다음 수가 어떤 자연수의 제곱이 되도록 할 때, □ 안에 알맞은 가장 작은 자연수를 써넣으시오.

(1) $2^5\times\boxed{}$

(2) $2^2\times3\times\boxed{}$

(3) $3\times5\times\boxed{}$

7-1 다음 수에 자연수를 곱하여 어떤 자연수의 제곱이 되도록 할 때, 곱해야 하는 가장 작은 자연수를 구하시오.

(1) 18

(2) 27

(3) 40

8 다음 수가 어떤 자연수의 제곱이 되도록 할 때, □ 안에 알맞은 가장 작은 자연수를 써넣으시오.

(1) $5^3\div\boxed{}$

(2) $2^2\times3^3\div\boxed{}$

(3) $2^3\times3^2\times7\div\boxed{}$

8-1 다음 수를 자연수로 나누어 어떤 자연수의 제곱이 되도록 할 때, 나누어야 하는 가장 작은 자연수를 구하시오.

(1) 20

(2) 32

(3) 84

거듭제곱

01 다음 중 옳은 것은?

① $5 \times 5 \times 5 = 3^5$

② $2 + 2 + 2 = 2^3$

③ $7 \times 7 \times 7 \times 7 = 7 \times 4$

④ $\frac{1}{3} \times \frac{1}{3} \times \frac{1}{3} \times \frac{1}{3} = \frac{1}{3^4}$

⑤ $3 \times 3 \times 5 \times 5 = 3^2 + 5^2$

02 $2 \times 3 \times 3 \times 2 \times 7 \times 3 \times 7 = 2^a \times 3^b \times 7^c$일 때, 자연수 a, b, c에 대하여 $a + b - c$의 값을 구하시오.

소인수분해 중요♡

03 다음 중 소인수분해 한 결과가 옳지 <u>않은</u> 것은?

① $20 = 2^2 \times 5$

② $32 = 2^5$

③ $66 = 2 \times 3 \times 11$

④ $108 = 2^2 \times 3^3$

⑤ $120 = 2^2 \times 3 \times 5$

04 다음 **보기**에서 소인수분해 한 결과가 옳은 것을 모두 고르시오.

• 보기 •

ㄱ. $56 = 2^3 \times 7$ ㄴ. $84 = 2 \times 6 \times 7$

ㄷ. $198 = 2 \times 3^2 \times 11$ ㄹ. $225 = 3 \times 5^3$

소인수 구하기

05 396의 모든 소인수의 합은?

① 5   ② 8   ③ 10

④ 12   ⑤ 16

06 다음 중 소인수가 나머지 넷과 <u>다른</u> 하나는?

① 30   ② 90   ③ 140

④ 150   ⑤ 450

소인수분해 한 결과에서 지수 구하기

07 160을 소인수분해 하면 $2^a \times 5^b$이다. 자연수 a, b에 대하여 $a + b$의 값은?

① 3   ② 4   ③ 5

④ 6   ⑤ 7

08 $540 = 2^a \times 3^b \times c$일 때, 자연수 a, b, c에 대하여 $a + b + c$의 값을 구하시오. (단, c는 소수)

제곱인 수 만들기 중요 ⭐

09 60에 자연수를 곱하여 어떤 자연수의 제곱이 되도록 할 때, 곱해야 하는 자연수 중 두 번째로 작은 자연수를 구하시오.

> **코칭 Plus**
> $2^2 \times 3 \times a$ (a는 자연수)가 어떤 자연수의 제곱인 수이다.
> ➡ $a = 3 \times$ (자연수)^2 꼴이므로 가능한 수는
> $3 \times 1^2,\ 3 \times 2^2,\ 3 \times 3^2 = 3^3,\ \dots$

10 48에 자연수 x를 곱하여 어떤 자연수의 제곱이 되도록 할 때, 다음 중 자연수 x가 될 수 <u>없는</u> 수는?

① 3   ② 9   ③ 12
④ 27   ⑤ 48

약수 구하기

11 다음 중 54의 약수인 것을 모두 고르면? (정답 2개)

① 2^2 ② 3^2 ③ $2^2 \times 3$
④ 2×3^2 ⑤ $2^2 \times 3^2$

12 다음 중 $2^3 \times 3^2 \times 7$의 약수가 <u>아닌</u> 것은?

① 2^3 ② $3^2 \times 7$ ③ $3^2 \times 7^2$
④ $2^2 \times 3 \times 7$ ⑤ $2^3 \times 3 \times 7$

약수의 개수 구하기 중요 ⭐

13 다음 중 약수의 개수가 나머지 넷과 <u>다른</u> 하나는?

① 2×3^5 ② $2^2 \times 3^3$ ③ 3×5^4
④ $2 \times 3^2 \times 7$ ⑤ $2^2 \times 7 \times 11$

> **코칭 Plus**
> 자연수 A가 $A = a^l \times b^m \times c^n$ (a, b, c는 서로 다른 소수, l, m, n은 자연수)으로 소인수분해 될 때, A의 약수의 개수
> ➡ $(l+1) \times (m+1) \times (n+1)$

14 다음 중 약수의 개수가 가장 많은 것은?

① 36   ② $2^4 \times 5^2$ ③ 48
④ $2^2 \times 3 \times 5$ ⑤ 70

약수의 개수가 주어질 때 미지수 구하기

15 $3^\square \times 5^2$의 약수의 개수가 18일 때, □ 안에 알맞은 자연수를 구하시오.

> **코칭 Plus**
> $a^m \times b^n$ (a, b는 서로 다른 소수, m, n은 자연수)의 약수의 개수가 k이다.
> ➡ $(m+1) \times (n+1) = k$

16 $2^3 \times 7^\square$의 약수의 개수가 12일 때, □ 안에 알맞은 자연수를 구하시오.

01

다음 중 옳지 <u>않은</u> 것은?

① 가장 작은 합성수는 4이다.
② 소수가 아닌 자연수는 합성수이다.
③ 2는 가장 작은 소수이다.
④ 15보다 작은 자연수 중 소수는 6개이다.
⑤ 1을 제외한 모든 자연수는 약수가 2개 이상이다.

02

$2^5=a$, $3^b=81$을 만족시키는 자연수 a, b에 대하여 $a+b$의 값을 구하시오.

03

다음 **보기**에서 소인수가 모두 같은 것끼리 짝 지은 것은?

⟶ 보기 ⟶
ㄱ. 25   ㄴ. 48   ㄷ. 96   ㄹ. 135

① ㄱ, ㄴ   ② ㄱ, ㄷ   ③ ㄱ, ㄹ
④ ㄴ, ㄷ   ⑤ ㄴ, ㄹ

04

504를 소인수분해 하면 $2^a \times b^2 \times c$이다. 자연수 a, b, c에 대하여 $a-b+c$의 값은? (단, b, c는 소수)

① 7   ② 8   ③ 9
④ 10   ⑤ 11

05

$24 \times a = b^2$을 만족시키는 가장 작은 자연수 a, b에 대하여 $a+b$의 값을 구하시오.

06

126의 약수 중 두 번째로 큰 수는?

① 2×7 ② 2×3^2 ③ $2 \times 3 \times 7$
④ $3^2 \times 7$ ⑤ $2 \times 3^2 \times 7$

07

다음 중 약수의 개수가 가장 적은 것은?

① 28   ② 30   ③ 36
④ 64   ⑤ 125

한걸음 더

08 추론💬

$2^2 \times \square$의 약수의 개수가 9일 때, 다음 중 $\square$ 안에 들어갈 수 <u>없는</u> 수는?

① 9   ② 25   ③ 27
④ 49   ⑤ 121

03 최대공약수

1 공약수와 최대공약수

(1) **공약수** : 두 개 이상의 자연수의 공통인 약수

(2) **최대공약수** : 공약수 중에서 가장 큰 수

> **주의** 공약수 중 가장 작은 수는 항상 1이므로 최소공약수는 생각하지 않는다.

(3) **최대공약수의 성질** : 두 개 이상의 자연수의 공약수는 그 수들의 최대공약수의 약수이다.

> **예** 8과 12의 공약수는 1, 2, 4이고, 최대공약수는 4이다.
> └─────── 약수 ───────┘

(4) **서로소** : 최대공약수가 1인 두 자연수

> **예** 4와 7의 최대공약수는 1이므로 4와 7은 서로소이다.

> **참고** • 1은 모든 자연수와 서로소이다.
> • 서로 다른 두 소수는 항상 서로소이다.

초 5~6

• **공약수** : 두 수의 공통인 약수

• **최대공약수** : 두 수의 공약수 중 가장 큰 수

2 소인수분해를 이용하여 최대공약수 구하는 방법

(1) **두 수의 최대공약수 구하기**

❶ 두 수를 각각 소인수분해 한다.

❷ 공통인 소인수를 모두 곱한다.
이때 공통인 소인수의 거듭제곱에서 지수가 같으면 그대로, 지수가 다르면 지수가 작은 것을 택하여 곱한다.

> **참고** 나눗셈을 이용하여 최대공약수 구하기
>
> ❶ 1이 아닌 공약수로 각 수를 나눈다.
> ❷ 몫이 서로소가 될 때까지 계속 나눈다.
> ❸ 나누어 준 공약수를 모두 곱한다.

(2) **세 수의 최대공약수 구하기**

세 수 이상의 최대공약수를 구할 때도 두 수의 최대공약수를 구할 때와 같은 방법으로 한다.

> **참고** 나눗셈을 이용하여 세 수의 최대공약수를 구할 때는 모든 수를 동시에 나눌 수 있는 수로만 나누어야 한다.

용어

최대공약수(Greatest Common Divisor) 최대공약수를 간단히 G.C.D.로 나타내기도 한다.

소수로만 나누는 것이 아니라 소수가 아닌 공약수로 나누어도 된다.

6) 6 18
─────────
    1   3

공약수가 하나도 없는 두 수가 존재할까?

모든 수는 1을 약수로 가지므로 두 수의 공약수에는 항상 1이 포함된다.
따라서 두 수의 공약수가 가장 적게 있을 때는 두 수의 공약수가 1뿐인 경우이고, 이와 같이 공약수가 1뿐인 두 수를 서로소라 한다.

기초 1 공약수와 최대공약수는 무엇인지 복습해 볼까?

12의 약수	1	2	3	4	6	12
18의 약수	1	2	3	6	9	18

→ 12와 18의 공약수 → 1, 2, 3, 6 → 12와 18의 최대공약수 → 6

공약수는 최대공약수 6의 약수

---

1 8과 20의 공약수와 최대공약수를 구하려고 한다. 표를 완성하고, 다음을 구하시오.

8의 약수					╱	╱
20의 약수						

(1) 8과 20의 공약수

(2) 8과 20의 최대공약수

1-1 16과 24의 공약수와 최대공약수를 구하려고 한다. 표를 완성하고, 다음을 구하시오.

16의 약수					╱	╱
24의 약수						

(1) 16과 24의 공약수

(2) 16과 24의 최대공약수

개념 2 서로소는 무엇일까?

3의 약수	1	3
7의 약수	1	7

→ 3과 7의 공약수 → 1 → 3과 7의 최대공약수 → ①

최대공약수가 1이므로 3과 7은 서로소

---

2 다음 두 수의 최대공약수를 구하고, 두 수가 서로소 인지 아닌지 쓰시오.

(1) 4, 9

(2) 5, 10

(3) 9, 16

(4) 12, 27

(5) 13, 19

(6) 18, 30

2-1 다음 두 수가 서로소인 것에는 ○표, 서로소가 아닌 것에는 ×표를 하시오.

(1) 3, 8 ( )

(2) 7, 13 ( )

(3) 8, 14 ( )

(4) 11, 20 ( )

(5) 15, 25 ( )

(6) 20, 33 ( )

개념 3 최대공약수는 어떻게 구할까?

❶ 두 수를 각각 소인수분해 한다.
❷ 공통인 소인수를 모두 곱한다.
이때 공통인 소인수의 거듭제곱에서 지수가 같으면 그대로,
지수가 다르면 지수가 작은 것을 택하여 곱한다.

$$18 = 2 \times 3^2$$
$$42 = 2 \times 3 \times 7$$

→ 공통이 아닌 소인수는 생각하지 않는다.

$$(최대공약수) = 2 \times 3 = 6$$

지수가 같으면 그대로 택한다. 지수가 다르면 작은 것을 택한다.

---

3 다음 수들의 최대공약수를 소인수의 곱으로 나타내시오.

(1)
$$2^2 \times 3^2$$
$$2 \times 3^2$$
$$(최대공약수) =$$

(2)
$$2^2 \qquad \times 5^2 \times 7$$
$$2^2 \times 3 \times 5$$
$$(최대공약수) =$$

(3)
$$2 \times 3^3 \times 5$$
$$3 \times 5^2$$
$$3 \times 5^3 \times 7$$
$$(최대공약수) =$$

(4)
$$2 \times 3^2 \times 5^2$$
$$2^3 \times 3 \times 5^3$$
$$2^2 \times 3 \times 5^2 \times 7$$
$$(최대공약수) =$$

3-1 다음 수들의 최대공약수를 소인수의 곱으로 나타내시오.

(1)
$$2 \times 5$$
$$2 \times 5^2$$
$$(최대공약수) =$$

(2)
$$2^2 \times 3^2 \times 5$$
$$2^2 \times 3 \qquad \times 7$$
$$(최대공약수) =$$

(3)
$$2 \times 3^2 \times 5^2$$
$$3^3 \times 5 \times 7$$
$$2^2 \times 3^4 \times 5$$
$$(최대공약수) =$$

(4)
$$2^2 \times 3 \times 5 \times 7$$
$$2^3 \times 3 \qquad \times 7^2$$
$$2 \times 3^2 \qquad \times 7^2 \times 11$$
$$(최대공약수) =$$

---

4 다음 수들의 최대공약수를 구하시오.

(1) 40, 60

(2) 12, 42, 45

4-1 다음 수들의 최대공약수를 구하시오.

(1) 54, 72

(2) 75, 100, 150

최대공약수의 성질

01 어떤 두 자연수의 최대공약수가 12일 때, 이 두 수의 공약수를 모두 구하시오.

02 어떤 두 자연수의 최대공약수가 $2^3 \times 3^2$일 때, 다음 중 이 두 수의 공약수가 <u>아닌</u> 것은?

① 2   ② 2×3 ③ $2^2 \times 3$

④ 48   ⑤ 72

서로소   중요☆

03 다음 중 두 수가 서로소인 것을 모두 고르면?

(정답 2개)

① 7, 21   ② 9, 15   ③ 11, 23

④ 8, 45   ⑤ 10, 35

04 다음 수 중 6과 서로소인 것은 모두 몇 개인지 구하시오.

5, 8, 13, 14, 21, 35

최대공약수 구하기

05 세 수 2×3^3, $2^2 \times 3^2 \times 5$, $2^2 \times 3^3 \times 5$의 최대공약수는?

① 2×3 ② 2×3^2 ③ $2^2 \times 3^2$

④ $2^2 \times 3^2 \times 5$ ⑤ $2^2 \times 3^3 \times 5$

06 두 수 $2^3 \times 3^a \times 7^3$, $2 \times 3^4 \times 7^b$의 최대공약수가 $2 \times 3^2 \times 7^2$일 때, 자연수 a, b에 대하여 $a+b$의 값은?

① 2   ② 3   ③ 4

④ 5   ⑤ 6

공약수 구하기 중요✩

07 다음 중 두 수 $2^3 \times 7$, $2^2 \times 3 \times 7^2$의 공약수가 <u>아닌</u> 것은?

① 2^2 ② 7 ③ 2×7

④ $2^2 \times 7$ ⑤ $2^3 \times 7$

08 다음 **보기**에서 세 수 90, $2^2 \times 3^2 \times 5$, $2 \times 3^2 \times 7$의 공약수를 모두 고르시오.

• 보기 •
ㄱ. 2×3 ㄴ. 3^2
ㄷ. $2^2 \times 3$ ㄹ. 2×3^2

(수)÷(어떤 자연수)

09 어떤 자연수로 65를 나누면 5가 남고, 40을 나누면 4가 남는다고 한다. 이와 같은 자연수 중 가장 큰 수를 구하시오.

◀코칭 Plus ▶
어떤 수 x로 A를 나누면 5가 남는다.
➡ $A-5$를 x로 나누면 나누어떨어진다.
➡ x는 $A-5$의 약수이다.

10 어떤 자연수로 26을 나누면 2가 남고, 39를 나누면 1이 부족하다고 한다. 이와 같은 자연수 중 가장 큰 수를 구하시오.

일정한 양 나누기

11 공책 36권과 지우개 48개를 되도록 많은 학생들에게 남김없이 똑같이 나누어 주려고 할 때, 몇 명의 학생들에게 나누어 줄 수 있는지 구하시오.

◀코칭 Plus ▶
a개, b개를 똑같이 나누어 줄 수 있는 가능한 한 많은 학생 수
➡ a, b의 최대공약수

12 바나나 45개와 귤 63개를 가능한 한 많은 학생들에게 남김없이 똑같이 나누어 주려고 한다. 이때 한 학생이 받게 되는 바나나와 귤은 각각 몇 개인지 구하시오.

04 최소공배수

1 공배수와 최소공배수

(1) **공배수** : 두 개 이상의 자연수의 공통인 배수

(2) **최소공배수** : 공배수 중에서 가장 작은 수

> **주의** 공배수 중 가장 큰 수는 알 수 없으므로 최대공배수는 생각하지 않는다.

(3) **최소공배수의 성질**

　① 두 개 이상의 자연수의 공배수는 그 수들의 최소공배수의 배수이다.

　② 서로소인 두 자연수의 최소공배수는 두 수의 곱과 같다.

> **예** 2와 5의 공배수는 10, 20, 30, 40, …이고, 최소공배수는 10이다.
> └────── 배수 ──────┘

초 5~6
• **공배수** : 두 수의 공통인 배수
• **최소공배수** : 두 수의 공배수 중 가장 작은 수

2 소인수분해를 이용하여 최소공배수 구하는 방법

(1) **두 수의 최소공배수 구하기**

　❶ 두 수를 각각 소인수분해 한다.

　❷ 공통인 소인수와 공통이 아닌 소인수를 모두 곱한다. 이때 공통인 소인수의 거듭제곱에서 지수가 같으면 그대로, 지수가 다르면 지수가 큰 것을 택하여 곱한다.

> **참고** 나눗셈을 이용하여 최소공배수 구하기
> 　❶ 1이 아닌 공약수로 각 수를 나눈다.
> 　❷ 몫이 서로소가 될 때까지 계속 나눈다.
> 　❸ 나누어 준 공약수와 몫을 모두 곱한다.

(2) **세 수의 최소공배수 구하기**

　세 수 이상의 최소공배수를 구할 때도 두 수의 최소공배수를 구할 때와 같은 방법으로 한다.

> **참고** 나눗셈을 이용하여 세 수의 최소공배수를 구할 때, 세 수의 공약수가 없으면 두 수의 공약수로 나누고, 공약수가 없는 수는 그대로 아래로 내린다.

용어
최소공배수(Least Common Multiple) 최소공배수를 간단히 L.C.M.으로 나타내기도 한다.

$$12 = 2^2 \times 3$$
$$30 = 2 \ \times 3 \times 5$$
$$(최소공배수) = 2^2 \times 3 \times 5 = 60$$
지수가 다르면 큰 것을 택한다. / 지수가 같으면 그대로 택한다. / 공통이 아닌 소인수도 곱한다.

$$\begin{array}{r|cc} 2 & 12 & 30 \\ 3 & 6 & 15 \\ \hline & 2 & 5 \end{array} \rightarrow 서로소$$
$$(최소공배수) = 2 \times 3 \times 2 \times 5 = 60$$

$$12 = 2^2 \times 3$$
$$24 = 2^3 \times 3$$
$$30 = 2 \ \times 3 \times 5$$
$$(최소공배수) = 2^3 \times 3 \times 5 = 120$$
지수가 같거나 큰 것을 택한다. / 공통이 아닌 소인수도 곱한다.

3 최대공약수와 최소공배수의 관계

두 자연수 A, B의 최대공약수를 G, 최소공배수를 L이라 할 때, $A = G \times a$, $B = G \times b$ (a, b는 서로소)이면 다음이 성립한다.

(1) $L = G \times a \times b$

(2) $A \times B = G \times L$
두 수의 곱은 두 수의 최대공약수와 최소공배수의 곱과 같다.

$$\begin{array}{r|cc} G & A & B \\ \hline & a & b \end{array}$$
서로소

기초 1 초 5~6
공배수와 최소공배수는 무엇인지 복습해 볼까?

2의 배수	2	4	**6**	8	10	**12**	⋯
3의 배수	3	**6**	9	**12**	15	18	⋯

2와 3의 공배수 ⟶ 6, 12, ⋯ ⟶ 2와 3의 최소공배수 ⟶ 6

공배수는 최소공배수 6의 배수

---

1 4와 6의 공배수와 최소공배수를 구하려고 한다. 표를 완성하고, 다음을 구하시오.

4의 배수						⋯
6의 배수						⋯

(1) 4와 6의 공배수

(2) 4와 6의 최소공배수

1-1 10과 15의 공배수와 최소공배수를 구하려고 한다. 표를 완성하고, 다음을 구하시오.

10의 배수						⋯
15의 배수						⋯

(1) 10과 15의 공배수

(2) 10과 15의 최소공배수

개념 2 최소공배수는 어떻게 구할까?

❶ 두 수를 각각 소인수분해 한다.
❷ 공통인 소인수와 공통이 아닌 소인수를 모두 곱한다.
 이때 공통인 소인수의 거듭제곱에서 지수가 같으면 그대로,
 지수가 다르면 지수가 큰 것을 택하여 곱한다.

$$36 = 2^2 \times 3^2$$
$$60 = 2^2 \times 3 \times 5$$
$$(최소공배수) = 2^2 \times 3^2 \times 5 = 180$$

지수가 같으면 그대로 택한다. / 지수가 다르면 큰 것을 택한다. / 공통이 아닌 소인수도 곱한다.

---

2 다음 수들의 최소공배수를 소인수의 곱으로 나타내시오.

(1)
$$2^3 \times 3$$
$$2^2 \times 3^2$$
$$(최소공배수) =$$

(2)
$$3^2 \times 5 \times 7$$
$$5^3 \times 7$$
$$(최소공배수) =$$

(3)
$$2 \times 3^2$$
$$2^2 \times 3^2 \times 5$$
$$2^3 \times 3 \times 5^2$$
$$(최소공배수) =$$

(4)
$$2 \times 3 \times 7$$
$$2^2 \times 3^2 \times 5$$
$$2^3 \times 5^2$$
$$(최소공배수) =$$

2-1 다음 수들의 최소공배수를 소인수의 곱으로 나타내시오.

(1)
$$3^2 \times 5$$
$$3^3 \times 5 \times 7$$
$$(최소공배수) =$$

(2)
$$2^2 \times 3^2 \times 5$$
$$2 \times 3^3 \times 5$$
$$(최소공배수) =$$

(3)
$$2^2 \times 3^2$$
$$2 \times 3 \times 5$$
$$2^2 \times 3^2 \times 7^2$$
$$(최소공배수) =$$

(4)
$$2^3 \times 5$$
$$2 \times 3^2 \times 5$$
$$3 \times 5^2 \times 7$$
$$(최소공배수) =$$

3 다음 수들의 최소공배수를 구하시오.

(1) 24, 36

(2) 10, 24, 32

3-1 다음 수들의 최소공배수를 구하시오.

(1) 30, 45

(2) 16, 28, 40

집중 **3** 최대공약수와 최소공배수 사이에는 어떤 관계가 있을까?

두 자연수 A, B의 최대공약수를 G라 하면
$A=G \times a$, $B=G \times b$ (a, b는 서로소) → a, b는 최대공약수가 1이므로 더 이상 나눌 수 없다.
라 할 수 있다. 이때 최소공배수를 L이라 하면 다음이 성립한다.

집중 1

두 자연수 A, B의 최소공배수를 구하면

$G \underline{)\ A\quad B}$
$\quad\ \ a\quad b$ ← a, b는 서로소
→ $L=G \times a \times b$

예 두 자연수 12, 18에 대하여
$12=6 \times 2$, $18=6 \times 3$
$6 \underline{)\ 12\quad 18}$
$\quad\ \ 2\quad 3$
→ (최소공배수)$=6 \times 2 \times 3=36$

집중 2

두 자연수 A, B의 곱을 구하면
$A \times B=(G \times a) \times (G \times b)$
$\qquad\quad =G \times (\underbrace{G \times a \times b}_{\text{최소공배수}})$
$\qquad\quad =\underbrace{G}_{\text{최대공약수}} \times \underbrace{L}_{\text{최소공배수}}$
→ $A \times B=G \times L$
(두 자연수의 곱) = (최대공약수)×(최소공배수)

예 두 자연수 12, 18에 대하여
$12=6 \times 2$, $18=6 \times 3$
$12 \times 18=(6 \times 2) \times (6 \times 3)$
두 수의 곱 $=6 \times (6 \times 2 \times 3)$
$=\underbrace{6}_{\text{최대공약수}} \times \underbrace{36}_{\text{최소공배수}}$

4 두 자연수 A와 15의 최대공약수가 3이고 최소공배수가 60일 때, □ 안에 알맞은 수를 써넣고, 자연수 A를 구하시오.

$3 \underline{)\ A\quad 15}$
$\quad\ \ \boxed{}\quad 5$ → (최소공배수)$=3 \times \boxed{} \times 5=60$

4-1 두 자연수 35와 A의 최대공약수가 5이고 최소공배수가 105일 때, 자연수 A를 구하시오.

5 두 자연수의 곱이 300이고 최소공배수가 60일 때, 두 자연수의 최대공약수를 구하시오.

5-1 두 자연수의 곱이 486이고 최대공약수가 9일 때, 두 자연수의 최소공배수를 구하시오.

최소공배수의 성질

01 어떤 두 자연수의 최소공배수가 12일 때, 다음 수 중 이 두 수의 공배수를 모두 고르시오.

> 6, 12, 18, 24, 36, 50

02 두 자연수 A, B의 최소공배수가 18일 때, A, B의 공배수 중 두 자리의 자연수는 모두 몇 개인지 구하시오.

최소공배수 구하기

03 세 수 $2^2 \times 3 \times 5$, $2^2 \times 3^3$, $2 \times 3^2 \times 7$의 최소공배수는?

① $2 \times 3 \times 5 \times 7$
② $2^2 \times 3 \times 5 \times 7$
③ $2^2 \times 3^2 \times 5$
④ $2^2 \times 3^2 \times 5 \times 7$
⑤ $2^2 \times 3^3 \times 5 \times 7$

04 두 수 $2^a \times 3 \times 5^3$, $2 \times 3^b \times 5 \times c$의 최소공배수가 $2^3 \times 3^2 \times 5^3 \times 7$일 때, 자연수 a, b, c에 대하여 $a+b+c$의 값은? (단, c는 소수)

① 6
② 8
③ 10
④ 12
⑤ 14

공배수 구하기   중요♥

05 다음 중 두 수 $2^2 \times 3^2$, $2^3 \times 3 \times 5$의 공배수를 모두 고르면? (정답 2개)

① 2×3
② $2 \times 3 \times 5$
③ $2^2 \times 3 \times 5$
④ $2^3 \times 3^2 \times 5$
⑤ $2^5 \times 3^3 \times 5$

06 다음 중 세 수 9, 12, 18의 공배수가 아닌 것을 모두 고르면? (정답 2개)

① $2 \times 3 \times 5^2$
② $2^2 \times 3 \times 7$
③ $2^2 \times 3^2 \times 5$
④ $2^2 \times 3^2 \times 7$
⑤ $2^2 \times 3^3 \times 5^2 \times 7$

최대공약수와 최소공배수가 주어질 때 미지수 구하기 중요♡

07 두 수 $2^3 \times 3^a$, $2^b \times 3^3 \times 7$의 최대공약수가 $2^2 \times 3^3$, 최소공배수가 $2^3 \times 3^4 \times 7$일 때, 자연수 a, b에 대하여 $a+b$의 값을 구하시오.

08 두 수 $2^a \times 3^b \times 7$, $2^3 \times 3^3 \times c$의 최대공약수가 $2^3 \times 3^2$, 최소공배수가 $2^4 \times 3^3 \times 7 \times 11$일 때, 자연수 a, b, c에 대하여 $a-b+c$의 값을 구하시오. (단, c는 소수)

(어떤 자연수)÷(수)

09 세 자연수 3, 5, 6 중 어느 수로 나누어도 2가 남는 자연수 중 가장 작은 수를 구하시오.

> **코칭 Plus**
>
> 어떤 수 x를 A로 나누면 2가 남는다.
> ➔ $x-2$는 A로 나누어떨어진다.
> ➔ $x-2$는 A의 배수이다.

10 4로 나누면 2가 남고, 5로 나누면 3이 남고, 8로 나누면 6이 남는 자연수 중 가장 작은 수를 구하시오.

두 분수를 자연수로 만들기

11 두 분수 $\dfrac{15}{8}$, $\dfrac{25}{12}$의 어느 것에 곱하여도 그 결과가 자연수가 되도록 하는 가장 작은 기약분수를 구하시오.

> **코칭 Plus**
>
> $\dfrac{A}{B}$, $\dfrac{C}{D}$의 어느 것에 곱하여도 그 결과가 자연수가 되도록 하는 가장 작은 분수
> ➔ $\dfrac{(B, D \text{의 최소공배수})}{(A, C \text{의 최대공약수})}$

12 두 분수 $\dfrac{1}{16}$, $\dfrac{1}{24}$의 어느 것에 곱하여도 그 결과가 자연수가 되도록 하는 가장 작은 자연수는?

① 8   ② 16   ③ 24
④ 48   ⑤ 96

동시에 시작해서 다시 만나기

13 어느 기차역에서 부산행 기차는 15분마다, 대구행 기차는 20분마다 출발한다. 두 기차가 오전 8시에 동시에 출발하였을 때, 두 기차가 처음으로 다시 동시에 출발하는 시각을 구하시오.

> **코칭 Plus**
>
> 움직이는 시간 간격이 각각 a, b인 두 기차가 동시에 출발한 후 처음으로 다시 동시에 출발하는 데 걸리는 시간
> ➔ a, b의 최소공배수

14 수호와 영재가 같은 도서관에 다니는데 수호는 4일마다, 영재는 5일마다 간다고 한다. 두 사람 모두 오늘 도서관에 갔을 때, 두 사람이 처음으로 다시 함께 도서관에 가는 날은 며칠 후인지 구하시오.

01
다음 중 옳지 않은 것을 모두 고르면? (정답 2개)

① 4와 27은 서로소이다.
② 공약수가 1뿐인 두 자연수는 서로소이다.
③ 서로소인 두 수는 모두 소수이다.
④ 서로 다른 두 소수는 항상 서로소이다.
⑤ 서로 다른 두 홀수는 항상 서로소이다.

02
세 수 180, 360, 450의 최대공약수가 $2 \times 3^a \times b$일 때, 자연수 a, b에 대하여 $b-a$의 값을 구하시오.

(단, b는 소수)

03
두 수 $2^2 \times 3^2 \times 5$, $2^2 \times 3^3 \times 11$의 공약수의 개수를 구하시오.

04
두 수 54와 A의 공약수가 6의 약수와 같을 때, 다음 중 A가 될 수 없는 수는?

① 24   ② 30   ③ 36
④ 42   ⑤ 48

05
어떤 자연수로 51을 나누면 3이 남고, 100을 나누면 4가 남고, 126을 나누면 6이 남는다고 한다. 이러한 자연수 중 가장 큰 수를 구하시오.

06
두 분수 $\dfrac{90}{n}$, $\dfrac{54}{n}$가 자연수가 되도록 하는 자연수 n은 모두 몇 개인지 구하시오.

07
빨간 공 28개, 파란 공 56개, 노란 공 70개를 되도록 많은 학생들에게 남김없이 똑같이 나누어 주려고 한다. 이때 한 학생이 받게 되는 빨간 공, 파란 공, 노란 공은 각각 몇 개인지 구하시오.

08
세 수 $2 \times 3^2 \times 5^2$, $2^2 \times 5^2$, $2 \times 5^2 \times 7$의 최대공약수와 최소공배수를 차례로 나열한 것은?

① 2×3^2, $2 \times 3^2 \times 5^2 \times 7$
② 2×5^2, $2^2 \times 3^2 \times 5^2 \times 7$
③ 2×5^2, $2^2 \times 3^2 \times 5^2 \times 7^2$
④ $2^2 \times 5^2$, $2 \times 3^2 \times 5^2$
⑤ $2 \times 3 \times 5^2$, $2^2 \times 3^2 \times 5^2 \times 7$

09

다음 중 세 수 20, $2^2 \times 3^3$, $2 \times 3^2 \times 5$의 공배수가 <u>아닌</u> 것은?

① $2^2 \times 3^3 \times 5$
② $2^2 \times 3^3 \times 5^2$
③ $2^3 \times 3^2 \times 5$
④ $2^3 \times 3^3 \times 5$
⑤ $2^3 \times 3^3 \times 5^2$

10

두 수 45, 60의 공배수 중 가장 큰 세 자리의 자연수를 구하시오.

11

두 수 $2^a \times 3^2 \times 7$, $2^2 \times 3^b \times c$의 최대공약수가 2×3^2, 최소공배수가 $2^2 \times 3^4 \times 5 \times 7$일 때, 자연수 a, b, c에 대하여 $a+b+c$의 값을 구하시오. (단, c는 소수)

12

어느 터미널에서 A 버스는 5분마다, B 버스는 15분마다, C 버스는 25분마다 출발한다고 한다. 세 버스가 오전 8시에 동시에 출발하였을 때, 처음으로 다시 동시에 출발하는 시각은?

① 오전 8시 45분
② 오전 9시
③ 오전 9시 15분
④ 오전 9시 30분
⑤ 오전 9시 45분

13 추론💬

두 수 90과 140을 어떤 자연수로 각각 나누면 모두 나누어떨어지고 그 몫이 서로소가 된다. 어떤 자연수를 구하시오.

14 추론💬

세 자연수 $6 \times x$, $8 \times x$, $12 \times x$의 최소공배수가 120일 때, 세 수의 최대공약수는?

① 5
② 6
③ 10
④ 15
⑤ 20

15 문제해결🔓

두 자리의 자연수 A, B의 최대공약수는 8, 최소공배수는 48일 때, $A+B$의 값을 구하시오.

서술형 문제

1

$2^a \times 3^2 \times 5$의 약수의 개수와 288의 약수의 개수가 같을 때, 자연수 a의 값을 구하시오. [6점]

풀이

채점 기준 1   288의 약수의 개수 구하기 … 3점

채점 기준 2   자연수 a의 값 구하기 … 3점

답

한번 더!

1-1

126의 약수의 개수와 $3^2 \times 7^a$의 약수의 개수가 같을 때, 자연수 a의 값을 구하시오. [6점]

풀이

채점 기준 1   126의 약수의 개수 구하기 … 3점

채점 기준 2   자연수 a의 값 구하기 … 3점

답

2

다음 조건을 만족시키는 자연수를 구하시오. [5점]

> ㈎ 25보다 크고 30보다 작다.
> ㈏ 2개의 소인수를 가진다.
> ㈐ 두 소인수의 합은 15이다.

풀이

답

3

63에 가장 작은 자연수 x를 곱하여 어떤 자연수 y의 제곱이 되도록 할 때, $x+y$의 값을 구하시오. [6점]

풀이

답

4

세 자연수 36, 90, 120의 공배수 중에서 1000에 가장 가까운 수를 구하시오. [5점]

풀이

채점 기준 1   세 자연수의 최소공배수 구하기 … 3점

채점 기준 2   세 자연수의 공배수 중에서 1000에 가장 가까운 수 구하기 … 2점

답

한번 더!
4-1

세 자연수 30, 45, 135의 공배수 중에서 800에 가장 가까운 수를 구하시오. [5점]

풀이

채점 기준 1   세 자연수의 최소공배수 구하기 … 3점

채점 기준 2   세 자연수의 공배수 중에서 800에 가장 가까운 수 구하기 … 2점

답

5

두 자연수 A와 42의 최대공약수가 14, 최소공배수가 168일 때, 자연수 A를 구하시오. [6점]

풀이

답

6

두 분수 $5\dfrac{5}{6}$, $1\dfrac{13}{15}$의 어느 것에 곱하여도 그 결과가 자연수가 되도록 하는 분수 중 가장 작은 기약분수를 $\dfrac{a}{b}$라 할 때, $a-b$의 값을 구하시오. [7점]

풀이

답

01 중요✿

20보다 크고 50보다 작은 자연수 중 소수의 개수는?

① 4   ② 5   ③ 6

④ 7   ⑤ 8

02

다음 중 옳은 것은?

① 모든 소수는 홀수이다.

② 자연수는 소수와 합성수로 이루어져 있다.

③ 모든 자연수의 약수는 2개 이상이다.

④ 3의 배수는 모두 합성수이다.

⑤ 두 소수의 곱은 항상 합성수이다.

03

다음 중 옳은 것을 모두 고르면? (정답 2개)

① $5 \times 5 \times 5 \times 5 = 5^4$

② $\dfrac{1}{2} \times \dfrac{1}{2} \times \dfrac{1}{2} = \dfrac{3}{2}$

③ $7 + 7 + 7 = 7^3$

④ $2 \times 2 \times 5 \times 5 \times 5 = 2^2 \times 5^3$

⑤ $\dfrac{1}{2 \times 2 \times 3 \times 3 \times 3 \times 3} = 2^2 \times 3^4$

04

$2^a = 32$, $5^2 = b$를 만족시키는 자연수 a, b에 대하여 $a+b$의 값을 구하시오.

05

서로 다른 소인수가 3개인 가장 작은 자연수를 구하시오.

06

720을 소인수분해 하면 $2^a \times 3^b \times c$일 때, 자연수 a, b, c에 대하여 $a+b-c$의 값을 구하시오. (단, c는 소수)

07 중요✿

240에 자연수를 곱하여 어떤 자연수의 제곱이 되도록 할 때, 곱해야 하는 자연수 중 두 번째로 작은 자연수는?

① 15   ② 30   ③ 45

④ 60   ⑤ 90

08

다음 중 225의 약수가 <u>아닌</u> 것은?

① 3^2
② 3×5
③ 5^2
④ 3×5^2
⑤ $3^3 \times 5$

09

$3^2 \times a$의 약수의 개수가 6일 때, 다음 중 자연수 a의 값으로 알맞지 <u>않은</u> 것은?

① 2
② 5
③ 9
④ 11
⑤ 27

10 중요♥

다음 중 두 수가 서로소인 것은?

① 6, 21
② 12, 35
③ 14, 20
④ 21, 48
⑤ 40, 90

11 중요♥

두 자연수 $2^3 \times \square$, $2^2 \times 3^5 \times 7$의 최대공약수가 $2^2 \times 3^2$일 때, 다음 중 □ 안에 들어갈 수 <u>없는</u> 수는?

① 27
② 36
③ 45
④ 72
⑤ 90

12

두 분수 $\dfrac{12}{n}$, $\dfrac{20}{n}$이 자연수가 되도록 하는 자연수 n의 값을 모두 구하시오.

13

남학생 48명과 여학생 32명 모두를 보트에 나누어 태우려고 한다. 모든 보트에 남학생과 여학생을 각각 똑같이 나누어 태울 때, 가능한 한 많은 보트를 이용한다면 필요한 보트는 모두 몇 대인가? (단, 남학생과 여학생 중 하나가 타지 않은 보트는 생각하지 않는다.)

① 2대
② 4대
③ 8대
④ 16대
⑤ 32대

14

연필 56자루, 볼펜 35자루, 지우개 45개를 되도록 많은 학생들에게 똑같이 나누어 주었더니 연필은 2자루가 남고, 볼펜은 1자루가 부족하고, 지우개는 3개가 남았다. 이때 학생은 모두 몇 명인지 구하시오.

15

다음 중 옳지 <u>않은</u> 것을 모두 고르면? (정답 2개)

① 서로소인 두 자연수는 공약수가 없다.
② 서로 다른 두 짝수는 서로소가 될 수 없다.
③ 최대공약수가 1인 두 자연수는 서로소이다.
④ 두 자연수가 서로소이면 둘 중 하나는 소수이다.
⑤ 두 자연수의 공배수는 두 수의 최소공배수의 배수와 같다.

16

다음 중 최소공배수가 16인 두 자연수의 공배수가 <u>아닌</u> 것은?

① 16   ② 32   ③ 40
④ 64   ⑤ 80

17

다음 중 두 수 $A = 2^2 \times 3 \times 5$, $B = 2^2 \times 3^2 \times 7$에 대한 설명으로 옳지 <u>않은</u> 것은?

① 두 수의 최대공약수는 $2^2 \times 3$이다.
② 두 수의 최소공배수는 $2^2 \times 3^2 \times 5 \times 7$이다.
③ 두 수의 공약수는 4개이다.
④ B의 소인수는 2, 3, 7이다.
⑤ 두 수 A와 B는 서로소가 아니다.

18

세 수 18, 30, 84의 최대공약수를 G, 최소공배수를 L이라 할 때, $\dfrac{L}{G}$의 값을 구하시오.

19 중요♻

두 수 $2^3 \times 3^3 \times 5^a \times 11$, $2 \times 3^b \times 7$의 최소공배수가 $2^3 \times 3^4 \times 5 \times 7 \times 11$일 때, 자연수 a, b에 대하여 $a \times b$의 값은?

① 1   ② 4   ③ 6
④ 10   ⑤ 12

20

두 자연수 A, B의 곱이 144이고 최대공약수가 6이다. $A < B$일 때, 두 자연수 A, B를 각각 구하시오.

21

어떤 자연수를 5로 나누면 1이 남고, 6으로 나누면 2가 남고, 9로 나누면 5가 남는다고 한다. 이와 같은 자연수 중 가장 작은 수를 구하시오.

22

매미의 수명은 종류에 따라 5년, 7년, 13년, 17년 등의 소수로 나타나는데 그 이유는 매미가 천적을 피하는 데 유리하기 때문이라 한다. 수명이 7년인 매미와 수명이 6년인 천적이 같은 해에 출현해 매미가 천적의 공격을 받았다고 할 때, 수명이 7년인 매미는 몇 년에 한 번씩 수명이 6년인 천적의 공격을 받는지 구하시오. (단, 매미와 천적이 같은 해에 출현할 경우, 매미는 무조건 천적의 공격을 받는다.)

교과서에서 쏙 빼온 문제

1

어떤 세포 1개는 하루가 지나면 2개로 나누어지고 2일, 3일, 4일, ... 후에는 각각 4개, 8개, 16개, ...로 나누어진다. 50일 후에는 이 세포 1개가 몇 개의 세포로 나누어지는지 거듭제곱을 이용하여 나타내시오.

2

다음 방법을 이용하여 암호문을 해독하시오.

❶ 위쪽 칸 ㄱ~ㅁ에 2730의 소인수를 작은 수부터 차례로 적는다.

❷ 1행의 수 6, 10, 7, 14, 18에서 ㄱ~ㅁ에 적힌 수를 각각 뺀다.

❸ 나온 수에 해당하는 문자를 아래 표에서 순서대로 찾아 암호문을 해독한다.

수	1	2	3	4	5	6	7	8	9	10
문자	ㄱ	ㄹ	ㅂ	ㅅ	ㅇ	ㅎ	ㅏ	ㅐ	ㅗ	ㅜ

3

다음 조건을 만족시키는 가장 작은 자연수를 구하시오.

㉮ 12, 20으로 각각 나누어떨어진다.
㉯ 세 자리의 자연수이다.

4

육십갑자는 10개의 천간과 12개의 지지를 다음 그림처럼 두 톱니바퀴를 돌리며 맞추어 쓴 것이다. 갑오개혁은 1894년에 일어난 근대화 운동인데 갑오는 천간의 갑과 지지의 오가 합쳐진 것이다. 갑오개혁이 일어난 해와 육십갑자가 같은 가장 최근의 해를 구하시오.

워크북 86쪽~87쪽에서 한번 더 연습해 보세요.

Ⅱ
정수와 유리수

1. 정수와 유리수
2. 정수와 유리수의 계산

이 단원을 배우면 양수와 음수, 정수와 유리수의 개념을 알고 수의 대소 관계를 판단할 수 있어요. 또, 정수와 유리수의 사칙계산의 원리를 이해하고 그 계산을 할 수 있어요.

01 정수와 유리수

1 양수와 음수

(1) **부호를 가진 수** : 서로 반대되는 성질을 가지는 양을 어떤 기준을 중심으로 한쪽은 '+', 다른 쪽은 '−'로 나타낼 수 있다. → + : **양의 부호**, − : **음의 부호**

(2) **양수** : 양의 부호 +를 붙인 수 → 0보다 큰 수　　**예** $+2$, $+\frac{1}{3}$, $+0.25$, ...

(3) **음수** : 음의 부호 −를 붙인 수 → 0보다 작은 수　　**예** -5, $-\frac{2}{7}$, -1.3, ...

참고 양의 부호 +와 음의 부호 −는 각각 덧셈, 뺄셈의 기호와 같지만 그 의미는 다르다.

용어
- **양의 부호 +**
  '그리고'라는 뜻의 라틴어 et가 변형된 것
- **음의 부호 −**
  '부족하게'라는 뜻의 minus에서 유래

2 정수

(1) **양의 정수** : 자연수에 양의 부호 +를 붙인 수　　**예** $+1$, $+2$, $+3$, ...

　　참고 양의 정수 $+1$, $+2$, $+3$, ...은 양의 부호 +를 생략하여 1, 2, 3, ...과 같이 나타내기도 한다. 즉, 양의 정수는 자연수와 같다.

(2) **음의 정수** : 자연수에 음의 부호 −를 붙인 수　　**예** -1, -2, -3, ...

(3) 양의 정수, 0, 음의 정수를 통틀어 **정수**라 한다. → 0은 양의 정수도 아니고 음의 정수도 아니다.

3 유리수

(1) **양의 유리수** : 분모와 분자가 모두 자연수인 분수에 양의 부호 +를 붙인 수

　　예 $+\frac{1}{2}$, $+\frac{2}{3}$, $+\frac{3}{4}$, ...

　　참고 양의 유리수도 양의 정수와 마찬가지로 +를 생략하여 나타낼 수 있다.

(2) **음의 유리수** : 분모와 분자가 모두 자연수인 분수에 음의 부호 −를 붙인 수

　　예 $-\frac{1}{2}$, $-\frac{2}{3}$, $-\frac{3}{4}$, ...

(3) 양의 유리수, 0, 음의 유리수를 통틀어 **유리수**라 한다. → 0은 양의 유리수도 아니고 음의 유리수도 아니다.

(4) **유리수의 분류**

$$
\text{유리수} \begin{cases} \text{정수} \begin{cases} \text{양의 정수(자연수)} : +1, +2, +3, ... \\ 0 \\ \text{음의 정수} : -1, -2, -3, ... \end{cases} \\ \text{정수가 아닌 유리수} : +\frac{1}{2}, -\frac{2}{3}, +0.7, -4.9, ... \end{cases}
$$

참고 앞으로 특별한 말이 없을 때는 수라 하면 유리수를 말한다.

용어

유리수(있을 有, 다스릴 理, 셈 數)
두 정수 a와 b에 대하여 $\frac{a}{b}$ 꼴로 나타낼 수 있는 수 (단, $b \neq 0$)

모든 정수는 분수로 나타낼 수 있으므로 모든 정수는 유리수이다.

유리수를 정수와 분수로 분류하지 않도록 주의한다. $\frac{3}{1}$, $-\frac{4}{2}$와 같은 수는 분수 꼴이지만 $\frac{3}{1}=3$, $-\frac{4}{2}=-2$이므로 모두 정수이다.

4 유리수와 수직선

(1) **수직선** : 직선 위에 기준이 되는 점을 정하여 그 점에 0을 대응시키고, 그 점의 오른쪽과 왼쪽에 일정한 간격으로 점을 잡은 후, 오른쪽 점에 양의 정수를, 왼쪽 점에 음의 정수를 대응시킨 직선

　　참고 수직선에서 0을 나타내는 기준이 되는 점을 원점이라 한다.

(2) 모든 유리수는 수직선 위의 점에 대응시킬 수 있다.

개념 1 부호를 사용하여 나타낼 수 있을까?

양의 부호

| + | → | 영상 | 지상 | 이익 | 해발 | 증가 |

200 증가 : + 200

음의 부호

| − | → | 영하 | 지하 | 손해 | 해저 | 감소 |

반대

200 감소 : − 200

---

1 부호 +, −를 사용하여 다음 □ 안에 알맞은 것을 써넣으시오.

(1) 영상 10 ℃를 +10 ℃로 나타내면
영하 7 ℃는 [   ]로 나타낸다.

(2) 해발 2000 m를 +2000 m로 나타내면
해저 1500 m는 [   ]로 나타낸다.

(3) 500원 손해를 −500원으로 나타내면
200원 이익은 [   ]으로 나타낸다.

1-1 부호 +, −를 사용하여 다음 □ 안에 알맞은 것을 써넣으시오.

(1) 지하 2층을 −2층으로 나타내면
지상 3층은 [   ]으로 나타낸다.

(2) 7점 득점을 +7점으로 나타내면
4점 실점은 [   ]으로 나타낸다.

(3) 동쪽으로 3 km 이동하는 것을 +3 km로 나타내면 서쪽으로 5 km 이동하는 것은 [   ]로 나타낸다.

개념 2 양수와 음수는 어떤 수일까?

(1) 양수
0보다 큰 수 → 양의 부호 ⊕를 붙인 수
예 0보다 2만큼 큰 수 → ⊕2

(2) 음수
0보다 작은 수 → 음의 부호 ⊖를 붙인 수
예 0보다 2만큼 작은 수 → ⊖2

---

2 다음 수를 부호 +, −를 사용하여 나타내시오.

(1) 0보다 3만큼 큰 수

(2) 0보다 4만큼 작은 수

(3) 0보다 1.5만큼 큰 수

(4) 0보다 $\frac{1}{2}$만큼 작은 수

2-1 다음 수를 부호 +, −를 사용하여 나타내시오.

(1) 0보다 5만큼 큰 수

(2) 0보다 7만큼 작은 수

(3) 0보다 $\frac{3}{4}$만큼 큰 수

(4) 0보다 2.1만큼 작은 수

개념 3 정수와 유리수는 어떻게 분류할까?

정수

- 음의 정수 : -1, $-\dfrac{4}{2}(=-2)$, ...
- 0 ────→ 약분하면 정수
- 양의 정수 : $+2$, $+\dfrac{12}{4}(=+3)$, ...

유리수

- 음의 유리수 : $-\dfrac{3}{4}$, $-0.5\left(=-\dfrac{1}{2}\right)$, ...
- 0 ────→ 분수로 나타내어지므로 유리수
- 양의 유리수 : $+\dfrac{1}{3}$, $+2\left(=+\dfrac{2}{1}\right)$, ...

→ 유리수 ┌ 정수 : -1, 0, $+2$, ...
      └ 정수가 아닌 유리수 : $-\dfrac{3}{4}$, -0.5, $+\dfrac{1}{3}$, ...

> 유리수는 정수와 정수가 아닌 유리수로 분류할 수 있어.

3 다음 수를 **보기**에서 모두 고르시오.

─ 보기 ─
$+3$, -2.1, $\dfrac{1}{7}$, 0, -5, $-\dfrac{11}{3}$, $\dfrac{10}{5}$

(1) 양의 정수

(2) 정수

(3) 음의 유리수

(4) 정수가 아닌 유리수

3-1 다음 수를 **보기**에서 모두 고르시오.

─ 보기 ─
-1, $-\dfrac{1}{5}$, $+6$, $\dfrac{10}{2}$, 3.9, 0, $-\dfrac{14}{7}$

(1) 음의 정수

(2) 정수

(3) 양의 유리수

(4) 정수가 아닌 유리수

개념 4 유리수를 수직선 위에 나타낼 수 있을까?

> 모든 유리수는 수직선 위의 점에 대응시킬 수 있어.

4 다음 수직선에서 네 점 A, B, C, D에 대응하는 수를 각각 구하시오.

(1) 점 A : _____

(2) 점 B : _____

(3) 점 C : _____

(4) 점 D : _____

4-1 다음 수에 대응하는 점을 수직선 위에 나타내시오.

(1) -2

(2) $+1.5$

(3) $-\dfrac{5}{2}$

(4) $+3$

개념 완성하기

• **유리수의 분류**

01 다음 중 **보기**의 수에 대한 설명으로 옳지 <u>않은</u> 것은?

• 보기 •
$$+2, \quad -\frac{1}{4}, \quad 0, \quad 4, \quad \frac{1}{3}, \quad 2.5, \quad -\frac{9}{3}$$

① 양수는 4개이다.
② 음수는 2개이다.
③ 정수는 3개이다.
④ 유리수는 7개이다.
⑤ 정수가 아닌 유리수는 3개이다.

02 다음 수 중 자연수의 개수를 a, 정수가 아닌 유리수의 개수를 b라 할 때, $a-b$의 값을 구하시오.

$$-\frac{1}{2}, \quad 0, \quad 1, \quad -5, \quad 1.2, \quad \frac{20}{4}, \quad +7$$

• **정수와 유리수**   중요 ☆

03 다음 **보기**에서 옳은 것을 모두 고르시오.

• 보기 •
ㄱ. 0은 정수가 아니다.
ㄴ. 자연수에 음의 부호를 붙인 수는 음의 정수이다.
ㄷ. 정수 중에는 유리수가 아닌 수도 있다.
ㄹ. 유리수는 양의 유리수, 0, 음의 유리수로 이루어져 있다.

04 다음 중 옳지 <u>않은</u> 것은?

① 모든 자연수는 정수이다.
② 음의 정수는 무수히 많다.
③ 양의 정수가 아닌 정수는 음의 정수이다.
④ -2는 음의 유리수이다.
⑤ 유리수는 정수와 정수가 아닌 유리수로 나눌 수 있다.

• **수를 수직선 위에 나타내기**

05 다음 물음에 답하시오.

(1) 수직선 위에 $-\frac{7}{3}$과 $\frac{3}{5}$에 대응하는 점을 각각 나타내시오.

```
◄——┼———┼———┼———┼———┼———┼——►
   -3    -2    -1     0     1     2
```

(2) 수직선 위에서 $-\frac{7}{3}$에 가장 가까운 정수와 $\frac{3}{5}$에 가장 가까운 정수를 차례로 구하시오.

06 수직선 위에서 $-\frac{13}{5}$에 가장 가까운 정수와 $\frac{7}{4}$에 가장 가까운 정수를 차례로 구하시오.

02 정수와 유리수의 대소 관계

1 절댓값

(1) **절댓값** : 수직선 위에서 어떤 수에 대응하는 점
과 원점 사이의 거리를 그 수의 절댓값이라 한
다. **기호** | |

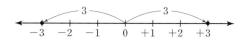

예 $|+2|=2$, $\left|-\dfrac{1}{3}\right|=\dfrac{1}{3}$, $|0|=0$

(2) **절댓값의 성질**

① 절댓값이 $a\,(a>0)$인 수는 $+a$, $-a$의 2개이다.

　예 절댓값이 2인 수 ➜ $+2$, -2

　참고 절댓값이 0인 수는 0뿐이다.

② 절댓값은 거리를 나타내므로 항상 0 또는 양수이다.

③ 원점에서 멀리 떨어질수록 절댓값이 커진다.

　참고 ① $a>0$이면 $|a|=a$　② $a=0$이면 $|a|=0$　③ $a<0$이면 $|a|=-a$

절댓값이 가장 작은 수는 0이다.

2 정수와 유리수의 대소 관계

(1) 음수는 0보다 작고, 양수는 0보다 크다.

　➜ (음수) $<0<$ (양수)

　예 $-3<0$, $0<+2$

(2) 양수는 음수보다 크다.

　➜ (음수) $<$ (양수)

　예 $-2<+1$

(3) 양수끼리는 절댓값이 큰 수가 더 크다.

　예 $+2<+5$

(4) 음수끼리는 절댓값이 큰 수가 더 작다.

　예 $-3<-1$

수직선에서 수는 오른쪽으로 갈수록 커지고, 왼쪽으로 갈수록 작아진다.

3 부등호의 사용

부등호 $>$, $<$, $\geq$, $\leq$를 사용하여 수의 대소 관계를 나타낼 수 있다.

$x>a$	$x<a$	$x\geq a$	$x\leq a$
x는 a보다 크다. x는 a 초과이다.	x는 a보다 작다. x는 a 미만이다.	x는 a보다 크거나 같다. x는 a보다 작지 않다. x는 a 이상이다.	x는 a보다 작거나 같다. x는 a보다 크지 않다. x는 a 이하이다.

용어

- **기호 $\geq$**
  $>$ 또는 $=$
- **기호 $\leq$**
  $<$ 또는 $=$

절댓값이 5인 수와 5의 절댓값은 같은 값일까?

절댓값이 5인 수는 -5와 5이고 5의 절댓값은 $|5|=5$이므로 서로 다른 값이다.

개념 1 절댓값은 무엇일까?

+3의 절댓값	원점으로부터 +3까지의 거리 →	부호를 떼어낸다. $|+3| = 3$

−3의 절댓값	원점으로부터 −3까지의 거리 →	부호를 떼어낸다. $|-3| = 3$

−3의 절댓값 ↘   ↙ +3의 절댓값
거리 : 3   거리 : 3
−3   0   +3

---

1 다음을 구하시오.

(1) +4의 절댓값

(2) −9의 절댓값

(3) 0의 절댓값

(4) $\left|+\dfrac{3}{2}\right|$

(5) $|-3.8|$

1-1 다음을 구하시오.

(1) +8의 절댓값

(2) $-\dfrac{1}{4}$의 절댓값

(3) +2.3의 절댓값

(4) $\left|+\dfrac{2}{5}\right|$

(5) $|-11|$

개념 2 절댓값은 어떤 성질을 가지고 있을까?

절댓값이 3인 수	=	+3, −3

원점으로부터 거리가 3인 수

절댓값이 a $(a>0)$인 수는 $+a$, $-a$의 2개!

주의 3의 절댓값은 $|+3|=3$이다. 즉, 3의 절댓값과 절댓값이 3인 수는 서로 다르므로 구분할 수 있어야 한다.

---

2 다음을 구하시오.

(1) 절댓값이 6인 수

(2) 절댓값이 $\dfrac{1}{2}$인 수

(3) 절댓값이 2.5인 양수

(4) 원점으로부터 거리가 8인 수

2-1 다음을 구하시오.

(1) 절댓값이 5인 수

(2) 절댓값이 0인 수

(3) 절댓값이 $\dfrac{2}{3}$인 음수

(4) 원점으로부터 거리가 4인 수

개념 3 유리수의 대소 관계는 어떻게 비교할까?

-4, $+2$ — (음수) < 0 < (양수) → $-4 < +2$

$+2$, $+4$ — 양수끼리는 절댓값 큰 수가 더 크다. $|+2|=2$, $|+4|=4$ → $+2 < +4$

-2, -4 — 음수끼리는 절댓값 큰 수가 더 작다. $|-2|=2$, $|-4|=4$ → $-2 > -4$

절댓값이 큰 수가 더 작다.　절댓값이 큰 수가 더 크다.

-4 -3 -2 -1 0 1 2 3 4

오른쪽에 있는 수일수록 크다.

3 다음 ○ 안에 >, < 중 알맞은 부등호를 써넣으시오.

(1) -5 ○ $+3$

(2) 0 ○ -2

(3) $+1$ ○ $+4$

(4) $-\dfrac{1}{3}$ ○ -3

(5) -0.5 ○ $-\dfrac{1}{4}$

3-1 다음 ○ 안에 >, < 중 알맞은 부등호를 써넣으시오.

(1) $+6$ ○ -3

(2) 0 ○ $+5$

(3) $+2$ ○ $+1.2$

(4) $-\dfrac{1}{5}$ ○ -1

(5) $-\dfrac{1}{2}$ ○ $-\dfrac{1}{3}$

개념 4 부등호를 사용하여 문장을 식으로 어떻게 나타낼까?

x는 3보다 크다. / x는 3 초과이다. → $x > 3$

x는 3보다 작다. / x는 3 미만이다. → $x < 3$

x는 3보다 크거나 같다. / x는 3보다 작지 않다. / x는 3 이상이다. → $x \geq 3$

x는 3보다 작거나 같다. / x는 3보다 크지 않다. / x는 3 이하이다. → $x \leq 3$

4 다음을 부등호를 사용하여 나타내시오.

(1) x는 -3 미만이다.

(2) x는 $\dfrac{2}{7}$보다 작지 않다.

(3) x는 -1 이상 5 미만이다.

(4) x는 2보다 크고 6보다 작거나 같다.

4-1 다음을 부등호를 사용하여 나타내시오.

(1) x는 7 이상이다.

(2) x는 $-\dfrac{1}{3}$보다 크지 않다.

(3) x는 4 초과 10 이하이다.

(4) x는 -2보다 크거나 같고 3보다 작다.

개념 완성하기

▸ 절댓값

01 -4의 절댓값을 a, 절댓값이 10인 수 중 양수를 b라 할 때, $a+b$의 값은?

① 6　　　　② 8　　　　③ 10

④ 12　　　　⑤ 14

02 -7의 절댓값을 a, 절댓값이 4인 수 중 음수를 b라 할 때, a, b의 값을 각각 구하시오.

▸ 절댓값의 대소 관계　　　　중요✿

03 다음 수를 절댓값이 큰 수부터 차례로 나열하시오.

$$-5, \ \frac{7}{2}, \ -\frac{1}{3}, \ 0, \ 1$$

04 다음 수를 절댓값이 작은 수부터 차례로 나열할 때, 세 번째에 오는 수를 구하시오.

$$-3.5, \ 4, \ -\frac{9}{2}, \ 1, \ 2.6, \ -7$$

▸ 절댓값이 같고 부호가 서로 다른 두 수

05 절댓값이 같고 부호가 서로 다른 두 수를 수직선 위에 나타내면 두 수에 대응하는 두 점 사이의 거리가 6이다. 이때 두 수 중 큰 수를 구하시오.

코칭 Plus

수직선에서 절댓값이 같고 부호가 서로 다른 두 수에 대응하는 두 점 사이의 거리가 a이면

➜ 두 수의 차는 a

➜ 큰 수는 $\dfrac{a}{2}$, 작은 수는 $-\dfrac{a}{2}$

06 절댓값이 같고 $a>b$인 두 수 a, b를 수직선 위에 나타내면 a, b에 대응하는 두 점 사이의 거리가 18이다. 이때 두 수 a, b를 각각 구하시오.

유리수의 대소 관계 중요 ✡

07 다음 중 두 수의 대소 관계가 옳은 것을 모두 고르면?

(정답 2개)

① $1 < -\dfrac{1}{2}$ 　　② $-3 > -4.5$

③ $\dfrac{1}{4} < 0$ 　　④ $\dfrac{1}{3} > \dfrac{2}{5}$

⑤ $\left| -\dfrac{2}{3} \right| > \left| -\dfrac{1}{2} \right|$

08 다음 중 두 수의 대소 관계가 옳지 <u>않은</u> 것은?

① $-7 < 4$ 　　② $0 > -0.6$

③ $\dfrac{8}{5} < 2$ 　　④ $\dfrac{1}{3} < \left| -\dfrac{1}{4} \right|$

⑤ $\left| -\dfrac{9}{2} \right| > |+4|$

부등호를 사용하여 나타내기

09 다음 중 옳지 <u>않은</u> 것은?

① a는 3 이상이다. ➡ $a \geq 3$

② a는 $-\dfrac{1}{3}$보다 크다. ➡ $a > -\dfrac{1}{3}$

③ a는 0 미만이다. ➡ $a < 0$

④ a는 -1보다 크지 않다. ➡ $a \geq -1$

⑤ a는 -2 초과 5 이하이다. ➡ $-2 < a \leq 5$

10 'x는 -2보다 작지 않고 $\dfrac{2}{3}$보다 작다.'를 부등호를 사용하여 바르게 나타낸 것은?

① $-2 < x < \dfrac{2}{3}$ 　　② $-2 < x \leq \dfrac{2}{3}$

③ $-2 \leq x < \dfrac{2}{3}$ 　　④ $-2 \leq x \leq \dfrac{2}{3}$

⑤ $x < \dfrac{2}{3}$

두 유리수 사이에 있는 수 중요 ✡

11 다음을 만족시키는 정수 x를 모두 구하시오.

(1) $-\dfrac{7}{2} < x \leq 3$

(2) $-\dfrac{11}{4} < x < 1.5$

12 두 유리수 $-\dfrac{14}{3}$와 $\dfrac{12}{5}$ 사이에 있는 정수의 개수는?

① 3 　　② 4 　　③ 5

④ 6 　　⑤ 7

01

다음 중 **보기**의 수에 대한 설명으로 옳은 것은?

┌─ 보기 ─────────────────────────┐
$-2,\ 3,\ \dfrac{2}{7},\ 0,\ -\dfrac{4}{3},\ -3.4$
└──────────────────────────────┘

① 정수는 -2, 3이다.
② 양수는 3뿐이다.
③ 유리수는 $\dfrac{2}{7}$, $-\dfrac{4}{3}$, -3.4이다.
④ 정수가 아닌 유리수는 3개이다.
⑤ 0은 정수이지만 유리수는 아니다.

02

다음 수를 수직선 위에 나타내었을 때, 가장 오른쪽에 있는 점에 대응하는 수는?

① $\dfrac{3}{2}$ ② 3.2 ③ -1

④ $-\dfrac{5}{2}$ ⑤ $\dfrac{8}{3}$

03

수직선에서 절댓값이 8인 수에 대응하는 두 점 사이의 거리는?

① 4 ② 8 ③ 12
④ 16 ⑤ 20

04

다음 중 절댓값이 가장 큰 수는?

① $-\dfrac{5}{2}$ ② $-\dfrac{17}{6}$ ③ $-\dfrac{15}{4}$

④ 3 ⑤ $\dfrac{7}{3}$

05

절댓값이 3 미만인 정수의 개수를 구하시오.

06

다음 중 ◯ 안에 들어갈 부등호의 방향이 나머지 넷과 다른 하나는?

① $-5 \bigcirc 3$ ② $0 \bigcirc 0.2$

③ $-\dfrac{2}{5} \bigcirc -\dfrac{1}{3}$ ④ $\dfrac{5}{2} \bigcirc \left| -\dfrac{4}{3} \right|$

⑤ $\left| -\dfrac{3}{5} \right| \bigcirc \left| -\dfrac{3}{4} \right|$

07

다음을 부등호를 사용하여 나타내고, 이를 만족시키는 정수 x의 개수를 구하시오.

┌──────────────────────────────┐
x는 $-\dfrac{1}{2}$보다 크거나 같고 3보다 크지 않다.
└──────────────────────────────┘

한걸음 더

08 추론💬

다음 조건을 만족시키는 x, y의 값을 각각 구하시오.

┌──────────────────────────────┐
⑺ 두 수 x, y를 수직선 위에 나타내면 x, y에 대응하는 두 점 사이의 거리가 4이다.
⑻ x와 y의 절댓값은 같다.
⑼ $|x| = x$
└──────────────────────────────┘

1

두 수 a, b의 절댓값이 같고 a는 b보다 10만큼 클 때, a, b의 값을 각각 구하시오. [6점]

풀이

채점 기준 1   두 수 a, b에 대응하는 두 점 사이의 거리 구하기 … 2점

채점 기준 2   두 점이 원점으로부터 떨어진 거리 구하기 … 2점

채점 기준 3 a, b의 값을 각각 구하기 … 2점

답

1-1

두 수 a, b의 절댓값이 같고 a는 b보다 8만큼 작을 때, a, b의 값을 각각 구하시오. [6점]

풀이

채점 기준 1   두 수 a, b에 대응하는 두 점 사이의 거리 구하기 … 2점

채점 기준 2   두 점이 원점으로부터 떨어진 거리 구하기 … 2점

채점 기준 3 a, b의 값을 각각 구하기 … 2점

답

2

수직선에서 원점으로부터 거리가 4인 두 점에 대응하는 두 수 중 큰 수를 a, 원점으로부터 거리가 1인 두 점에 대응하는 두 수 중 작은 수를 b라 할 때, 두 수 a, b에 대응하는 두 점 사이의 거리를 구하시오. [6점]

풀이

답

3

$-\dfrac{11}{3} < x < \dfrac{9}{4}$를 만족시키는 정수 x의 값 중 가장 큰 수를 a, 가장 작은 수를 b라 할 때, a, b의 값을 각각 구하시오. [6점]

풀이

답

01

다음 중 부호 +, -를 사용하여 나타낸 것으로 옳지 <u>않은</u> 것은?

① 지상 4층 : +4층

② 해저 500 m : -500 m

③ 300원 이익 : -300원

④ 영하 2 ℃ : -2 ℃

⑤ 10점 상승 : +10점

02 중요♥

유리수를 오른쪽과 같이 분류할 때, 다음 중 □ 안에 속하는 수를 모두 고르면? (정답 2개)

① $-\dfrac{4}{2}$

② -1.7

③ 0

④ $\dfrac{3}{7}$

⑤ 13

03

다음 수 중 음의 유리수의 개수를 a, 정수의 개수를 b라 할 때, $a+b$의 값을 구하시오.

$$-\dfrac{5}{2},\ 0,\ 0.4,\ \dfrac{9}{5},\ -\dfrac{12}{3},\ 8,\ -3.6$$

04

다음 중 수직선 위의 5개의 점 A, B, C, D, E에 대응하는 수로 옳지 <u>않은</u> 것은?

① A : $-\dfrac{5}{2}$ ② B : $-\dfrac{2}{3}$ ③ C : $\dfrac{1}{2}$

④ D : $\dfrac{8}{3}$ ⑤ E : 3

05

수직선에서 -5와 3에 대응하는 두 점으로부터 같은 거리에 있는 점에 대응하는 수를 구하시오.

06

$+\dfrac{15}{4}$의 절댓값을 a, $-\dfrac{3}{2}$의 절댓값을 b라 할 때, $a-b$의 값은?

① $\dfrac{3}{2}$ ② $\dfrac{7}{4}$ ③ 2

④ $\dfrac{9}{4}$ ⑤ $\dfrac{5}{2}$

07 중요♥

다음 수를 수직선 위에 나타내었을 때, 원점에서 가장 멀리 떨어진 것은?

① $-\dfrac{13}{3}$ ② -4 ③ 5.7

④ 3 ⑤ $-\dfrac{3}{4}$

08

다음 중 절댓값이 가장 큰 수와 절댓값이 가장 작은 수를 차례로 구하시오.

$$-6, \quad -1.2, \quad 3, \quad 0.4, \quad -\frac{2}{3}, \quad 5$$

09

절댓값이 같고 $a<b$인 두 수 a, b를 수직선 위에 나타내면 a, b에 대응하는 두 점 사이의 거리가 14이다. 이때 두 수 a, b를 각각 구하시오.

10

다음 중 옳은 것을 모두 고르면? (정답 2개)

① 음수보다 큰 수는 모두 양수이다.
② 절댓값이 8인 수는 -8이다.
③ 절댓값이 가장 작은 수는 0이다.
④ 절댓값이 같은 두 수는 서로 같다.
⑤ 음수끼리는 절댓값이 큰 수가 더 작다.

11 중요✿

다음 중 두 수의 대소 관계가 옳지 <u>않은</u> 것은?

① $-\frac{4}{3} > -\frac{3}{2}$ 　　　② $\frac{7}{2} > -\frac{8}{3}$

③ $\left|-\frac{5}{4}\right| > 0$ 　　　④ $\left|-\frac{7}{2}\right| > \left|-\frac{15}{2}\right|$

⑤ $|-2.4| > |+2.1|$

12

다음 수를 작은 수부터 차례로 나열할 때, 두 번째에 오는 수를 구하시오.

$$\frac{1}{3}, \quad -5, \quad -3, \quad 0, \quad -\frac{1}{2}, \quad -\frac{11}{2}$$

13

다음 대화에서 나머지 친구들과 다른 것을 말한 친구는 누구인지 구하시오.

14 중요✿

다음을 만족시키는 정수 x 중 절댓값이 가장 큰 수를 구하시오.

$$x는 -\frac{10}{3} 이상이고 2.5보다 크지 않다.$$

15

두 유리수 $-\frac{8}{3}$과 $\frac{5}{4}$ 사이에 있는 정수가 아닌 유리수 중 분모가 3인 기약분수는 모두 몇 개인지 구하시오.

1

다음 영주의 일기에서 밑줄 친 ㉠~㉫을 부호 ＋, －
를 사용하여 나타내시오.

> 20××년 3월 ××일
>
> 어제는 꽃샘추위로 낮 최고 기온이 ㉠영하 5 ℃였는
> 데, 오늘은 ㉡영상 10 ℃로 포근했다. ㉢4일 후에는
> ㉣15일 전부터 가족들과 약속한 가족 여행을 간다.
> 가족 여행 첫째 날은 숙소에서 ㉤서쪽으로 6 km 떨어
> 진 해안가를 둘러보고, 둘째 날은 숙소에서 ㉫동쪽
> 으로 5 km 떨어진 유적지를 방문할 예정이다.
> 얼른 여행가는 날이 왔으면 좋겠다.

2

다음 표에서 각 수의 분류에 해당하는 수를 찾아 색
칠하였을 때, 나타나는 글자를 구하시오.

자연수	$+5$	-0.7	$\dfrac{6}{3}$	0	3
정수	-4	0	$+9$	$\dfrac{1}{2}$	$-\dfrac{8}{4}$
음의 유리수	$-\dfrac{4}{2}$	3.5	$-\dfrac{4}{3}$	$+6$	-2.8
정수가 아닌 유리수	1.3	$\dfrac{11}{6}$	-2.2	$\dfrac{12}{4}$	$-\dfrac{5}{7}$

3

다음 그림과 같이 수직선의 원점에 길이가 4인 막대
를 고정시켰다. 막대가 왼쪽으로 쓰러졌을 때, 막대
의 왼쪽 끝이 닿는 점에 대응하는 수를 구하시오.

(단, 막대의 두께는 생각하지 않는다.)

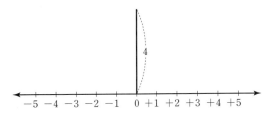

4

다음은 위대한 수학자들의 출생 연도를 나타낸 것이다.
출생 연도가 이른 수학자부터 차례로 이름을 나열하시오.
(단, B.C.는 기원전, A.D.는 기원후를 의미한다.)

> • 아리스토텔레스 : B.C. 384
> • 갈릴레이 : A.D. 1564
> • 에라토스테네스 : B.C. 275
> • 홍정하 : A.D. 1684

워크북 **88쪽**에서
한번 더 연습해 보세요.

01 정수와 유리수의 덧셈과 뺄셈

1 정수와 유리수의 덧셈

(1) 부호가 같은 두 수의 덧셈 : 두 수의 절댓값의 합에 두 수의 공통인 부호를 붙인다.
예 $(+4)+(+2)=+(4+2)=+6$, $(-4)+(-2)=-(4+2)=-6$

(2) 부호가 다른 두 수의 덧셈 : 두 수의 절댓값의 차에 절댓값이 큰 수의 부호를 붙인다.
예 $(+5)+(-2)=+(5-2)=+3$, $(-5)+(+2)=-(5-2)=-3$
참고 절댓값이 같고 부호가 다른 두 수의 합은 0이다. **예** $(+3)+(-3)=0$

(3) 덧셈의 계산 법칙 : 세 수 a, b, c에 대하여
① 덧셈의 **교환법칙** : $a+b=b+a$
예 $(+2)+(+3)=(+3)+(+2)=+5$
② 덧셈의 **결합법칙** : $(a+b)+c=a+(b+c)$
예 $\{(+3)+(+2)\}+(+1)=(+5)+(+1)=+6$
$(+3)+\{(+2)+(+1)\}=(+3)+(+3)=+6$
참고 세 수의 덧셈에서 덧셈의 결합법칙이 성립하므로 $(a+b)+c$ 또는 $a+(b+c)$를 괄호를 사용하지 않고 $a+b+c$와 같이 나타낼 수 있다.

2 정수와 유리수의 뺄셈

두 수의 **뺄셈**은 빼는 수의 부호를 바꾸어 덧셈으로 계산할 수 있다.

빼는 수의 부호를 바꾼다.
예 $(+2)-(+4)=(+2)+(-4)=-(4-2)=-2$
뺄셈은 덧셈으로

빼는 수의 부호를 바꾼다.
$(+5)-(-3)=(+5)+(+3)=+(5+3)=+8$
뺄셈은 덧셈으로

주의 뺄셈에서는 교환법칙과 결합법칙이 성립하지 않는다.

계산 결과가 양수이면 부호 $+$는 생략하여 나타낼 수 있다.

3 덧셈과 뺄셈의 혼합 계산

(1) 덧셈과 뺄셈의 혼합 계산
❶ 뺄셈은 모두 덧셈으로 고친다.
❷ 덧셈의 교환법칙과 결합법칙을 이용하여 수를 적당히 모아서 계산한다.
예 $(-2)-(-7)+(-5)$
$=(-2)+(+7)+(-5)$ ⟩ 뺄셈을 덧셈으로 고치기
$=(+7)+(-2)+(-5)$ ⟩ 덧셈의 교환법칙
$=(+7)+\{(-2)+(-5)\}$ ⟩ 덧셈의 결합법칙
$=(+7)+(-7)=0$

(2) 부호가 생략된 수의 혼합 계산
괄호를 사용하여 생략된 양의 부호 $+$를 살려서 계산한다.
예 $-7+3-5=(-7)+(+3)-(+5)=(-7)+(+3)+(-5)=-9$

뺄셈을 덧셈으로 고칠 때, 빼는 수의 부호를 반드시 바꾸어야 한다.

개념 1 수직선을 이용한 두 수의 덧셈은 어떻게 할까?

- 양수 + 양수

$(+2)+(+3)=+5$

- 음수 + 음수

$(-2)+(-3)=-5$

- 양수 + 음수

$(+3)+(-5)=-2$

- 음수 + 양수

$(-3)+(+5)=+2$

1 수직선을 이용하여 두 수의 덧셈을 할 때, 다음 □ 안에 알맞은 수를 써넣으시오.

(1)

➔ $(+2)+(+5)=\boxed{}$

(2)

➔ $(-3)+(-6)=\boxed{}$

(3)

➔ $(+4)+(-7)=\boxed{}$

(4)

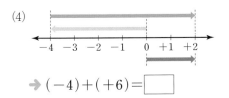

➔ $(-4)+(+6)=\boxed{}$

1-1 수직선을 이용하여 두 수의 덧셈을 할 때, 다음 수직선으로 설명할 수 있는 덧셈식을 쓰시오.

(1)

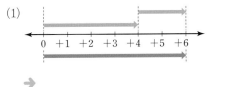

➔ _____

(2)

➔ _____

(3)

➔ _____

(4)

➔ _____

개념 2 절댓값을 이용한 두 수의 덧셈은 어떻게 할까?

• 양수 + 양수

공통인 부호
$(+3)+(+2)=+(3+2)=+5$
절댓값의 합

• 음수 + 음수

공통인 부호
$(-3)+(-2)=-(3+2)=-5$
절댓값의 합

• 양수 + 음수

절댓값이 큰 수의 부호
$(+3)+(-2)=+(3-2)=+1$
절댓값의 차

• 음수 + 양수

절댓값이 큰 수의 부호
$(-3)+(+2)=-(3-2)=-1$
절댓값의 차

• (양수)+(양수)
➜ ⊕ (절댓값의 합)
• (음수)+(음수)
➜ ⊖ (절댓값의 합)
• ┌ (양수)+(음수)
  └ (음수)+(양수)
➜ ⬤ (절댓값의 차)
└ 절댓값이 큰 수의 부호

2 다음 ○ 안에는 +, − 중 알맞은 부호를, □ 안에는 알맞은 수를 써넣으시오.

(1) $(+5)+(+2)=○(5+2)=○□$

(2) $(-7)+(-4)=○(7+□)=○□$

(3) $(+3)+(-5)=○(5-3)=○□$

(4) $(-4)+(+8)=○(□-4)=○□$

2-1 다음을 계산하시오.

(1) $(+3)+(+7)$

(2) $(-11)+(-4)$

(3) $(+8)+(-5)$

(4) $(-7)+(+2)$

3 다음 ○ 안에는 +, − 중 알맞은 부호를, □ 안에는 알맞은 수를 써넣으시오.

(1) $\left(+\dfrac{1}{3}\right)+\left(+\dfrac{5}{6}\right)=○\left(\dfrac{□}{6}+\dfrac{5}{6}\right)=○□$

(2) $\left(+\dfrac{3}{2}\right)+\left(-\dfrac{7}{5}\right)=○\left(\dfrac{15}{10}-\dfrac{□}{10}\right)=○□$

(3) $(-5.2)+(+3.1)=○(□-3.1)=○□$

(4) $(-1.3)+(-4.7)=○(1.3+□)=○□$

3-1 다음을 계산하시오.

(1) $\left(+\dfrac{1}{2}\right)+\left(+\dfrac{3}{4}\right)$

(2) $\left(+\dfrac{3}{7}\right)+\left(-\dfrac{2}{3}\right)$

(3) $(-2.9)+(+3.6)$

(4) $(-1)+(-7.3)$

개념 3 덧셈의 계산 법칙에는 어떤 것이 있을까?

$(-13)+(+6)+(-3)$
$=(-13)+(-3)+(+6)$ ⎬ 덧셈의 교환법칙 → $a+b=b+a$: 순서를 바꾼다.
$=\{(-13)+(-3)\}+(+6)$ ⎬ 덧셈의 결합법칙 → $(a+b)+c=a+(b+c)$: 괄호로 묶는다.
$=(-16)+(+6)$
$=-10$

• ●+■=■+●
• (●+■)+▲
  =●+(■+▲)

4 다음 □ 안에 알맞은 것을 써넣으시오.

$(-6)+(+15)+(-4)$
$=(+15)+(\boxed{})+(-4)$ ⎬ 덧셈의 □
$=(+15)+\{(\boxed{})+(-4)\}$ ⎬ 덧셈의 □
$=(+15)+(\boxed{})$
$=\boxed{}$

4-1 덧셈의 계산 법칙을 이용하여 다음을 계산하시오.

(1) $(-8)+(+3)+(+8)$

(2) $(-17)+(+9)+(-3)$

(3) $\left(+\dfrac{3}{2}\right)+(-5)+\left(+\dfrac{7}{2}\right)$

(4) $(-0.4)+(+6)+(-0.6)$

개념 4 두 수의 뺄셈은 어떻게 할까?

• 어떤 수 − 양수

$(+12)\ominus(+5)$

뺄셈을 덧셈으로 ↓   빼는 수의 부호를 반대로 ↓
$=(+12)\oplus(\ominus 5)$
$=+(12-5)=+7$

• 어떤 수 − 음수

$(-9)\ominus(-6)$

뺄셈을 덧셈으로 ↓   빼는 수의 부호를 반대로 ↓
$=(-9)\oplus(+6)$
$=-(9-6)=-3$

• ■−(+▲)
  =■+(−▲)
• ■−(−▲)
  =■+(+▲)

➔ 빼는 수의 부호를 바꾸고 덧셈으로 고쳐서 계산한다.

주의 뺄셈에서는 교환법칙과 결합법칙이 성립하지 않으므로 순서를 바꾸어 계산하지 않도록 한다.

5 다음 ○ 안에는 +, − 중 알맞은 부호를, □ 안에는 알맞은 수를 써넣으시오.

(1) $(+13)-(+8)=(+13)+(○\boxed{})$
              $=○(13-\boxed{})=○\boxed{}$

(2) $(-7)-(-3)=(-7)+(○\boxed{})$
            $=○(7-\boxed{})=○\boxed{}$

5-1 다음을 계산하시오.

(1) $(+15)-(-8)$

(2) $(-9)-(+7)$

(3) $\left(+\dfrac{1}{3}\right)-\left(+\dfrac{1}{5}\right)$

(4) $(-3.9)-(-1.9)$

개념 5 덧셈과 뺄셈의 혼합 계산은 어떻게 할까?

$(-8)+(+19)\ominus(+2)$

$=(-8)+(+19)\oplus(-2)$) 뺄셈을 덧셈으로 고치기

$=(-8)+(-2)+(+19)$) 덧셈의 교환법칙

$=\{(-8)+(-2)\}+(+19)$) 덧셈의 결합법칙

$=(-10)+(+19)=+9$

> 덧셈과 뺄셈의 혼합 계산 순서
> ❶ 뺄셈을 덧셈으로 고친다.
> ❷ 덧셈의 계산 법칙을 이용하여 계산한다.

6 다음 ○ 안에는 +, − 중 알맞은 부호를, □ 안에는 알맞은 수를 써넣으시오.

$(+5)+(-9)-(-3)$

$=(+5)+(-9)+(\bigcirc\square)$

$=\{(+5)+(\bigcirc\square)\}+(-9)$

$=(\bigcirc\square)+(-9)=\bigcirc\square$

6-1 다음을 계산하시오.

(1) $(+5)-(-7)+(-3)$

(2) $(-7)+(-3)-(-4)$

(3) $\left(-\dfrac{2}{7}\right)+(+11)-\left(+\dfrac{5}{7}\right)$

(4) $(+6.5)-(+2.2)+(-9.3)$

개념 6 부호가 생략된 수의 혼합 계산은 어떻게 할까?

$5\ominus7+8$

$=(+5)\ominus(+7)+(+8)$) + 부호와 괄호 되살리기

$=(+5)\oplus(-7)+(+8)$) 뺄셈을 덧셈으로 고치기

$=(+5)+(+8)+(-7)$) 덧셈의 교환법칙

$=\{(+5)+(+8)\}+(-7)$) 덧셈의 결합법칙

$=(+13)+(-7)=+6=6$ ← 답이 양수인 경우 + 부호를 생략하여 나타낼 수 있다.

> 부호가 생략된 수의 혼합 계산은 + 부호와 괄호를 살려서 계산해.

7 다음 ○ 안에는 +, − 중 알맞은 부호를, □ 안에는 알맞은 수를 써넣으시오.

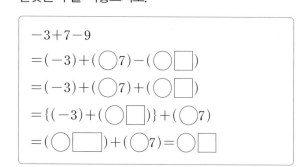

$-3+7-9$

$=(-3)+(\bigcirc7)-(\bigcirc\square)$

$=(-3)+(\bigcirc7)+(\bigcirc\square)$

$=\{(-3)+(\bigcirc\square)\}+(\bigcirc7)$

$=(\bigcirc\square)+(\bigcirc7)=\bigcirc\square$

7-1 다음을 계산하시오.

(1) $6-7+11$

(2) $4-16+18-20$

(3) $-\dfrac{11}{3}+\dfrac{7}{6}-\dfrac{1}{2}$

(4) $-4.1+6.5-7.8+3.4$

개념 완성하기

· 유리수의 덧셈 　중요☆

01 다음 중 계산 결과가 옳지 <u>않은</u> 것은?

① $(+4)+(+8)=12$

② $(-3)+(+9)=6$

③ $\left(-\dfrac{5}{2}\right)+\left(-\dfrac{7}{2}\right)=-1$

④ $\left(-\dfrac{1}{3}\right)+\left(+\dfrac{10}{3}\right)=3$

⑤ $(+1.6)+(-2.2)=-0.6$

02 다음 중 계산 결과가 가장 큰 것은?

① $(+1)+(-3)$

② $\left(+\dfrac{5}{6}\right)+\left(+\dfrac{5}{3}\right)$

③ $\left(-\dfrac{2}{3}\right)+\left(-\dfrac{7}{6}\right)$

④ $\left(-\dfrac{1}{2}\right)+\left(+\dfrac{3}{4}\right)$

⑤ $(+2.8)+(-1.3)$

· 덧셈의 계산 법칙

03 다음 계산 과정에서 ㉠, ㉡에 이용된 덧셈의 계산 법칙을 각각 쓰시오.

$$(+10)+(-5)+(-10)$$
$$=(+10)+(-10)+(-5) \quad ㉠$$
$$=\{(+10)+(-10)\}+(-5) \quad ㉡$$
$$=0+(-5)=-5$$

04 다음은 덧셈의 계산 법칙을 이용하여 계산하는 과정이다. ㉠~㉤에 알맞지 <u>않은</u> 것은?

$$\left(-\dfrac{2}{3}\right)+\left(-\dfrac{3}{7}\right)+\left(+\dfrac{5}{3}\right)$$
$$=\left(-\dfrac{3}{7}\right)+\left(\boxed{㉡}\right)+\left(+\dfrac{5}{3}\right) \quad 덧셈의 \boxed{㉠} 법칙$$
$$=\left(-\dfrac{3}{7}\right)+\left\{\left(\boxed{㉡}\right)+\left(+\dfrac{5}{3}\right)\right\} \quad 덧셈의 \boxed{㉢} 법칙$$
$$=\left(-\dfrac{3}{7}\right)+\left(\boxed{㉣}\right)=\boxed{㉤}$$

① ㉠ : 교환　　② ㉡ : $-\dfrac{2}{3}$　　③ ㉢ : 결합

④ ㉣ : $+1$　　⑤ ㉤ : $-\dfrac{10}{7}$

· 유리수의 뺄셈 　중요☆

05 다음 중 계산 결과가 옳지 <u>않은</u> 것은?

① $(+1)-(+5)=-4$

② $(+4)-(-8)=12$

③ $\left(+\dfrac{3}{5}\right)-\left(+\dfrac{1}{2}\right)=\dfrac{1}{10}$

④ $\left(-\dfrac{2}{3}\right)-\left(-\dfrac{2}{3}\right)=0$

⑤ $(-0.5)-(+2.5)=2$

06 다음 중 계산 결과가 가장 작은 것은?

① $(-2)-(-7)$

② $\left(+\dfrac{1}{3}\right)-\left(+\dfrac{2}{5}\right)$

③ $(-1)-\left(-\dfrac{3}{4}\right)$

④ $\left(-\dfrac{1}{2}\right)-\left(+\dfrac{2}{3}\right)$

⑤ $(+5.1)-(-2.8)$

덧셈과 뺄셈의 혼합 계산

07 $\left(-\dfrac{3}{2}\right)+\left(+\dfrac{7}{3}\right)-\left(-\dfrac{5}{6}\right)-\left(+\dfrac{7}{12}\right)$을 계산하면?

① $-\dfrac{7}{12}$ ② $-\dfrac{5}{12}$ ③ $\dfrac{1}{4}$

④ $\dfrac{7}{12}$ ⑤ $\dfrac{13}{12}$

08 $a=(+5)+(-3)-(-9)+(-12)$,

$b=\left(+\dfrac{1}{2}\right)-\left(-\dfrac{1}{4}\right)+\left(-\dfrac{3}{2}\right)-\left(+\dfrac{5}{8}\right)$일 때,

$a-b$의 값을 구하시오.

부호가 생략된 수의 혼합 계산

09 $\dfrac{2}{3}-2+\dfrac{5}{2}-\dfrac{5}{6}$ 를 계산하면?

① $-\dfrac{2}{3}$ ② $-\dfrac{1}{3}$ ③ $\dfrac{1}{3}$

④ $\dfrac{2}{3}$ ⑤ $\dfrac{5}{6}$

10 $a=2-7+3-2$, $b=\dfrac{4}{3}-\dfrac{1}{2}+1-\dfrac{7}{6}$일 때,

$a+b$의 값을 구하시오.

어떤 수보다 □만큼 큰 수, 작은 수   중요☆

11 4보다 2만큼 작은 수를 a, -7보다 -3만큼 큰 수를 b라 할 때, $a+b$의 값은?

① -14 ② -12 ③ -10

④ -8 ⑤ -6

┌─ **코칭 Plus** ─┐

(1) 어떤 수보다 □만큼 큰 수 ➡ (어떤 수)+□

(2) 어떤 수보다 □만큼 작은 수 ➡ (어떤 수)−□

12 $-\dfrac{3}{5}$보다 $\dfrac{1}{2}$만큼 큰 수를 a, $-\dfrac{3}{5}$보다 $\dfrac{1}{2}$만큼 작은 수를 b라 할 때, $a-b$의 값을 구하시오.

덧셈과 뺄셈 사이의 관계

13 다음 □ 안에 알맞은 수를 구하시오.

(1) $\boxed{} + \left(+\dfrac{1}{3} \right) = -\dfrac{5}{3}$

(2) $\boxed{} - \left(-\dfrac{5}{12} \right) = -\dfrac{1}{3}$

> **코칭 Plus**
>
> (1) ■ + ▲ = ● ➡ ■ = ● − ▲, ▲ = ● − ■
> (2) ■ − ▲ = ● ➡ ■ = ● + ▲, ▲ = ■ − ●

14 $\boxed{} - \left(-\dfrac{3}{4} \right) = \dfrac{5}{8}$ 일 때, □ 안에 알맞은 수는?

① $-\dfrac{5}{8}$ ② $-\dfrac{3}{8}$ ③ $-\dfrac{1}{8}$

④ $\dfrac{1}{8}$ ⑤ $\dfrac{5}{8}$

바르게 계산한 답 구하기 중요♧

15 어떤 수에 5를 더해야 할 것을 잘못하여 뺐더니 그 결과가 −8이 되었다. 다음 물음에 답하시오.

(1) 어떤 수를 구하시오.

(2) 바르게 계산한 답을 구하시오.

> **코칭 Plus**
>
> ❶ 어떤 수를 □로 놓는다.
> ❷ 잘못된 계산 결과를 이용하여 □의 값을 구한다.
> ❸ 바르게 계산한 답을 구한다.

16 $\dfrac{2}{5}$ 에서 어떤 수를 빼야 할 것을 잘못하여 더했더니 그 결과가 $-\dfrac{3}{10}$ 이 되었다. 바르게 계산한 답을 구하시오.

절댓값이 주어진 두 수의 덧셈과 뺄셈

17 x의 절댓값은 2이고, y의 절댓값은 7이다. 다음을 구하시오.

(1) $x+y$의 값 중 가장 큰 값

(2) $x+y$의 값 중 가장 작은 값

> **코칭 Plus**
>
> (1) $|x| = a\ (a>0)$ ➡ $x=a$ 또는 $x=-a$
> (2) $|x| = m$, $|y| = n\ (m>0,\ n>0)$일 때, $x+y$의 값 또는 $x-y$의 값은 다음 4가지 경우를 모두 생각해야 한다.
> (i) $x=m$, $y=n$인 경우 (ii) $x=m$, $y=-n$인 경우
> (iii) $x=-m$, $y=n$인 경우 (iv) $x=-m$, $y=-n$인 경우

18 x의 절댓값은 3, y의 절댓값은 5일 때, $x-y$의 값 중 가장 큰 값은?

① 2 ② 4 ③ 6

④ 8 ⑤ 10

01

다음은 검은색 바둑돌과 흰색 바둑돌을 사용하여 $(+4)+(-3)=+1$을 계산한 것이다.

위와 같은 방법으로 바둑돌을 사용하여 $(-3)+(+2)$를 계산할 때, 어떤 색 바둑돌이 몇 개 남는지 구하시오.

02

다음 수 중 절댓값이 가장 큰 수와 절댓값이 가장 작은 수의 합을 구하시오.

$$-\frac{1}{2}, \ +\frac{5}{3}, \ -\frac{5}{2}, \ +\frac{13}{2}, \ -\frac{11}{6}$$

03

다음 중 계산 결과가 옳은 것을 모두 고르면? (정답 2개)

① $(+2)+\left(-\frac{3}{4}\right)=\frac{7}{4}$

② $\left(-\frac{1}{2}\right)-\left(-\frac{2}{3}\right)=-\frac{1}{6}$

③ $(-4.2)+(-2.8)=-7$

④ $(+1)-\left(-\frac{1}{3}\right)-\left(+\frac{5}{4}\right)=\frac{1}{12}$

⑤ $(-9.1)+(+2.7)-(-3.6)=-2.6$

04

$(-3)-(-4.8)+\left(+\frac{1}{2}\right)-\left(+\frac{2}{5}\right)$의 계산 결과에 가장 가까운 정수는?

① 1 ② 2 ③ 3
④ 4 ⑤ 5

05

다음과 같은 두 수 a, b에 대하여 $a-b$의 값은?

$$a=\frac{1}{2}-1+\frac{1}{4}, \quad b=\frac{1}{4}-\frac{1}{2}+3$$

① -9 ② -7 ③ -5
④ -3 ⑤ -1

06

다음 중 가장 큰 수는?

① 8보다 -3만큼 큰 수

② -4보다 2만큼 큰 수

③ 5보다 -1만큼 작은 수

④ 6보다 4만큼 작은 수

⑤ 0보다 4만큼 작은 수

07

$-\frac{1}{2}$보다 1만큼 작은 수를 a, -3보다 $-\frac{1}{3}$만큼 큰 수를 b라 할 때, $|a|-|b|$의 값은?

① $-\frac{3}{2}$ ② $-\frac{5}{3}$ ③ $-\frac{11}{6}$
④ -2 ⑤ -3

08

두 수 a, b가 다음을 만족시킬 때, $a+b$의 값은?

$$-5+a=-3, \quad b-(-2)=7$$

① -7 ② -3 ③ 3

④ 5 ⑤ 7

09

어떤 수에 $-\dfrac{5}{2}$를 더해야 할 것을 잘못하여 뺐더니 그 결과가 1이 되었다. 바르게 계산한 답을 구하시오.

10

다음은 어느 날 각 도시별 최고 기온과 최저 기온을 나타낸 것이다. 이날 일교차가 가장 큰 도시를 구하시오.

도시	최고 기온(℃)	최저 기온(℃)
서울	6	-2
베이징	3	-5
도쿄	10	1
방콕	32	26

11

오른쪽 그림과 같은 삼각형의 각 변에 놓인 세 수의 합이 모두 같을 때, $b-a$의 값을 구하시오.

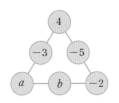

12 추론 💬

다음 **보기**에서 항상 옳은 것이 아닌 것을 모두 고르고, 그 이유를 예를 들어 설명하시오.

┌─ 보기 ─
ㄱ. (양수)＋(음수)＝(음수)
ㄴ. (양수)－(음수)＝(양수)
ㄷ. (음수)＋(양수)＝(양수)
ㄹ. (음수)－(양수)＝(음수)
ㅁ. (음수)＋(음수)＝(음수)
ㅂ. (음수)－(음수)＝(양수)

13 문제 해결 🔒

$|a|=\dfrac{1}{2}$, $|b|=\dfrac{1}{3}$이고 $a+b=-\dfrac{1}{6}$일 때, a, b의 값을 각각 구하시오.

14 추론 💬

다음 식이 성립하도록 □ 안에 기호 ＋, － 중 알맞은 것을 써넣으시오.

$$(-5)\ \square\ (-9)\ \square\ (+7)=-3$$

02 정수와 유리수의 곱셈

1 정수와 유리수의 곱셈

(1) 부호가 같은 두 수의 곱셈 : 두 수의 절댓값의 곱에 양의 부호 +를 붙인다.

예 $(+3) \times (+2) = +(3 \times 2) = +6$, $(-3) \times (-2) = +(3 \times 2) = +6$

(2) 부호가 다른 두 수의 곱셈 : 두 수의 절댓값의 곱에 음의 부호 −를 붙인다.

예 $(+3) \times (-2) = -(3 \times 2) = -6$, $(-3) \times (+2) = -(3 \times 2) = -6$

참고 어떤 수와 0의 곱은 항상 0이다.

(3) 곱셈의 계산 법칙 : 세 수 a, b, c에 대하여

① 곱셈의 **교환법칙** : $a \times b = b \times a$

예 $(+2) \times (+5) = (+5) \times (+2) = +10$

② 곱셈의 **결합법칙** : $(a \times b) \times c = a \times (b \times c)$

예 $\{(+3) \times (-2)\} \times (+4) = (-6) \times (+4) = -24$

$(+3) \times \{(-2) \times (+4)\} = (+3) \times (-8) = -24$

참고 세 수의 곱셈에서 곱셈의 결합법칙이 성립하므로 $(a \times b) \times c$ 또는 $a \times (b \times c)$를 괄호를 사용하지 않고 $a \times b \times c$와 같이 나타낼 수 있다.

> $(+) \times (+) = (+)$
> $(-) \times (-) = (+)$
> $(+) \times (-) = (-)$
> $(-) \times (+) = (-)$

○─ 용어
• **곱셈의 교환법칙**
두 수의 곱셈에서 두 수의 순서를 바꾸어 곱하여도 그 결과는 같다.
• **곱셈의 결합법칙**
세 수의 곱셈에서 어느 두 수를 먼저 곱한 후 나머지 수를 곱하여도 그 결과는 같다.

2 세 수 이상의 곱셈

(1) 먼저 부호를 정한다. ➡ 곱해진 음수가 { 짝수 개 ➡ ⊕ / 홀수 개 ➡ ⊖

(2) 각 수의 절댓값의 곱에 (1)에서 결정된 부호를 붙인다.

예 $(-3) \times (+5) \times (-2) = +(3 \times 5 \times 2) = +30$

$\left(-\dfrac{1}{7}\right) \times \left(-\dfrac{7}{2}\right) \times \left(-\dfrac{1}{5}\right) = -\left(\dfrac{1}{7} \times \dfrac{7}{2} \times \dfrac{1}{5}\right) = -\dfrac{1}{10}$

3 거듭제곱의 계산

(1) 양수의 거듭제곱의 부호는 항상 +이다.

(2) 음수의 거듭제곱의 부호는 지수에 의하여 결정된다. ➡ 지수가 { 짝수 ➡ ⊕ / 홀수 ➡ ⊖

예 $(-5)^2 = +(5 \times 5) = +25$, $(-2)^3 = -(2 \times 2 \times 2) = -8$

−1의 거듭제곱
➡ { $(-1)^{짝수} = +1$ / $(-1)^{홀수} = -1$

음수의 거듭제곱을 계산할 때는 부호를 먼저 결정한 다음, 절댓값의 거듭제곱에 결정된 부호를 붙여도 된다.

4 분배법칙

세 수 a, b, c에 대하여

$a \times (b+c) = a \times b + a \times c$, $(a+b) \times c = a \times c + b \times c$

일 때, 이것을 덧셈에 대한 곱셈의 **분배법칙**이라 한다.

예 $12 \times (100+1) = 12 \times 100 + 12 \times 1 = 1200 + 12 = 1212$

$(-2)^2$과 -2^2의 값은 같을까?

$(-2)^2$은 −2를 2번 곱한 것이고 -2^2은 2를 2번 곱한 것에 음의 부호 −를 붙인 것이므로 그 값이 각각 $(-2)^2 = 4$와 $-2^2 = -4$로 다르다.

따라서 음수의 거듭제곱은 반드시 괄호를 사용하여 밑을 나타내고 지수를 써야 한다.

개념 1 수직선을 이용하여 두 수의 곱셈은 어떻게 할까?

철도 위를 초속 3 m로 달리는 레일바이크의 현재 위치가 0일 때, 다음 각 경우의 레일바이크의 위치를 수로 나타내어 보자.

1초에 3 m씩 동쪽으로 달릴 때,
2초 후의 위치는
→ $(+3) \times (+2) = +6$

1초에 3 m씩 동쪽으로 달릴 때,
2초 전의 위치는
→ $(+3) \times (-2) = -6$

1초에 3 m씩 서쪽으로 달릴 때,
2초 후의 위치는
→ $(-3) \times (+2) = -6$

1초에 3 m씩 서쪽으로 달릴 때,
2초 전의 위치는
→ $(-3) \times (-2) = +6$

1 개념 1과 같이 철도 위를 달리는 레일바이크의 현재 위치가 0일 때, 다음 각 경우의 레일바이크의 위치를 수로 나타내려고 한다. ◯ 안에는 +, − 중 알맞은 부호를, ☐ 안에는 알맞은 수를 써넣으시오.

(1) 1초에 2 m씩 동쪽으로 달릴 때,
3초 후의 위치는
→ $(+2) \times (\bigcirc\square) = \bigcirc\square$

(2) 1초에 2 m씩 동쪽으로 달릴 때,
3초 전의 위치는
→ $(+2) \times (\bigcirc\square) = \bigcirc\square$

(3) 1초에 2 m씩 서쪽으로 달릴 때,
3초 후의 위치는
→ $(-2) \times (\bigcirc\square) = \bigcirc\square$

(4) 1초에 2 m씩 서쪽으로 달릴 때,
3초 전의 위치는
→ $(-2) \times (\bigcirc\square) = \bigcirc\square$

1-1 개념 1과 같이 철도 위를 달리는 레일바이크의 현재 위치가 다음과 같이 0일 때, 1초에 4 m씩 동쪽으로 달릴 때의 위치를 수로 나타내려고 한다. ☐ 안에 알맞은 수를 써넣으시오.

(1) 2초 후 → $(+4) \times (+2) = \boxed{}$

(2) 1초 후 → $(+4) \times (+1) = \boxed{}$

(3) 현재 → $(+4) \times 0 = \boxed{}$

(4) 1초 전 → $(+4) \times (-1) = \boxed{}$

(5) 2초 전 → $(+4) \times (-2) = \boxed{}$

개념 **2** 절댓값을 이용한 두 수의 곱셈은 어떻게 할까?

- (양수)×(양수)
  → ⊕(절댓값의 곱)
- (음수)×(음수)
  → ⊕(절댓값의 곱)
- (양수)×(음수)
  → ⊖(절댓값의 곱)
- (음수)×(양수)
  → ⊖(절댓값의 곱)

참고 유리수의 곱셈은 정수의 곱셈과 같은 방법으로 계산한다. 이때 답은 약분하여 기약분수로 나타낸다.

$$\rightarrow \left(-\frac{5}{4}\right) \times \left(-\frac{7}{10}\right) = +\left(\frac{\overset{1}{5}}{4} \times \frac{7}{\underset{2}{10}}\right) = +\frac{7}{8}$$

2 다음 ○ 안에는 +, - 중 알맞은 부호를, □ 안에는 알맞은 수를 써넣으시오.

(1) $(+3) \times (+8) = \bigcirc (3 \times \square) = \bigcirc \square$

(2) $(-4) \times (-5) = \bigcirc (4 \times \square) = \bigcirc \square$

(3) $(+6) \times (-3) = \bigcirc (6 \times \square) = \bigcirc \square$

(4) $(-7) \times (+2) = \bigcirc (7 \times \square) = \bigcirc \square$

2-1 다음을 계산하시오.

(1) $(+4) \times (+7)$

(2) $(-13) \times (-3)$

(3) $(+3) \times (-10)$

(4) $(-1) \times (+1)$

(5) $0 \times (+5)$

(6) $(-10) \times 0$

3 다음 ○ 안에는 +, - 중 알맞은 부호를, □ 안에는 알맞은 수를 써넣으시오.

(1) $\left(+\frac{3}{2}\right) \times \left(+\frac{4}{3}\right) = \bigcirc \left(\frac{3}{2} \times \square\right) = \bigcirc \square$

(2) $\left(-\frac{8}{3}\right) \times \left(+\frac{5}{4}\right) = \bigcirc \left(\square \times \frac{5}{4}\right) = \bigcirc \square$

(3) $(-1.6) \times (-5) = \bigcirc (1.6 \times \square) = \bigcirc \square$

(4) $(+2.5) \times (-2) = \bigcirc (2.5 \times \square) = \bigcirc \square$

3-1 다음을 계산하시오.

(1) $\left(+\frac{5}{2}\right) \times \left(+\frac{6}{5}\right)$

(2) $(-2) \times \left(-\frac{5}{8}\right)$

(3) $(+3.5) \times (-4)$

(4) $0 \times (-7.3)$

62 Ⅱ. 정수와 유리수

개념 3 곱셈의 계산 법칙에는 어떤 것이 있을까?

$$\left(+\frac{3}{2}\right) \times (-5) \times \left(-\frac{8}{3}\right)$$

$$= (-5) \times \left(+\frac{3}{2}\right) \times \left(-\frac{8}{3}\right)$$

$$= (-5) \times \left\{\left(+\frac{3}{2}\right) \times \left(-\frac{8}{3}\right)\right\}$$

$$= (-5) \times (-4) = +20$$

곱셈의 교환법칙 → $a \times b = b \times a$: 순서를 바꾼다.

곱셈의 결합법칙 → $(a \times b) \times c = a \times (b \times c)$: 괄호로 묶는다.

• ● × ■ = ■ × ●
• (● × ■) × ▲ = ● × (■ × ▲)

4 다음 □ 안에 알맞은 것을 써넣으시오.

$$\left(-\frac{3}{2}\right) \times (+7) \times (-4)$$

$$= \left(-\frac{3}{2}\right) \times (\boxed{}) \times (+7)$$

$$= \left\{\left(-\frac{3}{2}\right) \times (\boxed{})\right\} \times (+7)$$

$$= (+6) \times (\boxed{}) = \boxed{}$$

곱셈의 $\boxed{}$

곱셈의 $\boxed{}$

4-1 곱셈의 계산 법칙을 이용하여 다음을 계산하시오.

(1) $(+5) \times (-7) \times (-20)$

(2) $(-2) \times (+11.9) \times (+5)$

(3) $\left(-\frac{4}{3}\right) \times (-13) \times \left(-\frac{9}{2}\right)$

개념 4 세 수 이상의 곱셈은 어떻게 할까?

• $(-2) \times (+5) \times (-9) = +(2 \times 5 \times 9) = +90$

음수가 짝수 개 ——— 절댓값의 곱

• $\left(-\frac{7}{2}\right) \times \left(-\frac{1}{14}\right) \times \left(-\frac{4}{5}\right) = -\left(\frac{7}{2} \times \frac{1}{14} \times \frac{4}{5}\right) = -\frac{1}{5}$

음수가 홀수 개 ——— 절댓값의 곱

세 수 이상의 곱셈의 계산 순서
❶ 부호 정하기
곱해진 음수가 { 짝수 개 ➡ +
홀수 개 ➡ −
❷ 각 수의 절댓값의 곱에 정해진 부호 붙이기

5 다음 ○ 안에는 +, − 중 알맞은 부호를, □ 안에는 알맞은 수를 써넣으시오.

(1) $(+3) \times (-6) \times (-2)$

$$= \bigcirc (3 \times 6 \times 2) = \bigcirc \boxed{}$$

(2) $\left(-\frac{1}{2}\right) \times \left(-\frac{5}{4}\right) \times (-12)$

$$= \bigcirc \left(\frac{1}{2} \times \frac{5}{4} \times 12\right) = \bigcirc \boxed{}$$

5-1 다음을 계산하시오.

(1) $(+4) \times (-3) \times (-6)$

(2) $(-8) \times (-5) \times (-3)$

(3) $(+12) \times \left(-\frac{5}{8}\right) \times \left(+\frac{18}{5}\right)$

(4) $\left(-\frac{12}{5}\right) \times \left(-\frac{7}{2}\right) \times \left(+\frac{5}{14}\right)$

개념 5 거듭제곱의 계산에서 부호는 어떻게 결정할까?

- 양수의 거듭제곱의 부호

$(+2)^2 = (+2) \times (+2) = +4$
$(+2)^3 = (+2) \times (+2) \times (+2) = +8$ ── 부호가 항상 +

- 음수의 거듭제곱의 부호

지수가 짝수이면 +
$(-2)^2 = (-2) \times (-2) = +4$
$(-2)^3 = (-2) \times (-2) \times (-2) = -8$
지수가 홀수이면 −

- 양수의 거듭제곱의 부호
  ➜ +
- 음수의 거듭제곱의 부호
  ┌ 지수가 짝수 ➜ +
  └ 지수가 홀수 ➜ −

6 다음을 계산하시오.

(1) $(-3)^2$ (2) -3^2

(3) $(-5)^3$ (4) -5^3

(5) $\left(-\dfrac{1}{2}\right)^4$ (6) $(-1)^6$

6-1 다음을 계산하시오.

(1) $(-2)^4$ (2) -2^4

(3) $\left(-\dfrac{1}{3}\right)^3$ (4) $\left(-\dfrac{1}{3}\right)^4$

(5) $-(-3)^3$ (6) $-(-1)^5$

개념 6 분배법칙을 이용하여 어떻게 계산할까?

괄호 풀기	괄호 묶기
$17 \times (100+1) = 17 \times 100 + 17 \times 1$ $= 1700 + 17$ $= 1717$	$(-8) \times 0.8 + (-8) \times 0.2$ $= (-8) \times (0.8 + 0.2)$ $= (-8) \times 1$ $= -8$

분배법칙
- $a \times (b+c) = a \times b + a \times c$
- $(a+b) \times c = a \times c + b \times c$

7 다음은 분배법칙을 이용하여 계산하는 과정이다. ☐ 안에 알맞은 수를 써넣으시오.

(1) $25 \times (100+4) = \boxed{} \times 100 + 25 \times \boxed{}$
$= \boxed{} + 100$
$= \boxed{}$

(2) $21 \times \dfrac{1}{5} + 21 \times \dfrac{4}{5} = \boxed{} \times \left(\dfrac{1}{5} + \dfrac{4}{5}\right)$
$= \boxed{} \times 1$
$= \boxed{}$

7-1 분배법칙을 이용하여 다음을 계산하시오.

(1) $18 \times (1000+5)$

(2) $9 \times (-82) + 9 \times (-18)$

(3) $(-12) \times \left\{\dfrac{2}{3} + \left(-\dfrac{3}{4}\right)\right\}$

(4) $\left(-\dfrac{1}{4}\right) \times 25 + \dfrac{5}{4} \times 25$

완성하기

유리수의 곱셈

01 다음 중 계산 결과가 옳지 <u>않은</u> 것은?

① $(-2) \times (-6) = 12$

② $\left(-\dfrac{2}{5}\right) \times (+10) = -4$

③ $\left(+\dfrac{4}{3}\right) \times \left(-\dfrac{9}{8}\right) = -\dfrac{3}{2}$

④ $(-6) \times (+0.5) = -3$

⑤ $(-0.8) \times \left(-\dfrac{5}{2}\right) = 0.2$

02 다음 중 계산 결과가 가장 큰 것은?

① $(-6) \times (+8)$　　② $(+8) \times 0$

③ $(+12) \times \left(-\dfrac{1}{4}\right)$　　④ $\left(-\dfrac{3}{4}\right) \times \left(-\dfrac{20}{9}\right)$

⑤ $(-0.2) \times (-5)$

곱셈의 계산 법칙

03 다음 계산 과정에서 ㉠, ㉡에 이용된 곱셈의 계산 법칙을 각각 쓰시오.

$$(+5) \times (-6) \times (+2)$$
$$= (-6) \times (+5) \times (+2) \quad \boxed{㉠}$$
$$= (-6) \times \{(+5) \times (+2)\} \quad \boxed{㉡}$$
$$= (-6) \times (+10) = -60$$

04 다음은 곱셈의 계산 법칙을 이용하여 계산하는 과정이다. ㉠~㉤에 알맞은 것은?

$$\left(-\dfrac{6}{7}\right) \times (+5) \times \left(-\dfrac{7}{3}\right)$$
$$= \left(-\dfrac{6}{7}\right) \times (\boxed{㉡}) \times (+5) \quad \text{곱셈의 } \boxed{㉠} \text{ 법칙}$$
$$= \left\{\left(-\dfrac{6}{7}\right) \times (\boxed{㉡})\right\} \times (+5) \quad \text{곱셈의 } \boxed{㉢} \text{ 법칙}$$
$$= (\boxed{㉣}) \times (+5) = \boxed{㉤}$$

① ㉠ : 결합　　② ㉡ : $\dfrac{7}{3}$　　③ ㉢ : 교환

④ ㉣ : $+2$　　⑤ ㉤ : -10

세 수 이상의 유리수의 곱셈　　중요✩

05 $A = \left(+\dfrac{2}{5}\right) \times \left(-\dfrac{1}{3}\right) \times \left(-\dfrac{15}{2}\right)$,

$B = \left(-\dfrac{3}{8}\right) \times \left(-\dfrac{4}{9}\right) \times (-6)$일 때, $A+B$의 값을 구하시오.

06 $A = \left(-\dfrac{5}{2}\right) \times \left(-\dfrac{2}{3}\right) \times (+12)$,

$B = \left(-\dfrac{3}{14}\right) \times \left(+\dfrac{7}{2}\right) \times \left(-\dfrac{16}{5}\right) \times \left(-\dfrac{1}{4}\right)$일 때, $A \times B$의 값을 구하시오.

거듭제곱의 계산 (1)   중요✓

07 다음 중 계산 결과가 옳지 <u>않은</u> 것은?

① $-2^2 = -4$ ② $(-2)^3 = -8$

③ $-(-3^2) = 9$ ④ $\{-(-3)\}^3 = -27$

⑤ $-2^5 = -32$

08 다음 중 계산 결과가 가장 작은 것은?

① $\left(-\dfrac{1}{3}\right)^2$ ② $-\left(\dfrac{1}{3}\right)^3$ ③ $\left(-\dfrac{1}{2}\right)^3$

④ $-\left(-\dfrac{1}{2}\right)^3$ ⑤ $-\dfrac{1}{2^4}$

거듭제곱의 계산 (2)

09 다음을 계산하시오.

(1) $(-5)^2 \times (+2)$

(2) $\left(+\dfrac{1}{9}\right) \times (-3)^3$

(3) $-2^3 \times \left(-\dfrac{1}{4}\right)^2$

(4) $(-2)^3 \times \left(-\dfrac{1}{3}\right)^2 \times \left(+\dfrac{9}{4}\right)$

10 다음을 계산하시오.

(1) $(+2) \times (-6)^2$

(2) $\left(+\dfrac{1}{4}\right) \times (-2)^5$

(3) $-5^2 \times \left(-\dfrac{2}{5}\right)^2$

(4) $\left(-\dfrac{3}{2}\right) \times (-3)^3 \times \left(-\dfrac{2}{3}\right)^4$

분배법칙

11 유리수 a, b, c에 대하여 $a \times b = -2$, $a \times c = -5$일 때, $a \times (b+c)$의 값은?

① -7 ② -3 ③ 3

④ 7 ⑤ 10

12 유리수 a, b, c에 대하여 $a \times b = 3$, $a \times (b+c) = 15$일 때, $a \times c$의 값은?

① -12 ② -5 ③ 5

④ 12 ⑤ 18

03 정수와 유리수의 나눗셈

① 정수와 유리수의 나눗셈

(1) **부호가 같은 두 수의 나눗셈** : 두 수의 절댓값의 나눗셈의 몫에 양의 부호 +를 붙인다.
  예 $(+6) \div (+3) = +(6 \div 3) = +2$, $(-6) \div (-3) = +(6 \div 3) = +2$

(2) **부호가 다른 두 수의 나눗셈** : 두 수의 절댓값의 나눗셈의 몫에 음의 부호 −를 붙인다.
  예 $(+6) \div (-3) = -(6 \div 3) = -2$, $(-6) \div (+3) = -(6 \div 3) = -2$

주의 어떤 수를 0으로 나누는 것은 생각하지 않는다.

$$(+) \div (+) = (+)$$
$$(-) \div (-) = (+)$$
$$(+) \div (-) = (-)$$
$$(-) \div (+) = (-)$$

② 역수를 이용한 수의 나눗셈

(1) **역수** : 어떤 두 수의 곱이 1이 될 때, 한 수를 다른 수의 역수라 한다.
  예 $\dfrac{3}{4} \times \dfrac{4}{3} = 1$ ➡ $\dfrac{3}{4}$ $\overset{\text{역수}}{\underset{\text{역수}}{\longleftrightarrow}}$ $\dfrac{4}{3}$

  주의 ① 0의 역수는 없다.
       ② 역수를 구할 때 부호는 바뀌지 않음에 주의한다.

(2) **역수를 이용한 수의 나눗셈** : 나누는 수의 역수를 곱하여 계산한다.
  예 $(+3) \div \left(+\dfrac{3}{5} \right) = (+3) \times \left(+\dfrac{5}{3} \right) = +5$
  (역수)

• 용어

역수(거꾸로 逆, 셈 數)
어떤 수의 분자와 분모
를 바꾼 수

③ 곱셈, 나눗셈의 혼합 계산

❶ 거듭제곱이 있으면 거듭제곱을 먼저 계산한다.
❷ 나눗셈은 역수를 이용하여 곱셈으로 고쳐서 계산한다.
❸ 부호를 결정하고 각 수의 절댓값의 곱에 결정된 부호를 붙인다.

  예 $(+2) \div \left(-\dfrac{2}{5} \right) \times (-3) = (+2) \times \left(-\dfrac{5}{2} \right) \times (-3) = +\left(2 \times \dfrac{5}{2} \times 3 \right) = +15$

주의 나눗셈에서는 교환법칙과 결합법칙이 성립하지 않는다.

④ 덧셈, 뺄셈, 곱셈, 나눗셈의 혼합 계산

❶ 거듭제곱이 있으면 거듭제곱을 먼저 계산한다.
❷ 괄호가 있으면 괄호 안을 먼저 계산한다.
  이때 괄호는 소괄호 ( ), 중괄호 { }, 대괄호 [ ]의 순서로 계산한다.
❸ 곱셈과 나눗셈을 계산한다.
❹ 덧셈과 뺄셈을 계산한다.

왜 0으로는 나눌 수 없을까?

$1 \div 0 = a$라 하면 $1 = a \times 0$도 만족시켜야 한다. 그러나 0과 곱했을 때 1이 되는 수는 존재하지 않으므로
$1 \div 0 = a$를 만족시키는 a는 존재하지 않는다. 이러한 모순 때문에 나눗셈에서 0으로 나누는 것은 생각하지 않는다.

개념 1 곱셈과 나눗셈 사이의 관계를 이용하여 두 수의 나눗셈은 어떻게 할까?

$(+2) \times (+3) = +6$ ➡ $(\boxed{+}6) \div (\boxed{+}3) = \boxed{+}2$
$(+2) \times (-3) = -6$ ➡ $(\boxed{-}6) \div (\boxed{-}3) = \boxed{+}2$
$(-2) \times (+3) = -6$ ➡ $(\boxed{-}6) \div (\boxed{+}3) = \boxed{-}2$
$(-2) \times (-3) = +6$ ➡ $(\boxed{+}6) \div (\boxed{-}3) = \boxed{-}2$

1 다음 ◯ 안에는 $+$, $-$ 중 알맞은 부호를, ☐ 안에는 알맞은 수를 써넣으시오.

(1) $(+3) \times (+4) = +12$

➡ $(+12) \div (+4) = \bigcirc \square$

(2) $(+3) \times (-4) = -12$

➡ $(-12) \div (-4) = \bigcirc \square$

1-1 다음 ◯ 안에는 $+$, $-$ 중 알맞은 부호를, ☐ 안에는 알맞은 수를 써넣으시오.

(1) $(-2) \times (+5) = -10$

➡ $(-10) \div (+5) = \bigcirc \square$

(2) $(-2) \times (-5) = +10$

➡ $(+10) \div (-5) = \bigcirc \square$

개념 2 절댓값을 이용한 두 수의 나눗셈은 어떻게 할까?

• 양수 ÷ 양수

• 음수 ÷ 음수

• 양수 ÷ 음수

• 음수 ÷ 양수

• (양수)÷(양수)
➡ ⊕(절댓값의 나눗셈의 몫)
• (음수)÷(음수)
➡ ⊕(절댓값의 나눗셈의 몫)
• (양수)÷(음수)
➡ ⊖(절댓값의 나눗셈의 몫)
• (음수)÷(양수)
➡ ⊖(절댓값의 나눗셈의 몫)

2 다음 ◯ 안에는 $+$, $-$ 중 알맞은 부호를, ☐ 안에는 알맞은 수를 써넣으시오.

(1) $(+10) \div (+5) = \bigcirc(10 \div \square) = \bigcirc \square$

(2) $(-24) \div (-6) = \bigcirc(24 \div \square) = \bigcirc \square$

(3) $(+49) \div (-7) = \bigcirc(49 \div \square) = \bigcirc \square$

(4) $(-16) \div (+2) = \bigcirc(16 \div \square) = \bigcirc \square$

2-1 다음을 계산하시오.

(1) $(-16) \div (-4)$

(2) $(-32) \div (+8)$

(3) $(+60) \div (-12)$

(4) $0 \div (-11)$

개념 3 역수를 이용한 두 수의 나눗셈은 어떻게 할까?

• 역수

$\dfrac{5}{2} \times$ (역수) $= 1$ ➡ $\dfrac{5}{2} \times \dfrac{2}{5} = 1$

⤷ 역수

➡ $\dfrac{5}{2}$의 역수는 $\dfrac{2}{5}$

• 역수를 이용한 나눗셈

역수로 바꾸기

$(+8) \div \left(-\dfrac{2}{3} \right) = (+8) \times \left(-\dfrac{3}{2} \right) = -12$

나눗셈을 곱셈으로 고치기

• $\dfrac{\blacktriangle}{\blacksquare}$ $\xrightarrow{\text{역수}}$ $\dfrac{\blacksquare}{\blacktriangle}$

• $\bullet \div \dfrac{\blacktriangle}{\blacksquare} = \bullet \times \dfrac{\blacksquare}{\blacktriangle}$

3 다음 수의 역수를 구하시오.

(1) $-\dfrac{7}{5}$　　　(2) -8　　　(3) 0.5

3-1 다음 수의 역수를 구하시오.

(1) $-\dfrac{1}{6}$　　　(2) -0.7　　　(3) $5\dfrac{1}{2}$

4 다음을 계산하시오.

(1) $(+16) \div \left(+\dfrac{1}{4} \right)$

(2) $\left(-\dfrac{8}{3} \right) \div \left(-\dfrac{16}{9} \right)$

4-1 다음을 계산하시오.

(1) $(+14) \div \left(-\dfrac{7}{2} \right)$

(2) $(-1.2) \div \left(+\dfrac{2}{5} \right)$

개념 4 곱셈과 나눗셈의 혼합 계산은 어떻게 할까?

• $(+3) \times (-4) \div (-2)$

$= (+3) \times (-4) \times \left(-\dfrac{1}{2} \right)$ ❶ 나눗셈을 곱셈으로

$= + \left(3 \times 4 \times \dfrac{1}{2} \right) = +6$

❸ 절댓값의 곱

❷ 음수가 짝수 개이면 +

• $\left(-\dfrac{3}{2} \right) \div (-3) \times (-8)$

$= \left(-\dfrac{3}{2} \right) \times \left(-\dfrac{1}{3} \right) \times (-8)$ ❶ 나눗셈을 곱셈으로

$= - \left(\dfrac{3}{2} \times \dfrac{1}{3} \times 8 \right) = -4$

❸ 절댓값의 곱

❷ 음수가 홀수 개이면 −

5 다음을 계산하시오.

(1) $(-2) \times \left(+\dfrac{1}{3} \right) \div (-4)$

(2) $\left(+\dfrac{4}{5} \right) \div \left(-\dfrac{4}{15} \right) \times \left(+\dfrac{2}{3} \right)$

(3) $\left(-\dfrac{1}{2} \right) \div \left(-\dfrac{3}{4} \right) \times (-9)$

5-1 다음을 계산하시오.

(1) $\left(+\dfrac{3}{4} \right) \div (+15) \times \left(-\dfrac{5}{2} \right)$

(2) $\left(-\dfrac{1}{2} \right) \times (-10) \div \left(-\dfrac{5}{3} \right)$

(3) $\left(+\dfrac{3}{5} \right) \div \left(-\dfrac{12}{5} \right) \times \left(-\dfrac{4}{5} \right)$

개념 5 덧셈, 뺄셈, 곱셈, 나눗셈의 혼합 계산은 어떻게 할까?

$$\cdot \frac{8}{7}+\left(-\frac{1}{2}\right)^2\div\left(-\frac{7}{4}\right)=\frac{8}{7}+\frac{1}{4}\div\left(-\frac{7}{4}\right)$$
$$=\frac{8}{7}+\frac{1}{4}\times\left(-\frac{4}{7}\right)$$
$$=\frac{8}{7}-\frac{1}{7}$$
$$=1$$

$$\cdot 2-\left\{(-3)^2-8\div\frac{4}{3}\right\}\times 4=2-\left(9-8\div\frac{4}{3}\right)\times 4$$
$$=2-\left(9-8\times\frac{3}{4}\right)\times 4$$
$$=2-(9-6)\times 4$$
$$=2-3\times 4$$
$$=2-12$$
$$=-10$$

$$\boxed{거듭제곱} \rightarrow \boxed{괄호 ( ) \rightarrow \{ \} \rightarrow [\;]} \rightarrow \boxed{곱셈, 나눗셈} \rightarrow \boxed{덧셈, 뺄셈}$$

---

6 다음은 주어진 식의 계산 순서를 구한 후 계산 순서에 맞게 계산하는 과정이다. □ 안에 알맞은 기호나 수를 써넣으시오.

$$17-(-3)^2\div\frac{1}{2}$$
$$\uparrow \quad \uparrow \quad \uparrow$$
$$ㄱ \quad ㄴ \quad ㄷ$$

(1) 계산 순서 : ㄴ → □ → □

(2) $17-(-3)^2\div\dfrac{1}{2}=17-\boxed{}\div\dfrac{1}{2}$
$$=17-\boxed{}=\boxed{}$$

6-1 다음은 주어진 식의 계산 순서를 구한 후 계산 순서에 맞게 계산하는 과정이다. □ 안에 알맞은 기호나 수를 써넣으시오.

$$(-1)^3+\frac{4}{3}\times\left(-\frac{15}{2}\right)$$
$$\uparrow \quad \uparrow \quad \uparrow$$
$$ㄱ \quad ㄴ \quad ㄷ$$

(1) 계산 순서 : □ → □ → □

(2) $(-1)^3+\dfrac{4}{3}\times\left(-\dfrac{15}{2}\right)=\boxed{}+\dfrac{4}{3}\times\left(-\dfrac{15}{2}\right)$
$$=-1-\boxed{}=\boxed{}$$

---

7 다음을 계산하시오.

(1) $3+(-2)^2\times\dfrac{5}{4}$

(2) $\dfrac{3}{2}\div\left(-\dfrac{1}{16}\right)-8\times(-1)$

(3) $4\times\left\{-\dfrac{5}{8}-\left(\dfrac{1}{2}\right)^3\right\}+5$

(4) $10-8\div\left\{\left(-\dfrac{2}{3}\right)^3\times\left(-\dfrac{9}{2}\right)\right\}$

7-1 다음을 계산하시오.

(1) $\dfrac{6}{5}-\left(-\dfrac{1}{2}\right)^3\div\left(-\dfrac{5}{8}\right)$

(2) $\dfrac{15}{4}\times\left(-\dfrac{8}{5}\right)+\left(-\dfrac{2}{3}\right)\div\dfrac{1}{9}$

(3) $7\times\left\{\dfrac{1}{7}+(-2)^2-\dfrac{3}{7}\right\}-16$

(4) $-1+\left\{1-\left(-\dfrac{1}{3}\right)^2\times\dfrac{1}{3}\right\}\div\dfrac{2}{9}$

개념 완성하기
교과서 대표 문제로

역수

01 $-\dfrac{2}{3}$의 역수를 a, 3의 역수를 b라 할 때, $a \times b$의 값은?

① $-\dfrac{5}{6}$ ② $-\dfrac{2}{3}$ ③ $-\dfrac{1}{2}$

④ $\dfrac{1}{2}$ ⑤ $\dfrac{2}{3}$

02 $\dfrac{3}{10}$의 역수를 a, $-1\dfrac{2}{3}$의 역수를 b라 할 때, $a \times b$의 값을 구하시오.

유리수의 나눗셈 중요★

03 다음 중 계산 결과가 옳지 <u>않은</u> 것은?

① $\left(+\dfrac{2}{3}\right) \div (+8) = \dfrac{1}{12}$

② $\left(+\dfrac{2}{5}\right) \div (-10) = -4$

③ $\left(-\dfrac{10}{3}\right) \div \left(+\dfrac{5}{6}\right) = -4$

④ $\left(-\dfrac{7}{5}\right) \div \left(-\dfrac{14}{15}\right) = \dfrac{3}{2}$

⑤ $(+4.2) \div (+0.6) = 7$

04 다음 중 계산 결과가 가장 작은 것은?

① $(-20) \div (-4)$

② $\left(-\dfrac{7}{2}\right) \div (+14)$

③ $0 \div \left(-\dfrac{4}{5}\right)$

④ $\left(+\dfrac{3}{4}\right) \div \left(-\dfrac{21}{8}\right)$

⑤ $(-7.5) \div \left(-\dfrac{15}{16}\right)$

곱셈과 나눗셈의 혼합 계산 중요★

05 $\left(-\dfrac{5}{3}\right)^2 \times \left(-\dfrac{2}{5}\right) \div \left(-\dfrac{2}{3}\right)^2$을 계산하면?

① $-\dfrac{5}{2}$ ② -2 ③ $-\dfrac{5}{4}$

④ $\dfrac{5}{4}$ ⑤ $\dfrac{3}{2}$

06 $A = (-2)^3 \times \left(-\dfrac{1}{6}\right)^2 \div \dfrac{2}{9}$,

$B = \left(-\dfrac{3}{2}\right)^2 \div \left(-\dfrac{9}{5}\right) \times \left(-\dfrac{2}{5}\right)^2$일 때,

$A \div B$의 값을 구하시오.

개념 완성하기

덧셈, 뺄셈, 곱셈, 나눗셈의 혼합 계산 중요 ☆

07 다음 식에 대하여 물음에 답하시오.

$$1-\left[\left\{\frac{3}{2}-(-2)^2\times\left(-\frac{1}{4}\right)\right\}+\frac{5}{2}\right]$$

↑ㄱ ↑ㄴ ↑ㄷ ↑ㄹ ↑ㅁ

(1) 주어진 식의 계산 순서를 차례로 나열하시오.

(2) 주어진 식을 계산하시오.

08 다음 식에 대하여 물음에 답하시오.

$$2+\frac{4}{3}\times\left\{\left(-\frac{2}{3}\right)\div\left(-\frac{1}{3}\right)^2-(-3)\right\}$$

↑ㄱ ↑ㄴ ↑ㄷ ↑ㄹ ↑ㅁ

(1) 주어진 식의 계산 순서를 차례로 나열하시오.

(2) 주어진 식을 계산하시오.

곱셈과 나눗셈 사이의 관계

09 다음 □ 안에 알맞은 수를 구하시오.

(1) $\left(-\frac{4}{15}\right)\times\boxed{}=-\frac{3}{5}$

(2) $\boxed{}\div\left(-\frac{1}{6}\right)=2$

┌─ 코칭 Plus ─┐
(1) $A\times\blacksquare=B$ ➡ $\blacksquare=B\div A$
(2) $\blacksquare\div A=B$ ➡ $\blacksquare=B\times A$

10 다음 □ 안에 알맞은 수를 구하시오.

$$\left(-\frac{4}{3}\right)\div\left(-\frac{2}{5}\right)\times\boxed{}=\frac{5}{4}$$

문자로 주어진 유리수의 부호 중요 ☆

11 유리수 a, b에 대하여 $a>0$, $b<0$일 때, 다음 중 옳지 <u>않은</u> 것은?

① $-a<0$ ② $a-b>0$ ③ $b-a<0$

④ $a\times b>0$ ⑤ $a\div b<0$

┌─ 코칭 Plus ─┐
유리수의 부호 결정
(1) $-$(양수)$=$(음수), $-$(음수)$=$(양수)
(2) (양수)$-$(음수)$=$(양수), (음수)$-$(양수)$=$(음수)
(3) (양수)$\times$(양수)$=$(양수), (음수)$\times$(음수)$=$(양수)
(4) (양수)$\times$(음수)$=$(음수), (음수)$\times$(양수)$=$(음수)

12 유리수 a, b에 대하여 $a<0$, $b>0$일 때, 다음 중 항상 양수인 것은?

① $a+b$ ② $a-b$ ③ $a\times b$

④ $a\div b$ ⑤ $b-a$

01

다음에서 규칙을 찾아 □ 안에 알맞은 수를 써넣으시오.

$(+5)\times(+2)=+10$	$(-5)\times(+2)=-10$
$(+5)\times(+1)=+5$	$(-5)\times(+1)=-5$
$(+5)\times\ \ 0\ \ =\ 0$	$(-5)\times\ \ 0\ \ =\ 0$
$(+5)\times(-1)=\boxed{}$	$(-5)\times(-1)=\boxed{}$
$(+5)\times(-2)=\boxed{}$	$(-5)\times(-2)=\boxed{}$

02

다음 중 계산 결과가 나머지 넷과 다른 하나는?

① 2^3

② $-(-2)^3$

③ $(-1)^3\times(-2)^3$

④ $\left(-\dfrac{1}{2}\right)\times(-2^4)$

⑤ $\left(-\dfrac{1}{2}\right)^2\times(-2)^5$

03

$a=\left(-\dfrac{3}{2}\right)\times\left(-\dfrac{7}{3}\right)\times(-4)$,

$b=\left(-\dfrac{1}{3}\right)\times\left(-\dfrac{3}{2}\right)\times(-2)^3$일 때, $b-a$의 값을 구하시오.

04

다음을 계산하면?

$$(-1)^{2024}-(-1)^{2025}-(-1)^{2026}$$

① -3　　　　② -2　　　　③ -1

④ 0　　　　⑤ 1

05

다음은 분배법칙을 이용하여 12×105를 계산하는 과정이다. 자연수 a, b, c에 대하여 $a+b+c$의 값을 구하시오.

$$12\times105=12\times(100+a)$$
$$=12\times100+12\times a$$
$$=1200+b=c$$

06

다음 중 두 수가 서로 역수 관계인 것은?

① $\dfrac{1}{3}$, -3　　　② 1, -1　　　③ 0.4, $\dfrac{5}{2}$

④ $-\dfrac{7}{5}$, $\dfrac{5}{7}$　　　⑤ -0.1, $-\dfrac{1}{10}$

07

$A=\left(-\dfrac{5}{7}\right)\times(-3)\times\left(-\dfrac{14}{15}\right)$일 때, $A\times B=1$이 되도록 하는 유리수 B의 값은?

① -2　　　　② $-\dfrac{1}{2}$　　　　③ $\dfrac{1}{2}$

④ 1　　　　⑤ 2

08

5보다 -2만큼 작은 수를 a, $-\dfrac{3}{2}$보다 $\dfrac{1}{3}$만큼 큰 수를 b라 할 때, $a \div b$의 값을 구하시오.

09

다음을 계산하시오.

$$(-3)^3 \times \left(-\dfrac{1}{2}\right)^3 \div \left\{-\left(-\dfrac{3}{2}\right)^2\right\}$$

10

$A = 2 - (-6) \div \left\{(-4)^3 \times \left(-\dfrac{3}{8}\right)\right\}$ 일 때, A보다 작은 자연수는 모두 몇 개인지 구하시오.

11

다음 ☐ 안에 알맞은 수를 구하시오.

$$\left(-\dfrac{2}{3}\right) \times \left(+\dfrac{9}{4}\right) \div \boxed{} = \dfrac{3}{5}$$

12

어떤 유리수에 $-\dfrac{3}{4}$을 곱해야 할 것을 잘못하여 나누었더니 그 결과가 $\dfrac{4}{9}$가 되었다. 바르게 계산한 답을 구하시오.

한걸음 더

13 추론💬

유리수 a, b, c에 대하여 $a \times b > 0$, $a \div c < 0$, $a + b < 0$일 때, 다음 중 옳은 것은?

① $a > 0$, $b > 0$, $c > 0$　　② $a > 0$, $b < 0$, $c < 0$
③ $a < 0$, $b > 0$, $c > 0$　　④ $a < 0$, $b < 0$, $c > 0$
⑤ $a < 0$, $b < 0$, $c < 0$

14 문제 해결🔒

오른쪽 그림과 같은 주사위에서 마주 보는 면에 있는 두 수의 곱이 1일 때, 보이지 않는 세 면에 있는 수들의 합을 구하시오.

1

네 수 -3, $-\dfrac{5}{2}$, $\dfrac{2}{3}$, -2 중 서로 다른 세 수를 뽑아 곱했을 때, 곱한 결과 중 가장 큰 수를 구하시오. [6점]

 풀이

채점 기준 1 곱한 결과가 가장 크게 되는 경우 알기 … 2점

채점 기준 2 곱해야 하는 세 수 구하기 … 2점

채점 기준 3 곱한 결과 중 가장 큰 수 구하기 … 2점

답

한번더!

1-1

네 수 2, $-\dfrac{3}{4}$, $\dfrac{7}{2}$, $-\dfrac{4}{5}$ 중 서로 다른 세 수를 뽑아 곱했을 때, 곱한 결과 중 가장 작은 수를 구하시오. [6점]

 풀이

채점 기준 1 곱한 결과가 가장 작게 되는 경우 알기 … 2점

채점 기준 2 곱해야 하는 세 수 구하기 … 2점

채점 기준 3 곱한 결과 중 가장 작은 수 구하기 … 2점

답

2

다음 중 가장 큰 수와 가장 작은 수의 차를 구하시오. [5점]

$$\dfrac{8}{3}, \quad -4, \quad -\dfrac{7}{2}, \quad 2.1, \quad 3, \quad -3.4$$

풀이

답

3

다음 수직선에서 점 A에 대응하는 수를 구하시오. [5점]

풀이

답

4

오른쪽 그림에서 각 변에 놓인 네 수의 합이 모두 같을 때, $a-b$ 의 값을 구하시오. [6점]

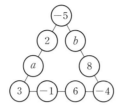

풀이

답

5

다음은 4개의 건물 A, B, C, D의 높이에 대한 설명이다. 건물 B와 건물 D의 높이의 차는 몇 m인지 구하시오. [7점]

> ㈎ 건물 A는 건물 B보다 높이가 $\dfrac{25}{3}$ m 높다.
>
> ㈏ 건물 C는 건물 A보다 높이가 10 m 낮다.
>
> ㈐ 건물 D는 건물 C보다 높이가 $\dfrac{23}{2}$ m 높다.

풀이

답

6

유리수 A, B에 대하여

$$A \times \left(-\dfrac{3}{2}\right)^2 - 1 = \dfrac{1}{2}, \ B \div (-4) + \dfrac{1}{2} = -\dfrac{3}{4}$$

일 때, $A \div B$의 값을 구하시오. [6점]

풀이

답

7

다음 조건을 만족시키는 정수 a, b, c에 대하여 $a-b-c$의 값을 구하시오. [7점]

> ㈎ $|a| > |b| > |c|$
> ㈏ $a \times b \times c = -15$
> ㈐ $a+b+c=3$

풀이

답

실전! 중단원 마무리
배운 내용을 확인하는

01

다음 수직선으로 설명할 수 있는 덧셈식은?

① $(-5)+(-3)=-8$

② $(-5)+(-2)=-7$

③ $(-5)+(+2)=-3$

④ $(-2)+(-3)=-5$

⑤ $(-2)+(+5)=+3$

02

다음 중 절댓값이 가장 큰 수와 절댓값이 가장 작은 수의 합을 구하시오.

$$-4.5, \quad \frac{5}{4}, \quad -3, \quad -1, \quad \frac{1}{2}$$

03 중요♡

다음 중 옳지 <u>않은</u> 것은?

① $\left(+\frac{1}{6}\right)+\left(+\frac{3}{4}\right)=\frac{11}{12}$

② $\left(-\frac{1}{2}\right)+\left(-\frac{5}{2}\right)=-3$

③ $\left(+\frac{1}{3}\right)+\left(-\frac{1}{2}\right)=-\frac{1}{6}$

④ $\left(-\frac{2}{3}\right)-\left(+\frac{9}{4}\right)=-\frac{35}{12}$

⑤ $\left(-\frac{1}{4}\right)-\left(-\frac{2}{3}\right)=\frac{5}{4}$

04

$-\dfrac{14}{3}$보다 작은 정수 중 가장 큰 수를 a, $\dfrac{17}{4}$보다 큰 정수 중 가장 작은 수를 b라 할 때, $a-b$의 값은?

① -12 ② -11 ③ -10

④ -9 ⑤ -8

05

$\dfrac{17}{4}-5-\dfrac{3}{4}+2$를 계산하면?

① $-\dfrac{3}{2}$ ② $-\dfrac{1}{2}$ ③ $\dfrac{1}{2}$

④ $\dfrac{4}{3}$ ⑤ $\dfrac{3}{2}$

06 중요♡

-2보다 3만큼 작은 수를 a, -5보다 2만큼 큰 수를 b라 할 때, $a-b$의 값을 구하시오.

07

$a+(-1)=-3$, $(+3)-b=5$일 때, $a+b$의 값은?

① -4 ② -2 ③ 0

④ 2 ⑤ 4

08

$-\dfrac{7}{2}+\boxed{}-\dfrac{1}{4}=-\dfrac{3}{4}$일 때, $\square$ 안에 알맞은 수를 구하시오.

09

두 수 a, b에 대하여 $|a|=1$, $|b|=3$일 때, $a+b$의 값 중 가장 큰 값과 가장 작은 값을 차례로 구하시오.

10

다음 표는 어느 해의 각 도시별 최고 기온과 최저 기온을 조사하여 나타낸 것이다. 최고 기온과 최저 기온의 차가 가장 큰 도시를 구하시오.

(단위 : ℃)

도시	서울	대전	부산	강릉	제주
최고 기온	+34	+37	+36	+39	+36
최저 기온	−21	−20	−18	−21	−8

11

다음은 곱셈의 계산 법칙을 이용하여 계산하는 과정이다. ㉠~㉤에 알맞은 것은?

$$\left(+\dfrac{2}{9}\right)\times\left(-\dfrac{3}{5}\right)\times(+18)$$

$$=\left(\boxed{\ ㉡\ }\right)\times(+18)\times\left(-\dfrac{3}{5}\right)\quad\text{곱셈의}\ \boxed{\ ㉠\ }$$

$$=\left\{\left(+\dfrac{2}{9}\right)\times(+18)\right\}\times\left(-\dfrac{3}{5}\right)\quad\text{곱셈의}\ \boxed{\ ㉢\ }$$

$$=\left(\boxed{\ ㉣\ }\right)\times\left(-\dfrac{3}{5}\right)=\boxed{\ ㉤\ }$$

① ㉠ : 결합법칙　② ㉡ : $-\dfrac{2}{9}$　③ ㉢ : 교환법칙

④ ㉣ : $+4$　⑤ ㉤ : $\dfrac{12}{5}$

12 중요♡

다음 중 가장 작은 수는?

① $(-2)^2$　② $-(-2)^3$　③ $-\dfrac{1}{2^2}$

④ -2^2　⑤ $\left(-\dfrac{1}{2}\right)^2$

13

다음을 계산하시오.

$$(-1)+(-1)^2+(-1)^3+(-1)^4+\cdots+(-1)^9$$

14

분배법칙을 이용하여 $7.3\times1.75+2.7\times1.75$를 계산하시오.

15

세 수 a, b, c에 대하여 $a\times b=-3$, $a\times(b+c)=5$일 때, $a\times c$의 값은?

① -8　② -2　③ 2

④ 4　⑤ 8

16

$-\dfrac{1}{2}$의 역수를 a, $-3\dfrac{1}{2}$의 역수를 b라 할 때, $a \div b$의 값을 구하시오.

17

다음 중 옳은 것은?

① $(-20) \div (+5) = 4$

② $\left(+\dfrac{3}{2}\right) \div (-4) = -6$

③ $(-3) \div \left(-\dfrac{3}{5}\right) = -5$

④ $\left(-\dfrac{2}{3}\right) \div \left(+\dfrac{4}{15}\right) = -\dfrac{5}{2}$

⑤ $(-4.5) \div (+1.5) = -\dfrac{1}{2}$

18 중요☆

다음 중 계산 결과가 가장 큰 것은?

① $\left(-\dfrac{1}{3}\right) \times 3 \div \left(-\dfrac{1}{4}\right)$

② $\left(-\dfrac{15}{2}\right) + \left(-\dfrac{5}{2}\right) \div \dfrac{5}{3}$

③ $\left(-\dfrac{1}{4}\right)^2 \times 8 - 4 \div \dfrac{4}{5}$

④ $(-35) \div \left\{(-2)^3 \times \left(-\dfrac{1}{4}\right) + 3\right\}$

⑤ $\dfrac{3}{4} \times \left\{(-4) + \dfrac{2}{5}\right\} \div \left(-\dfrac{9}{5}\right)$

19 중요☆

$2 - \left\{4 \div \dfrac{8}{5} - (-1)^3 \times \left(-\dfrac{1}{2}\right)^2 - 3\right\}$을 계산하시오.

20

$\left(-\dfrac{1}{2}\right)^3 \times \boxed{} \div \dfrac{9}{4} = \dfrac{3}{2}$일 때, □ 안에 알맞은 수를 구하시오.

21 중요☆

어떤 유리수에서 $-\dfrac{2}{3}$를 빼야 할 것을 잘못하여 나누었더니 그 결과가 $\dfrac{3}{4}$이 되었다. 바르게 계산한 답을 구하시오.

22

태민이와 은지가 가위바위보를 하여 이기면 $+2$점, 지면 -1점을 얻는 놀이를 하고 있다. 가위바위보를 10번 하여 이 중 태민이가 3번 이겼다고 할 때, 다음 물음에 답하시오. (단, 두 사람이 비기는 경우는 없다.)

(1) 태민이의 점수를 구하시오.

(2) 은지의 점수를 구하시오.

교과서에서 쏙 빼온 문제

1

영민이가 주사위를 두 번 던져서 짝수의 눈이 나오면 그 눈의 수만큼 수직선에서 오른쪽으로 이동하고, 홀수의 눈이 나오면 그 눈의 수만큼 왼쪽으로 이동한다고 한다. 영민이가 주사위를 두 번 던져서 나온 눈이 오른쪽 그림과 같을 때, 아래 수직선 위의 영민이의 위치를 구하시오.

(단, 수직선 위의 0에서 출발한다.)

2

아래 그림은 경도 0°에 있는 그리니치 천문대의 시각을 기준으로 세계 여러 나라의 시차를 나타낸 것이다. 예를 들어 서울의 +9는 서울의 시각이 그리니치 천문대의 시각보다 9시간 빠르다는 뜻이고, 밴쿠버의 −8은 밴쿠버의 시각이 그리니치 천문대의 시각보다 8시간 느리다는 뜻이다. 다음 물음에 답하시오.

⑴ 서울은 파리보다 몇 시간 빠른지 구하시오.

⑵ 서울은 뉴욕보다 몇 시간 빠른지 구하시오.

⑶ 서울이 월요일 오전 9시일 때, 부에노스아이레스의 요일과 시각을 각각 구하시오.

3

공학용 계산기의 $1/x$ 버튼으로 입력한 수의 역수를 구할 수 있다. 예를 들어 5를 입력한 후 $1/x$ 버튼을 누르면 5의 역수 $\frac{1}{5}$이 소수인 0.2로 표시된다. −5를 입력하고 $1/x$ 버튼을 14번 누를 때 나오는 수와 17번 누를 때 나오는 수를 차례로 구하시오.

(단, 계산 결과는 소수로 표시된다.)

4

다음과 같이 계산되는 3개의 계산 상자 A, B, C가 있다. −3을 상자 A에 넣어 계산된 값을 상자 B에 넣고, 이때 계산된 값을 다시 상자 C에 넣었을 때, 계산된 값을 구하시오.

상자 A : 들어온 수에서 3을 뺀 후 $\frac{5}{6}$를 곱한다.

상자 B : 들어온 수를 $\frac{2}{3}$로 나눈다.

상자 C : 들어온 수에 $\frac{7}{4}$을 더한 후 4를 곱한다.

워크북 89쪽~90쪽에서 한번 더 연습해 보세요.

III

문자의 사용과 식

1. 문자의 사용과 식
2. 일차방정식

이 단원을 배우면 다양한 상황을 문자를 사용한 식으로
나타낼 수 있어요. 또, 방정식과 그 해의 뜻을 알고, 일차
방정식을 푸는 방법을 익혀 실생활 문제를 해결하는 데
활용할 수 있어요.

01 문자의 사용과 식의 값

1 문자를 사용한 식

(1) **문자를 사용한 식** : 문자를 사용하면 구체적인 값이 주어지지 않은 수량이나 수량 사이의 관계를 간단히 식으로 나타낼 수 있다.

(2) **문자를 사용하여 식으로 나타내기**

❶ 문제의 뜻을 파악하여 수량 사이의 규칙을 찾는다.

❷ 문자를 사용하여 ❶의 규칙에 맞도록 식으로 나타낸다.

예 한 자루에 500원인 연필 x자루의 가격 ➡ $(500 \times x)$원

참고 문자를 사용한 식에서 자주 쓰이는 수량 사이의 관계

• (물건의 가격)=(물건 1개의 가격)×(물건의 개수), (거스름돈)=(지불한 금액)−(물건의 금액)

• (거리)=(속력)×(시간), (속력)=$\dfrac{(거리)}{(시간)}$, (시간)=$\dfrac{(거리)}{(속력)}$

> 문자를 사용하여 식을 세울 때는 반드시 단위를 쓰도록 한다.

2 곱셈 기호와 나눗셈 기호의 생략

(1) **곱셈 기호의 생략**

① (수)×(문자)에서는 곱셈 기호 ×를 생략하고, 수를 문자 앞에 쓴다. 이때 수가 1 또는 −1이면 1을 생략한다.

예 $a \times 3 = 3a$, $a \times (-5) = -5a$

② (문자)×(문자)에서는 곱셈 기호 ×를 생략하고, 보통 알파벳 순서로 쓴다.

예 $x \times y = xy$, $c \times a \times b = abc$

③ 같은 문자의 곱은 거듭제곱 꼴로 나타낸다.

예 $a \times a \times a = a^3$, $2 \times x \times x \times x \times y \times y = 2x^3y^2$

④ 괄호가 있는 식과 수의 곱에서는 곱셈 기호 ×를 생략하고, 곱해지는 수를 괄호 앞에 쓴다.

예 $(x+3) \times 2 = 2(x+3)$, $3 \times (x+y) = 3(x+y)$

(2) **나눗셈 기호의 생략**

나눗셈 기호 ÷를 생략하고 분수 꼴로 나타낸다. 또는 나눗셈을 역수의 곱셈으로 고친 후 곱셈 기호 ×를 생략한다.

> 덧셈 기호와 뺄셈 기호는 생략할 수 없다.

> **용어**
> **역수**(거꾸로 逆, 셈 數) 두 수를 곱해서 1이 될 때, 한 수를 다른 수의 역수라 한다.

3 식의 값

(1) **대입** : 문자를 사용한 식에서 문자 대신 어떤 수로 바꾸어 넣는 것

(2) **식의 값** : 문자를 사용한 식에서 문자에 수를 대입하여 계산한 결과

(3) **식의 값을 구하는 방법**

❶ 주어진 식에서 생략된 곱셈 기호 ×를 다시 쓴다.

❷ 문자에 주어진 수를 대입하여 계산한다.

주의 문자에 음수를 대입할 때는 괄호를 사용한다.

> **용어**
> **대입**(대신할 代, 넣을 入) 문자 대신 수를 넣는 것

1은 언제 생략하여 나타낼까?

1과 어떤 수의 곱은 그 결과가 어떤 수 자신이 되므로 1 또는 −1과 문자의 곱에서는 $1 \times a = a$, $a \times (-1) = -a$와 같이 1을 생략하여 나타낸다. 그러나 0.1 또는 −0.1과 문자의 곱에서는 $0.1 \times a = 0.1a$, $a \times (-0.1) = -0.1a$와 같이 1을 생략하지 않고 나타낸다.

1 문자를 사용하여 식을 어떻게 나타낼 수 있을까?

학생 100명 중에서 남학생이 a명일 때의 여학생 수	문자를 사용한 식으로 나타내면 →	(여학생 수)=100−(남학생 수) =(100−a)명

남학생 수 대신 문자 a를 사용한 식으로 나타내기

1 다음을 문자를 사용한 식으로 나타내시오.

(1) 1초마다 500 MB씩 자료를 전송할 때, x초 동안 전송한 자료의 용량

(2) 5개에 x원인 사탕 한 개의 가격

(3) 한 변의 길이가 a cm인 정삼각형의 둘레의 길이

(4) x시간 동안 8 km를 달렸을 때의 속력

1-1 다음을 문자를 사용한 식으로 나타내시오.

(1) 한 권에 x원인 공책 6권의 가격

(2) 음료수 x L를 4명이 똑같이 나누어 마셨을 때, 한 사람이 마신 음료수의 양

(3) 밑변의 길이가 a cm, 높이가 4 cm인 삼각형의 넓이

(4) 시속 60 km로 h시간 동안 이동한 거리

2 곱셈 기호를 생략하여 나타낼 수 있을까?

(1) $a \times 3$ ─── 수는 문자 앞에 ───→ $3a$

(2) $b \times a$ ─── 문자는 알파벳 순서로 ───→ ab

(3) $(-1) \times a$ ─── 문자 앞의 1은 생략 ───→ $-a$

(4) $a \times b \times a$ ─── 거듭제곱 꼴로 ───→ $a^2 b$

(5) $(a+b) \times 3$ ─── 수는 괄호 앞에 ───→ $3(a+b)$

$0.1 \times a = 0.a$ (×)
$0.1 \times a = 0.1a$ (○)

2 다음 식을 기호 ×를 생략하여 나타내시오.

(1) $3 \times a \times b$

(2) $b \times c \times a$

(3) $a \times (-5) \times b$

(4) $b \times 1 \times a \times b \times b$

(5) $(a-b) \times (-2)$

2-1 다음 식을 기호 ×를 생략하여 나타내시오.

(1) $x \times y \times 7$

(2) $y \times z \times x$

(3) $x \times y \times (-1)$

(4) $x \times y \times y \times (-4) \times z$

(5) $(x+y) \times 0.1$

정답 및 풀이 ⊙ 26쪽

 3 나눗셈 기호를 생략하여 나타낼 수 있을까?

(1) 나눗셈 기호 ÷를 생략하고 분수 꼴로 나타내기

$$a \div 3 = \frac{a}{3}$$

분자로 / 분모로

$$\bullet \div \blacksquare = \frac{\bullet}{\blacksquare}$$

(2) 나눗셈을 역수의 곱셈으로 고치고 곱셈 기호 ×를 생략하기

곱셈으로

$$a \div \frac{2}{5} = a \times \frac{5}{2} = \frac{5}{2}a$$

역수로

$$\bullet \div \blacksquare = \bullet \times \frac{1}{\blacksquare} = \frac{\bullet}{\blacksquare}$$

---

3 다음 식을 기호 ÷를 생략하여 나타내시오.

(1) $a \div b$

(2) $a \div (-5)$

(3) $a \div \left(-\frac{1}{8}\right)$

(4) $3 \div (a - b)$

3-1 다음 식을 기호 ÷를 생략하여 나타내시오.

(1) $x \div 7$

(2) $(-x) \div y$

(3) $(-x) \div \frac{3}{2}$

(4) $(x + y) \div 2$

---

4 대입을 이용하여 식의 값은 어떻게 구할까?

• $x = 2$일 때, $3x - 1$의 값을 구해 보자.

$$3x - 1 = 3 \times x - 1 \leftarrow \text{생략된 곱셈 기호 쓰기}$$
$$= 3 \times 2 - 1 \leftarrow x\text{에 2를 대입}$$
$$= 6 - 1 = \underline{5}$$
식의 값

• $x = 5$, $y = -2$일 때, $3x + 2y$의 값을 구해 보자.

$$3x + 2y = 3 \times x + 2 \times y \leftarrow \text{생략된 곱셈 기호 쓰기}$$
$$= 3 \times 5 + 2 \times (-2) \leftarrow x\text{에 5, }y\text{에 }-2\text{를 대입}$$
음수를 대입할 때는 괄호 사용
$$= 15 - 4 = \underline{11}$$
식의 값

---

4 $x = -3$일 때, 다음 식의 값을 구하시오.

(1) $2x$

(2) $x + 5$

(3) $x^2 + 1$

(4) $\frac{6}{x}$

4-1 $x = -2$일 때, 다음 식의 값을 구하시오.

(1) $4x$

(2) $-x$

(3) $6 - x^2$

(4) $\frac{8}{x} + 3$

---

 5 $a = -2$, $b = 3$일 때, 다음 식의 값을 구하시오.

(1) $a + 3b$

(2) $ab + 10$

(3) $a^2 - 2b$

(4) $\frac{4}{a} - b$

5-1 $x = 2$, $y = -4$일 때, 다음 식의 값을 구하시오.

(1) $3x - y$

(2) $2x + \frac{1}{4}y$

(3) $xy + y^2$

(4) $\frac{y}{x}$

곱셈 기호와 나눗셈 기호의 생략

01 다음 중 기호 $\times$, $\div$를 생략하여 나타낸 것으로 옳지 <u>않은</u> 것은?

① $(-2) \times x \times y = -2xy$

② $a \div b \div \dfrac{1}{c} = \dfrac{a}{bc}$

③ $x \times \dfrac{5}{y} \div z = \dfrac{5x}{yz}$

④ $a \times a \times a \div b = \dfrac{a^3}{b}$

⑤ $3 \times (a+b) \div c = \dfrac{3(a+b)}{c}$

02 다음 중 기호 $\times$, $\div$를 생략하여 나타낸 것으로 옳은 것은?

① $x \div y \div z = \dfrac{xz}{y}$

② $a \div b \times c = \dfrac{a}{bc}$

③ $x \div (y \times z) = \dfrac{x}{yz}$

④ $2 \times a \div \dfrac{b}{3} = \dfrac{2ab}{3}$

⑤ $(-0.1) \times a \div b = -0.ab$

문자를 사용하여 식으로 나타내기

03 다음 중 문자를 사용하여 나타낸 식으로 옳지 <u>않은</u> 것은?

① 3장에 x원인 상품권 1장의 가격은 $\dfrac{x}{3}$원이다.

② 십의 자리의 숫자가 a, 일의 자리의 숫자가 b인 두 자리의 자연수는 $10a+b$이다.

③ 가로의 길이, 세로의 길이가 각각 x, y인 직사각형의 둘레의 길이는 $2(x+y)$이다.

④ 40 km의 거리를 시속 a km로 달렸을 때, 걸린 시간은 $\dfrac{40}{a}$시간이다.

⑤ a원의 20 %는 0.02a원이다.

04 다음 중 문자를 사용하여 나타낸 식으로 옳은 것은?

① 한 자루에 a원인 색연필 3자루와 한 권에 b원인 공책 5권을 산 금액은 $(5a+3b)$원이다.

② 한 개에 500원 하는 물건을 a개 사고 5000원을 냈을 때의 거스름돈은 $(500a-5000)$원이다.

③ 한 변의 길이가 x cm인 정사각형의 넓이는 $4x$ cm²이다.

④ 자동차가 시속 80 km로 x시간 동안 달린 거리는 $80x$ km이다.

⑤ 정가가 x원인 물건을 30 % 할인하여 산 가격은 0.3x원이다.

식의 값   중요☆

05 $x = -1$, $y = 3$일 때, $xy + \dfrac{y}{x^2}$의 값은?

① -6 ② -3 ③ 0

④ 3 ⑤ 6

06 $x = \dfrac{1}{2}$, $y = -2$일 때, $2x^2y - y^2$의 값을 구하시오.

01

다음 중 기호 $\times$, $\div$를 생략하여 나타낸 것으로 옳은 것을 모두 고르면? (정답 2개)

① $x \times y \times x \times (-1) = -x^2 y$

② $0.1 \times x \times y = 0.xy$

③ $x \times y \div 2 = \dfrac{x}{2y}$

④ $x \div y \times (z+5) = \dfrac{x(z+5)}{y}$

⑤ $3 \times (-1) \div x \times y = -\dfrac{3}{xy}$

02

다음 중 계산 결과가 $a \div (b \div c)$와 같은 것은?

① $a \times b \times c$ ② $a \div b \div c$ ③ $a \times b \div c$

④ $a \div b \times c$ ⑤ $a \div (c \div b)$

03

다음 중 문자를 사용하여 나타낸 식으로 옳지 <u>않은</u> 것은?

① 한 봉지에 800원인 과자 x봉지의 가격 ➡ $800x$원

② 2시간 a분 ➡ $(120+a)$분

③ 밑면의 가로의 길이가 a cm, 세로의 길이가 b cm, 높이가 c cm인 직육면체의 부피 ➡ abc cm³

④ 3시간 동안 x km를 달렸을 때의 속력

➡ 시속 $\dfrac{x}{3}$ km

⑤ 백의 자리의 숫자가 a, 십의 자리의 숫자가 b, 일의 자리의 숫자가 c인 세 자리의 자연수 ➡ $a+b+c$

04

$x=-3$일 때, 다음 중 식의 값이 가장 큰 것은?

① $5-x$ ② $-x^2$ ③ $2x$

④ x^2+x ⑤ $-4x$

05

오른쪽 그림과 같이 밑면의 가로의 길이가 a, 세로의 길이가 b, 높이가 5인 직육면체에 대하여 다음 물음에 답하시오.

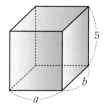

(1) 직육면체의 겉넓이를 a, b를 사용한 식으로 나타내시오.

(2) $a=\dfrac{3}{2}$, $b=4$일 때, 직육면체의 겉넓이를 구하시오.

한걸음 더

06 추론💬

세윤이는 어머니와 장을 보러 동네 시장에 갔다. 어머니가 시장 입구에서 한 단에 x원 하는 미나리를 팔고 계신 할머니와 다음과 같은 대화를 나누었을 때, 어머니가 지불할 금액을 x를 사용한 식으로 나타내시오.

미나리를 다 팔고 3단 남았는데 다 사면 원래 가격의 80 %만 받을게.

그럼 3단 모두 주세요.

07 문제해결🔒

$a=\dfrac{1}{2}$, $b=\dfrac{1}{3}$, $c=-\dfrac{1}{4}$일 때, $\dfrac{1}{a}-\dfrac{1}{b}+\dfrac{2}{c}$의 값을 구하시오.

일차식과 수의 곱셈, 나눗셈

① 다항식

(1) **항** : 수 또는 문자의 곱으로 이루어진 식

(2) **상수항** : 수로만 이루어진 항

(3) **계수** : 수와 문자의 곱으로 이루어진 항에서 문자에 곱한 수

(4) **다항식** : 하나 이상의 항의 합으로 이루어진 식

　참고 다항식에서 항을 말할 때는 계수까지 포함한다.

(5) **단항식** : 다항식 중에서 하나의 항으로만 이루어진 식

　예 $2x$, $x+2y-4$, x^2-3x+1은 모두 다항식이고, 이 중 단항식은 $2x$이다.

용어
• **다항식**(많을 多, 항 項,
　식 式)
　항이 많은 식
• **단항식**(하나 單, 항 項,
　식 式)
　항이 하나인 식

② 일차식

(1) **차수** : 문자를 포함한 항에서 문자가 곱해진 개수

　예 $2x$의 차수 : 1, $3x^2$의 차수 : 2, y^3의 차수 : 3

(2) **다항식의 차수** : 다항식에서 차수가 가장 큰 항의 차수

　예 $4x^2-3x+1$의 차수 : 2, $x-3y$의 차수 : 1

(3) **일차식** : 차수가 1인 다항식

　예 $4x$, $3x-2$, $-x+2y$

계수와 차수의 구분

$$3x^2 \leftarrow \text{차수}$$
계수

③ 일차식과 수의 곱셈, 나눗셈

(1) 단항식과 수의 곱셈, 나눗셈

　① (단항식)×(수) : 수끼리 곱하여 수를 문자 앞에 쓴다.

　　예 $3x \times 4 = 3 \times x \times 4 = 3 \times 4 \times x = 12x$

　② (단항식)÷(수) : 나누는 수의 역수를 곱하여 계산한다.

　　예 $4x \div 2 = 4x \times \dfrac{1}{2} = 4 \times x \times \dfrac{1}{2} = 4 \times \dfrac{1}{2} \times x = 2x$

(2) 일차식과 수의 곱셈, 나눗셈

　① (수)×(일차식) : 분배법칙을 이용하여 일차식의 각 항에 수를 곱하여 계산한다.

　　예 $3 \times (3x-2) = 3 \times 3x - 3 \times 2 = 9x - 6$

　② (일차식)÷(수) : 분배법칙을 이용하여 일차식의 각 항에 나누는 수의 역수를 곱하여
　　계산한다.

　　예 $(15x-10) \div 5 = (15x-10) \times \dfrac{1}{5} = 15x \times \dfrac{1}{5} - 10 \times \dfrac{1}{5} = 3x - 2$

$\dfrac{1}{x}$은 일차식일까?

$\dfrac{1}{x} = 1 \div x$는 1과 x의 곱으로 이루어진 식이 아니므로 항이라고 할 수 없다.

즉, 분모에 문자가 있는 식은 항이 아니므로 다항식도 단항식도 아니다. 따라서 일차식도 아니다.

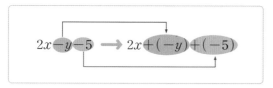

개념 1 다항식에서 항, 상수항, 계수는 무엇일까?

$$2x - y - 5 \longrightarrow 2x + (-y) + (-5)$$

참고 • 각 항을 말할 때는 부호를 반드시 포함한다.
• $x = 1 \times x$이므로 x의 계수는 1이다.

	부호에 주의!
(1) 항 ─── 수 또는 문자의 곱으로 이루어진 식 ───→	$2x, \ -y, \ -5$
(2) 상수항 ─── 수로만 이루어진 항 ───→	-5
(3) x의 계수 ─── x 앞에 곱해진 수 ───→	2
(4) y의 계수 ─── y 앞에 곱해진 수 ───→	-1

1 다항식 $5x - 4y - 7$에 대하여 다음을 구하시오.

(1) 항   (2) 상수항

(3) x의 계수   (4) y의 계수

1-1 다항식 $-x^2 + 6y - 2$에 대하여 다음을 구하시오.

(1) 항   (2) 상수항

(3) x^2의 계수   (4) y의 계수

개념 2 차수를 알아보고, 이를 이용하여 주어진 다항식이 일차식인지 알아볼까?

$2x + 5$	각 항의 차수 →	$2x$의 차수 : ❶ 5의 차수 : 0	다항식의 차수 →	❶ ──→ 일차식이다.

└→ 상수항의 차수는 항상 0이다.

$3x^2 - 2x + 1$	각 항의 차수 →	$3x^2$의 차수 : ❷ $-2x$의 차수 : 1 1의 차수 : 0	다항식의 차수 →	❷ ──→ 일차식이 아니다.

2 다음 다항식의 차수를 구하고, 일차식인지 쓰시오.

(1) $4x - 2$

(2) 7

(3) $3a - a^2$

(4) $\dfrac{b + 5}{3}$

2-1 다음 중 일차식인 것에는 ◯표, 아닌 것에는 ×표를 하시오.

(1) $-5a + 2$ (   )

(2) $b^2 + b + 1$ (   )

(3) $\dfrac{1}{2}x - y + 3$ (   )

(4) $\dfrac{1}{y}$ (   )

개념 3 단항식과 수의 곱셈, 나눗셈을 어떻게 하는지 알아볼까?

(1) (수)×(단항식), (단항식)×(수)

$6x \times 2$
$= 6 \times x \times 2$ ⟩ 곱셈의 교환법칙
$= 6 \times 2 \times x$ ⟩ 곱셈의 결합법칙
$= (6 \times 2) \times x$
$= 12x$

➡ 수끼리 곱한 후 수를 문자 앞에 쓴다.

(2) (단항식)÷(수)

$12x \div 3$
$= 12 \times x \times \dfrac{1}{3}$ ⟩ 나누는 수의 역수 곱하기
$= 12 \times \dfrac{1}{3} \times x$ ⟩ 곱셈의 교환법칙
$= \left(12 \times \dfrac{1}{3}\right) \times x$ ⟩ 곱셈의 결합법칙
$= 4x$

➡ 나눗셈을 곱셈으로 고쳐서 계산한다.

3 다음을 계산하시오.

(1) $4 \times 2x$　　　　(2) $(-3x) \times 5$

(3) $9x \div (-3)$　　　(4) $(-8x) \div \left(-\dfrac{2}{3}\right)$

3-1 다음을 계산하시오.

(1) $(-6x) \times (-2)$　　(2) $\dfrac{1}{5} \times 10x$

(3) $28x \div 7$　　　(4) $(-12x) \div \dfrac{3}{4}$

개념 4 일차식과 수의 곱셈, 나눗셈을 어떻게 하는지 알아볼까?

(1) (수)×(일차식), (일차식)×(수)

$-3(2x+7)$
$= (-3) \times 2x + (-3) \times 7$ ⟩ 분배법칙
$= -6x - 21$

➡ 분배법칙을 이용하여 일차식의 각 항에 수를 곱한다.

(2) (일차식)÷(수)

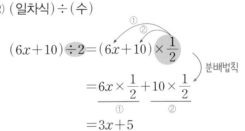

$(6x+10) \div 2 = (6x+10) \times \dfrac{1}{2}$ ⟩ 분배법칙
$= 6x \times \dfrac{1}{2} + 10 \times \dfrac{1}{2}$
$= 3x + 5$

➡ 분배법칙을 이용하여 일차식의 각 항에 나누는 수의 역수를 곱한다.

주의 곱하는 수가 음수인 경우에는 그 음수를 각 항에 곱해 주어야 한다. 이때 각 항의 부호에 주의한다.

4 다음을 계산하시오.

(1) $3(2x+1)$　　　(2) $(-x+2) \times (-5)$

(3) $-\dfrac{1}{2}(4x-10)$　　(4) $(14x+21) \div 7$

(5) $(6x-8) \div (-2)$　　(6) $(-5x-2) \div \dfrac{1}{3}$

4-1 다음을 계산하시오.

(1) $-(4x-5)$　　　(2) $(x-3) \times (-2)$

(3) $\dfrac{4}{3}(6x+3)$　　(4) $(5x-20) \div 5$

(5) $(-8x+12) \div 4$　　(6) $\left(2x+\dfrac{8}{3}\right) \div \left(-\dfrac{2}{3}\right)$

다항식 중요✩

01 다음 중 다항식 $4x^2-5x+7$에 대한 설명으로 옳지 <u>않은</u> 것은?

① 항은 3개이다.
② x^2의 계수는 4이다.
③ 상수항은 7이다.
④ 차수가 4인 다항식이다.
⑤ x의 계수는 -5이다.

02 다항식 $3x^2+4x-2$에 대하여 다항식의 차수를 a, x^2의 계수를 b, 상수항을 c라 할 때, $a+b-c$의 값을 구하시오.

일차식

03 다음 중 일차식인 것을 모두 고르면? (정답 2개)

① $2x^2+1$
② $\dfrac{2}{x}+3$
③ $\dfrac{1}{3}x-5$
④ $0.1x+4$
⑤ $8+0\times x$

04 다음 중 **보기**에서 일차식인 것을 모두 고른 것은?

┌─ 보기 ─────────────────────────┐
ㄱ. $3-2x$ ㄴ. $\dfrac{x}{5}$

ㄷ. $\dfrac{1}{1-x}$ ㄹ. x^2-x+x^3

ㅁ. $0\times x^2+x$ ㅂ. 10
└──────────────────────────────┘

① ㄱ, ㄴ, ㄷ   ② ㄱ, ㄴ, ㅁ
③ ㄱ, ㄷ, ㅂ   ④ ㄴ, ㄹ, ㅁ
⑤ ㄷ, ㄹ, ㅂ

일차식과 수의 곱셈, 나눗셈

05 다음 중 계산 결과가 옳지 <u>않은</u> 것은?

① $(-3)\times(-6x)=18x$
② $8x\div\left(-\dfrac{4}{5}\right)=-10x$
③ $(2x-1)\times 4=8x-4$
④ $\dfrac{1}{5}(10x+25)=2x+5$
⑤ $(3x-9)\div\left(-\dfrac{3}{4}\right)=-4x+16$

06 다음 중 계산 결과가 $-2(3x-2)$와 같은 것은?

① $\dfrac{1}{2}(-6x+4)$
② $(4x+6)\times\left(-\dfrac{3}{2}\right)$
③ $(3x-6)\times\left(-\dfrac{1}{3}\right)$
④ $(3x-12)\div(-3)$
⑤ $(-9x+6)\div\dfrac{3}{2}$

03 일차식의 덧셈과 뺄셈

1 동류항

(1) **동류항** : 문자와 그 문자에 대한 차수가 같은 항

  예 $2x$와 $4x$, a^2과 $3a^2$, -3과 5

  주의 ① 상수항끼리는 모두 동류항이다.

      ② 문자와 차수 중 어느 하나라도 다르면 동류항이 아니다.

(2) **동류항의 덧셈과 뺄셈**

동류항이 있는 다항식은 동류항끼리 모으고 분배법칙을 이용하여 간단히 계산할 수 있다.

  예 ① $5x+3x=5\times x+3\times x=(5+3)x=8x$

    ② $4x+3-2x-6$

      $=4x-2x+3-6$ ⟩ 동류항끼리 모으기

      $=(4-2)x+(3-6)$ ⟩ 동류항끼리 계산하기

      $=2x-3$

> **용어**
>
> **동류항**(같을 同, 무리 類, 항 項)
> 같은 종류의 항
>
> 동류항을 찾을 때는 비교하는 항의 문자와 차수가 각각 같은지 모두 확인한다.

2 일차식의 덧셈과 뺄셈

(1) **일차식의 덧셈과 뺄셈**

❶ 괄호가 있으면 분배법칙을 이용하여 먼저 괄호를 푼다.

> • 괄호 앞에 $+$가 있으면 괄호 안의 각 항의 부호를 그대로 쓴다.
> ➡ $A+(B-C)=A+B-C$
> • 괄호 앞에 $-$가 있으면 괄호 안의 각 항의 부호를 반대로 쓴다.
> ➡ $A-(B-C)=A-B+C$

❷ 동류항끼리 모아서 계산한다.

  참고 차수가 큰 항부터 차례로 정리하며 계산한다.

  예 $2(3x-5)-(2x-7)$

    $=6x-10-2x+7$ ⟩ 괄호 풀기

    $=6x-2x-10+7$ ⟩ 동류항끼리 모으기

    $=4x-3$ ⟩ 동류항끼리 계산하기

(2) **분수 꼴인 일차식의 덧셈과 뺄셈**

분모의 최소공배수로 통분한 후 동류항끼리 모아서 계산한다.

  예 $\dfrac{x+1}{2}+\dfrac{2x-1}{3}$

    $=\dfrac{3(x+1)+2(2x-1)}{6}$ ⟩ 분모를 통분하기

    $=\dfrac{3x+3+4x-2}{6}$ ⟩ 괄호 풀기

    $=\dfrac{3x+4x+3-2}{6}$ ⟩ 동류항끼리 모으기

    $=\dfrac{7x+1}{6}$ ⟩ 동류항끼리 계산하기

> 분수 꼴인 일차식의 계산에서 분수를 약분할 때 분자의 모든 항을 약분하여야 한다.

개념 1 동류항은 어떻게 구분하고, 동류항의 덧셈과 뺄셈은 어떻게 계산할까?

(1) 동류항 찾기

| $a,\ 3a$ | 문자, 차수 모두 같음 → 동류항이다. |

| $2a,\ 5b$ | 문자 다름, 차수 같음 → 동류항이 아니다. |

| $x,\ x^2$ | 문자 같음, 차수 다름 → 동류항이 아니다. |

| $1,\ 4$ | 모두 상수항 → 동류항이다. |

(2) 동류항의 덧셈과 뺄셈

• $5x+2x=(5+2)x=7x$
  동류항의 계수끼리 더하여 문자 앞에 쓴다.

• $5x-2x=(5-2)x=3x$
  동류항의 계수끼리 빼어 문자 앞에 쓴다.

$$●a+▲a=(●+▲)a$$

1 다음 중 동류항끼리 짝 지어진 것에는 ○표, 아닌 것에는 ×표를 하시오.

(1) $x,\ -\dfrac{1}{2}x$ (   )   (2) $x^2,\ 2x$ (   )

(3) $-5,\ \dfrac{3}{5}$ (   )   (4) $4x,\ 9y$ (   )

1-1 다음 중 동류항끼리 짝 지어진 것에는 ○표, 아닌 것에는 ×표를 하시오.

(1) $3y,\ 3x$ (   )   (2) $-a,\ \dfrac{1}{a}$ (   )

(3) $-x^2,\ \dfrac{1}{4}x^2$ (   )   (4) $7,\ -2$ (   )

2 다음을 계산하시오.

(1) $2x+4x$

(2) $3a-5a+a$

2-1 다음을 계산하시오.

(1) $6y-2y$

(2) $b+5-4b+2$

개념 2 일차식의 덧셈과 뺄셈은 어떻게 계산할까?

(1) 일차식의 덧셈

$(2x+7)+2(3x-5)$ ⟩ 괄호 풀기
$=2x+7+6x-10$ ⟩ 동류항끼리 모으기
$=\boxed{2x+6x}+\boxed{7-10}$ ⟩ 동류항끼리 계산하기
$=8x-3$

(2) 일차식의 뺄셈

$(3x+5)-(2x-1)$ ⟩ 괄호 풀기
$=3x+5-2x+1$ ⟩ 동류항끼리 모으기
$=\boxed{3x-2x}+\boxed{5+1}$ ⟩ 동류항끼리 계산하기
$=x+6$

3 다음을 계산하시오.

(1) $2(x+4)+(2x-1)$

(2) $(x-2)-4(2x-3)$

3-1 다음을 계산하시오.

(1) $(x-7)+5(-x+2)$

(2) $\dfrac{1}{2}(2x+4)-3(x+3)$

집중 3 분수 꼴인 일차식의 덧셈과 뺄셈은 어떻게 계산할까?

분수 꼴인 일차식의 덧셈과 뺄셈은 분모의 최소공배수로 통분한 다음 동류항끼리 모아서 계산한다.

집중 1

분수 꼴인 일차식의 덧셈

$$\frac{x+3}{2}+\frac{x-2}{3}$$ → 통분할 때 분자에 괄호를 씌운다.

분모의 최소공배수로 통분하기

$$=\frac{3(x+3)}{6}+\frac{2(x-2)}{6}$$

$$=\frac{3(x+3)+2(x-2)}{6}$$ 괄호 풀기

$$=\frac{3x+9+2x-4}{6}$$ 동류항끼리 계산하기

$$=\frac{5x+5}{6}$$

$$=\frac{5}{6}x+\frac{5}{6}$$

집중 2

분수 꼴인 일차식의 뺄셈

$$\frac{3x-4}{2}-\frac{2x-1}{3}$$ 분모의 최소공배수로 통분하기

$$=\frac{3(3x-4)}{6}-\frac{2(2x-1)}{6}$$

$$=\frac{3(3x-4)-2(2x-1)}{6}$$ 괄호 풀기

$$=\frac{9x-12-4x+2}{6}$$ 동류항끼리 계산하기

$$=\frac{5x-10}{6}$$ 약분하기

$$=\frac{5}{6}x-\frac{5}{3}$$

참고 $\frac{\blacktriangle x+\blacksquare}{\bullet}=\frac{\blacktriangle}{\bullet}x+\frac{\blacksquare}{\bullet}$ 이므로 답을 쓸 때 두 가지 형태가 모두 가능하다.

주의 분수를 약분할 때 분자의 모든 항을 약분해야 함에 주의한다.

→ $\frac{4x+3}{6}=\frac{\overset{2}{4}x}{\underset{3}{6}}+\frac{\overset{1}{3}}{\underset{2}{6}}=\frac{2}{3}x+\frac{1}{2}$ (○), $\frac{\overset{2}{4}x+3}{\underset{3}{6}}=\frac{2x+3}{3}$ (×)

---

4 다음을 계산하시오.

(1) $\dfrac{3x+1}{2}+\dfrac{x-5}{3}$

(2) $\dfrac{x-3}{5}-\dfrac{2x+1}{3}$

(3) $x-2+\dfrac{x+1}{4}$

4-1 다음을 계산하시오.

(1) $\dfrac{x-1}{4}+\dfrac{3x+2}{6}$

(2) $\dfrac{-x+4}{8}-\dfrac{4x-5}{2}$

(3) $\dfrac{x-6}{3}-2x+3$

개념 완성하기

동류항

01 다음 중 동류항끼리 바르게 짝 지어진 것은?

① a, a^2 ② x^2, $3y^2$ ③ $2a$, $-3b$

④ $-a$, $0.1a$ ⑤ $\dfrac{3}{x}$, x

02 다음 **보기**에서 동류항인 것끼리 모두 짝 지으시오.

보기

$$3x, \ -y, \ 5, \ -2x^2, \ 4y, \ -y^2, \ \frac{3}{2}x, \ -6$$

동류항의 덧셈과 뺄셈

03 $3x+2y-4x-5y=ax+by$일 때, $a+b$의 값을 구하시오. (단, a, b는 상수)

04 $x-\dfrac{2}{3}-3x+\dfrac{8}{3}$을 계산하였을 때, x의 계수와 상수항의 합을 구하시오.

일차식의 덧셈과 뺄셈   중요✿

05 다음 중 계산 결과가 옳은 것은?

① $(5x-4)+(-2x+3)=3x+1$

② $-(3x+5)-(x+8)=-4x+3$

③ $4\left(\dfrac{3}{2}x+1\right)+(-x-5)=5x-1$

④ $(4x+7)-2(3x-2)=-2x+3$

⑤ $5(x-3)-3(2x-1)=x-12$

06 $\dfrac{1}{3}(6x-9y)+\dfrac{1}{2}(6x+8y)=ax+by$일 때, ab의 값은? (단, a, b는 상수)

① 1 ② 2 ③ 3

④ 4 ⑤ 5

괄호가 있는 일차식의 덧셈과 뺄셈

07 $5x-6-\{x-(3x+4)\}$를 계산하시오.

🔊 코칭 Plus

괄호가 있는 일차식의 덧셈과 뺄셈
→ ( ) → { } 순으로 괄호를 푼다.

08 다음을 계산하시오.

$$3x-\{1-(5-2x)\}$$

분수 꼴인 일차식의 덧셈과 뺄셈 중요☆

09 다음을 계산하시오.

$$\frac{3x-5}{2} - \frac{2x-4}{5}$$

10 $\frac{7x+2}{3} - \frac{x-3}{6} = ax+b$일 때, $a-b$의 값을 구하시오. (단, a, b는 상수)

문자에 일차식 대입하기

11 $A=2x-1$, $B=-x+4$일 때, $A+3B$를 계산하면?

① $-x-13$ ② $-x+3$ ③ $-x+11$
④ $x+3$ ⑤ $x+11$

12 $A=-2x+3$, $B=x-6$일 때, $2A-B$를 계산하였더니 $ax+b$가 되었다. $a+b$의 값은?

(단, a, b는 상수)

① 5   ② 7   ③ 9
④ 11   ⑤ 13

□ 안에 알맞은 일차식 구하기 중요☆

13 $2(3x+1) - (\boxed{}) = x-2$일 때, □ 안에 알맞은 식은?

① $5x$ ② $5x+2$ ③ $5x+4$
④ $8x$ ⑤ $8x+2$

 Plus

(1) $A - \square = B$이면 $\square = A-B$
(2) $\square - A = B$이면 $\square = B+A$
(3) $\square + A = B$이면 $\square = B-A$

14 어떤 다항식에서 $\frac{3}{2}(2x-6)$을 뺐더니 $-x+2$가 되었다. 어떤 다항식을 구하시오.

01

다음 중 다항식 $-2x^2+3x-1$에 대한 설명으로 옳지 <u>않은</u> 것은?

① 상수항은 -1이다.

② x의 계수는 3이다.

③ 다항식의 차수는 2이다.

④ 항은 $2x^2$, $3x$, 1이다.

⑤ x^2의 계수와 x의 계수의 합은 1이다.

02

다항식 $(a+2)x^2-5x+7$이 x에 대한 일차식일 때, 상수 a의 값을 구하시오.

03

다음 중 계산 결과가 $-4(2x-1)$과 같은 것을 모두 고르면? (정답 2개)

① $4(-2x-1)$

② $(4x-2)\times(-2)$

③ $(2x-1)\div(-4)$

④ $(-8x+4)\div2$

⑤ $(-4x+2)\div\dfrac{1}{2}$

04

다음을 계산하시오.

$$3x-[2-\{3(x-3)-2(2x+1)\}]$$

05

$\dfrac{3(x-5)}{4}-\dfrac{2x-5}{6}=ax+b$일 때, $a-b$의 값을 구하시오. (단, a, b는 상수)

06

오른쪽 그림과 같이 윗변의 길이가 $x-1$, 아랫변의 길이가 $x+2$, 높이가 6인 사다리꼴의 넓이를 x를 사용한 식으로 나타내시오.

한걸음 더

07 추론 💬

다음 표에서 가로, 세로, 대각선에 놓인 세 식의 합이 모두 같을 때, 두 다항식 A, B를 각각 구하시오.

$x+3$	$11x-2$	A
	$3x+2$	B
		$5x+1$

08 문제 해결 🔒

어떤 다항식에 $2x+3$을 더해야 할 것을 잘못하여 뺐더니 $3x-2$가 되었다. 바르게 계산한 식을 구하시오.

1

어떤 다항식에서 $2x-7$을 빼야 할 것을 잘못하여 더했더니 $12x+3$이 되었다. 바르게 계산한 식을 구하시오. [6점]

 풀이

채점 기준 1   어떤 다항식 구하기 … 3점

채점 기준 2   바르게 계산한 식 구하기 … 3점

답

한번더! 1-1

$3x+5$에서 어떤 다항식을 빼야 할 것을 잘못하여 더했더니 $-4x+10$이 되었다. 바르게 계산한 식을 구하시오. [6점]

풀이

채점 기준 1   어떤 다항식 구하기 … 3점

채점 기준 2   바르게 계산한 식 구하기 … 3점

답

2

A 지점에서 300 km 떨어진 B 지점까지 자동차를 타고 시속 80 km로 가려고 한다. 자동차를 타고 x시간 동안 갔을 때, 남은 거리를 x를 사용한 식으로 나타내시오. [5점]

풀이

답

3

아래 그림과 같이 길이가 일정한 성냥개비를 사용하여 정사각형을 만들 때, 다음 물음에 답하시오. [7점]

⑴ 정사각형 n개를 만드는 데 필요한 성냥개비는 모두 몇 개인지 n을 사용한 식으로 나타내시오. [4점]

⑵ 정사각형 8개를 만드는 데 필요한 성냥개비는 모두 몇 개인지 구하시오. [3점]

 풀이

답

01

다음 중 기호 ×, ÷를 생략하여 나타낸 것으로 옳지 않은 것은?

① $0.1 \times x = 0.1x$

② $2 \times x \times x = 2x^2$

③ $x \times y \times y \times z = xy^2z$

④ $\dfrac{x}{y} \div z = \dfrac{x}{yz}$

⑤ $x + y \div z = \dfrac{x+y}{z}$

02

다음 중 문자를 사용하여 나타낸 식으로 옳지 않은 것은?

① 8개에 x원 하는 배 한 개의 가격 ➜ $\dfrac{x}{8}$ 원

② 십의 자리의 숫자가 x, 일의 자리의 숫자가 7인 두 자리의 자연수 ➜ $10x + 7$

③ 50 kg의 $a\%$ ➜ $5a$ kg

④ 한 변의 길이가 x cm인 정오각형의 둘레의 길이 ➜ $5x$ cm

⑤ a m의 거리를 30분 동안 달렸을 때의 속력 ➜ 분속 $\dfrac{a}{30}$ m

03

남학생이 20명, 여학생이 10명인 어느 반에서 중간고사를 본 결과 남학생의 점수의 평균은 x점, 여학생의 점수의 평균은 y점이었다. 이 반 전체 학생들의 점수의 평균을 x, y를 사용한 식으로 나타내시오.

04 중요♥

$x = -2$일 때, 다음 중 식의 값이 나머지 넷과 다른 하나는?

① $2x$

② x^2

③ $(-x)^2$

④ $-\dfrac{x^3}{2}$

⑤ $2 - x$

05

$x = -\dfrac{1}{3}$일 때, 다음 중 식의 값이 가장 작은 것은?

① $-3x$

② $2x^2$

③ $3x - 1$

④ $\dfrac{1}{x}$

⑤ $\dfrac{1}{x^2} + 6x$

06

$x = \dfrac{1}{2}$, $y = -\dfrac{1}{4}$일 때, $\dfrac{2}{x} - \dfrac{1}{y}$의 값을 구하시오.

07

지면의 기온이 25 ℃일 때, 지면으로부터 높이가 x km인 곳의 기온은 $(25 - 6x)$ ℃라 한다. 이때 지면으로부터 높이가 4 km인 곳의 기온을 구하시오.

08 중요☆

다음 중 옳은 것은?

① $2x+3$의 항은 1개이다.

② $\dfrac{2}{x}+4x$는 일차식이다.

③ $2x^2-3x+7$의 차수는 2이다.

④ $\dfrac{x}{5}-4$에서 x의 계수는 5이다.

⑤ $3x^2+2x-2$에서 상수항은 2이다.

09

다음 중 일차식인 것을 모두 고르면? (정답 2개)

① $-5x+2y$ ② $2(x+1)-2x$

③ $x-\dfrac{4}{x}$ ④ $0.1y^2-0.2y+0.3$

⑤ $\dfrac{y-1}{3}+1$

10

다음 중 계산 결과가 옳지 <u>않은</u> 것은?

① $(-3)\times(-5x)=15x$

② $5(-x+1)=-5x+5$

③ $-\dfrac{3}{2}(4x+8)=-6x+12$

④ $(-15x+9)\div(-3)=5x-3$

⑤ $(12x-8)\div\dfrac{4}{3}=9x-6$

11

$(-6x+24)\times\left(-\dfrac{2}{3}\right)$를 계산하였을 때 x의 계수를 a, $(14x-21)\div\dfrac{7}{3}$을 계산하였을 때 상수항을 b라 하자. 이때 $a-b$의 값을 구하시오.

12

밑변의 길이가 5 cm, 높이가 8 cm인 삼각형에서 밑변의 길이를 $2x$ cm만큼 늘였을 때, 이 삼각형의 넓이를 x를 사용한 식으로 나타내시오.

13

다음 중 동류항끼리 바르게 짝 지어진 것은?

① x, x^2 ② 3, $3a$ ③ $\dfrac{2}{x}$, $\dfrac{x}{2}$

④ $-3y$, $5y$ ⑤ $-x^2y$, $4xy^2$

14

$2x-3y+4y-3x=ax+by$일 때, $a-b$의 값은?

(단, a, b는 상수)

① -4 ② -2 ③ 0

④ 2 ⑤ 4

15 중요☆
다음 중 계산 결과가 나머지 넷과 <u>다른</u> 하나는?

① $x+1-3x$
② $(4x-1)+(2-6x)$
③ $2(x-1)-4x+3$
④ $(5x-7)-(7x-8)$
⑤ $3(2x+5)-4(2x+3)$

16
$2(3a-2b)-(11a-5b)$를 계산하였을 때, a의 계수와 b의 계수의 합을 구하시오.

17
$2(ax+3)-6x+b=-2x+3$일 때, $|b-a|$의 값을 구하시오. (단, a, b는 상수)

18
$2x-\{x+3(-2x+2)-9\}$를 계산하면?

① $4x-6$ ② $4x+3$ ③ $7x-3$
④ $7x+3$ ⑤ $10x-6$

19
오른쪽 그림과 같이 한 변의 길이가 12 cm인 정사각형에서 색칠한 부분의 넓이를 x를 사용한 식으로 나타내시오.

20
$A=3x-2y$, $B=-x-y$일 때, $3A-2B-(2A-4B)$를 계산하면?

① $x-4y$ ② $x+4y$ ③ $3x-4y$
④ $5x-4y$ ⑤ $5x+4y$

21 중요☆
다음 ☐ 안에 알맞은 식을 구하시오.

$$\frac{-x+1}{2}+\boxed{}=\frac{2x-3}{5}$$

1

국제 축구 연맹(FIFA) 월드컵 예선 리그에서는 한 경기마다 승리하면 3점, 무승부이면 1점, 패하면 0점으로 승점을 부여한다. 어느 팀의 경기 결과가 x승 y무 1패였을 때, 이 팀의 승점을 문자를 사용한 식으로 나타내시오.

2

운동 강도는 운동을 할 때 심장 박동 수가 목표 심장 박동 수에 도달했는지를 측정하여 조절할 수 있는데, 1분당 목표 심장 박동 수는 아래 식을 이용하여 계산한다.

나이가 a세이고, 안정 상태에서의 심장 박동 수가 1분당 b회인 사람이 운동 강도를 $c\,\%$로 설정할 때, 1분당 목표 심장 박동 수는 $\left\{\dfrac{c}{100}(220-a-b)+b\right\}$회이다.

다음 표는 13세인 준호의 달리기 운동 계획이다.

운동 강도	운동 시간	운동 빈도	운동 기간
40 % 이상 50 % 이하	30분	일주일 3번	5개월

준호의 안정 상태에서의 심장 박동 수가 1분당 67회일 때, 1분당 목표 심장 박동 수의 범위를 구하시오.

3

다음 그림에서 가로, 세로의 계산이 성립하도록 □ 안에 알맞은 수 또는 식을 써넣으시오.

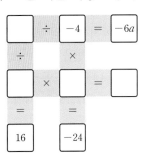

4

오른쪽 피라미드에 적힌 식 사이의 규칙에 따라 아래에 있는 피라미드의 빈칸에 알맞은 식을 써넣으시오.

워크북 91쪽~92쪽에서 한번 더 연습해 보세요.

방정식과 그 해

1 방정식과 항등식

(1) **등식** : 등호 '='를 사용하여 두 수 또는 두 식이 같음을 나타낸 식

   ① **좌변** : 등식에서 등호의 왼쪽 부분

   ② **우변** : 등식에서 등호의 오른쪽 부분

   ③ **양변** : 좌변과 우변을 통틀어 양변이라 한다.

   주의 $2x+1 \leq 3$, $3x+4$는 모두 등호가 없으므로 등식이 아니다.

(2) **방정식** : x의 값에 따라 참이 되기도 하고 거짓이 되기도 하는 등식을 x에 대한 방정식이라 한다.

   ① **미지수** : 방정식에 있는 x, y 등의 문자

   ② **방정식의 해(근)** : 방정식을 참이 되게 하는 미지수의 값

   ③ **방정식을 푼다** : 방정식의 해를 모두 구하는 것

   예 등식 $x+3=4$는 $x=1$일 때, $1+3=4$ (참)

                            $x=2$일 때, $2+3=5 \neq 4$ (거짓)

   따라서 등식 $x+3=4$는 방정식이고, 이 방정식의 해는 $x=1$이다.

(3) **항등식** : 미지수 x에 어떤 값을 대입하여도 항상 참이 되는 등식을 x에 대한 항등식이라 한다.

   예 등식 $2x+3x=5x$는 x에 어떤 값을 대입하여도 항상 참이므로 x에 대한 항등식이다.

2 등식의 성질

(1) **등식의 성질**

   ① 등식의 양변에 같은 수를 더하여도 등식은 성립한다.

   → $a=b$이면 $a+c=b+c$

   ② 등식의 양변에서 같은 수를 빼어도 등식은 성립한다.

   → $a=b$이면 $a-c=b-c$

   ③ 등식의 양변에 같은 수를 곱하여도 등식은 성립한다.

   → $a=b$이면 $ac=bc$

   ④ 등식의 양변을 0이 아닌 같은 수로 나누어도 등식은 성립한다.

   → $a=b$이면 $\dfrac{a}{c}=\dfrac{b}{c}$ (단, $c \neq 0$)

(2) **등식의 성질을 이용한 방정식의 풀이**

   x에 대한 방정식은 등식의 성질을 이용하여 주어진 방정식을 '$x=$(수)' 꼴로 고쳐서 그 해를 구할 수 있다.

   예 $x+4=11$ ──_{양변에서 4를 뺀다.}→ $x+4-4=11-4$ $\therefore x=7$

용어

• **등식**(같을 等, 식 式) 등호를 사용하여 같음을 나타낸 식

• **방정식**(方程式) 중국 옛 수학책인 구장산술에 나온 '방정' 이라는 말에서 유래하였다.

• **미지수**(아닐 未, 알 知, 셈 數) 알지 못하는 수

• **항등식**(항상 恒, 같을 等, 식 式) 항상 등호가 성립하는 식

등식 $ax+b=cx+d$ 가 x에 대한 항등식이 될 조건
→ $a=c$, $b=d$

양변에서 c를 빼는 것은 양변에 $-c$를 더하는 것과 같고 양변을 c ($c \neq 0$)로 나누는 것은 양변에 $\dfrac{1}{c}$을 곱하는 것과 같다.

방정식의 풀이에서 대입과 등식의 성질은 각각 언제 이용될까?

대입을 이용한 풀이는 방정식의 해가 간단한 정수일 때 편리하다. 그러나 방정식의 해가 간단한 정수가 아닐 때는 그 해를 찾기가 어려울 수 있다. 반면에 등식의 성질을 이용한 풀이는 방정식의 해가 간단한 정수가 아닐 때도 그 해를 쉽게 구할 수 있으며 해를 추측할 필요가 없어 효율적이다.

개념 1 등식인 것과 등식이 아닌 것을 어떻게 구분할까?

$1+3=4$ ──등호(=)를 사용한 식──▶ 등식이다.

$2x-3=1$ ──등호(=)를 사용한 식──▶ 등식이다.

$4x+3$ ──등호(=)가 없는 식──▶ 등식이 아니다.

$x+2>1$ ──부등호를 사용한 식──▶ 등식이 아니다.

1 다음 식이 등식인지 아닌지 구하고, 등식인 것은 좌변과 우변을 각각 쓰시오.

(1) $2x+5$

(2) $3x-1=4$

(3) $4x+7 \leq 3$

(4) $2x+5=6-4x$

1-1 다음 중 등식인 것에는 ○표, 아닌 것에는 ×표를 하시오.

(1) $x-5=0$ ( )

(2) $7+4$ ( )

(3) $2=8-6$ ( )

(4) $2x+1 < 3x-3$ ( )

개념 2 방정식과 항등식을 어떻게 구분할까?

등식 $x+1=3$에서

x의 값	좌변의 값	우변의 값	참/거짓
$x=1$	$1+1=2$	3	거짓
$x=2$	$2+1=3$	3	참
$x=3$	$3+1=4$	3	거짓

➡ x의 값에 따라 참이 되기도 하고 거짓이 되기도 하므로 방정식이다.

등식 $x+2x=3x$에서

x의 값	좌변의 값	우변의 값	참/거짓
$x=1$	$1+2\times1=3$	$3\times1=3$	참
$x=2$	$2+2\times2=6$	$3\times2=6$	참
$x=3$	$3+2\times3=9$	$3\times3=9$	참
⋮	⋮	⋮	⋮

➡ x에 어떤 값을 대입하여도 항상 참이 되므로 항등식이다.

2 다음 중 항등식인 것에는 ○표, 아닌 것에는 ×표를 하시오.

(1) $2x-3=5$ ( )

(2) $3x+x=4x$ ( )

(3) $1-x=x-1$ ( )

(4) $2x-1=-1+2x$ ( )

2-1 다음 중 항등식인 것에는 ○표, 아닌 것에는 ×표를 하시오.

(1) $x+4=6$ ( )

(2) $2x-1=5x-1-3x$ ( )

(3) $3(x-2)=3x-6$ ( )

(4) $-(4-3x)=3x+4$ ( )

개념 3 방정식의 해를 구해 볼까?

방정식 $4x-3=1$에서

x의 값	좌변의 값	우변의 값	참/거짓
$x=-1$	$4\times(-1)-3=-7$	1	거짓
$x=0$	$4\times0-3=-3$	1	거짓
$x=1$	$4\times1-3=1$	1	참

→ $x=1$일 때 방정식 $4x-3=1$은 참이 되므로 이 방정식의 해는 $x=1$이다.

> 방정식의 해를 찾을 때는 주어진 방정식에 x의 값을 대입하여 등식이 참이 되는 것을 찾는다.

3 다음 [ ] 안의 수가 주어진 방정식의 해이면 ○표, 아니면 ×표를 하시오.

(1) $x+3=5$ $[-2]$ (   )

(2) $5x-6=4$ $[2]$ (   )

(3) $4-3x=1$ $[3]$ (   )

3-1 x의 값이 -1, 0, 1일 때, 다음 방정식의 해를 구하시오.

(1) $1=x+1$

(2) $2x-3=-5$

(3) $3x+4=7$

개념 4 등식의 성질은 어떻게 이용될까?

$a=b$이면

 ① $a+c=b+c$ ② $a-c=b-c$ ③ $ac=bc$ ④ $\dfrac{a}{c}=\dfrac{b}{c}$ $(c\neq0)$

→ 어떤 수도 0으로 나눌 수 없으므로 $c\neq0$이라는 조건은 반드시 필요하다.

$$x-2=1$$
$$x-2+2=1+2$$
$$\therefore x=3$$

$$x+4=-2$$
$$x+4-4=-2-4$$
$$\therefore x=-6$$

$$\frac{1}{2}x=3$$
$$\frac{1}{2}x\times2=3\times2$$
$$\therefore x=6$$

$$-2x=8$$
$$\frac{-2x}{-2}=\frac{8}{-2}$$
$$\therefore x=-4$$

4 다음은 등식의 성질을 이용하여 방정식의 해를 구하는 과정이다. □ 안에 알맞은 수를 써넣고, ㉠, ㉡에 이용된 등식의 성질을 각각 쓰시오.

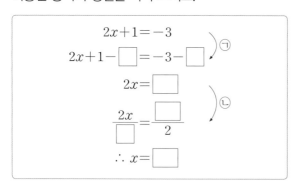

$$2x+1=-3$$
$$2x+1-\boxed{}=-3-\boxed{}\ \Big)㉠$$
$$2x=\boxed{}$$
$$\frac{2x}{\boxed{}}=\frac{\boxed{}}{2}\ \Big)㉡$$
$$\therefore x=\boxed{}$$

4-1 다음은 등식의 성질을 이용하여 방정식의 해를 구하는 과정이다. □ 안에 알맞은 수를 써넣고, ㉠, ㉡에 이용된 등식의 성질을 각각 쓰시오.

$$\frac{1}{3}x-2=4$$
$$\frac{1}{3}x-2+\boxed{}=4+\boxed{}\ \Big)㉠$$
$$\frac{1}{3}x=\boxed{}$$
$$\frac{1}{3}x\times\boxed{}=6\times\boxed{}\ \Big)㉡$$
$$\therefore x=\boxed{}$$

문장을 등식으로 나타내기

01 다음 중 문장을 등식으로 나타낸 것으로 옳은 것은?

① 어떤 수 x를 3배 한 수는 x보다 6만큼 크다.
➡ $3x=x-6$

② 5개에 x원인 빵 한 개의 가격은 1200원이다.
➡ $5x=1200$

③ 오렌지 125개를 20명에게 x개씩 나누어 주었더니 5개가 남았다. ➡ $125=20x-5$

④ x km의 거리를 시속 30 km로 가는 데 걸린 시간은 2시간이다. ➡ $2x=30$

⑤ 가로의 길이가 x cm, 세로의 길이가 6 cm인 직사각형의 넓이는 30 cm²이다. ➡ $6x=30$

02 다음 중 문장을 등식으로 나타낸 것으로 옳지 <u>않은</u> 것은?

① 어떤 수 x의 2배에서 3을 빼면 7이다.
➡ $2x-3=7$

② 300원짜리 사탕 x개의 가격은 2100원이다.
➡ $300x=2100$

③ 시속 20 km로 x시간 동안 이동한 거리는 80 km이다. ➡ $\dfrac{x}{20}=80$

④ 한 변의 길이가 x cm인 정사각형의 둘레의 길이는 20 cm이다. ➡ $4x=20$

⑤ 500원짜리 연필을 x자루 사고 3000원을 냈을 때의 거스름돈은 500원이다.
➡ $3000-500x=500$

방정식의 해

03 다음 방정식 중 해가 $x=2$인 것은?

① $3x=9$
② $2x+1=6$
③ $5x-7=2x$
④ $x-5=-x+3$
⑤ $4x-5=x+1$

04 다음 중 [ ] 안의 수가 주어진 방정식의 해인 것은?

① $x-3=2x$ [-2]
② $2x+1=3$ [-1]
③ $3x-4=-x$ [1]
④ $4(x-1)=-4$ [2]
⑤ $\dfrac{x+5}{2}=4x-7$ [3]

항등식 중요✧

05 다음 중 항등식인 것은?

① $-3x-1=1+3x$
② $2x+4x=6$
③ $5(x+1)=5$
④ $-(x+2)=-x-2$
⑤ $4x-2=2x$

06 다음 중 x의 값에 관계없이 항상 참인 등식은?

① $3x-2=x$
② $4x=7x-3$
③ $2x-4=x-2$
④ $2(x-3)=2x-6$
⑤ $5-3x=3x+5$

항등식이 될 조건

07 등식 $-2(x-2)=4+ax$가 x에 대한 항등식일 때, 상수 a의 값을 구하시오.

08 등식 $ax-4=3x+b$가 x에 어떤 값을 대입하여도 항상 참이 될 때, 상수 a, b의 값을 각각 구하시오.

등식의 성질 중요☆

09 다음 중 옳지 <u>않은</u> 것은?

① $a=b$이면 $a+c=b+c$이다.
② $ac=bc$이면 $a=b$이다.
③ $a-c=b-c$이면 $a=b$이다.
④ $a=b$이면 $-2a=-2b$이다.
⑤ $\dfrac{a}{2}=\dfrac{b}{4}$이면 $2a=b$이다.

10 $x=y$일 때, 다음 중 옳은 것을 모두 고르면?

(정답 2개)

① $x+1=-y-1$ ② $x-7=y-7$
③ $3x=y+3$ ④ $\dfrac{x}{2}=\dfrac{y}{4}$
⑤ $2x+5=5+2y$

등식의 성질을 이용한 방정식의 풀이

11 다음은 등식의 성질을 이용하여 방정식을 푸는 과정이다. 이때 이용된 등식의 성질을 **보기**에서 골라 □ 안에 기호를 써넣으시오. (단, c는 자연수)

보기
ㄱ. $a=b$이면 $a+c=b+c$이다.
ㄴ. $a=b$이면 $a-c=b-c$이다.
ㄷ. $a=b$이면 $ac=bc$이다.
ㄹ. $a=b$이면 $\dfrac{a}{c}=\dfrac{b}{c}$이다.

(1) $3x-1=5 \xrightarrow{\ \boxed{\ }\ } 3x=6 \xrightarrow{\ \boxed{\ }\ } x=2$

(2) $\dfrac{1}{2}x+3=1 \xrightarrow{\ \boxed{\ }\ } \dfrac{1}{2}x=-2 \xrightarrow{\ \boxed{\ }\ } x=-4$

12 오른쪽은 등식의 성질을 이용하여 방정식 $-2x+3=7$을 푸는 과정이다. 다음 중 이 방정식의 해를 구하는 순서로 옳은 것은?

$$-2x+3=7$$
$$-2x=4$$
$$\therefore x=-2$$

① 양변에서 3을 뺀다. ➔ 양변에 -2를 곱한다.
② 양변에서 3을 뺀다. ➔ 양변을 -2로 나눈다.
③ 양변에서 7을 뺀다. ➔ 양변에서 3을 뺀다.
④ 양변을 -2로 나눈다. ➔ 양변에서 3을 뺀다.
⑤ 양변을 -2로 나눈다. ➔ 양변에서 7을 뺀다.

01

다음 문장을 등식으로 나타내시오.

> 어떤 수 x의 2배에서 1을 뺀 것은 x에서 3을 뺀 후 3을 곱한 것과 같다.

02

다음 중 [   ] 안의 수가 주어진 방정식의 해인 것은?

① $\frac{1}{4}x-2=1$ [4]

② $3x-4=x-6$ [-2]

③ $1-x=3+x$ [-1]

④ $5(x+1)-3=3x$ [1]

⑤ $2(2x-1)=-x+7$ [2]

03

다음 **보기**에서 항등식인 것은 모두 몇 개인지 구하시오.

> ·보기·
> ㄱ. $3-x=6$ ㄴ. $x+2=-x$
> ㄷ. $4(x-2)=4x-8$ ㄹ. $x^2-3=x(x-3)$
> ㅁ. $2x-4=4-2x$ ㅂ. $x+2(x+1)=3x+2$

04

등식 $5(x-1)+a=bx-3$이 x의 값에 관계없이 항상 성립할 때, $a+b$의 값은? (단, a, b는 상수)

① -3 ② -1 ③ 2

④ 3   ⑤ 7

05

다음 중 옳지 <u>않은</u> 것은?

① $x=y$이면 $x+2=2+y$이다.

② $x-3=y-3$이면 $x=y$이다.

③ $x+1=y+1$이면 $4x=4y$이다.

④ $x=2y$이면 $\frac{x}{2}=y$이다.

⑤ $\frac{x}{2}=\frac{y}{5}$이면 $2x=5y$이다.

06

오른쪽은 등식의 성질을 이용하여 방정식 $2x-6=4$를 푸는 과정이다. 다음 **보기**에서 이용된 등식의 성질을 모두 고르시오. (단, c는 자연수)

$$2x-6=4$$
$$2x=10$$
$$\therefore\ x=5$$

> ·보기·
> ㄱ. $a=b$이면 $a+c=b+c$이다.
> ㄴ. $a=b$이면 $a-c=b-c$이다.
> ㄷ. $a=b$이면 $ac=bc$이다.
> ㄹ. $a=b$이면 $\frac{a}{c}=\frac{b}{c}$이다.

한걸음 더

07 추론💬

다음 그림과 같이 접시저울의 양쪽 접시 위에 ▨, △, ● 모양의 물건을 올려놓았더니 모두 평형을 이루었다. 이때 (가)에 올려놓은 것은 어떤 모양인지 구하시오. (단, 모양이 같은 물건의 무게는 같다.)

02 일차방정식의 풀이

1 일차방정식

(1) **이항** : 등식의 성질을 이용하여 등식의 어느 한 변에 있는 항을 부호를 바꾸어 다른 변으로 옮기는 것

  ⊕a를 이항하면 ➡ ⊖a

  ⊖a를 이항하면 ➡ ⊕a

참고 이항은 등식의 성질 중 '등식의 양변에 같은 수를 더하거나 빼어도 등식은 성립한다.'를 이용한 것이다.

(2) **일차방정식** : 방정식의 우변에 있는 모든 항을 좌변으로 이항하여 정리한 식이

  (일차식)$=0$

  꼴이 되는 방정식을 일차방정식이라 한다.

참고 미지수가 x인 일차방정식을 x에 대한 일차방정식이라 한다.

  x에 대한 일차방정식은 $ax+b=0\ (a\neq0)$ 꼴로 나타낼 수 있다.

예 $x-2=0$, $3x+5=0$, $\frac{1}{2}x-\frac{2}{3}=0$

> **용어**
> **이항**(옮길 移, 항 項)
> 항을 옮기는 것

> 일차방정식에서 미지수는 보통 x로 나타내지만 다른 문자를 사용할 수도 있다.

2 일차방정식의 풀이

x에 대한 일차방정식을 다음과 같은 순서로 푼다.

❶ 미지수 x를 포함한 항은 좌변으로, 상수항은 우변으로 각각 이항한다.

❷ 양변을 정리하여 $ax=b\ (a\neq0)$ 꼴로 나타낸다.

❸ 양변을 x의 계수로 나누어 $x=$(수) 꼴로 나타낸다.

  └────→ 방정식의 해

예 $3x-1=x+5$ ⟩ x는 좌변으로, -1은 우변으로 이항한다.

  $3x-x=5+1$ ⟩ $ax=b$ 꼴로 정리한다.

  $2x=6$ ⟩ 양변을 x의 계수 2로 나눈다.

  $\therefore x=3$

3 복잡한 일차방정식의 풀이

(1) **괄호가 있는 경우** : 분배법칙을 이용하여 먼저 괄호를 풀어 식을 정리한다.

예 $2(x+1)=x+3$ ──괄호 풀기→ $2x+2=x+3$

(2) **계수에 소수가 있는 경우** : 양변에 10, 100, 1000, … 중에서 적당한 수를 곱하여 계수를 정수로 바꾼다.

예 $0.7x-3=0.5$ ──양변에 10을 곱한다.→ $7x-30=5$

주의 양변에 적당한 수를 곱할 때는 계수가 정수인 항에도 반드시 곱해야 한다.

(3) **계수에 분수가 있는 경우** : 양변에 분모의 최소공배수를 곱하여 계수를 정수로 바꾼다.

예 $\frac{1}{2}x+2=\frac{1}{3}x$ ──양변에 6을 곱한다.→ $3x+12=2x$

> **분배법칙**
> $a(b+c)=ab+ac$

개념 1 이항은 무엇이고, 또 어떻게 하는 걸까?

1 다음 등식에서 밑줄 친 항을 이항하시오.

(1) $x - 5 = 1$

(2) $3x + 2 = 6$

(3) $2x = -4x - 9$

(4) $x - 2 = 3x + 4$

1-1 다음 등식에서 밑줄 친 항을 이항하시오.

(1) $4x - 3 = 5$

(2) $6 - x = 2$

(3) $-2x = 3x + 1$

(4) $3 + 2x = 9 - 4x$

개념 2 일차방정식인 것과 일차방정식이 아닌 것을 어떻게 구분할까?

$$2x + 1 = 3 - x$$
$$2x + x + 1 - 3 = 0$$ } 우변의 항을 좌변으로 이항하기
} 동류항끼리 계산하기
$$\boxed{3x - 2 = 0}$$

➜ (x에 대한 일차식)$=0$ 꼴이므로
일차방정식이다.

$$x + 2 = x + 4$$
$$x - x + 2 - 4 = 0$$ } 우변의 항을 좌변으로 이항하기
} 동류항끼리 계산하기
$$\boxed{-2 = 0}$$

➜ (x에 대한 일차식)$=0$ 꼴이 아니므로
일차방정식이 아니다.

2 다음 중 일차방정식인 것에는 ○표, 아닌 것에는 ×표를 하시오.

(1) $x + 1 = 3$ ( )

(2) $2x - 1 = 2x + 5$ ( )

(3) $3x - 1 = 2 - 3x$ ( )

(4) $2(x - 3) = 3x - 6$ ( )

(5) $x(x + 1) = 3(x - 2)$ ( )

2-1 다음 중 일차방정식인 것에는 ○표, 아닌 것에는 ×표를 하시오.

(1) $3x - 2 = x + 5$ ( )

(2) $x - 7 = 3 + x$ ( )

(3) $x^2 + 5 = x(x - 2)$ ( )

(4) $-4x + 6 = x^2 - 4x$ ( )

(5) $\dfrac{x + 2}{3} = 1$ ( )

개념 3 일차방정식은 어떻게 풀까?

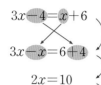

$3x-4=x+6$

$3x-x=6+4$ ⟩ x를 포함한 항은 좌변으로, 상수항은 우변으로 이항하기

$2x=10$ ⟩ 동류항끼리 계산하여 $ax=b$ 꼴로 정리하기

$\therefore x=5$ ⟩ 양변을 x의 계수로 나누기

→ 일차방정식의 풀이는 이항과 등식의 성질을 이용하여 $x=(수)$ 꼴로 나타낸다.

> 일차방정식에서 x를 포함한 항은 좌변으로, 상수항은 우변으로 이항하여 $ax=b$ 꼴로 고친 후 해를 구한다.

3 다음 일차방정식을 푸시오.

(1) $3x-1=8$

(2) $2x=8-2x$

(3) $x+1=2x+5$

(4) $4-2x=6-4x$

3-1 다음 일차방정식을 푸시오.

(1) $x-5=2$

(2) $4x=x-3$

(3) $x+4=-3x-4$

(4) $5x-7=-x+5$

개념 4 괄호가 있는 일차방정식은 어떻게 풀까?

$5(x-1)+3=3(x+2)$ ⟩ 분배법칙을 이용하여 괄호 풀기

$5x-5+3=3x+6$ ⟩ 동류항끼리 계산하기

$5x-2=3x+6$ ⟩ $3x$는 좌변으로, -2는 우변으로 이항하기

$5x-3x=6+2$ ⟩ $ax=b$ 꼴로 정리하기

$2x=8$ ⟩ 양변을 x의 계수로 나누기

$\therefore x=4$

4 다음 일차방정식을 푸시오.

(1) $2(3x-2)=8$

(2) $x+7=3(5-x)$

(3) $2(x-3)+1=4-x$

(4) $7(x+1)=5(x-1)$

4-1 다음 일차방정식을 푸시오.

(1) $3(x+2)=-6$

(2) $2(3x-5)-1=13$

(3) $2x-3=-3(x-4)$

(4) $8-5(x+1)=4(3x+5)$

정답 및 풀이 ⊙ 36쪽

개념 5 계수에 소수가 있는 일차방정식은 어떻게 풀까?

계수에 소수가 있는 일차방정식은 양변에 10의 거듭제곱(10, 100, 1000, …) 중에서 적당한 수를 곱하여 계수를 정수로 바꾼다.

양변에 적당한 수를 곱할 때는 모든 항에 빠짐없이 똑같이 곱해야 해.

참고 일차방정식의 계수가 소수일 때, 각 계수의 소수점 아래 자리의 수가 서로 다른 경우에는 소수점 아래 자리의 수가 가장 많은 계수를 기준으로 10의 거듭제곱을 곱해야 일차방정식의 계수가 모두 정수가 된다.

예 $0.3x-1.2=0.15x+0.15 \xrightarrow{\times 100} 30x-120=15x+15$

---

5 다음 일차방정식을 푸시오.

(1) $0.2x-3=-1.3x$

(2) $0.08x+0.15=0.03x+0.1$

5-1 다음 일차방정식을 푸시오.

(1) $0.4x-0.4=1.2x+2$

(2) $0.15(x-4)=-0.25x+0.2$

개념 6 계수에 분수가 있는 일차방정식은 어떻게 풀까?

계수에 분수가 있는 일차방정식은 양변에 분모의 최소공배수를 곱하여 계수를 정수로 바꾼다.

양변에 분모의 최소공배수를 곱할 때는 모든 항에 빠짐없이 똑같이 곱해야 해.

---

6 다음 일차방정식을 푸시오.

(1) $\dfrac{4}{3}x+3=\dfrac{x+1}{2}$

(2) $2x-\dfrac{1}{2}(x-1)=\dfrac{3}{4}$

6-1 다음 일차방정식을 푸시오.

(1) $\dfrac{1}{2}x-2=\dfrac{2}{5}x-1$

(2) $\dfrac{1}{3}(x+2)-\dfrac{x-4}{4}=\dfrac{5}{12}x$

일차방정식의 뜻

01 다음 중 일차방정식인 것은?

① $2x-6x$　　　② $3x+7=x-3$

③ $5x+3<4$　　　④ $2+x=x$

⑤ $x^2+x+1=0$

02 다음 **보기**에서 일차방정식인 것을 모두 고르시오.

```
┌ 보기 ────────────────────────────┐
│ ㄱ. 3(x-5)          ㄴ. 5x=5x-6      │
│ ㄷ. 2(1-x)=2(x-1)   ㄹ. x²+2=x-4     │
│ ㅁ. x(x-3)=x²+x     ㅂ. 4x+7≥-2x+1   │
└──────────────────────────────────┘
```

$ㄱ. 3(x-5)$　　$ㄴ. 5x=5x-6$
$ㄷ. 2(1-x)=2(x-1)$　　$ㄹ. x^2+2=x-4$
$ㅁ. x(x-3)=x^2+x$　　$ㅂ. 4x+7\geq-2x+1$

괄호가 있는 일차방정식의 풀이　　　중요✩

03 다음 일차방정식 중 해가 나머지 넷과 <u>다른</u> 하나는?

① $3x-5=-8$

② $x+2=2x+3$

③ $5-4(1-x)=3x$

④ $3(x-2)=2x-7$

⑤ $5(x-1)=2(x+2)$

04 다음 일차방정식 중 해가 가장 큰 것은?

① $2x+3=3x+4$

② $10-x=2x+1$

③ $6(x-2)=4x$

④ $4x-7=-3(5-2x)$

⑤ $5(x+3)=2(3x+7)$

계수에 소수 또는 분수가 있는 일차방정식의 풀이　　　중요✩

05 일차방정식 $0.2x+5=0.5(x+7)$의 해를 $x=a$, 일차방정식 $\frac{1}{2}(x-2)=\frac{1}{3}-\frac{1}{6}x$의 해를 $x=b$라 할 때, $a+b$의 값을 구하시오.

06 일차방정식 $0.4x=-0.2(x+3)$의 해를 $x=a$, 일차방정식 $\frac{x+4}{15}=\frac{x+2}{10}$의 해를 $x=b$라 할 때, $a+b$의 값을 구하시오.

복잡한 일차방정식의 풀이

07 일차방정식 $0.45x-\frac{3}{2}=0.1x+\frac{3}{5}$을 풀면?

① $x=-6$　　② $x=-3$　　③ $x=-2$

④ $x=3$　　⑤ $x=6$

08 다음 일차방정식의 해를 구하시오.

$$\frac{2}{3}x+\frac{5}{6}=0.5(x+1)+1.5$$

비례식으로 주어진 일차방정식의 풀이

09 비례식 $(3x+5):(10x-2)=1:2$를 만족시키는 x의 값은?

① 1   ② 2   ③ 3

④ 4   ⑤ 5

 Plus

$a:b=c:d \rightarrow bc=ad$

10 다음 비례식을 만족시키는 x의 값을 구하시오.

$$(x+1):(2x-4)=3:4$$

일차방정식의 해가 주어질 때 상수 구하기   중요✿

11 일차방정식 $5x-a=2(x+1)$의 해가 $x=-2$일 때, 상수 a의 값을 구하시오.

12 일차방정식 $\dfrac{2}{3}x+2=\dfrac{1}{2}x+a$의 해가 $x=6$일 때, 상수 a의 값을 구하시오.

두 일차방정식의 해가 같을 때 상수 구하기

13 두 일차방정식 $4x+6=x+12$와 $2x-a=-3$의 해가 같을 때, 상수 a의 값은?

① 3   ② 5   ③ 7

④ 9   ⑤ 11

 Plus

두 방정식의 해가 같다.
➜ 한 방정식의 해를 다른 방정식에 대입하면 등식이 성립한다.

14 두 일차방정식 $3(x+2)=5(a-x)+2$와 $2(x+2)=x+1$의 해가 같을 때, 상수 a의 값을 구하시오.

03 일차방정식의 활용

1 일차방정식의 활용 문제 풀이

↳ 방정식을 세울 때 미지수로 보통 x를 사용한다.

❶ 미지수 정하기 : 문제의 뜻을 이해하고 구하려는 값을 <u>미지수</u>로 놓는다.

❷ 일차방정식 세우기 : 문제의 뜻에 맞게 일차방정식을 세운다.

❸ 일차방정식 풀기 : 방정식을 풀어 해를 구한다.

❹ 확인하기 : 구한 해가 문제의 뜻에 맞는지 확인한다.

주의 문제의 답을 쓸 때 단위가 있는 경우는 반드시 단위를 쓴다.

중 2

미지수가 2개인 일차 방정식과 이 일차방정식을 연립한 연립일차방정식을 배우고 연립일차방정식의 활용을 배운다. 이때 연립일차방정식의 활용 문제를 푸는 순서도 일차방정식의 활용 문제를 푸는 순서와 같다.

2 일차방정식의 활용 문제

(1) 연속하는 수에 대한 문제

　연속하는 수를 x를 사용하여 나타낸다.

　① 연속하는 두 정수 ➜ x, $x+1$ (또는 $x-1$, x)

　② 연속하는 세 정수 ➜ $x-1$, x, $x+1$ (또는 x, $x+1$, $x+2$)

　③ 연속하는 두 짝수(홀수) ➜ x, $x+2$ (또는 $x-2$, x)

　④ 연속하는 세 짝수(홀수) ➜ $x-2$, x, $x+2$ (또는 x, $x+2$, $x+4$)

(2) 자릿수에 대한 문제

　① 십의 자리의 숫자가 a, 일의 자리의 숫자가 b인 두 자리의 자연수

　　➜ $10a+b$

　② 백의 자리의 숫자가 a, 십의 자리의 숫자가 b, 일의 자리의 숫자가 c인 세 자리의 자연수

　　➜ $100a+10b+c$

(3) 나이에 대한 문제

　① 올해 a세인 사람의 x년 후의 나이 ➜ $(a+x)$세

　② 나이의 합이나 차가 주어지는 경우 ➜ 어느 한 사람의 나이를 x세로 놓는다.

(4) 도형에 대한 문제

　① (삼각형의 넓이)$=\dfrac{1}{2}\times$(밑변의 길이)$\times$(높이)

　② (직사각형의 넓이)$=$(가로의 길이)$\times$(세로의 길이)

　③ (사다리꼴의 넓이)$=\dfrac{1}{2}\times\{$(윗변의 길이)$+$(아랫변의 길이)$\}\times$(높이)

(5) 거리, 속력, 시간에 대한 문제

　(거리)$=$(속력)$\times$(시간), (속력)$=\dfrac{(거리)}{(시간)}$, (시간)$=\dfrac{(거리)}{(속력)}$

거리, 속력, 시간의 단위가 다른 경우에는 방정식을 세우기 전에 단위를 통일한다.
예 1시간$=$60분,
　 1 km$=$1000 m

(6) 정가에 대한 문제

　① (정가)$=$(원가)$+$(이익)

　② ($x\%$ 할인한 판매 가격)$=$(정가)$-$(정가)$\times\dfrac{x}{100}$

개념 1 어떤 수에 대한 활용 문제는 어떻게 풀까?

어떤 수의 4배에 5를 더한 수는 어떤 수에서 1을 빼고 3을 곱한 것과 같을 때, 어떤 수를 구해 보자.

미지수 정하기　어떤 수를 x로 놓는다.

방정식 세우기

> 어떤 수의 4배에 5를 더한 수 : $4x+5$
> 어떤 수에서 1을 빼고 3을 곱한 수 : $3(x-1)$

→ $\underline{4x+5=3(x-1)}$
　　↳ 일차방정식

방정식 풀기　$4x+5=3x-3$　∴ $x=-8$
따라서 어떤 수는 -8이다.

---

1 어떤 수의 3배에서 4를 뺀 수가 5일 때, 다음 물음에 답하시오.

(1) 어떤 수를 x로 놓고, 방정식을 세우시오.

(2) (1)에서 세운 방정식을 풀어 어떤 수를 구하시오.

1-1 어떤 수에서 4를 빼고 7을 곱한 수는 어떤 수의 5배와 같다고 할 때, 다음 물음에 답하시오.

(1) 어떤 수를 x로 놓고, 방정식을 세우시오.

(2) (1)에서 세운 방정식을 풀어 어떤 수를 구하시오.

개념 2 연속하는 수에 대한 활용 문제는 어떻게 풀까?

연속하는 세 자연수의 합이 42일 때, 연속하는 세 자연수를 구해 보자.

미지수 정하기　세 자연수 중 가운데 수를 x로 놓는다.

방정식 세우기

> 세 자연수 : $x-1$, x, $x+1$

→ $\underline{(x-1)+x+(x+1)=42}$
　　↳ 일차방정식

방정식 풀기　$3x=42$　∴ $x=14$
따라서 연속하는 세 자연수는 13, 14, 15이다.

---

2 연속하는 세 짝수의 합이 30일 때, 다음 물음에 답하시오.

(1) 세 짝수 중 가운데 수를 x로 놓고, 방정식을 세우시오.

(2) (1)에서 세운 방정식을 풀어 연속하는 세 짝수를 구하시오.

2-1 연속하는 세 정수의 합이 48일 때, 다음 물음에 답하시오.

(1) 세 정수 중 가운데 수를 x로 놓고, 방정식을 세우시오.

(2) (1)에서 세운 방정식을 풀어 연속하는 세 정수를 구하시오.

개념 3 나이에 대한 활용 문제는 어떻게 풀까?

올해 아버지의 나이는 45세이고, 아들의 나이는 14세이다. 아버지의 나이가 아들의 나이의 2배가 되는 것은 몇 년 후인지 구해 보자.

미지수 정하기	몇 년 후를 x년 후로 놓는다.

방정식 세우기

x년 후의 아버지의 나이 : $(45+x)$세
x년 후의 아들의 나이 : $(14+x)$세

→ $45+x=2(14+x)$
↳ 일차방정식

방정식 풀기

$45+x=28+2x$, $-x=-17$ ∴ $x=17$

따라서 아버지의 나이가 아들의 나이의 2배가 되는 것은 17년 후이다.

---

3 올해 어머니의 나이는 39세이고 딸의 나이는 9세일 때, 어머니의 나이가 딸의 나이의 3배가 되는 것은 몇 년 후인지 구하려고 한다. 다음 물음에 답하시오.

(1) 몇 년 후를 x년 후로 놓고, 방정식을 세우시오.

(2) (1)에서 세운 방정식을 풀어 어머니의 나이가 딸의 나이의 3배가 되는 것은 몇 년 후인지 구하시오.

3-1 올해 삼촌의 나이는 52세이고 진우의 나이는 16세일 때, 삼촌의 나이가 진우의 나이의 4배가 되었던 것은 몇 년 전인지 구하려고 한다. 다음 물음에 답하시오.

(1) 몇 년 전을 x년 전으로 놓고, 방정식을 세우시오.

(2) (1)에서 세운 방정식을 풀어 삼촌의 나이가 진우의 나이의 4배가 되었던 것은 몇 년 전인지 구하시오.

개념 4 도형에 대한 활용 문제는 어떻게 풀까?

둘레의 길이가 26 cm이고 가로의 길이가 세로의 길이보다 3 cm만큼 더 긴 직사각형의 가로의 길이를 구해 보자.

미지수 정하기	직사각형의 가로의 길이를 x cm로 놓는다.

방정식 세우기

직사각형의 세로의 길이
: $(x-3)$ cm

→ $2 \times \{x+(x-3)\}=26$
↳ 일차방정식

방정식 풀기

$2(2x-3)=26$, $4x-6=26$, $4x=32$ ∴ $x=8$

따라서 직사각형의 가로의 길이는 8 cm이다.

---

4 둘레의 길이가 40 cm이고 가로의 길이가 세로의 길이의 2배보다 2 cm 더 긴 직사각형의 세로의 길이를 구하려고 한다. 다음 물음에 답하시오.

(1) 세로의 길이를 x cm로 놓고, 방정식을 세우시오.

(2) (1)에서 세운 방정식을 풀어 직사각형의 세로의 길이를 구하시오.

4-1 아랫변의 길이가 윗변의 길이보다 4 cm만큼 더 길고 높이가 5 cm인 사다리꼴의 넓이가 25 cm²일 때, 윗변의 길이를 구하려고 한다. 다음 물음에 답하시오.

(1) 윗변의 길이를 x cm로 놓고, 방정식을 세우시오.

(2) (1)에서 세운 방정식을 풀어 사다리꼴의 윗변의 길이를 구하시오.

개념 5 거리, 속력, 시간에 대한 활용 문제는 어떻게 풀까?

두 지점 A, B 사이를 왕복하는데 갈 때는 시속 3 km로 걷고, 올 때는 시속 2 km로 걸어서 모두 5시간이 걸렸을 때, 두 지점 A, B 사이의 거리를 구해 보자.

| 미지수 정하기 | 두 지점 A, B 사이의 거리를 x km로 놓는다. |

방정식 세우기

갈 때 걸린 시간 : $\dfrac{x}{3}$시간

올 때 걸린 시간 : $\dfrac{x}{2}$시간 $\longrightarrow$ $\underbrace{\dfrac{x}{3}+\dfrac{x}{2}=5}_{\text{일차방정식}}$

전체 걸린 시간 : 5시간

- (거리)=(속력)×(시간)
- (속력)=$\dfrac{(거리)}{(시간)}$
- (시간)=$\dfrac{(거리)}{(속력)}$

방정식 풀기 $2x+3x=30$, $5x=30$ ∴ $x=6$

따라서 두 지점 A, B 사이의 거리는 6 km이다.

주의 방정식을 세우기 전에 단위를 확인하여 단위를 통일한다.

---

5 집에서 학교까지 왕복하는데 갈 때는 시속 8 km로 자전거를 타고 가고, 올 때는 시속 4 km로 걸어서 모두 1시간 30분이 걸렸다고 할 때, 집과 학교 사이의 거리를 구하려고 한다. 다음 물음에 답하시오.

(1) 표를 완성하고, 방정식을 세우시오.

	거리(km)	속력(km/h)	시간(시간)
갈 때	x		
올 때	x		

(2) (1)에서 세운 방정식을 풀어 집과 학교 사이의 거리를 구하시오.

5-1 등산을 하는데 올라갈 때는 시속 2 km로 걷고 내려올 때는 올라갈 때보다 1 km 더 긴 등산로를 따라 시속 4 km로 걸었더니 모두 4시간이 걸렸다고 할 때, 올라간 거리를 구하려고 한다. 다음 물음에 답하시오.

(1) 표를 완성하고, 방정식을 세우시오.

	거리(km)	속력(km/h)	시간(시간)
올라갈 때	x		
내려올 때			

(2) (1)에서 세운 방정식을 풀어 올라간 거리를 구하시오.

---

6 윤지네 집과 민호네 집 사이의 거리는 2500 m이다. 윤지는 분속 100 m로, 민호는 분속 150 m로 각자의 집에서 상대방의 집을 향하여 동시에 출발하였을 때, 두 사람은 출발한 지 몇 분 후에 만나게 되는지 구하려고 한다. 다음 물음에 답하시오.

(1) 표를 완성하고, 방정식을 세우시오.

	속력(m/min)	시간(분)	이동 거리(m)
윤지		x	
민호		x	

(2) (1)에서 세운 방정식을 풀어 두 사람은 출발한 지 몇 분 후에 만나게 되는지 구하시오.

6-1 둘레의 길이가 4 km인 호숫가를 A, B 두 사람이 같은 지점에서 서로 반대 방향으로 동시에 출발하여 A는 분속 80 m로 걸어가고, B는 분속 120 m로 뛰어갈 때, 두 사람은 출발한 지 몇 분 후에 처음으로 만나게 되는지 구하려고 한다. 다음 물음에 답하시오.

(1) 표를 완성하고, 방정식을 세우시오.

	속력(m/min)	시간(분)	이동 거리(m)
A		x	
B		x	

(2) (1)에서 세운 방정식을 풀어 두 사람은 출발한 지 몇 분 후에 처음으로 만나게 되는지 구하시오.

자릿수에 대한 문제

01 일의 자리의 숫자가 2인 두 자리의 자연수가 있다. 이 자연수의 십의 자리의 숫자와 일의 자리의 숫자를 바꾼 수는 처음 수보다 9만큼 작을 때, 처음 수를 구하시오.

> **코칭 Plus**
>
> 십의 자리의 숫자가 a, 일의 자리의 숫자가 b인 두 자리의 자연수 ➡ $10a+b$

02 일의 자리의 숫자와 십의 자리의 숫자의 합이 6인 두 자리의 자연수가 있다. 이 자연수의 십의 자리의 숫자와 일의 자리의 숫자를 바꾼 수는 처음 수의 2배보다 6만큼 작을 때, 처음 수를 구하시오.

개수에 대한 문제

03 1개에 1500원인 초콜릿과 1개에 500원인 사탕을 합하여 11개를 사고 7500원을 지불하였다. 이때 초콜릿과 사탕은 각각 몇 개씩 샀는지 구하시오.

> **코칭 Plus**
>
> A와 B의 개수의 합이 ■로 주어진 경우 A의 개수를 x라 하면 B의 개수는 ■$-x$임을 이용한다.

04 농장에 돼지와 오리가 총 26마리 있다. 돼지와 오리의 다리의 수의 합이 74개일 때, 돼지와 오리는 각각 몇 마리씩 있는지 구하시오.

과부족에 대한 문제 중요♡

05 학생들에게 사탕을 나누어 주려고 하는데 한 학생에게 6개씩 나누어 주면 3개가 남고, 7개씩 나누어 주면 5개가 모자란다고 한다. 이때 학생은 모두 몇 명인가?

① 6명　　　② 7명　　　③ 8명
④ 9명　　　⑤ 10명

> **코칭 Plus**
>
> 나누어 주는 방법에 관계없이 사탕의 개수는 일정함을 이용한다.

06 어느 동아리 학생들에게 공책을 나누어 주려고 하는데 한 학생에게 5권씩 나누어 주면 8권이 남고, 6권씩 나누어 주면 2권이 모자란다고 한다. 다음 물음에 답하시오.

(1) 학생은 모두 몇 명인지 구하시오.

(2) 공책은 모두 몇 권인지 구하시오.

증가, 감소에 대한 문제

07 어느 중학교의 작년의 전체 학생은 800명이었다. 올해는 작년에 비하여 남학생 수는 8 % 증가하고 여학생 수는 4 % 감소하여 전체 학생은 4명이 증가하였다. 이 학교의 작년의 남학생은 모두 몇 명인지 구하시오.

> **코칭 Plus**
>
> x가 ■ % 증가 ➡ $+\dfrac{■}{100}x$
>
> x가 ■ % 감소 ➡ $-\dfrac{■}{100}x$

08 어느 병원의 작년의 전체 신생아는 310명이었다. 올해는 작년에 비하여 남자 신생아 수는 5 % 감소하고 여자 신생아 수는 2 % 증가하여 전체 신생아는 5명이 감소하였다. 이 병원의 작년의 여자 신생아는 모두 몇 명인가?

① 120명 ② 130명 ③ 140명
④ 150명 ⑤ 160명

거리, 속력, 시간에 대한 문제 중요

09 동생이 집을 출발한 지 10분 후에 형이 동생을 따라나섰다. 동생은 분속 60 m로 걸어가고, 형은 분속 80 m로 따라간다고 할 때, 형이 출발한 지 몇 분 후에 동생을 만나게 되는지 구하시오.

> **코칭 Plus**
>
> 두 사람이 이동한 거리가 같음을 이용한다.

10 소희는 3시 30분에 집에서 출발하여 분속 50 m로 공원을 향해 걸어갔다. 언니가 3시 50분에 집에서 출발하여 자전거를 타고 분속 90 m로 소희를 따라간다고 할 때, 언니가 출발한 지 몇 분 후에 소희를 만나게 되는지 구하시오.

(단, 두 사람은 공원에 도착하기 전에 만난다.)

일에 대한 문제

11 어떤 일을 완성하는 데 성민이는 9일, 세희는 6일 걸린다고 한다. 이 일을 성민이가 6일 동안 한 후, 나머지를 세희가 하여 완성하였다. 세희가 일을 한 날은 며칠인지 구하시오.

> **코칭 Plus**
>
> 전체 일의 양을 1이라 생각하면
>
> ➡ (하루에 하는 일의 양) $=\dfrac{1}{(완성하는 데 걸린 날수)}$

12 어떤 물통에 물을 가득 채우는 데 A 호스로는 10시간, B 호스로는 15시간이 걸린다고 한다. A, B 두 호스를 같이 사용하여 물을 받을 때, 이 물통에 물을 가득 채우는 데 걸리는 시간은?

① 5시간 ② 6시간 ③ 7시간
④ 8시간 ⑤ 9시간

01

등식 $3x-4=ax+5$가 x에 대한 일차방정식이 되도록 하는 상수 a의 조건을 구하시오.

02

다음 일차방정식 중 해가 가장 큰 것은?

① $4-5x=x-20$ 　　② $2(x-3)=3x-8$

③ $0.1x-3=0.6(2-x)$ 　④ $\dfrac{2}{3}x=\dfrac{1}{2}x+\dfrac{1}{6}$

⑤ $2-1.2x=-0.4x-\dfrac{2}{5}$

03

일차방정식 $2x-\{x-(5x+2)\}=-1$의 해가 $x=a$일 때, $2a+8$의 값을 구하시오.

04

다음 두 일차방정식의 해가 같을 때, 상수 a의 값을 구하시오.

$$\dfrac{x-3}{4}=\dfrac{2x+a}{3}-2, \quad 0.3x+1=0.7$$

05

가로의 길이가 $5\,\mathrm{cm}$, 세로의 길이가 $3\,\mathrm{cm}$인 직사각형의 가로의 길이를 $x\,\mathrm{cm}$ 늘이고, 세로의 길이를 $2\,\mathrm{cm}$ 늘였더니 넓이가 처음 넓이의 2배가 되었다. 이때 x의 값을 구하시오.

06

둘레의 길이가 $1200\,\mathrm{m}$인 트랙을 A, B 두 사람이 같은 지점에서 서로 반대 방향으로 동시에 출발하여 A는 분속 $90\,\mathrm{m}$로 걷고, B는 분속 $60\,\mathrm{m}$로 걸었을 때, 두 사람은 출발한 지 몇 분 후에 처음으로 만나게 되는지 구하시오.

한걸음 더

07 추론💬

x에 대한 일차방정식 $10x+a=7x+8$의 해가 자연수가 되도록 하는 자연수 a의 값을 모두 구하시오.

08 문제해결🔒

어떤 물건의 원가에 $50\,\%$의 이익을 붙여 정가를 정하였다가 물건이 잘 팔리지 않아 다시 정가에서 300원을 할인하여 팔았더니 200원의 이익이 생겼다. 이 물건의 원가를 구하시오.

1

두 일차방정식 $2x-6=0$과 $ax+3=x-1$의 해가 같을 때, 상수 a의 값을 구하시오. [6점]

 풀이

채점 기준 1   일차방정식 $2x-6=0$의 해 구하기 … 3점

채점 기준 2 a의 값 구하기 … 3점

답

한번 더!

1-1

두 일차방정식 $\dfrac{x-5}{3}=\dfrac{x-4}{2}$와 $\dfrac{1}{4}(x+2)=\dfrac{3}{5}x+a$ 의 해가 같을 때, 상수 a의 값을 구하시오. [6점]

 풀이

채점 기준 1   일차방정식 $\dfrac{x-5}{3}=\dfrac{x-4}{2}$의 해 구하기 … 3점

채점 기준 2 a의 값 구하기 … 3점

답

2

다음 등식이 x에 대한 항등식이 되기 위한 상수 a, b의 값을 각각 구하시오. [5점]

$$ax-3=2(x-2)+b$$

풀이

답

3

x에 대한 일차방정식 $5(x-2)=2(1-x)-a$의 해가 자연수일 때, 자연수 a의 값과 일차방정식의 해를 각각 구하시오. [7점]

풀이

답

4

올해 재윤이와 어머니의 나이의 차는 32세이다. 5년 후에 어머니의 나이가 재윤이의 나이의 3배가 된다고 할 때, 올해 재윤이의 나이를 구하시오. [6점]

 풀이

채점 기준 1   올해 재윤이의 나이를 x세라 하고 방정식 세우기 ⋯ 3점

채점 기준 2   올해 재윤이의 나이 구하기 ⋯ 3점

답

한번 더!

4-1

올해 소현이와 아버지의 나이의 합은 59세이다. 15년 후에 아버지의 나이가 소현이의 나이의 2배보다 8세 많아진다고 할 때, 올해 소현이의 나이를 구하시오. [6점]

 풀이

채점 기준 1   올해 소현이의 나이를 x세라 하고 방정식 세우기 ⋯ 3점

채점 기준 2   올해 소현이의 나이 구하기 ⋯ 3점

답

5

서로 다른 두 자연수의 차는 7이고, 큰 수는 작은 수의 3배보다 3만큼 작다. 이때 작은 수를 구하시오. [6점]

 풀이

답

6

은주는 매일 집에서 학교까지 등교할 때는 시속 60 km 로 달리는 승용차를 타고 가고, 하교할 때는 같은 길을 시속 40 km로 달리는 버스를 타고 온다. 하교 시간이 등교 시간보다 10분이 더 걸린다고 할 때, 은주네 집에서 학교까지의 거리를 구하시오. [6점]

 풀이

답

01

다음 중 문장을 등식으로 나타낸 것으로 옳지 <u>않은</u> 것은?

① 어떤 수 x의 4배에 3을 더한 값은 15이다.

　→ $4x+3=15$

② 밑변의 길이가 a cm이고 높이가 8 cm인 삼각형의 넓이는 16 cm²이다. → $4a=16$

③ 쿠키 40개를 6명에게 a개씩 나누어 주었더니 4개가 남았다. → $40-6a=4$

④ 분속 x m로 15분 동안 걸어간 거리는 600 m이다.

　→ $15x=600$

⑤ 십의 자리의 숫자가 2, 일의 자리의 숫자가 x인 두 자리의 자연수는 각 자리의 숫자의 합의 2배에 10을 더한 것과 같다. → $10x+2=2(x+2)+10$

02

다음 중 [ ] 안의 수가 주어진 방정식의 해가 <u>아닌</u> 것은?

① $x+4=5$ [1]

② $6-x=7$ [-1]

③ $2x=x+6$ [3]

④ $3x+2=x-4$ [-3]

⑤ $2(x-2)=5x+2$ [-2]

03 중요♢

다음 중 x의 값에 관계없이 항상 참인 등식은?

① $3x-2=x+2$ 　　② $0.1x \leq 2x+11$

③ $0 \times x=5$ 　　④ $-(x+4)=x-4$

⑤ $3-x=x-2\left(x-\dfrac{3}{2}\right)$

04

등식 $(a+1)x-2=2(x+b)$가 x에 대한 항등식일 때, ab의 값을 구하시오. (단, a, b는 상수)

05 중요♢

다음 중 옳은 것을 모두 고르면? (정답 2개)

① $a+2=b$이면 $2a+2=2b$이다.

② $\dfrac{a}{2}=\dfrac{b}{3}$이면 $2a=3b$이다.

③ $-5a=-5b$이면 $a+1=b+1$이다.

④ $2a+3=2b+3$이면 $a=b$이다.

⑤ $a=b$이면 $3a=-3b$이다.

06

등식의 성질 '$a=b$이면 $a-c=b-c$이다.'를 이용하여 방정식 $x+6=-3$을 풀려고 한다. 이때 자연수 c의 값은?

① 1 　　　　② 3 　　　　③ 6

④ 8 　　　　⑤ 9

07

다음 중 일차방정식인 것을 모두 고르면? (정답 2개)

① $3x=-3x+4$ 　　② $1+5x=-4+5x$

③ $x^2-3x+1=2x$ 　　④ $5x-7$

⑤ $-2(4x-x^2)=2x^2$

08

다음 중 일차방정식 $7-4x=15$와 해가 같은 것은?

① $x+3=0$
② $2x-1=5x-13$
③ $5-x=x+7$
④ $3(x+1)=x-1$
⑤ $9-(4x-7)=2(x+2)$

09 중요♡

일차방정식 $1.2x-0.8=0.3x+1$의 해를 $x=a$라 할 때, 일차방정식 $\dfrac{5}{6}x=\dfrac{1}{3}x+a$의 해를 구하시오.

10

다음 일차방정식의 해를 구하시오.

$$0.04(x-1)-0.3=\dfrac{1}{20}x-\dfrac{2}{5}$$

11

비례식 $(x+2):3=(2x+1):2$를 만족시키는 x의 값을 구하시오.

12 중요♡

x에 대한 일차방정식 $a(x-2)+3=5$의 해가 $x=3$일 때, 상수 a의 값은?

① 1
② 2
③ 3
④ 4
⑤ 5

13

일차방정식 $\dfrac{1}{2}x+a=\dfrac{1}{5}x-1$의 해가 일차방정식 $3(x-5)=x+1$의 해보다 2만큼 클 때, 상수 a의 값을 구하시오.

14

일차방정식 $2(x-1)-3x=-4$에서 우변의 상수항 -4를 잘못 보고 풀었더니 해가 $x=-1$이었다. 이때 -4를 어떤 수로 잘못 본 것인가?

① -1
② 0
③ 1
④ 2
⑤ 4

15 중요♧
연속하는 세 홀수의 합이 51일 때, 세 홀수 중 가장 큰 수를 구하시오.

16 중요♧
A 지점에서 B 지점까지 자동차를 타고 왕복하는데 갈 때는 시속 40 km로 가고, 올 때는 같은 길을 시속 80 km로 왔더니 갈 때가 올 때보다 30분 더 걸렸다고 한다. 두 지점 A, B 사이의 거리를 구하시오.

17
어느 미술관의 입장료가 성인은 4000원, 청소년은 2500원이라 한다. 성인과 청소년을 합하여 20명이 입장하고 56000원을 지불했을 때, 입장한 청소년은 모두 몇 명인지 구하시오.

18
학생들에게 귤을 나누어 주려고 하는데 한 학생에게 3개씩 나누어 주면 8개가 남고, 4개씩 나누어 주면 12개가 모자란다고 할 때, 귤은 모두 몇 개인지 구하시오.

19
어느 중학교의 작년의 전체 학생은 300명이었다. 올해는 작년에 비하여 남학생 수는 5 % 감소하고, 여학생 수는 10 % 증가하여 전체 학생은 6명이 증가하였다. 이 학교의 올해의 여학생은 모두 몇 명인지 구하시오.

20
어떤 문서를 컴퓨터로 입력하는 작업을 하는 데 세정이는 4시간, 유화는 6시간이 걸린다고 한다. 이 작업을 두 사람이 함께 하다가 남은 양을 유화가 혼자 1시간 동안 하여 완성하였을 때, 두 사람이 함께 일한 시간은 몇 시간인지 구하시오.

21
방학 때 소진이는 시골에 계시는 할아버지 댁으로 놀러 갔다. 할아버지는 염소, 오리, 닭을 키우기 위해 빈 땅에 울타리를 치려고 철사로 된 그물망의 길이를 계산하고 계셨다. 할아버지가 다음과 같이 울타리를 칠 때, 울타리를 칠 전체 땅의 넓이를 구하시오. (단, 울타리의 두께와 그물망이 겹치는 경우는 생각하지 않는다.)

> ㈎ 필요한 그물망의 전체 길이는 40 m이다.
> ㈏ 울타리를 칠 전체 땅은 직사각형 모양으로 만들고, 위의 그림과 같이 직사각형 모양의 세 칸으로 나누어 그 사이에도 울타리를 친다.
> ㈐ 울타리를 칠 전체 땅의 가로와 세로의 길이의 비는 1 : 2이다.

교과서에서 쏙 빼온 문제

1

계산기를 사용하여 다음과 같이 [거꾸로 생각하는 과정]에 따라 일차방정식 $0.15x+2.46=4.26$을 풀려고 한다. 다음 ○ 안에 $+$, $-$, $\times$, $\div$ 중 알맞은 것을 차례로 써넣고, 어떤 수 x를 구하시오.

[문제]

어떤 수 x

→ $x \times 0.15$

→ $(x \times 0.15)+2.46$

→ 결과 4.26

[거꾸로 생각하는 과정]

결과 4.26

→ 4.26 ○ 2.46

→ $(4.26$ ○ $2.46)$

○ 0.15

→ 어떤 수 x

2

다음 **보기**의 일차방정식의 해에 해당하는 알파벳을 표에서 찾아 차례로 나열하여 단어를 만드시오.

보기
ㄱ. $3x+14=-x+2$
ㄴ. $7x+4(x-5)=13$
ㄷ. $\dfrac{x-5}{3}=\dfrac{x-4}{2}$
ㄹ. $0.5x-\dfrac{3}{2}=\dfrac{1}{5}x+0.6$

-3	-1	2	3	5	7
W	S	R	O	L	D

3

달력에서 다음과 같은 모양으로 5개의 서로 다른 수를 선택하려고 한다. 선택한 5개의 수의 합이 85일 때, 5개의 수를 모두 구하시오.

일	월	화	수	목	금	토
		1	2	3	4	5
6	7	8	9	10	11	12
13	14	15	16	17	18	19
20	21	22	23	24	25	26
27	28	29	30	31		

4

다음은 고대 그리스의 수학자 디오판토스(Diophantos, 200?~284?)의 묘비에 새겨져 있는 글이다. 디오판토스가 사망한 나이를 구하시오.

일생의 $\dfrac{1}{6}$은 소년으로 보냈고, 일생의 $\dfrac{1}{12}$은 청년으로 보냈다. 그 뒤 다시 일생의 $\dfrac{1}{7}$을 혼자 살다가 결혼하여 5년 후에 귀한 아들을 낳았다. 아들은 아버지 일생의 $\dfrac{1}{2}$만큼 살다 죽었으며, 아들이 죽은 지 4년 후에 비로소 일생을 마쳤노라.

워크북 93쪽~94쪽에서 한번 더 연습해 보세요.

IV

좌표평면과 그래프

1. 좌표평면과 그래프
2. 정비례와 반비례

이 단원을 배우면 순서쌍과 좌표를 이해할 수 있어요.
또, 다양한 상황을 그래프로 나타내고 주어진 그래프를
해석할 수 있어요.

01 순서쌍과 좌표

1 수직선 위의 점의 좌표

수직선 위의 점에 대응하는 수를 그 점의 **좌표**라 하고, 수 a가 점 P의 좌표일 때, 이것을 기호로 P(a)와 같이 나타낸다.

예 → A(-2), B(0), C(3)

용어

좌표(자리 座, 나타낼 標)
점의 위치를 나타내는
수나 수의 짝

2 좌표평면

두 수직선을 점 O에서 서로 수직으로 만나게 할 때

(1) x**축** : 가로의 수직선

(2) y**축** : 세로의 수직선

(3) x축과 y축을 통틀어 **좌표축**이라 한다.

(4) **원점** : 두 좌표축이 만나는 점

(5) **좌표평면** : 좌표축이 정해져 있는 평면

3 좌표평면 위의 점의 좌표

(1) **순서쌍** : 두 수의 순서를 정하여 짝 지어 나타낸 쌍

　주의 $a \neq b$일 때, 순서쌍 (a, b)와 순서쌍 (b, a)는 다르다.

(2) 좌표평면 위의 한 점 P에서 x축, y축에 각각 내린 수선과 x축, y축이 만나는 점에 대응하는 수가 각각 a, b일 때, 순서쌍 (a, b)를 점 P의 좌표라 하고, 이것을 기호로 P(a, b)와 같이 나타낸다. 이때 a를 점 P의 x**좌표**, b를 점 P의 y**좌표**라 한다.

　참고 • 원점 O의 좌표는 $(0, 0)$이다. ┌→ x축 위의 모든 점들의 y좌표는 0

　　• x축 위의 점의 좌표는 (x좌표, 0)이다.

　　• y축 위의 점의 좌표는 (0, y좌표)이다.
　　　└→ y축 위의 모든 점들의 x좌표는 0

용어

순서쌍(차례 順, 차례 序, 쌍 雙)
차례를 정하여 짝 지어 나타낸 것

4 사분면

좌표평면을 x축과 y축에 의하여 네 부분으로 나눌 때, 이들을 각각

　　제1사분면, 제2사분면, 제3사분면, 제4사분면

이라 한다.

　참고 원점, x축 위의 점, y축 위의 점을 좌표축 위의 점이라 한다.

　주의 좌표축 위의 점은 어느 사분면에도 속하지 않는다.

용어

사분면(넷 四, 나눌 分, 면 面)
4개로 나누어진 면

직선 위의 점과 평면 위의 점

직선 위의 점은 수직선 위에 하나의 수로 나타내고, 평면 위의 점은 좌표평면 위에 두 수의 순서를 정하여 순서쌍으로 나타낸다.

개념 1 수직선 위의 점의 좌표는 어떻게 나타낼까?

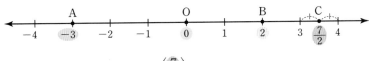

➡ $A(-3)$, $O(0)$, $B(2)$, $C\left(\dfrac{7}{2}\right)$
　　　　원점

> 점 P의 좌표가 a일 때, 기호로 $P(a)$와 같이 나타낸다.

1 다음 수직선 위의 네 점 A, B, C, D의 좌표를 각각 기호로 나타내시오.

1-1 다음 수직선 위에 네 점 A, B, C, D를 각각 나타내시오.

$$A\left(-\dfrac{7}{2}\right), \quad B(-1), \quad C(0.5), \quad D(3)$$

개념 2 좌표평면 위의 점의 좌표를 순서쌍을 이용하여 어떻게 나타낼까?

$A(①, ②)$ ➡ $A(3, 3)$
　　　　x좌표　　y좌표

$B(③, ④)$ ➡ $B(-2, -5)$
　　　　x좌표　　y좌표

2 다음 좌표평면 위의 6개의 점 A, B, C, D, E, F의 좌표를 각각 기호로 나타내시오.

(1) 점 A ➡ _____　　(2) 점 B ➡ _____

(3) 점 C ➡ _____　　(4) 점 D ➡ _____

(5) 점 E ➡ _____　　(6) 점 F ➡ _____

2-1 다음 좌표평면 위에 5개의 점 A, B, C, D, E를 각각 나타내시오.

$$A(2, 3), \quad B(4, -4), \quad C(0, 5),$$
$$D(-5, -3), \quad E(2, 0)$$

개념 3 x축 또는 y축 위의 점의 좌표는 어떻게 나타낼까?

(1) x축 위에 있고, x좌표가 2인 점의 좌표 $\xrightarrow{\;y\text{좌표가 }0\;}$ $(2, 0)$

(2) y축 위에 있고, y좌표가 -1인 점의 좌표 $\xrightarrow{\;x\text{좌표가 }0\;}$ $(0, -1)$

• x축 위의 점의 좌표 ➡ (x좌표, 0)
• y축 위의 점의 좌표 ➡ (0, y좌표)

3 다음 점의 좌표를 구하시오.

(1) x축 위에 있고, x좌표가 -5인 점

(2) y축 위에 있고, y좌표가 3인 점

3-1 다음 **보기**의 점에 대하여 물음에 답하시오.

┌─ •보기• ─────────────────┐
ㄱ. $(-4, 2)$ ㄴ. $(0, -3)$
ㄷ. $(2, -1)$ ㄹ. $(4, 0)$
└──────────────────────────┘

(1) x축 위의 점을 고르시오.

(2) y축 위의 점을 고르시오.

개념 4 점이 속하는 사분면은 어떻게 알 수 있을까?

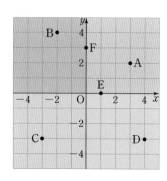

$A(\underset{+}{3}, \underset{+}{2})$ ➡ 제1사분면

$B(\underset{-}{-2}, \underset{+}{4})$ ➡ 제2사분면

$C(\underset{-}{-3}, \underset{-}{-3})$ ➡ 제3사분면

$D(\underset{+}{4}, \underset{-}{-3})$ ➡ 제4사분면

$E(1, 0)$ ➡ x축 ⎤ 어느 사분면에도
$F(0, 3)$ ➡ y축 ⎦ 속하지 않는다.

• 제1사분면 ➡ (⊕, ⊕)
• 제2사분면 ➡ (⊖, ⊕)
• 제3사분면 ➡ (⊖, ⊖)
• 제4사분면 ➡ (⊕, ⊖)
  x좌표의↑ ↑y좌표의
  부호   부호

4 다음 점을 좌표평면 위에 나타내고, 제몇 사분면 위의 점인지 구하시오.

(1) $A(1, 3)$ (2) $B(3, -2)$

(3) $C(-4, 2)$ (4) $D(-1, -4)$

4-1 다음 **보기**의 점에 대하여 물음에 답하시오.

┌─ •보기• ─────────────────┐
ㄱ. $(-8, 0)$ ㄴ. $(3, 4)$
ㄷ. $(-4, -2)$ ㄹ. $(0, 6)$
ㅁ. $(2, -3)$ ㅂ. $(-5, 1)$
└──────────────────────────┘

(1) 제1사분면 위의 점을 고르시오.

(2) 제2사분면 위의 점을 고르시오.

(3) 제4사분면 위의 점을 고르시오.

(4) 어느 사분면에도 속하지 않는 점을 모두 고르시오.

순서쌍

01 두 순서쌍 $(a, 2)$, $(-3, b-1)$이 서로 같을 때, $a+b$의 값을 구하시오.

┌ 코칭 Plus ┐
두 순서쌍 (a, b), (c, d)가 서로 같으면
➜ $a=c$, $b=d$

02 두 순서쌍 $(2a-1, 4)$, $(a+2, -4b)$가 서로 같을 때, $b-a$의 값은?

① -4 ② -2 ③ 0
④ 2 ⑤ 4

좌표평면 위의 점의 좌표   중요♥

03 다음 중 오른쪽 좌표평면 위의 점의 좌표를 나타낸 것으로 옳은 것은?

① A$(3, -4)$
② B$(-2, 0)$
③ C$(2, 1)$
④ D$(3, 0)$
⑤ E$(2, 3)$

04 다음 중 오른쪽 좌표평면 위의 점의 좌표를 나타낸 것으로 옳지 <u>않은</u> 것은?

① A$(3, 0)$
② B$(1, 2)$
③ C$(-2, 3)$
④ D$(-3, -4)$
⑤ E$(-3, 3)$

---

x축 또는 y축 위의 점의 좌표

05 점 $(-1, 3a-3)$이 x축 위의 점일 때, a의 값을 구하시오.

┌ 코칭 Plus ┐
(1) x축 위의 점의 좌표 ➜ y좌표가 0 ➜ (x좌표, 0)
(2) y축 위의 점의 좌표 ➜ x좌표가 0 ➜ (0, y좌표)

06 점 $(3, a-4)$는 x축 위의 점이고, 점 $(b+1, 1)$은 y축 위의 점일 때, a, b의 값을 각각 구하시오.

좌표평면 위의 도형의 넓이 중요☆

07 다음 좌표평면 위에 세 점 A(-3, 2), B(-3, -3), C(3, -3)을 각각 나타내고, 이 세 점을 꼭짓점으로 하는 삼각형 ABC의 넓이를 구하시오.

08 네 점 A(-2, 4), B(-2, -3), C(1, -3), D(1, 4)를 꼭짓점으로 하는 사각형 ABCD의 넓이는?

① 15   ② 16   ③ 18
④ 20   ⑤ 21

사분면 위의 점

09 다음 중 제3사분면 위의 점은?

① A(1, -4)   ② B(-3, 5)
③ C(0, 9)   ④ D(4, 6)
⑤ E(-1, -2)

10 다음 중 옳지 <u>않은</u> 것을 모두 고르면? (정답 2개)

① 점 (3, 7)은 제1사분면 위의 점이다.
② 점 (-6, -9)는 제3사분면 위의 점이다.
③ 점 (5, -2)는 제2사분면 위의 점이다.
④ 점 (2, 0)은 제4사분면 위의 점이다.
⑤ 점 (0, 4)는 y축 위의 점이다.

사분면의 결정 중요☆

11 점 (a, b)가 제2사분면 위의 점일 때, 다음 점은 제 몇 사분면 위의 점인지 구하시오.

(1) A(a, $-b$)

(2) B($-a$, b)

(3) C($-a$, $-b$)

(4) D($-b$, $-a$)

12 점 (a, b)가 제4사분면 위의 점일 때, 다음 점은 제 몇 사분면 위의 점인지 구하시오.

(1) A(b, a)

(2) B($-b$, a)

(3) C(a, ab)

(4) D($\dfrac{a}{b}$, b)

02 그래프의 뜻과 표현

① 그래프

(1) **변수** : 변하는 값을 나타내는 문자

(2) **그래프** : 한 변수와 그에 대응하는 다른 변수 사이의 관계를 좌표평면 위에 점, 직선, 곡선 등으로 나타낸 그림

> 변수와는 달리 일정한 값을 나타내는 수나 문자를 상수라 한다.

예 다음 표는 해준이가 화분에 강낭콩을 심고 x일 후 재어 본 강낭콩의 키를 y cm라 할 때, x와 y 사이의 관계를 조사하여 나타낸 것이다.

x(일)	1	2	3	4	5
y(cm)	1	2	4	7	11

❶ 표를 이용하여 순서쌍 (x, y)를 구하면

$(1, 1)$, $(2, 2)$, $(3, 4)$, $(4, 7)$, $(5, 11)$

❷ 순서쌍 (x, y)를 좌표평면 위에 나타내면 오른쪽 그림과 같다.

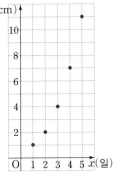

② 그래프의 해석

두 변수 사이의 관계를 그래프로 나타내면 두 변수의 변화 관계를 알아보기 쉽다.

예 다음은 자동차의 속력을 시간에 따라 나타낸 그래프와 이 그래프를 보고 시간에 따른 속력의 변화를 해석한 표이다.

구간	구간 ①	구간 ②	구간 ③
그래프의 모양	/	—	\
속력	증가한다.	변화가 없다.	감소한다.

참고 그래프는 다음과 같이 증가, 감소, 주기적 변화를 파악하는 데 유용하다.

증가	감소	주기적 변화
어떤 운동으로 1분에 소모되는 열량이 5 kcal일 때, 이 운동을 x분 동안 하여 소모되는 열량은 y kcal이다.	100 L의 물이 들어 있는 물탱크에서 일정하게 물이 흘러나올 때, x분 후에 물탱크에 남은 물의 양은 y L이다.	놀이터에서 그네가 움직이고 있을 때, x초 후에 지면으로부터의 그네의 높이는 y cm이다.
➡ 시간이 일정하게 증가할 때, 소모되는 열량도 일정하게 증가한다.	➡ 물이 일정하게 흘러나오므로 물탱크에 남은 물의 양은 일정하게 감소한다.	➡ 그네가 움직일 때, 그네의 높이가 높아졌다가 낮아지는 것을 반복한다.

개념 1 그래프로 어떻게 나타낼까?

문장으로 나타내기

2 m를 걸을 때마다 1포인트가 적립되어 기부할 수 있는 응용 프로그램에서 걸은 거리를 x m, 적립된 포인트를 y포인트라 하자.

표로 나타내기

x(m)	2	4	6	8	10
y(포인트)	1	2	3	4	5

순서쌍으로 나타내기

$(2, 1), (4, 2), (6, 3),$
$(8, 4), (10, 5)$

그래프로 나타내기

---

1 다음은 빗면에서 공을 굴려 공이 굴러간 거리를 나타낸 표이다. x초 동안 공이 굴러간 거리를 y m라 할 때, x와 y 사이의 관계를 그래프로 나타내시오.

x(초)	0.1	0.2	0.3	0.4	0.5
y(m)	1	4	9	16	25

1-1 다음은 어느 날 연주네 동네의 기온을 3시간마다 측정하여 나타낸 표이다. x시일 때의 기온을 y ℃라 할 때, x와 y 사이의 관계를 그래프로 나타내시오.

x(시)	0	3	6	9	12	15	18	21
y(℃)	-2	-3	-5	-2	3	5	4	1

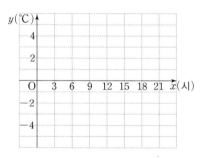

---

2 아래 그림은 어느 지역의 하루 동안의 시간에 따른 미세먼지 농도 변화를 나타낸 그래프이다. x시일 때의 미세먼지 농도를 y μg/m³라 할 때, 다음 물음에 답하시오.

(1) 9시의 미세먼지 농도는 몇 μg/m³인지 구하시오.

(2) 미세먼지 농도가 가장 높았던 때는 몇 시인지 구하시오.

2-1 아래 그림은 어느 지역의 하루 동안의 시간에 따른 습도 변화를 나타낸 그래프이다. x시일 때의 습도를 y %라 할 때, 다음 물음에 답하시오.

(1) 6시의 습도는 몇 %인지 구하시오.

(2) 습도가 감소하는 것은 몇 시부터인지 구하시오.

개념 2 그래프의 주기적 변화는 어떻게 파악할 수 있을까?

다음 그림은 시계 방향으로 운행하는 대관람차가 운행을 시작한 지 x분 후에 A 칸의 지면으로부터의 높이를 y m라 할 때, x와 y 사이의 관계를 나타낸 그래프이다.

- 10분 후 A 칸의 지면으로부터의 높이 구하기
  → 그래프가 점 (10, 30)을 지나므로 10분 후의 높이는 30 m이다.

- 운행을 시작한 후 60분 동안 대관람차는 몇 바퀴 회전했는지 구하기
  → 20분, 40분, 60분일 때 A 칸의 지면으로부터의 높이가 가장 낮으므로 이때에 A 칸은 처음 자리로 돌아온 것이다.
  즉, 60분 동안 대관람차는 3바퀴 회전했다.

---

3 아래 그림은 규민이가 트램펄린에서 일정하게 뛰어오를 때, 높이 변화를 시간에 따라 나타낸 그래프이다. 규민이가 트램펄린 위에서 뛰기 시작한 지 x초 후에 트램펄린으로부터 규민이의 발까지의 높이를 y cm라 할 때, 다음 물음에 답하시오.

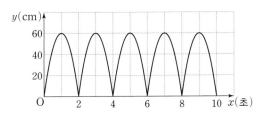

(1) 5초 후 트램펄린으로부터 규민이의 발까지의 높이는 몇 cm인지 구하시오.

(2) 8초 후 트램펄린으로부터 규민이의 발까지의 높이는 몇 cm인지 구하시오.

(3) 규민이가 가장 높이 뛰었을 때는 뛰기 시작한 지 몇 초 후인지 모두 구하시오.

(4) 규민이가 트램펄린에서 몇 번 뛰었는지 구하시오.

(5) 규민이가 트램펄린에서 한 번 뛰어 착지할 때까지 걸린 시간은 몇 초인지 구하시오.

3-1 아래 그림은 어느 날 어느 지역의 하루 동안의 해수면의 높이 변화를 시간에 따라 나타낸 그래프이다. x시일 때의 해수면의 높이를 y m라 할 때, 다음 물음에 답하시오.

(1) 오전 10시의 해수면의 높이는 몇 m인지 구하시오.

(2) 이날 해수면의 높이가 가장 높았던 것은 몇 번인지 구하시오.

(3) 이날 오후 해수면의 높이가 가장 높았던 때는 몇 시인지 구하시오.

(4) 해수면의 높이가 처음으로 가장 낮았을 때부터 두 번째로 가장 낮았을 때까지 걸린 시간을 구하시오.

(5) 몇 시간마다 같은 모양의 그래프가 반복되는지 구하시오.

01 세영이는 고모네 집에서 집으로 오는데 일정한 속력으로 걸어오다가 중간에 잠시 휴식을 취한 후 다시 처음과 같은 속력으로 걸어서 집에 도착하였다. 다음 중 세영이와 집 사이의 거리를 시간에 따라 나타낸 그래프로 알맞은 것은?

02 현주는 집에서 출발하여 우체국에 가서 우편물을 보내고 다시 집에 돌아왔다. 우편물을 보내는 데 시간이 걸렸다고 할 때, 다음 중 현주가 집으로부터 떨어진 거리를 시간에 따라 나타낸 그래프로 알맞은 것은?
(단, 현주는 일정한 속력으로 걸어 이동하였다.)

03 우준이는 집에서 출발하여 300 m 떨어진 편의점에 갔다가 다시 집으로 돌아왔다. 오른쪽

그림은 집에서 출발한 지 x분 후에 우준이가 집으로부터 떨어진 거리를 y m라 할 때, x와 y 사이의 관계를 나타낸 그래프이다. 다음 물음에 답하시오.

(1) 우준이가 집에서 출발하여 5분 동안 이동한 거리는 몇 m인지 구하시오.

(2) 우준이가 편의점에 머문 시간은 몇 분인지 구하시오.

04 용수는 집에서 1.5 km 떨어진 할머니 댁까지 자전거를 타고 갔다. 오른쪽 그림은 집에

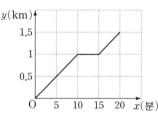

서 출발한 지 x분 후에 용수가 집으로부터 떨어진 거리를 y km라 할 때, x와 y 사이의 관계를 나타낸 그래프이다. 다음 물음에 답하시오.

(1) 용수가 집에서 출발하여 10분 동안 이동한 거리는 몇 km인지 구하시오.

(2) 용수가 할머니 댁까지 가는 데 걸린 시간은 몇 분인지 구하시오.

• 주기적 변화 파악하기

05 아래 그림은 A 지점과 B 지점 사이를 왕복 운동하는 로봇의 위치를 시간에 따라 나타낸 그래프이다. 로봇이 움직이기 시작한 지 x초 후에 A 지점과 로봇 사이의 거리를 y m라 할 때, 다음 물음에 답하시오.

(1) A 지점과 B 지점 사이의 거리는 몇 m인지 구하시오.

(2) 로봇이 A 지점과 B 지점 사이를 한 번 왕복하는 데 걸리는 시간은 몇 초인지 구하시오.

06 아래 그림은 어느 대공원의 두 지점 A, B 사이를 왕복하는 코끼리 열차의 170분 동안의 위치를 시간에 따라 나타낸 그래프이다. A 지점을 처음 출발한 지 x분 후에 A 지점과 코끼리 열차 사이의 거리를 y km라 할 때, 다음 물음에 답하시오.

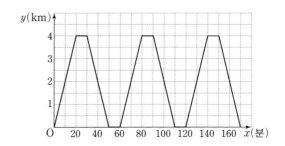

(1) 170분 동안 코끼리 열차는 몇 회 왕복하는지 구하시오.

(2) 코끼리 열차가 두 지점 A, B 사이를 한 번 왕복하는 데 걸리는 시간은 몇 분인지 구하시오.
(단, 멈춰 있는 시간은 제외한다.)

• 두 그래프 한 번에 보여 주기

07 아래 그림은 윤수와 호준이가 각각 자전거를 타고 x분 동안 이동한 거리를 y km라 할 때, x와 y 사이의 관계를 나타낸 그래프이다. 다음 물음에 답하시오.

(1) 출발하여 15분 동안 윤수와 호준이가 이동한 거리를 각각 구하시오.

(2) 윤수와 호준이가 처음으로 다시 만나는 것은 출발한 지 몇 분 후인지 구하시오.

08 아래 그림은 민재와 현정이가 10 km 마라톤을 했을 때, 달린 거리를 시간에 따라 나타낸 그래프이다. 다음 물음에 답하시오.

(1) 민재가 현정이보다 앞서기 시작한 것은 출발한 지 몇 분 후인지 구하시오.

(2) 민재와 현정이가 마라톤을 완주하는 데 걸린 시간의 차를 구하시오.

01

다음 중 오른쪽 좌표평면 위의 점에 대한 설명으로 옳지 <u>않은</u> 것은?

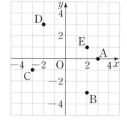

① 점 A의 x좌표는 3이다.
② 점 B는 제4사분면 위의 점이다.
③ 점 C의 x좌표와 y좌표는 같다.
④ 점 D의 좌표를 기호로 나타내면 D$(-2, 3)$이다.
⑤ 점 E의 좌표를 기호로 나타내면 E$(2, 1)$이다.

02

점 A$(2a-1, a-3)$은 x축 위의 점이고,
점 B$(3b-1, b+4)$는 y축 위의 점일 때, ab의 값은?

① -2 ② -1 ③ 1
④ 2 ⑤ 4

03

다음 중 옳지 <u>않은</u> 것은?

① 점 $(2, 4)$는 제1사분면 위의 점이다.
② 점 $(0, 5)$는 어느 사분면에도 속하지 않는다.
③ 원점의 좌표는 $(0, 0)$이다.
④ y축 위의 점은 y좌표가 0이다.
⑤ 두 점 $(3, -4)$, $(2, -2)$는 같은 사분면 위의 점이다.

04

두 순서쌍 $(2+3a, 4b)$, $(a-2, b+3)$이 서로 같을 때, 점 (a, b)는 제몇 사분면 위의 점인지 구하시오.

05

$a>0$, $b<0$일 때, 다음 중 제3사분면 위의 점은?

① (a, b) ② $(a, -b)$ ③ $(-a, -b)$
④ $(b, a-b)$ ⑤ $(b-a, -a)$

06

점 P(a, b)가 제2사분면 위의 점일 때, 점 Q$(b-a, ab)$는 제몇 사분면 위의 점인가?

① 제1사분면   ② 제2사분면
③ 제3사분면   ④ 제4사분면
⑤ 어느 사분면에도 속하지 않는다.

07

아래 그림은 어떤 나무의 키의 변화를 기간에 따라 나타낸 그래프이다. 다음 중 나무의 키가 가장 많이 성장한 기간은?

① 1년~2년   ② 2년~3년   ③ 3년~4년
④ 4년~5년   ⑤ 5년~6년

08

아래 그림은 직선 도로를 달리는 자동차의 속력의 변화를 시간에 따라 나타낸 그래프이다. x초일 때의 속력을 y m/s라 할 때, 다음 중 옳지 <u>않은</u> 것은?

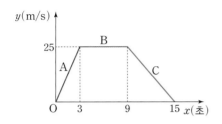

① A 구간에서 자동차의 속력은 점점 증가하였다.
② B 구간에서 자동차의 속력은 일정하였다.
③ B 구간에서 자동차가 이동한 거리는 25 m이다.
④ C 구간에서 자동차의 속력은 점점 감소하였다.
⑤ C 구간에서 자동차가 달린 시간은 6초이다.

09

아래 그림은 상공에 있는 A 지점과 B 지점 사이를 왕복 운동하는 드론의 위치를 시간에 따라 나타낸 그래프이다. 드론이 움직이기 시작한 지 x초 후에 A 지점과 드론 사이의 거리를 y m라 할 때, 다음 **보기**에서 그래프에 대한 설명으로 옳은 것을 모두 고르시오.
(단, 드론은 지면과 평행하게 이동하고 드론의 높이는 생각하지 않는다.)

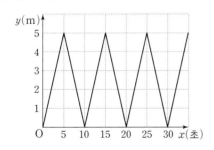

┌─ • 보기 • ─────────────────────────
│ ㄱ. 드론은 A 지점을 출발한 지 10초 후에 A 지점으로 다시 돌아온다.
│ ㄴ. A 지점과 B 지점 사이의 거리는 10 m이다.
│ ㄷ. 드론은 25초 동안 A 지점과 B 지점 사이를 3번 왕복한다.
│ ㄹ. 드론이 움직이기 시작한 지 5초 후의 위치와 25초 후의 위치는 같다.
└──────────────────────────────────

10

오른쪽 그림과 같은 두 종류의 컵 A, B에 시간당 일정한 양의 물을 부을 때, 시간에 따른 물의 높이를 나타낸 그래프로 알맞은 것을 **보기**에서 각각 고르시오.

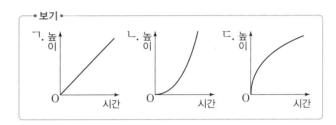

한걸음 더

11 문제 해결 🔓

좌표평면 위의 세 점 $A(-2, 6)$, $B(-5, 1)$, $C(1, 1)$을 꼭짓점으로 하는 삼각형 ABC의 넓이를 구하시오.

12 추론 💬

다음 그림과 같은 모양의 병에 시간당 일정한 양의 물을 부을 때, 시간에 따른 물의 높이를 그래프로 나타내시오.

1

점 $A(a+5, 6-2a)$는 x축 위의 점이고,
점 $B(3b+1, 2b+2)$는 y축 위의 점일 때, ab의 값을 구하시오. [5점]

채점 기준 1 a의 값 구하기 … 2점

채점 기준 2 b의 값 구하기 … 2점

채점 기준 3 ab의 값 구하기 … 1점

답

한번 더!

1-1

점 $A(3a-1, 2a+4)$는 x축 위의 점이고,
점 $B\left(3-\dfrac{1}{2}b, 3b+3\right)$은 y축 위의 점일 때, $\dfrac{b}{a}$의 값을 구하시오. [5점]

채점 기준 1 a의 값 구하기 … 2점

채점 기준 2 b의 값 구하기 … 2점

채점 기준 3 $\dfrac{b}{a}$의 값 구하기 … 1점

답

2

좌표평면 위의 네 점 $A(-3, 4)$, $B(-3, -2)$, $C(2, -2)$, $D(2, 4)$에 대하여 사각형 ABCD의 넓이를 구하시오. [6점]

답

3

$ab>0$, $a+b<0$일 때, 점 $(-a, b)$는 제몇 사분면 위의 점인지 구하시오. [6점]

답

01

다음 중 수직선 위의 5개의 점 A, B, C, D, E의 좌표를 기호로 나타낸 것으로 옳지 <u>않은</u> 것은?

① $A\left(-\dfrac{5}{2}\right)$ ② $B(-1)$ ③ $C(0)$

④ $D\left(\dfrac{5}{3}\right)$ ⑤ $E(4)$

02

두 순서쌍 $(2a, -9)$, $(10, 3b)$가 서로 같을 때, $a+b$의 값을 구하시오.

03

아래 좌표평면에서 다음 순서쌍이 나타내는 점의 글자를 차례로 나열하면 어떤 단어가 나타나는지 구하시오.

04 중요♧

좌표평면 위의 세 점 $A(1, 3)$, $B(-3, -1)$, $C(2, -1)$을 꼭짓점으로 하는 삼각형 ABC의 넓이를 구하시오.

05

다음 중 점의 좌표와 그 점이 속하는 사분면 또는 좌표축을 바르게 짝 지은 것은?

① $(-2, 5)$ ➡ 제1사분면
② $(-1, -4)$ ➡ 제4사분면
③ $(3, 0)$ ➡ y축
④ $(-5, 6)$ ➡ 제2사분면
⑤ $(4, -3)$ ➡ 제3사분면

06

점 $A(a, a+3)$은 x축 위의 점이고,
점 $B(2b-4, 1-b)$는 y축 위의 점일 때, 점 (a, b)는 제몇 사분면 위의 점인지 구하시오.

07 중요♧

점 $(-a, b)$가 제3사분면 위의 점일 때, 다음 중 점 $(ab, a-b)$와 같은 사분면 위의 점은?

① $(5, 1)$ ② $(-3, 4)$
③ $(-2, -6)$ ④ $(2, -7)$
⑤ $(-1, 0)$

08

아래 그림과 같이 길이가 일정한 빨대를 사용하여 정삼각형을 만들려고 한다. 정삼각형 x개를 만드는 데 필요한 빨대를 y개라 할 때, 다음 물음에 답하시오.

(1) 표를 완성하시오.

x(개)	1	2	3	4	5	6	7
y(개)							

(2) 두 변수 x와 y 사이의 관계를 그래프로 나타내시오.

09 중요♡

아래 그림은 영석이의 달리기 속력을 시간에 따라 나타낸 그래프이다. 출발한 지 x초 후에 영석이의 속력을 y m/s라 할 때, 다음 물음에 답하시오.

(1) 영석이는 몇 초 동안 달렸는지 구하시오.

(2) 영석이는 달린 지 몇 초 후에 속력을 줄이기 시작했는지 구하시오.

(3) 영석이가 달린 최고 속력은 몇 m/s인지 구하시오.

10 중요♡

아래 그림과 같이 밑면의 반지름의 길이가 서로 다른 원기둥 모양의 세 용기 A, B, C가 있다.

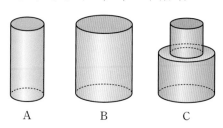

위의 용기에 각각 시간당 일정한 양의 물을 넣을 때, 물의 높이를 시간에 따라 나타낸 그래프로 가장 알맞은 것을 다음 보기에서 각각 고르시오.

11

아래 그림은 어느 버스가 종점을 출발하여 노선을 2회 운행하는 동안 버스와 종점 사이의 거리를 시간에 따라 나타낸 그래프이다. 다음 물음에 답하시오.
(단, 버스 운행 시 도로 상황과 버스의 속력은 일정하다.)

(1) 이 버스가 노선을 1회 운행하는 데 걸리는 시간을 구하시오.

(2) 이 버스가 하루에 20시간을 멈추지 않고 운행한다고 할 때, 하루 동안 노선을 모두 몇 회 운행하는지 구하시오.

교과서에서 쏙 빼온 문제

1

세 점 A, B, C의 좌표가 아래와 같을 때, 한 점 D를 추가하여 정사각형 ABCD를 만들려고 한다. 세 점 A, B, C를 다음 좌표평면 위에 나타내고, 점 D의 좌표를 기호로 나타내시오.

$$A(-3, 2), B(-3, -3), C(2, -3)$$

2

경호, 유미, 세진이가 함께 자전거를 탔다. 아래 그림은 세 사람이 자전거를 탈 때 속력의 변화를 시간에 따라 각각 나타낸 그래프이다. 그래프에 가장 알맞은 상황을 다음 **보기**에서 각각 고르시오.

- 보기 -
ㄱ. 속력을 높인 후 일정한 속력으로 달리다가 속력을 낮추어 멈추었다.
ㄴ. 속력을 천천히 높이다가 속력을 더 빨리 높인 후, 일정한 속력을 유지하였다.
ㄷ. 속력을 높인 후 일정한 속력으로 달리다가 다시 속력을 높였다.

3

아래 그림은 어떤 자기 부상 열차가 운행을 시작한 후 시간과 속력 사이의 관계를 나타낸 그래프이다. 다음 **보기**에서 옳은 것을 모두 고르시오.

- 보기 -
ㄱ. 운행을 시작한 지 40초 후의 속력은 30 m/s이다.
ㄴ. 운행을 시작한 지 20초 후부터 150초 후까지의 속력은 일정하다.
ㄷ. 총 140초 동안 운행하였다.
ㄹ. 운행을 시작한 후부터 운행을 마칠 때까지 총 130초 동안 정지해 있었다.

4

아래 그림은 주애와 가영이의 4세부터 14세까지의 키의 변화를 나타낸 그래프이다. 다음 물음에 답하시오.

(1) 주애와 가영이의 키가 같았던 때는 몇 번 있었는지 구하시오.

(2) 주애가 가영이보다 키가 컸을 때는 몇 세부터 몇 세까지였는지 구하시오.

워크북 95쪽~96쪽에서 한번 더 연습해 보세요.

01 정비례와 그 그래프

1 정비례

(1) **정비례** : 두 변수 x, y에 대하여 x의 값이 2배, 3배, 4배, …로 변함에 따라 y의 값도 2배, 3배, 4배, …로 변할 때, y는 x에 정비례한다고 한다.

(2) y가 x에 정비례하면 x와 y 사이의 관계는 $y=ax$ $(a \neq 0)$로 나타낼 수 있다.

예 시속 30 km로 자전거가 달린 시간을 x시간, 달린 거리를 y km라 할 때, x와 y 사이의 관계를 표로 나타내면 다음과 같다.

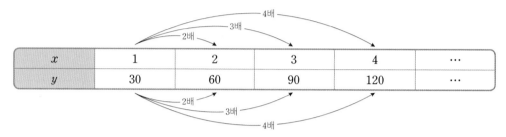

x	1	2	3	4	…
y	30	60	90	120	…

① 위의 표에서 x의 값이 2배, 3배, 4배, …로 변함에 따라 y의 값도 2배, 3배, 4배, …로 변하므로 y는 x에 정비례한다.

② x와 y 사이의 관계를 식으로 나타내면 $y=30x$이다.

참고 y가 x에 정비례할 때, $\dfrac{y}{x}$의 값은 일정하다. 즉, $y=ax$에서 $\dfrac{y}{x}=a$ (일정)

> $y=ax$에서 $a=0$이면 x, y는 정비례 관계가 아니다.
> 또, $y=ax+b$ $(a \neq 0,$ $b \neq 0)$와 같이 0이 아닌 상수항 b가 있으면 x, y는 정비례 관계가 아니다.

2 정비례 관계 $y=ax$ $(a \neq 0)$의 그래프

x의 값의 범위가 수 전체일 때, 정비례 관계 $y=ax$ $(a \neq 0)$의 그래프는 원점을 지나는 직선이다.

	$a>0$일 때	$a<0$일 때
그래프	(그래프: 원점을 지나며 오른쪽 위로 향하는 직선 $y=ax$, 점 $(1, a)$를 지남)	(그래프: 원점을 지나며 오른쪽 아래로 향하는 직선 $y=ax$, 점 $(1, a)$를 지남)
그래프의 모양	오른쪽 위로 향하는 직선	오른쪽 아래로 향하는 직선
지나는 사분면	제1사분면, 제3사분면	제2사분면, 제4사분면
증가·감소 상태	x의 값이 증가하면 y의 값도 증가한다.	x의 값이 증가하면 y의 값은 감소한다.

> 정비례 관계 $y=ax$ $(a \neq 0)$의 그래프는 a의 값의 부호에 관계없이 항상 점 $(1, a)$를 지난다.

참고 ① 정비례 관계 $y=ax$ $(a \neq 0)$에서 x의 값의 범위가 주어지지 않았을 때는 x의 값의 범위를 수 전체로 생각한다.

② 정비례 관계 $y=ax$ $(a \neq 0)$의 그래프는 a의 절댓값이 커질수록 y축에 가까워지고, a의 절댓값이 작아질수록 x축에 가까워진다.

개념 1 정비례 관계는 무엇일까?

한 개에 200원인 사탕 x개의 값을 y원이라 할 때,

x	1	2	3	4	$\cdots$
y	200	400	600	800	$\cdots$

➡ y는 x에 정비례 ➡ $y=200x$

---

1 한 사람의 입장료가 5000원인 박물관에 x명이 입장할 때의 총 입장료를 y원이라 하자. 다음 물음에 답하시오.

(1) 표를 완성하시오.

x	1	2	3	4	$\cdots$
y	5000				$\cdots$

(2) y가 x에 정비례하는지 구하시오.

(3) x와 y 사이의 관계를 식으로 나타내시오.

1-1 두께가 3 cm인 책을 x권 쌓았을 때의 높이를 y cm라 하자. 다음 물음에 답하시오.

(1) 표를 완성하시오.

x	1	2	3	4	$\cdots$
y	3				$\cdots$

(2) y가 x에 정비례하는지 구하시오.

(3) x와 y 사이의 관계를 식으로 나타내시오.

---

2 다음 중 y가 x에 정비례하는 것에는 ○표, 정비례하지 않는 것에는 ×표를 하시오.

(1) $y=5x$　　　　　　　　(　　　)

(2) $y=x-4$　　　　　　　(　　　)

(3) $y=\dfrac{x}{3}$　　　　　　　　(　　　)

(4) $y=-8x$　　　　　　　(　　　)

(5) $xy=2$　　　　　　　　(　　　)

(6) $\dfrac{y}{x}=4$　　　　　　　(　　　)

(7) $y=1-x$　　　　　　　(　　　)

2-1 다음 중 y가 x에 정비례하는 것에는 ○표, 정비례하지 않는 것에는 ×표를 하시오.

(1) 한 개에 100 g인 물건 x개의 무게 y g
　　　　　　　　　　　　(　　　)

(2) 나이가 x세인 형보다 2세 적은 동생의 나이 y세　　　　　　　　　(　　　)

(3) 가로의 길이가 5 cm, 세로의 길이가 x cm인 직사각형의 넓이 y cm^2　(　　　)

(4) 10 L의 물이 담겨 있는 물통에 매분 3 L씩 물을 넣을 때, x분 후에 물통에 담겨 있는 물의 양 y L　　　　　　　　(　　　)

개념 2 정비례 관계 $y=ax$ ($a \neq 0$)의 그래프는 어떻게 나타낼까?

정비례 관계를 나타내는 식 $y=2x$에 대하여

x	-3	-2	-1	0	1	2	3
y	-6	-4	-2	0	2	4	6

➡ 순서쌍 : $(-3, -6)$, $(-2, -4)$, $(-1, -2)$, $(0, 0)$, $(1, 2)$, $(2, 4)$, $(3, 6)$

x의 값의 범위에 따라 정비례 관계 $y=2x$의 그래프를 그리면 다음과 같다.

   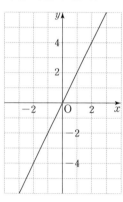

순서쌍을 좌표로 할 때 x의 값의 간격을 좁게 할 때 x의 값의 범위가 수 전체일 때

➡ x의 값의 범위가 수 전체일 때, 정비례 관계 $y=ax$ ($a \neq 0$)의 그래프는 원점을 지나는 직선이다.

---

3 정비례 관계 $y=-2x$에 대하여 다음 물음에 답하시오.

(1) 표를 완성하고, x의 값의 범위가 수 전체일 때의 그래프를 그리시오.

x	-2	-1	0	1	2
y	4				

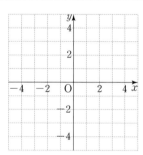

(2) □ 안에 알맞은 것을 써넣으시오.

$y=-2x$의 그래프는 제 □ 사분면과 제 □ 사분면을 지나고 x의 값이 증가하면 y의 값은 □ 한다.

3-1 x의 값의 범위가 수 전체일 때, 다음 정비례 관계의 그래프를 그리시오.

(1) $y=\dfrac{1}{2}x$

(2) $y=-x$

집중3 정비례 관계의 그래프 위의 점, 그래프가 나타내는 식을 구해 볼까?

집중1

그래프 위의 점

점 (2, 4)가 정비례 관계 $y=2x$의 그래프 위의 점이다.

➜ $y=2x$에 $x=2$, $y=4$를 대입하면 등식이 성립한다. 즉, $4=2\times2$ (○)

집중2

그래프가 나타내는 식

그래프가 원점을 지나는 직선 ➜ $y=ax$ $(a\neq0)$로 놓는다.

예 그래프가 원점을 지나는 직선이고, 점 (2, 6)을 지난다.

➜ $y=ax$ $(a\neq0)$로 놓고 $x=2$, $y=6$을 대입하면 $6=2a$, $a=3$ ∴ $y=3x$

4 다음 점이 정비례 관계 $y=5x$의 그래프 위에 있으면 ○표, 그래프 위에 있지 않으면 ×표를 하시오.

(1) $(1,\ 5)$ ( )

(2) $(-5,\ -1)$ ( )

(3) $(-2,\ 10)$ ( )

(4) $(-4,\ -20)$ ( )

4-1 다음 점이 정비례 관계 $y=-\dfrac{1}{2}x$의 그래프 위에 있으면 ○표, 그래프 위에 있지 않으면 ×표를 하시오.

(1) $\left(1,\ -\dfrac{1}{2}\right)$ ( )

(2) $(-2,\ -1)$ ( )

(3) $(-4,\ 2)$ ( )

(4) $(8,\ 4)$ ( )

5 다음 그래프가 나타내는 식을 구하시오.

(1)

(2)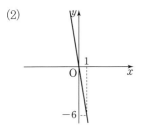

5-1 다음 그래프가 나타내는 식을 구하시오.

(1)

(2)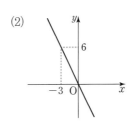

정비례 관계 찾기

01 다음 중 y가 x에 정비례하는 것을 모두 고르면?

(정답 2개)

① 시속 3 km로 x시간 동안 걸은 거리 y km

② 넓이가 40 cm²인 직사각형의 가로의 길이 x cm와 세로의 길이 y cm

③ 합이 20인 두 자연수 x와 y

④ 한 자루에 1000원인 볼펜 x자루의 값 y원

⑤ 60개의 사탕을 x명에게 똑같이 나누어 줄 때, 한 명이 받는 사탕의 개수 y

02 다음 중 y가 x에 정비례하지 <u>않는</u> 것은?

① 한 병에 500 mL인 주스 x병의 용량 y mL

② 한 줄에 7명씩 x줄을 세웠을 때 총 학생 수 y명

③ 200쪽인 책을 x쪽 읽고 남은 쪽수 y

④ 입장료가 1인당 5000원인 동물원에 x명이 갔을 때 총 입장료 y원

⑤ 고양이 x마리의 다리의 개수 y

정비례 관계 $y=ax$ $(a\neq0)$의 그래프

03 다음 중 정비례 관계 $y=\dfrac{3}{4}x$의 그래프는?

①   ②

③   ④

⑤

04 다음 중 정비례 관계 $y=-\dfrac{1}{3}x$의 그래프는?

①   ②

③   ④

⑤

정비례 관계 $y=ax$ $(a\neq0)$의 그래프의 성질

05 다음 중 정비례 관계 $y=\dfrac{1}{2}x$의 그래프에 대한 설명으로 옳지 <u>않은</u> 것은?

① 원점을 지나는 직선이다.

② 점 $(4,\ 2)$를 지난다.

③ 오른쪽 아래로 향한다.

④ 제1사분면과 제3사분면을 지난다.

⑤ x의 값이 증가하면 y의 값도 증가한다.

06 다음 **보기**에서 정비례 관계 $y=-3x$의 그래프에 대한 설명으로 옳은 것을 모두 고르시오.

• 보기 •

ㄱ. 한 쌍의 매끄러운 곡선이다.

ㄴ. 제2사분면과 제4사분면을 지난다.

ㄷ. 점 $(3,\ -1)$을 지난다.

ㄹ. 오른쪽 아래로 향한다.

 정비례 관계 $y=ax$ $(a \neq 0)$의 그래프 위의 점 중요🌟

07 다음 중 정비례 관계 $y = \dfrac{2}{5}x$의 그래프 위의 점이 <u>아닌</u> 것은?

① $(0, 0)$　　② $(5, 2)$　　③ $(15, 6)$

④ $(-2, -5)$　⑤ $(-10, -4)$

> **코칭 Plus**
> 점 (a, b)가 그래프 위의 점이다.
> ➡ $x=a$, $y=b$를 대입하면 등식이 성립한다.

08 정비례 관계 $y = -\dfrac{2}{3}x$의 그래프가 두 점 $(-6, a)$, $(b, 2)$를 지날 때, $a+b$의 값을 구하시오.

 정비례 관계 $y=ax$ $(a \neq 0)$의 식 구하기 중요🌟

09 오른쪽 그래프가 나타내는 식은?

① $y = -\dfrac{5}{2}x$

② $y = -\dfrac{2}{5}x$

③ $y = \dfrac{2}{5}x$

④ $y = x$

⑤ $y = \dfrac{5}{2}x$

> **코칭 Plus**
> 원점을 지나는 직선 ➡ $y=ax$ $(a \neq 0)$로 놓는다.

10 y가 x에 정비례하고, 그 그래프가 점 $(3, -4)$를 지날 때, x와 y 사이의 관계를 나타내는 식은?

① $y = -4x$　　② $y = -\dfrac{4}{3}x$　　③ $y = -\dfrac{3}{4}x$

④ $y = \dfrac{3}{4}x$　　⑤ $y = \dfrac{4}{3}x$

 정비례 관계의 활용

11 2 L의 휘발유로 28 km를 갈 수 있는 자동차가 있다. 이 자동차가 x L의 휘발유로 갈 수 있는 거리를 y km라 할 때, 다음 물음에 답하시오.

(1) x와 y 사이의 관계를 식으로 나타내시오.

(2) 5 L의 휘발유로 갈 수 있는 거리는 몇 km인 지 구하시오.

12 수도꼭지에서 1분에 8 L씩 물이 흘러나오고 있다. x분 동안 욕조에 채워진 물의 양을 y L라 할 때, 다음 물음에 답하시오.

(1) x와 y 사이의 관계를 식으로 나타내시오.

(2) 욕조의 부피가 200 L일 때, 욕조에 물을 가득 채우는 데 걸리는 시간은 몇 분인지 구하시오.

02 반비례와 그 그래프

1 반비례

(1) **반비례** : 두 변수 x, y에 대하여 x의 값이 2배, 3배, 4배, …로 변함에 따라 y의 값은 $\frac{1}{2}$배, $\frac{1}{3}$배, $\frac{1}{4}$배, …로 변할 때, y는 x에 반비례한다고 한다.

(2) y가 x에 반비례하면 x와 y 사이의 관계는 $y=\dfrac{a}{x}$ $(a\neq0)$로 나타낼 수 있다.

$y=\dfrac{a}{x}$에서 $a=0$이면 x, y는 반비례 관계가 아니다.
또, $y=\dfrac{a}{x}+b$ $(a\neq0$, $b\neq0)$와 같이 0이 아 닌 상수항 b가 있으면 x, y는 반비례 관계가 아니다.

예 거리가 24 km인 길을 자전거를 타고 일정한 속력으로 달릴 때 자전거의 속력을 시속 x km, 달린 시간을 y시간이라 하자. 이때 x와 y 사이의 관계를 표로 나타내면 다음과 같다.

x	1	2	3	4	…
y	24	12	8	6	…

① 위의 표에서 x의 값이 2배, 3배, 4배, …로 변함에 따라 y의 값은 $\frac{1}{2}$배, $\frac{1}{3}$배, $\frac{1}{4}$배, …로 변하므로 y는 x에 반비례한다.

② x와 y 사이의 관계를 식으로 나타내면 $y=\dfrac{24}{x}$이다.

참고 y가 x에 반비례할 때, xy의 값은 일정하다. 즉, $y=\dfrac{a}{x}$에서 $xy=a$ (일정)

2 반비례 관계 $y=\dfrac{a}{x}$ $(a\neq0)$의 그래프

x의 값의 범위가 0이 아닌 수 전체일 때, 반비례 관계 $y=\dfrac{a}{x}$ $(a\neq0)$의 그래프는 좌표축에 점점 가까워지면서 한없이 뻗어 나가는 한 쌍의 매끄러운 곡선이다.

반비례 관계 $y=\dfrac{a}{x}$ $(a\neq0)$의 그래프는 a의 값의 부호에 관계없이 항상 점 $(1, a)$를 지난다.

	$a>0$일 때	$a<0$일 때
그래프	$y=\dfrac{a}{x}$, 점 $(1, a)$를 지남	$y=\dfrac{a}{x}$, 점 $(1, a)$를 지남
지나는 사분면	제1사분면, 제3사분면	제2사분면, 제4사분면
증가·감소 상태	각 사분면에서 x의 값이 증가하면 y의 값은 감소한다.	각 사분면에서 x의 값이 증가하면 y의 값도 증가한다.

참고 ① 반비례 관계 $y=\dfrac{a}{x}$ $(a\neq0)$에서 x의 값의 범위가 주어지지 않았을 때는 x의 값의 범위를 0이 아닌 수 전체로 생각한다.

② 반비례 관계 $y=\dfrac{a}{x}$ $(a\neq0)$의 그래프는 a의 절댓값이 커질수록 원점에서 멀어진다.

개념 1 반비례 관계는 무엇일까?

주스 600 mL를 x명이 y mL씩 똑같이 나누어 마실 때,

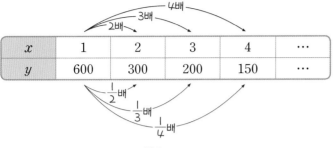

x	1	2	3	4	⋯
y	600	300	200	150	⋯

➡ y는 x에 반비례 ➡ $y=\dfrac{600}{x}$

y가 x에 반비례

⇅

관계식 : $y=\dfrac{a}{x}$ $(a\neq 0)$

---

1 구슬 48개를 x명이 똑같이 나누어 가질 때, 한 명이 갖는 구슬을 y개라 하자. 다음 물음에 답하시오.

(1) 표를 완성하시오.

x	1	2	3	4	⋯
y	48				⋯

(2) y가 x에 반비례하는지 구하시오.

(3) x와 y 사이의 관계를 식으로 나타내시오.

1-1 사과 120개를 x개의 상자에 똑같이 나누어 담을 때, 한 상자에 담기는 사과를 y개라 하자. 다음 물음에 답하시오.

(1) 표를 완성하시오.

x	1	2	3	4	⋯
y	120				⋯

(2) y가 x에 반비례하는지 구하시오.

(3) x와 y 사이의 관계를 식으로 나타내시오.

---

2 다음 중 y가 x에 반비례하는 것에는 ○표, 반비례하지 않은 것에는 ×표를 하시오.

(1) $y=\dfrac{4}{x}$ ( )

(2) $y=\dfrac{x}{5}$ ( )

(3) $y=\dfrac{1}{x}-2$ ( )

(4) $y=-\dfrac{10}{x}$ ( )

(5) $xy=4$ ( )

(6) $\dfrac{y}{x}=6$ ( )

(7) $y=1-3x$ ( )

2-1 다음 중 y가 x에 반비례하는 것에는 ○표, 반비례하지 않은 것에는 ×표를 하시오.

(1) x원으로 살 수 있는 1000원짜리 초콜릿 y개 ( )

(2) 120쪽인 소설책을 매일 x쪽씩 읽을 때, 모두 읽는 데 걸리는 기간 y일 ( )

(3) 시속 x km로 20 km를 이동하는 데 걸리는 시간 y시간 ( )

(4) 귤을 한 상자에 6개씩 x상자를 채웠을 때, 총 귤의 개수 y ( )

개념 2 반비례 관계 $y=\dfrac{a}{x}$ $(a\neq 0)$의 그래프는 어떻게 나타낼까?

반비례 관계를 나타내는 식 $y=\dfrac{6}{x}$에 대하여

x	-6	-3	-2	-1	1	2	3	6
y	-1	-2	-3	-6	6	3	2	1

➡ 순서쌍 : $(-6,\,-1),\,(-3,\,-2),\,(-2,\,-3),\,(-1,\,-6),\,(1,\,6),\,(2,\,3),\,(3,\,2),\,(6,\,1)$

x의 값의 범위에 따라 반비례 관계 $y=\dfrac{6}{x}$의 그래프를 그리면 다음과 같다.

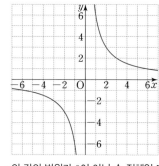

순서쌍을 좌표로 할 때 x의 값의 간격을 좁게 할 때 x의 값의 범위가 0이 아닌 수 전체일 때

➡ x의 값의 범위가 0이 아닌 수 전체일 때, 반비례 관계 $y=\dfrac{a}{x}$ $(a\neq 0)$의 그래프는 좌표축에 점점 가까워지면서 한없이 뻗어 나가는 한 쌍의 매끄러운 곡선이다.

3 반비례 관계 $y=-\dfrac{4}{x}$에 대하여 다음 물음에 답하시오.

(1) 표를 완성하고, x의 값의 범위가 0이 아닌 수 전체일 때의 그래프를 그리시오.

x	-4	-2	-1	1	2	4
y						

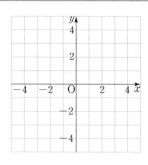

(2) □ 안에 알맞은 것을 써넣으시오.

$y=-\dfrac{4}{x}$의 그래프는 제□사분면과 제□ 사분면을 지나고 각 사분면에서 x의 값이 증가하면 y의 값은 □한다.

3-1 x의 값의 범위가 0이 아닌 수 전체일 때, 다음 반비례 관계의 그래프를 그리시오.

(1) $y=\dfrac{3}{x}$

(2) $y=-\dfrac{6}{x}$

집중 **3** 반비례 관계의 그래프 위의 점, 그래프가 나타내는 식을 구해 볼까?

집중 1

그래프 위의 점

점 (④, ②)가 반비례 관계 $y = \dfrac{8}{x}$의 그래프 위의 점이다.

➡ $y = \dfrac{8}{x}$에 $x = 4$, $y = 2$를 대입하면 등식이 성립한다. 즉, $2 = \dfrac{8}{4}$ (○)

집중 2

그래프가 나타내는 식

그래프가 좌표축에 가까워지면서 한없이 뻗어 나가는 한 쌍의 매끄러운 곡선

➡ $y = \dfrac{a}{x}$ $(a \neq 0)$로 놓는다.

예 그래프가 좌표축에 가까워지면서 한없이 뻗어 나가는 한 쌍의 매끄러운 곡선이고, 점 $(5, 2)$를 지난다.

➡ $y = \dfrac{a}{x}$ $(a \neq 0)$로 놓고 $x = 5$, $y = 2$를 대입하면 $2 = \dfrac{a}{5}$, $a = 10$ ∴ $y = \dfrac{10}{x}$

---

4 다음 점이 반비례 관계 $y = \dfrac{6}{x}$의 그래프 위에 있으면 ○표, 그래프 위에 있지 않으면 ×표를 하시오.

(1) $(1, -6)$ (   )

(2) $(-3, -2)$ (   )

(3) $(-2, 3)$ (   )

(4) $(-6, -1)$ (   )

4-1 다음 점이 반비례 관계 $y = -\dfrac{15}{x}$의 그래프 위에 있으면 ○표, 그래프 위에 있지 않으면 ×표를 하시오.

(1) $(1, -15)$ (   )

(2) $(-3, -5)$ (   )

(3) $(-5, 3)$ (   )

(4) $(15, 1)$ (   )

---

5 다음 그래프가 나타내는 식을 구하시오.

(1)

(2)
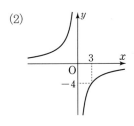

5-1 다음 그래프가 나타내는 식을 구하시오.

(1)

(2)
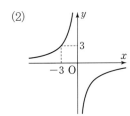

반비례 관계 찾기

01 다음 중 y가 x에 반비례하는 것을 모두 고르면?

(정답 2개)

① 곱이 6인 두 자연수 x와 y
② 시속 x km로 4시간 동안 간 거리 y km
③ 길이가 50 cm인 테이프를 x도막으로 똑같이 자를 때 잘린 한 도막의 길이 y cm
④ 밑변의 길이가 x cm, 높이가 12 cm인 삼각형의 넓이 y cm²
⑤ 한 개에 2000원인 빵 x개의 값 y원

02 다음 중 y가 x에 반비례하지 <u>않는</u> 것은?

① 1 kg에 x원인 쌀 y kg의 값 80000원
② x개에 600원인 사탕 1개의 가격 y원
③ 300 m의 거리를 분속 x m로 갈 때 걸리는 시간 y분
④ 단백질 1 g의 열량이 4 kcal일 때, 단백질 x g의 열량 y kcal
⑤ 밑변의 길이가 x cm, 넓이가 10 cm²인 평행사변형의 높이 y cm

반비례 관계 $y=\dfrac{a}{x}$ $(a\neq 0)$의 그래프

03 다음 중 반비례 관계 $y=\dfrac{6}{x}$의 그래프는?

①
②
③
④
⑤

04 다음 중 반비례 관계 $y=-\dfrac{8}{x}$의 그래프는?

①
②
③
④
⑤

반비례 관계 $y=\dfrac{a}{x}$ $(a\neq 0)$의 그래프의 성질

05 다음 중 반비례 관계 $y=\dfrac{4}{x}$의 그래프에 대한 설명으로 옳지 <u>않은</u> 것은?

① 원점을 지나지 않는다.
② 점 $(4,\,1)$을 지난다.
③ 제1사분면과 제3사분면을 지난다.
④ x의 값이 한없이 커지면 x축과 만난다.
⑤ $x>0$일 때, x의 값이 증가하면 y의 값은 감소한다.

06 다음 **보기**에서 반비례 관계 $y=-\dfrac{10}{x}$의 그래프에 대한 설명으로 옳은 것을 모두 고르시오.

보기
ㄱ. x의 값이 2배, 3배, 4배, ...가 되면 y의 값은 $-\dfrac{1}{2}$배, $-\dfrac{1}{3}$배, $-\dfrac{1}{4}$배, ...가 된다.
ㄴ. 제2사분면과 제4사분면을 지난다.
ㄷ. x축, y축과 만나지 않는다.

반비례 관계 $y=\dfrac{a}{x}\,(a\neq0)$의 그래프 위의 점 중요♡

07 다음 중 반비례 관계 $y=\dfrac{12}{x}$의 그래프 위의 점이 <u>아닌</u> 것은?

① $(-6,\,-2)$ ② $(-4,\,-3)$ ③ $(3,\,4)$
④ $(4,\,5)$ ⑤ $(12,\,1)$

08 반비례 관계 $y=-\dfrac{18}{x}$의 그래프가 두 점 $(a,\,6)$, $(-2,\,b)$를 지날 때, $b-a$의 값을 구하시오.

반비례 관계 $y=\dfrac{a}{x}\,(a\neq0)$의 식 구하기 중요♡

09 오른쪽 그래프가 나타내는 식은?

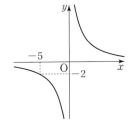

① $y=-\dfrac{10}{x}$

② $y=-\dfrac{5}{x}$

③ $y=\dfrac{2}{x}$

④ $y=\dfrac{5}{x}$

⑤ $y=\dfrac{10}{x}$

 Plus

좌표축에 가까워지면서 한없이 뻗어 나가는 한 쌍의 매끄러운 곡선 ➡ $y=\dfrac{a}{x}\,(a\neq0)$로 놓는다.

10 y가 x에 반비례하고, 그 그래프가 점 $(-4,\,5)$를 지날 때, x와 y 사이의 관계를 나타내는 식은?

① $y=-\dfrac{30}{x}$ ② $y=-\dfrac{20}{x}$ ③ $y=-\dfrac{16}{x}$

④ $y=\dfrac{16}{x}$ ⑤ $y=\dfrac{20}{x}$

반비례 관계의 활용

11 60개의 쿠키를 x개의 접시에 y개씩 똑같이 나누어 담을 때, 다음 물음에 답하시오.

(1) x와 y 사이의 관계를 식으로 나타내시오.

(2) 5개의 접시에 똑같이 나누어 담을 때, 한 개의 접시에 쿠키를 몇 개씩 담을 수 있는지 구하시오.

12 넓이가 $72\ \mathrm{cm}^2$인 직사각형의 가로의 길이를 $x\ \mathrm{cm}$, 세로의 길이를 $y\ \mathrm{cm}$라 할 때, 다음 물음에 답하시오.

(1) x와 y 사이의 관계를 식으로 나타내시오.

(2) 직사각형의 세로의 길이가 $12\ \mathrm{cm}$일 때, 가로의 길이는 몇 cm인지 구하시오.

01

다음 중 정비례 관계 $y=ax$ $(a\neq0)$의 그래프에 대한 설명으로 옳지 <u>않은</u> 것은?

① 원점을 지나는 직선이다.
② $a>0$일 때, 오른쪽 위로 향한다.
③ 점 $(1, -a)$를 지난다.
④ a의 절댓값이 커질수록 y축에 가까워진다.
⑤ $a<0$일 때, x의 값이 증가하면 y의 값은 감소한다.

02

정비례 관계 $y=x$의 그래프와 직선 l이 오른쪽 그림과 같을 때, 다음 식 중 그 그래프가 직선 l이 될 수 있는 것은?

① $y=\dfrac{1}{4}x$ ② $y=\dfrac{1}{3}x$

③ $y=\dfrac{1}{2}x$ ④ $y=\dfrac{3}{4}x$

⑤ $y=\dfrac{5}{4}x$

03

오른쪽 그림과 같은 그래프에서 k의 값을 구하시오.

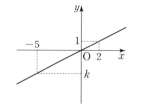

04

다음 중 반비례 관계 $y=\dfrac{a}{x}$ $(a\neq0)$의 그래프에 대한 설명으로 옳지 <u>않은</u> 것은?

① 점 $(1, a)$를 지난다.
② 한 쌍의 매끄러운 곡선이다.
③ $a<0$일 때, 제2사분면과 제4사분면을 지난다.
④ a의 절댓값이 커질수록 원점에 가까워진다.
⑤ 좌표축과 만나지 않는다.

05

반비례 관계 $y=\dfrac{a}{x}$의 그래프가 두 점 $(-4, b)$, $(8, 3)$을 지날 때, $a-b$의 값을 구하시오. (단, a는 상수)

06

오른쪽 그림과 같은 그래프에서 k의 값을 구하시오.

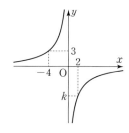

한걸음 더

07 문제 해결 🔒

오른쪽 그림과 같은 직사각형 ABCD에서 점 P는 점 B를 출발하여 변 BC를 따라 점 C까지 움직인다.

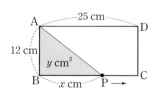

점 P가 움직인 거리를 x cm, 이때 생기는 삼각형 ABP의 넓이를 y cm²라 하자. 삼각형 ABP의 넓이가 96 cm²일 때, 선분 BP의 길이를 구하시오.

1

오른쪽 그림과 같이 정비례 관계 $y=ax$의 그래프와 반비례 관계 $y=\dfrac{12}{x}$의 그래프가 점 $(-4, b)$에서 만날 때, $a+b$의 값을 구하시오. (단, a는 상수) [7점]

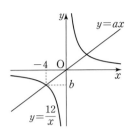

풀이

채점 기준 1 b의 값 구하기 ··· 3점

채점 기준 2 a의 값 구하기 ··· 3점

채점 기준 3 $a+b$의 값 구하기 ··· 1점

답

1-1

오른쪽 그림과 같이 정비례 관계 $y=-2x$의 그래프와 반비례 관계 $y=\dfrac{a}{x}$의 그래프가 점 $(-2, b)$에서 만날 때, $b-a$의 값을 구하시오. (단, a는 상수) [7점]

풀이

채점 기준 1 b의 값 구하기 ··· 3점

채점 기준 2 a의 값 구하기 ··· 3점

채점 기준 3 $b-a$의 값 구하기 ··· 1점

답

2

어떤 자전거는 12 m 이동하는 데 바퀴가 8번 회전한다고 한다. 이 자전거로 3000 m를 이동한다고 할 때, 바퀴는 몇 번 회전하는지 구하시오. [6점]

풀이

답

3

일정한 온도에서 기체의 부피는 압력에 반비례한다. 오른쪽 그림은 일정한 온도에서 압력 x기압과 어떤 기체의 부피 y mL 사이의 관계를 나타낸 그래프이다. 다음 물음에 답하시오. [6점]

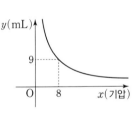

(1) x와 y 사이의 관계를 식으로 나타내시오. [3점]

(2) 이 기체의 부피가 24 mL일 때, 압력은 몇 기압인지 구하시오. [3점]

풀이

답

01

다음 중 x의 값이 2배, 3배, 4배, …가 될 때 y의 값도 2배, 3배, 4배, …가 되는 것은?

① $y=x+1$ 　　　　② $y=1-2x$

③ $xy=3$ 　　　　④ $y=\dfrac{4}{x}$

⑤ $y=\dfrac{1}{5}x$

02

다음 중 정비례 관계 $y=\dfrac{5}{4}x$의 그래프는?

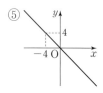

03

다음 중 정비례 관계 $y=-\dfrac{2}{5}x$의 그래프에 대한 설명으로 옳지 <u>않은</u> 것을 모두 고르면? (정답 2개)

① 원점을 지나는 직선이다.
② 제3사분면을 지난다.
③ 점 $(-5,\ 2)$를 지난다.
④ x의 값이 증가하면 y의 값도 증가한다.
⑤ 정비례 관계 $y=-x$의 그래프보다 x축에 더 가깝다.

04

다음 중 그 그래프가 y축에 가장 가까운 것은?

① $y=-\dfrac{8}{3}x$ 　　② $y=\dfrac{9}{4}x$ 　　③ $y=-\dfrac{5}{2}x$

④ $y=\dfrac{7}{2}x$ 　　　⑤ $y=-2x$

05

y가 x에 정비례하고, $x=6$일 때 $y=-30$이다. 이때 x와 y 사이의 관계를 식으로 나타내시오.

06 　중요☆

정비례 관계 $y=ax$의 그래프가 두 점 $(2,\ -6)$, $(b,\ 2)$를 지날 때, $a-b$의 값은? (단, a는 상수)

① $-\dfrac{11}{3}$ 　　　② -3 　　　③ $-\dfrac{7}{3}$

④ 3 　　　　　⑤ $\dfrac{11}{3}$

07 　중요☆

다음 중 오른쪽 그림과 같은 정비례 관계의 그래프 위의 점이 <u>아닌</u> 것은?

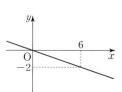

① $(-3,\ 1)$ 　② $(-9,\ 3)$
③ $(1,\ -3)$ 　④ $(3,\ -1)$
⑤ $(12,\ -4)$

08

어떤 물체의 달에서의 무게는 지구에서의 무게의 $\frac{1}{6}$이다. 이 물체의 지구에서의 무게를 x kg, 달에서의 무게를 y kg이라고 할 때, 다음 물음에 답하시오.

(1) x와 y 사이의 관계를 식으로 나타내시오.

(2) 지구에서의 몸무게가 84 kg인 우주 비행사가 달에 착륙했을 때의 몸무게를 구하시오.

09

다음 중 y가 x에 반비례하는 것을 모두 고르면?

(정답 2개)

① $y=2x$ ② $y=-\frac{4}{x}$ ③ $\frac{x}{y}=6$

④ $x-y=8$ ⑤ $xy=-10$

10

다음 중 그 그래프가 제2사분면과 제4사분면을 지나는 것을 모두 고르면? (정답 2개)

① $y=\frac{2}{3}x$ ② $y=-\frac{4}{3}x$ ③ $y=\frac{5}{x}$

④ $y=-\frac{6}{x}$ ⑤ $y=\frac{8}{x}$

11 중요♡

반비례 관계 $y=-\frac{16}{x}$의 그래프가 두 점 $(-2, a)$, $(b, 4)$를 지날 때, $a+b$의 값을 구하시오.

12

반비례 관계 $y=-\frac{9}{x}$의 그래프 위의 점 중에서 x좌표와 y좌표가 모두 정수인 점은 몇 개인지 구하시오.

13 중요♡

오른쪽 그림과 같은 반비례 관계의 그래프에서 k의 값을 구하시오.

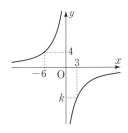

14

정비례 관계 $y=ax$의 그래프와 반비례 관계 $y=\frac{b}{x}$의 그래프가 두 점 $(-2, 6)$, $(c, -6)$에서 만날 때, $a-b-c$의 값을 구하시오. (단, a, b는 상수)

15

같은 기계 6대를 10시간 동안 가동해야 끝나는 작업이 있다. 기계 x대를 가동하여 이 작업을 끝내는 데 걸리는 시간을 y시간이라 할 때, 다음 물음에 답하시오.

(1) x와 y 사이의 관계를 식으로 나타내시오.

(2) 기계 5대를 가동하여 이 작업을 끝내려면 몇 시간이 걸리는지 구하시오.

교과서에서 쏙 빼온 문제

1

어느 풍력 발전기가 x시간 동안 생산한 전력량을 y kWh라 할 때, 아래 그림은 x와 y 사이의 관계를 나타낸 그래프이다. 다음 물음에 답하시오.

(1) x와 y 사이의 관계를 식으로 나타내시오.

(2) 이 풍력 발전기가 쉬지 않고 돌아간다고 할 때, 하루 동안 생산할 수 있는 전력량을 구하시오.

2

상온에서 소리는 1초에 340 m씩 이동한다고 한다. 경모는 번개가 치는 것을 보고 4.5초 후에 천둥소리를 들었다. 이때 경모의 위치에서 번개가 친 곳까지의 거리를 구하시오. (단, 번개가 치고 경모가 번개를 볼 때까지 걸린 시간은 무시한다.)

3

국제 안과학회에서 정한 기준에 따르면 오른쪽 그림과 같이 빈틈의 폭이 1.5 mm인 고리를 5 m 거리에서 보았을 때, 그 빈틈이 판별 가능하면 시력이 1.0이라 한다. 5 m 떨어진 지점에

서 시력을 측정할 때, 판별 가능한 고리의 빈틈의 폭 x mm와 이때의 시력 y는 반비례한다. 다음 물음에 답하시오.

(1) x와 y 사이의 관계를 식으로 나타내시오.

(2) 빈틈의 폭을 점점 늘려 빈틈의 폭이 3 mm인 고리가 되어서야 빈틈을 판별할 수 있는 사람의 시력을 구하시오.

4

아래 그림은 주파수와 파장 사이의 관계를 나타낸 그래프이다. 다음 물음에 답하시오.

(1) 파장이 10 m일 때의 주파수를 구하시오.

(2) 주파수가 20 MHz일 때의 파장을 구하시오.

(3) 주파수가 x MHz일 때의 파장을 y m라 할 때, x와 y 사이의 관계를 식으로 나타내시오.

워크북 97쪽에서 한번 더 연습해 보세요.

내신과 등업을 위한 강력한 한 권!

2022 개정 교육과정 완벽 반영

수매씽 시리즈

중학 수학	개념 연산서	1~3학년 1·2학기
	개념 기본서	
	유형 기본서	

고등 수학	개념 기본서	공통수학1, 공통수학2, 대수, 미적분I, 확률과 통계, 미적분II, 기하
	유형 기본서	공통수학1, 공통수학2, 대수, 미적분I, 확률과 통계, 미적분II

수매씽 개념

중학 수학

1·1

내신과 등업을 위한 강력한 한 권!

개념 연산서 | **수매씽 개념연산**
중등 : 1~3학년 1·2학기

개념 기본서 | **수매씽 개념**
중등 : 1~3학년 1·2학기
고등(22개정) : 공통수학1, 공통수학2, 대수, 미적분I,
확률과 통계, 미적분II, 기하

유형 기본서 | **수매씽 유형**
중등 : 1~3학년 1·2학기
고등(15개정) : 수학I, 수학II, 확률과 통계, 미적분
고등(22개정) : 공통수학1, 공통수학2, 대수, 미적분I,
확률과 통계, 미적분II

📞 **Telephone** 1644-0600
🏠 **Homepage** www.bookdonga.com
✉ **Address** 서울시 영등포구 은행로 30 (우 07242)

2022 개정
교육과정
2025년 중1부터 적용

수

매씽

MATHING

개념

중학 수학

1·1

워크북

동아출판

기본이 탄탄해지는 **개념 기본서**
수매씽 개념

▶ 개념북과 워크북으로 개념 완성

수매씽 개념 중학 수학 1·1

발행일	2023년 10월 20일
인쇄일	2024년 9월 10일
펴낸곳	동아출판㈜
펴낸이	이욱상
등록번호	제300-1951-4호(1951. 9. 19.)
개발총괄	김영지
개발책임	이상민
개발	김인영, 권혜진, 윤찬미, 이현아, 김다은, 양지은
디자인책임	목진성
디자인	송현아
대표번호	1644-0600
주소	서울시 영등포구 은행로 30 (우 07242)

수 매씽

MATHING

개념

중학 수학

1·1

워크북

01 소수와 합성수

한번 더 개념 확인문제

개념북 ⊙ 6쪽~7쪽 | 정답 및 풀이 ⊙ 55쪽

01 다음 방법을 이용하여 1부터 60까지의 자연수 중 소수를 모두 구하시오.

> ❶ 1은 소수가 아니므로 지운다.
> ❷ 소수 2는 남기고 2의 배수는 모두 지운다.
> ❸ 소수 3은 남기고 3의 배수는 모두 지운다.
> ❹ 이와 같은 방법으로 남은 수 중 가장 작은 수는 남기고 그 수의 배수는 모두 지우는 작업을 반복한다.

1	2	3	4	5	6	7	8	9	10
11	12	13	14	15	16	17	18	19	20
21	22	23	24	25	26	27	28	29	30
31	32	33	34	35	36	37	38	39	40
41	42	43	44	45	46	47	48	49	50
51	52	53	54	55	56	57	58	59	60

소수 : _____

_____

02 다음 표의 빈칸을 채우고, 소수와 합성수로 구분하시오.

자연수	약수	약수의 개수	소수/합성수
8			
17			
28			
39			
47			
52			

03 다음 수 중 소수인 것에는 '소', 합성수인 것에는 '합'을 써넣으시오.

(1) 19   (   )

(2) 23   (   )

(3) 27   (   )

(4) 31   (   )

(5) 43   (   )

(6) 49   (   )

(7) 57   (   )

(8) 71   (   )

04 다음 중 소수와 합성수에 대한 설명으로 옳은 것에는 ○표, 옳지 않은 것에는 ×표를 하시오.

(1) 가장 작은 소수는 1이다.   (   )

(2) 4의 배수 중 소수는 없다.   (   )

(3) 소수가 아닌 자연수는 합성수이다.   (   )

(4) 약수가 1개인 수는 없다.   (   )

(5) 약수가 3개 이상인 수는 합성수이다.   (   )

소수와 합성수 (1)

01 다음 중 소수가 <u>아닌</u> 것은?

① 13   ② 29   ③ 37

④ 47   ⑤ 51

02 다음 중 약수의 개수가 2인 수는?

① 6   ② 21   ③ 23

④ 28   ⑤ 34

03 다음 수 중 소수의 개수를 a, 합성수의 개수를 b라 할 때, $a-b$의 값은?

$$1, 3, 7, 11, 15, 17, 22, 39, 45$$

① 0   ② 1   ③ 2

④ 3   ⑤ 4

소수와 합성수 (2)

04 20 이하의 자연수 중 합성수의 개수를 구하시오.

05 16에 가장 가까운 소수를 a, 16보다 작은 수 중 16에 가장 가까운 합성수를 b라 할 때, $a-b$의 값은?

① 2   ② 3   ③ 4

④ 5   ⑤ 6

06 20보다 큰 소수 중 가장 작은 수를 a, 50보다 작은 합성수 중 가장 큰 수를 b라 할 때, $a+b$의 값을 구하시오.

소수와 합성수의 성질

07 다음 **보기**에서 옳지 <u>않은</u> 것을 모두 고른 것은?

➤ 보기 ◄

ㄱ. 소수는 모두 홀수이다.

ㄴ. 합성수는 약수가 3개이다.

ㄷ. 10보다 작은 소수는 4개이다.

ㄹ. 소수의 약수는 2개이다.

① ㄱ, ㄴ   ② ㄱ, ㄷ   ③ ㄴ, ㄷ

④ ㄴ, ㄹ   ⑤ ㄷ, ㄹ

08 다음 중 옳은 것을 모두 고르면? (정답 2개)

① 두 소수의 합은 항상 소수이다.

② 2 이외의 짝수는 모두 합성수이다.

③ 소수가 아닌 수는 약수가 3개 이상이다.

④ 소수 중에는 짝수도 존재한다.

⑤ 모든 자연수는 소수이거나 합성수이다.

02 소인수분해

개념북 ⊙ 10쪽~13쪽 | 정답 및 풀이 ⊙ 55쪽

한번 더 **개념** 확인문제

01 다음 수의 밑과 지수를 각각 쓰시오.

(1) 3^4 (2) 7^5

(3) 11^3 (4) $\left(\dfrac{2}{5}\right)^2$

02 다음을 거듭제곱을 이용하여 나타내시오.

(1) $5 \times 5 \times 5 \times 5 \times 5$

(2) $3 \times 3 \times 5 \times 5 \times 5 \times 7$

(3) $2 \times 3 \times 2 \times 3 \times 2$

(4) $\dfrac{1}{11} \times \dfrac{1}{11}$

(5) $\dfrac{1}{2} \times \dfrac{1}{2} \times \dfrac{1}{2} \times \dfrac{1}{3} \times \dfrac{1}{3}$

(6) $\dfrac{1}{3 \times 5 \times 5 \times 5 \times 11 \times 11}$

03 다음은 30을 소인수분해 하고, 소인수를 모두 구하는 과정이다. ☐ 안에 알맞은 수를 써넣으시오.

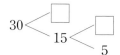

$30 = \boxed{} \times \boxed{} \times \boxed{}$
소인수 : $\boxed{}$, $\boxed{}$, $\boxed{}$

04 다음 수를 **03**과 같은 방법으로 소인수분해 하고, 소인수를 모두 구하시오.

(1) 84   (2) 147

05 다음은 90을 소인수분해 하고, 소인수를 모두 구하는 과정이다. ☐ 안에 알맞은 수를 써넣으시오.

$$\boxed{}\,)\ 90$$
$$\boxed{}\,)\ 45$$
$$\boxed{}\,)\ 15$$
$$\qquad 5$$

➡ $90 = \boxed{} \times \boxed{} \times \boxed{}$
소인수 : $\boxed{}$, $\boxed{}$, $\boxed{}$

06 다음 수를 **05**와 같은 방법으로 소인수분해 하고, 소인수를 모두 구하시오.

(1) $) \ 20$ (2) $) \ 132$

07 소인수분해를 이용하여 63의 약수를 모두 구하려고 한다. 다음 물음에 답하시오.

(1) 63을 소인수분해 하시오.

(2) 3^2의 약수를 모두 구하시오.

(3) 7의 약수를 모두 구하시오.

(4) 표를 완성하고, 63의 약수를 모두 구하시오.

×	1	3	3^2
1			
7			

➡ 약수 : _____

08 다음 수의 약수의 개수를 구하시오.

(1) 2×5^2 (2) $5^2 \times 7^3$

(3) 80   (4) 225

한번 더! 교과서 대표 문제로
개념 완성하기

거듭제곱

01 다음 중 옳지 <u>않은</u> 것은?

① $2 \times 2 \times 2 = 2^3$

② $4 \times 4 \times 4 \times 4 = 4^4$

③ $\dfrac{1}{3} \times \dfrac{1}{3} = \left(\dfrac{1}{3}\right)^2$

④ $\dfrac{1}{2 \times 2 \times 3 \times 3 \times 3} = \dfrac{1}{2^2 \times 3^3}$

⑤ $7 + 7 + 7 + 7 + 7 = 7^5$

02 $2 \times 2 \times 5 \times 5 \times 2 \times 7 = 2^a \times 5^b \times 7^c$일 때, 자연수 a, b, c에 대하여 $a - b + c$의 값을 구하시오.

소인수분해

03 다음 중 소인수분해 한 결과가 옳은 것을 모두 고르면? (정답 2개)

① $42 = 6 \times 7$

② $98 = 2 \times 7^2$

③ $141 = 3 \times 47$

④ $150 = 2 \times 5 \times 15$

⑤ $180 = 2^3 \times 3 \times 5$

04 다음 중 소인수분해 한 결과가 옳지 <u>않은</u> 것은?

① $25 = 5^2$

② $40 = 2^3 \times 5$

③ $80 = 2^4 \times 5$

④ $99 = 3^2 \times 11$

⑤ $126 = 2 \times 3 \times 7^2$

소인수 구하기

05 140의 모든 소인수의 합을 구하시오.

06 다음 중 60과 소인수가 모두 같은 것은?

① 28   ② 35   ③ 55

④ 84   ⑤ 90

소인수분해 한 결과에서 지수 구하기

07 252를 소인수분해 하면 $2^a \times 3^b \times c$이다. 자연수 a, b, c에 대하여 $a + b + c$의 값은? (단, c는 소수)

① 8   ② 9   ③ 10

④ 11   ⑤ 12

08 $270 = 2^a \times b^3 \times c$일 때, 자연수 a, b, c에 대하여 $a + b + c$의 값을 구하시오. (단, b, c는 소수)

제곱인 수 만들기

09 126에 자연수를 곱하여 어떤 자연수의 제곱이 되도록 할 때, 곱해야 하는 가장 작은 자연수를 구하시오.

10 $50 \times x$가 어떤 자연수의 제곱이 되도록 할 때, 다음 중 자연수 x가 될 수 <u>없는</u> 수는?

① 2   ② 8   ③ 15

④ 18   ⑤ 50

약수 구하기

11 다음 중 56의 약수가 <u>아닌</u> 것은?

① 2^2 ② 2^3 ③ $2^2 \times 7$

④ $2^3 \times 7$ ⑤ 2×7^2

12 다음 중 $3^3 \times 5^2$의 약수인 것을 모두 고르면?

(정답 2개)

① 9   ② 30   ③ 65

④ 80   ⑤ 225

약수의 개수 구하기

13 다음 중 약수의 개수가 나머지 넷과 <u>다른</u> 하나는?

① 3^{11} ② $2^2 \times 3^3$ ③ $2^5 \times 7$

④ $2 \times 3 \times 5^2$ ⑤ $2 \times 5^2 \times 7^2$

14 다음 **보기** 중 약수의 개수가 적은 것부터 차례로 나열하시오.

┌─ 보기 ─────────────────────┐
ㄱ. 30   ㄴ. 48   ㄷ. 75   ㄹ. 81
└────────────────────────────┘

약수의 개수가 주어질 때 미지수 구하기

15 $2^4 \times 3^n$의 약수의 개수가 30일 때, 자연수 n의 값을 구하시오.

16 500의 약수의 개수와 $2 \times 3^a \times 5$의 약수의 개수가 같을 때, 자연수 a의 값은?

① 1   ② 2   ③ 3

④ 4   ⑤ 5

01

다음 조건을 만족시키는 자연수는 모두 몇 개인지 구하시오.

> ㈎ 30보다 크고 50보다 작은 자연수이다.
> ㈏ 약수는 2개이다.

02

다음 **보기**에서 옳은 것을 모두 고른 것은?

> • 보기 •
> ㄱ. 짝수는 모두 합성수이다.
> ㄴ. 합성수는 약수가 3개이다.
> ㄷ. 5의 배수 중 소수는 1개이다.
> ㄹ. 한 자리의 자연수 중 가장 큰 합성수는 9이다.

① ㄱ, ㄴ　　　② ㄱ, ㄷ　　　③ ㄴ, ㄷ

④ ㄴ, ㄹ　　　⑤ ㄷ, ㄹ

03

다음 중 3^4에 대한 설명으로 옳은 것을 모두 고르면?

(정답 2개)

① 3×4와 같다.
② 64와 같은 수이다.
③ 3의 네제곱이라 읽는다.
④ 3을 지수, 4를 밑이라 한다.
⑤ $3 \times 3 \times 3 \times 3$을 거듭제곱을 이용하여 나타낸 것이다.

04

다음 수 중 소인수의 합이 가장 작은 것은?

① 20　　　② 24　　　③ 27

④ 34　　　⑤ 35

05

600을 소인수분해 하면 $2^a \times b \times c^2$이다. 자연수 a, b, c에 대하여 $a+b+c$의 값은? (단, b, c는 소수)

① 8　　　② 9　　　③ 10

④ 11　　　⑤ 12

06

$75 \times a = b^2$을 만족시키는 가장 작은 자연수 a, b에 대하여 $a+b$의 값을 구하시오.

07

소인수분해를 이용하여 140의 약수 중 7의 배수의 개수를 구하시오.

08

$2^3 \times \square$의 약수의 개수가 12일 때, 다음 중 $\square$ 안에 들어갈 수 <u>없는</u> 수는?

① 2^2　　　② 3^2　　　③ 5^2

④ 7^2　　　⑤ 11^2

03 최대공약수

개념북 18쪽~19쪽 | 정답 및 풀이 57쪽

한번 더 개념 확인문제

01 18과 27의 공약수와 최대공약수를 구하려고 한다. 표를 완성하고, 다음을 구하시오.

18의 약수						
27의 약수						

(1) 18과 27의 공약수

(2) 18과 27의 최대공약수

02 다음 두 수가 서로소인 것에는 ○표, 서로소가 아닌 것에는 ×표를 하시오.

(1) 1, 10　　　　　　　　　(　　)

(2) 3, 7　　　　　　　　　 (　　)

(3) 5, 35　　　　　　　　　(　　)

(4) 7, 20　　　　　　　　　(　　)

(5) 9, 12　　　　　　　　　(　　)

(6) 10, 21　　　　　　　　 (　　)

(7) 13, 52　　　　　　　　 (　　)

(8) 21, 38　　　　　　　　 (　　)

(9) 25, 49　　　　　　　　 (　　)

(10) 30, 51　　　　　　　　(　　)

03 다음 수들의 최대공약수를 소인수의 곱으로 나타내시오.

(1)
$$2^2 \times 3^2$$
$$\underline{2^3 \times 3^2 \times 5}$$
$$(최대공약수) =$$

(2)
$$2^2 \times 3 \quad\quad \times 7$$
$$\underline{2 \quad\quad \times 5^2 \times 7}$$
$$(최대공약수) =$$

(3)
$$2^2 \times 5$$
$$2 \times 5^2 \times 7$$
$$\underline{2 \times 5 \times 7^2}$$
$$(최대공약수) =$$

(4)
$$2^2 \times 3^2 \quad\quad \times 7$$
$$2^2 \times 3^3 \quad\quad \times 7$$
$$\underline{2^2 \times 3^4 \times 5^3 \times 7}$$
$$(최대공약수) =$$

04 다음 수들의 최대공약수를 구하시오.

(1) 12, 16

(2) 18, 24

(3) 28, 42, 70

(4) 60, 72, 96

최대공약수의 성질

01 어떤 두 자연수의 최대공약수가 20일 때, 이 두 수의 공약수의 개수를 구하시오.

02 어떤 두 자연수의 최대공약수가 $3^2 \times 5^3$일 때, 다음 중 이 두 수의 공약수가 <u>아닌</u> 것은?

① 1　　　　　② 15　　　　　③ 3×5^2
④ $3^2 \times 5$　　　⑤ 135

서로소

03 다음 중 두 수의 최대공약수가 1인 것은?

① 3, 9　　　　② 12, 15　　　③ 14, 27
④ 22, 33　　　⑤ 34, 51

04 다음 중 두 수가 서로소인 것을 모두 고르면?

(정답 2개)

① 5, 65　　　　② 12, 57　　　③ 12, 85
④ 13, 42　　　⑤ 13, 65

05 20보다 크고 40보다 작은 자연수 중 12와 서로소인 수의 개수를 구하시오.

최대공약수 구하기

06 두 수 $2^2 \times 5^2 \times 7$, $2^3 \times 3 \times 5^2$의 최대공약수는?

① 2×3　　　　② 2×7　　　　③ $2^2 \times 5$
④ $2^2 \times 5^2$　　　⑤ $2^3 \times 5^2$

07 세 수 $2 \times 3^2 \times 11$, $2^2 \times 3^2 \times 5$, $2^3 \times 3^2 \times 5^2$의 최대공약수는?

① 2×3　　　　　　　② 2×3^2
③ $2 \times 3^2 \times 5$　　　　④ $2 \times 3^2 \times 5^2 \times 11$
⑤ $2^2 \times 3^2 \times 5 \times 11$

08 두 수 $2^3 \times 3^a \times 7^2$, $2^b \times 3^3 \times 7$의 최대공약수가 $2^2 \times 3^2 \times 7^c$일 때, 자연수 a, b, c에 대하여 $a+b+c$의 값을 구하시오.

공약수 구하기

09 다음 중 두 수 $2^3 \times 3^2$, $2^2 \times 3^2 \times 5$의 공약수가 <u>아닌</u> 것은?

① 2^2 ② 3^2 ③ $2^2 \times 3$

④ $2^2 \times 3^2$ ⑤ $2^3 \times 3^2$

10 다음 중 세 수 180, 270, 450의 공약수인 것을 모두 고르면? (정답 2개)

① $2^2 \times 3$ ② 2×3^2 ③ 2×5^2

④ $2^2 \times 3 \times 5$ ⑤ $2 \times 3^2 \times 5$

11 두 수 42, 56의 최대공약수를 a, 공약수의 개수를 b 라 할 때, $a+b$의 값을 구하시오.

12 두 수 $2^3 \times 3^2 \times 7^2$, $2^3 \times 3^4 \times 11$의 공약수 중 두 번째 로 큰 것을 구하시오.

(수)÷(어떤 자연수)

13 어떤 자연수로 27을 나누면 1이 남고, 55를 나누면 3이 남는다고 한다. 어떤 자연수를 모두 구하시오.

14 어떤 자연수로 90을 나누면 6이 남고, 110을 나누면 2가 부족하다고 한다. 이와 같은 자연수 중 가장 큰 수를 구하시오.

일정한 양 나누기

15 땅콩 56개, 호두 40개를 될 수 있는 대로 많은 학생 들에게 남김없이 똑같이 나누어 주려고 한다. 이때 몇 명의 학생들에게 나누어 줄 수 있는지 구하시오.

16 성현이네 중학교 1학년 남학생은 84명, 여학생은 78명 이다. 남학생 수와 여학생 수가 각각 모두 같도록 반 을 편성하려고 한다. 반의 수가 최대가 되게 하려고 할 때, 한 반의 학생은 모두 몇 명인지 구하시오.

04 최소공배수

개념북 23쪽~24쪽 | 정답 및 풀이 58쪽

한번 더 **개념 확인문제**

01 8과 12의 공배수와 최소공배수를 구하려고 한다. 표를 완성하고, 다음을 구하시오.

8의 배수						⋯
12의 배수						⋯

(1) 8과 12의 공배수

(2) 8과 12의 최소공배수

02 다음 수들의 최소공배수를 소인수의 곱으로 나타내시오.

(1)
$$2^3 \times 3$$
$$2 \qquad \times 7$$
$$(최소공배수) =$$

(2)
$$2 \times 3 \times 5$$
$$2^4 \times 3$$
$$(최소공배수) =$$

(3)
$$2^2 \times 3^2 \times 5^3 \times 7$$
$$2^3 \times 3^2 \times 5^4$$
$$(최소공배수) =$$

(4)
$$2 \times 3^2$$
$$2^3 \times 3$$
$$2^2 \times 3^2$$
$$(최소공배수) =$$

(5)
$$2 \qquad \times 5$$
$$2 \times 3 \times 5$$
$$2^2 \qquad \times 7$$
$$(최소공배수) =$$

03 다음 수들의 최소공배수를 구하시오.

(1) 20, 24

(2) 42, 78

(3) 18, 36, 45

(4) 24, 30, 60

04 다음 수들의 최대공약수와 최소공배수를 소인수의 곱으로 나타내시오.

(1)
$$2^2 \times 5$$
$$2 \times 5^2 \times 7$$
$$2 \times 5 \times 7^2$$
$$(최대공약수) =$$
$$(최소공배수) =$$

(2)
$$2^2 \times 3 \times 5$$
$$2^2 \times 3 \qquad \times 7$$
$$2^3 \times 3^2 \times 5$$
$$(최대공약수) =$$
$$(최소공배수) =$$

(3)
$$3^2 \times 5 \times 7$$
$$5^2 \times 7^2 \times 11$$
$$3^3 \qquad \times 7 \times 11^2$$
$$(최대공약수) =$$
$$(최소공배수) =$$

최소공배수의 성질

01 다음 중 최소공배수가 8인 두 자연수의 공배수가 <u>아닌</u> 것은?

① 8   ② 16   ③ 28
④ 40   ⑤ 64

02 어떤 세 자연수의 최소공배수가 32일 때, 이 세 수의 공배수 중 150에 가장 가까운 수를 구하시오.

03 어떤 두 자연수의 최소공배수가 $2^3 \times 5^2$일 때, 다음 중 이 두 수의 공배수인 것을 모두 고르면? (정답 2개)

① $2^2 \times 5^2$ ② $2^3 \times 5$
③ $2^3 \times 5^2$ ④ $2^3 \times 3^2 \times 5$
⑤ $2^4 \times 5^2 \times 7$

최소공배수 구하기

04 세 수 3×5^2, $2 \times 3^2 \times 5$, $2^2 \times 5 \times 7$의 최소공배수는?

① $2 \times 3 \times 5$ ② $2 \times 3 \times 5 \times 7$
③ $2 \times 3^2 \times 5^2$ ④ $2^2 \times 3^2 \times 5^2 \times 7$
⑤ $2^2 \times 3^2 \times 5^2 \times 7^2$

05 두 수 $2 \times 3^a \times 5$, $2^b \times 5^2 \times c$의 최소공배수가 $2^3 \times 3^2 \times 5^2 \times 11$일 때, 자연수 a, b, c에 대하여 $a+b+c$의 값을 구하시오. (단, c는 소수)

공배수 구하기

06 다음 중 세 수 36, 45, 60의 공배수가 <u>아닌</u> 것은?

① $2^2 \times 3^2 \times 5$ ② $2^2 \times 3^2 \times 5^2$
③ $2^2 \times 3^3 \times 5$ ④ $2^3 \times 3 \times 5^2$
⑤ $2^3 \times 3^3 \times 5^2$

07 두 수 $2^3 \times 7$, $2^2 \times 3 \times 7$의 공배수 중 세 자리의 자연수의 개수를 구하시오.

최대공약수와 최소공배수가 주어질 때 미지수 구하기

08 두 수 $2^5 \times 3^a$, $2^b \times 3^4 \times 5$의 최대공약수가 $2^4 \times 3^4$, 최소공배수가 $2^5 \times 3^4 \times 5$일 때, 자연수 a, b에 대하여 $a+b$의 값은?

① 4   ② 5   ③ 6
④ 7   ⑤ 8

09 두 수 $2^2 \times 3^a$, $3^3 \times b$의 최대공약수가 3^2, 최소공배수가 $2^2 \times 3^3 \times 5$일 때, 자연수 a, b에 대하여 $b-a$의 값은? (단, b는 소수)

① 1   ② 2   ③ 3
④ 4   ⑤ 5

10 두 수 $2^a \times 3^3 \times 7$, $2^2 \times 3^b \times c$의 최대공약수가 $2^2 \times 3^3$, 최소공배수가 $2^3 \times 3^3 \times 5 \times 7$일 때, 자연수 a, b, c에 대하여 $a+b+c$의 값을 구하시오. (단, c는 소수)

(어떤 자연수)÷(수)

11 세 자연수 3, 4, 6 중 어느 수로 나누어도 1이 남는 자연수 중 가장 작은 수를 구하시오.

12 4로 나누면 2가 남고, 5로 나누면 3이 남고, 6으로 나누면 4가 남는 세 자리의 자연수 중 가장 작은 수를 구하시오.

두 분수를 자연수로 만들기

13 두 분수 $\dfrac{1}{24}$, $\dfrac{1}{36}$의 어느 것에 곱하여도 그 결과가 자연수가 되도록 하는 가장 작은 자연수를 구하시오.

14 두 분수 $\dfrac{28}{15}$, $\dfrac{35}{12}$의 어느 것에 곱하여도 그 결과가 자연수가 되도록 하는 가장 작은 기약분수를 구하시오.

동시에 시작해서 다시 만나기

15 A 오르골은 3분 길이의 곡을, B 오르골은 7분 길이의 곡을 멈추지 않고 반복하여 연주한다고 한다. 두 오르골이 동시에 연주를 시작한 지 몇 분 후에 다시 동시에 연주를 시작하는지 구하시오.

16 어느 버스 정류장에서 A 버스는 8분마다, B 버스는 12분마다 출발한다. 두 버스가 오전 9시에 동시에 출발하였을 때, 처음으로 다시 동시에 출발하는 시각을 구하시오.

01

다음 중 9와 서로소인 수는 모두 몇 개인지 구하시오.

> 4, 6, 17, 20, 21, 25, 45

02

두 수 $2 \times 3^2 \times 7$, $3^3 \times 5 \times 7$의 공약수의 개수는?

① 4   ② 6   ③ 8

④ 9   ⑤ 12

03

두 분수 $\dfrac{20}{n}$, $\dfrac{36}{n}$이 자연수가 되도록 하는 자연수 n의 개수는?

① 1   ② 2   ③ 3

④ 4   ⑤ 5

04

세 수 15, 24, 40의 공배수 중 500에 가장 가까운 수를 구하시오.

05

두 수 $2^a \times 3^2$, $2^4 \times 3^b \times 7$의 최대공약수가 $2^3 \times 3^2$, 최소공배수가 $2^4 \times 3^4 \times c$일 때, 자연수 a, b, c에 대하여 $a+b+c$의 값은? (단, c는 소수)

① 8   ② 10   ③ 12

④ 14   ⑤ 16

06

세 자연수 $3 \times x$, $9 \times x$, $12 \times x$의 최소공배수가 180일 때, 세 수의 최대공약수는?

① 3   ② 5   ③ 12

④ 15   ⑤ 30

07

어느 버스 터미널에서 지선버스는 10분마다, 광역버스는 25분마다 한 대씩 출발한다. 지선버스와 광역버스가 오전 6시에 동시에 출발한 후, 처음으로 다시 동시에 출발하는 시각을 구하시오.

01

다음 수 중 소수의 개수는?

> 1, 6, 19, 21, 39, 47, 53

① 1   ② 2   ③ 3
④ 4   ⑤ 5

02

$2 \times 2 \times 5 \times 5 \times 3 \times 5 \times 3 \times 5 = 2^a \times 3^b \times 5^c$일 때, 자연수 a, b, c에 대하여 $a+b-c$의 값을 구하시오.

03

다음 중 420의 소인수가 <u>아닌</u> 것은?

① 2   ② 3   ③ 5
④ 7   ⑤ 11

04

$16 \times 63 = 2^a \times 3^b \times c$일 때, 자연수 a, b, c에 대하여 $a-b+c$의 값을 구하시오. (단, c는 소수)

05

140에 자연수를 곱하여 어떤 자연수의 제곱이 되도록 할 때, 곱해야 하는 가장 작은 자연수를 구하시오.

06

다음 수 중 $3^2 \times 5^3$의 약수를 모두 고르시오.

> 3^2, 5^2, 3^3, 3×5^2, $3^2 \times 5$, $3^2 \times 5^4$

07

$2^a \times 25$의 약수의 개수가 12일 때, 자연수 a의 값은?

① 1   ② 2   ③ 3
④ 4   ⑤ 5

08

다음 중 세 수 28, 84, $2^3 \times 7^2$의 공약수를 모두 고르면? (정답 2개)

① 2^3 ② 7^2 ③ 2×7
④ $2^2 \times 7$ ⑤ $2^2 \times 7^2$

09

여학생 48명과 남학생 60명을 몇 개의 모둠으로 나누려고 한다. 각 모둠의 여학생 수가 모두 같고, 또 남학생 수도 모두 같아야 한다고 할 때, 최대로 구성할 수 있는 모둠은 몇 개인지 구하시오.

10

두 수 $2^a \times 3^3 \times 5^b$, $2^3 \times 3^c \times 5^2$의 최대공약수가 $2^2 \times 3^3 \times 5^2$이고 최소공배수가 $2^3 \times 3^5 \times 5^2$일 때, 자연수 a, b, c에 대하여 $a - b + c$의 값을 구하시오.

11

두 자연수 30과 A의 최대공약수가 10이고 최소공배수가 150일 때, 자연수 A를 구하시오.

12

세 자연수 2, 5, 6 중 어느 수로 나누어도 1이 남는 자연수 중 가장 작은 수를 구하시오.

─┤ 서술형 문제 ├─

13

다음 조건을 만족시키는 자연수를 모두 구하시오. [5점]

> ㈎ 두 자리의 자연수이다.
> ㈏ 3개의 약수를 가진다.

 풀이

 답

14

두 자리의 자연수 A, B에 대하여 A, B의 최대공약수는 6이고 곱은 360일 때, $B - A$의 값을 구하시오.
(단, $A < B$) [6점]

 풀이

 답

01 정수와 유리수

한번 더 개념 **확인문제**

개념북 37쪽~38쪽 | 정답 및 풀이 61쪽

01 다음을 부호 +, −를 사용하여 나타내시오.

(1) 영하 3 ℃를 −3 ℃로 나타낼 때, 영상 5 ℃

(2) 20분 전을 −20분으로 나타낼 때, 30분 후

(3) 6 kg 증가를 +6 kg으로 나타낼 때, 4 kg 감소

(4) 해저 100 m를 −100 m로 나타낼 때,
해발 300 m

(5) 800원 이익을 +800원으로 나타낼 때,
1000원 손해

(6) 10점 실점을 −10점으로 나타낼 때, 15점 득점

(7) 지상 7층을 +7층으로 나타낼 때, 지하 2층

02 다음 수를 부호 +, −를 사용하여 나타내시오.

(1) 0보다 2만큼 큰 수

(2) 0보다 5만큼 작은 수

(3) 0보다 $\dfrac{1}{3}$만큼 큰 수

(4) 0보다 $\dfrac{4}{7}$만큼 작은 수

(5) 0보다 3.2만큼 큰 수

(6) 0보다 0.6만큼 작은 수

03 다음 수를 **보기**에서 모두 고르시오.

> **• 보기 •**
> $-2.7, \quad -10, \quad +\dfrac{3}{2}, \quad 0, \quad -3, \quad +\dfrac{21}{7}, \quad 5$

(1) 자연수

(2) 정수

(3) 음의 유리수

(4) 정수가 아닌 유리수

04 다음 중 옳은 것에는 ○표, 옳지 않은 것에는 ×표를 하시오.

(1) 음의 정수가 아닌 정수는 양의 정수이다.

(   )

(2) 모든 유리수는 정수이다. (   )

(3) 유리수는 정수와 정수가 아닌 유리수로 나눌
수 있다. (   )

05 다음 수에 대응하는 점을 수직선 위에 나타내시오.

(1) -3 (2) $+\dfrac{1}{2}$

(3) $+\dfrac{11}{3}$ (4) -2.5

교과서 대표 문제로
완성하기

유리수의 분류

01 다음 중 **보기**의 수에 대한 설명으로 옳은 것을 모두 고르면? (정답 2개)

┌ •보기• ─────────────────────────┐
│ -2, $+4.5$, $-\dfrac{16}{4}$, 0.3, 0, 8, $-\dfrac{12}{5}$ │
└──────────────────────────────┘

① 자연수는 2개이다.
② 음의 정수는 1개이다.
③ 양수는 3개이다.
④ 음의 유리수는 2개이다.
⑤ 정수가 아닌 유리수는 3개이다.

02 다음 수 중 정수가 아닌 유리수의 개수를 a, 음의 정수의 개수를 b라 할 때, $a+b$의 값을 구하시오.

┌────────────────────────────────┐
│ -2.4, $\dfrac{4}{5}$, $-\dfrac{18}{6}$, 0, $-\dfrac{2}{3}$, 4, -1 │
└────────────────────────────────┘

정수와 유리수

03 다음 중 옳지 <u>않은</u> 것을 모두 고르면? (정답 2개)

① 양의 정수는 양의 부호 $+$를 생략하여 나타낼 수 있다.
② 0은 양의 정수도 음의 정수도 아니다.
③ 모든 자연수는 정수이다.
④ 0은 유리수가 아니다.
⑤ 유리수는 양의 유리수와 음의 유리수로 이루어져 있다.

---

04 다음 **보기**에서 옳은 것을 모두 고르시오.

┌ •보기• ─────────────────────────┐
│ ㄱ. 정수는 모두 유리수이다.   │
│ ㄴ. 정수는 양의 정수와 음의 정수로 이루어져 │
│   있다.   │
│ ㄷ. 양의 정수는 자연수이다.   │
│ ㄹ. 서로 다른 두 유리수 사이에는 무수히 많은 │
│   정수가 있다.   │
└──────────────────────────────┘

수를 수직선 위에 나타내기

05 다음 수직선 위에 $-\dfrac{8}{3}$과 $\dfrac{13}{4}$을 각각 나타내고, 수직선 위에서 $-\dfrac{8}{3}$에 가장 가까운 정수와 $\dfrac{13}{4}$에 가장 가까운 정수를 차례로 구하시오.

06 수직선 위에서 $-\dfrac{9}{4}$에 가장 가까운 정수를 a, $\dfrac{12}{5}$에 가장 가까운 정수를 b라 할 때, a, b의 값은?

① $a=-3$, $b=2$ ② $a=-3$, $b=3$
③ $a=-2$, $b=2$ ④ $a=-2$, $b=3$
⑤ $a=-1$, $b=2$

한번 더 개념 확인문제

개념북 ➔ 41쪽~42쪽 | 정답 및 풀이 ➔ 61쪽

01 다음을 구하시오.

(1) $+5$의 절댓값

(2) -8의 절댓값

(3) $+\dfrac{3}{4}$의 절댓값

(4) -1.5의 절댓값

02 다음을 구하시오.

(1) $|+3|$　　　　(2) $|-7|$

(3) $|+1.2|$　　　(4) $\left|-\dfrac{5}{2}\right|$

03 다음을 구하시오.

(1) 절댓값이 10인 수

(2) 절댓값이 $\dfrac{1}{4}$인 수

(3) 절댓값이 0인 수

(4) 절댓값이 $\dfrac{3}{5}$인 양수

(5) 절댓값이 0.8인 음수

(6) 원점으로부터 거리가 7인 수

04 다음 ◯ 안에 $>$, $<$ 중 알맞은 부등호를 써넣으시오.

(1) $3 \bigcirc -1$　　　(2) $-\dfrac{1}{2} \bigcirc 0$

(3) $-4 \bigcirc -5$　　(4) $\dfrac{2}{3} \bigcirc \dfrac{3}{4}$

(5) $-\dfrac{4}{5} \bigcirc 1$　　(6) $-\dfrac{7}{2} \bigcirc -\dfrac{5}{3}$

(7) $-1.8 \bigcirc -2.5$　(8) $-\dfrac{1}{4} \bigcirc -0.3$

05 다음을 부등호를 사용하여 나타내시오.

(1) a는 0보다 크다.

(2) a는 -2보다 작거나 같다.

(3) a는 3 초과이다.

(4) a는 $\dfrac{5}{7}$ 미만이다.

(5) a는 1.9보다 크지 않다.

(6) a는 -5보다 크고 1 이하이다.

(7) a는 $-\dfrac{1}{2}$보다 작지 않고 3보다 작다.

(8) a는 $-\dfrac{4}{3}$ 이상 $\dfrac{1}{2}$ 미만이다.

개념 완성하기

교과서 대표 문제로

한번 더!

절댓값

01 -8의 절댓값을 a, $+2$의 절댓값을 b라 할 때, $a-b$의 값을 구하시오.

02 -5의 절댓값을 a, 절댓값이 11인 수 중 양수를 b라 할 때, $a+b$의 값을 구하시오.

절댓값의 대소 관계

03 다음 수를 절댓값이 작은 수부터 차례로 나열하시오.

$$\frac{1}{4}, \quad -1, \quad 3.5, \quad 0, \quad -\frac{5}{7}$$

04 다음 중 절댓값이 가장 큰 수는?

① -3 ② $-\dfrac{2}{5}$ ③ 2.4

④ $\dfrac{5}{3}$ ⑤ $-\dfrac{7}{2}$

---

05 다음 수를 절댓값이 큰 수부터 차례로 나열할 때, 네 번째에 오는 수를 구하시오.

$$-5, \quad \frac{10}{3}, \quad 0, \quad -2.7, \quad 2, \quad \frac{8}{5}$$

절댓값이 같고 부호가 서로 다른 두 수

06 절댓값이 같고 부호가 서로 다른 두 수를 수직선 위에 나타내면 두 수에 대응하는 두 점 사이의 거리가 10이다. 이때 두 수 중 작은 수를 구하시오.

07 절댓값이 같고 $a > b$인 두 수 a, b를 수직선 위에 나타내면 a, b에 대응하는 두 점 사이의 거리가 24이다. 이때 두 수 a, b를 각각 구하시오.

08 절댓값이 같고 부호가 서로 다른 두 수 a, b가 있다. $a = |-8|$일 때, 수직선에서 두 수 a, b에 대응하는 두 점 사이의 거리를 구하시오.

유리수의 대소 관계

09 다음 중 두 수의 대소 관계가 옳은 것은?

① $0 < -2$ ② $1.5 > \dfrac{7}{4}$

③ $-\dfrac{1}{2} > -\dfrac{2}{3}$ ④ $|-1| < 0$

⑤ $\left|-\dfrac{1}{2}\right| < \left|-\dfrac{1}{3}\right|$

10 다음 수를 작은 수부터 차례로 나열할 때, 두 번째에 오는 수를 구하시오.

$$2.7, \quad -5, \quad +\dfrac{7}{2}, \quad 0, \quad -6.5, \quad -\dfrac{4}{3}$$

11 다음 수에 대한 설명으로 옳지 <u>않은</u> 것은?

$$-3, \quad \dfrac{9}{4}, \quad 1.5, \quad -\dfrac{11}{6}, \quad 2, \quad -2.1$$

① 가장 큰 수는 $\dfrac{9}{4}$이다.

② 가장 작은 수는 -3이다.

③ 가장 큰 음수는 $-\dfrac{11}{6}$이다.

④ 2보다 큰 수는 2개이다.

⑤ 절댓값이 가장 작은 수는 1.5이다.

부등호를 사용하여 나타내기

12 다음을 부등호를 사용하여 나타내시오.

a는 -1보다 크고 $\dfrac{3}{7}$보다 크지 않다.

13 다음 중 옳지 <u>않은</u> 것은?

① x는 0보다 크다. ➡ $x > 0$

② x는 6보다 작거나 같다. ➡ $x \leq 6$

③ x는 $-\dfrac{3}{2}$ 이상 2 미만이다. ➡ $-\dfrac{3}{2} \leq x < 2$

④ x는 1 초과 $\dfrac{7}{3}$ 이하이다. ➡ $1 < x \leq \dfrac{7}{3}$

⑤ x는 -2보다 작지 않고 2보다 크지 않다.
    ➡ $-2 < x < 2$

두 유리수 사이에 있는 수

14 다음을 만족시키는 정수 x를 모두 구하시오.

(1) $-\dfrac{5}{3} < x \leq 5$

(2) $-\dfrac{9}{4} < x < 3$

15 두 유리수 $-\dfrac{11}{3}$과 $\dfrac{23}{7}$ 사이에 있는 정수의 개수는?

① 3   ② 4   ③ 5

④ 6   ⑤ 7

16 두 유리수 $-\dfrac{12}{5}$와 $\dfrac{4}{3}$ 사이에 있는 정수 중 절댓값이 가장 큰 수를 구하시오.

한번 더! 필수 유형 문제로
실력 확인하기

01

다음 중 **보기**의 수에 대한 설명으로 옳지 <u>않은</u> 것은?

┌─ 보기 ─────────────────────────┐
$$-\frac{3}{4}, \ +4, \ 0, \ -2, \ +\frac{6}{2}, \ -1.5$$
└──────────────────────────────┘

① 가장 작은 수는 -2이다.

② 음의 유리수는 3개이다.

③ 정수는 4개이다.

④ 절댓값이 2보다 큰 수는 2개이다.

⑤ 수직선에서 -1에 가장 가까운 수는 -1.5이다.

02

수직선에서 -7과 3에 대응하는 두 점으로부터 같은 거리에 있는 점에 대응하는 수를 구하시오.

03

다음 중 옳은 것은?

① 가장 작은 정수는 0이다.

② 절댓값이 가장 작은 정수는 1과 -1이다.

③ 유리수는 절댓값이 클수록 크다.

④ 모든 유리수는 정수이다.

⑤ 서로 다른 두 유리수 사이에는 무수히 많은 유리수가 있다.

04

다음 수를 수직선 위에 나타내었을 때, 원점에 가장 가까운 점에 대응하는 수를 구하시오.

┌──────────────────────────────┐
$$\frac{5}{3}, \ -1.7, \ +3.4, \ -\frac{3}{2}, \ 1$$
└──────────────────────────────┘

05

두 수 a, b의 절댓값이 같고 a가 b보다 18만큼 클 때, a, b의 값을 각각 구하시오.

06

다음 중 ◯ 안에 들어갈 부등호의 방향이 나머지 넷과 <u>다른</u> 하나는?

① $-0.5 \bigcirc -0.8$

② $\dfrac{5}{2} \bigcirc \dfrac{7}{3}$

③ $\left| -\dfrac{1}{2} \right| \bigcirc \dfrac{7}{10}$

④ $13 \bigcirc \left| -\dfrac{34}{3} \right|$

⑤ $|-4.2| \bigcirc \left| -\dfrac{11}{3} \right|$

07

$-\dfrac{19}{4}$보다 큰 음의 정수의 개수를 a, -2보다 작지 않고 5 이하인 정수의 개수를 b라 할 때, $a+b$의 값은?

① 11   ② 12   ③ 13

④ 14   ⑤ 15

08

두 유리수 $-\dfrac{4}{3}$와 $\dfrac{1}{4}$ 사이에 있는 정수가 아닌 유리수 중 분모가 12인 기약분수는 모두 몇 개인지 구하시오.

01

다음 중 밑줄 친 부분을 부호 +, −를 사용하여 나타 낸 것으로 옳지 않은 것은?

① 현재 기온은 영상 16 ℃이다. ➜ +16 ℃
② 키가 작년보다 3 cm 컸다. ➜ +3 cm
③ 저금통에 1000원을 저축하였다. ➜ −1000원
④ 모아 둔 스티커 2장을 잃어버렸다. ➜ −2장
⑤ 오늘은 여행가기 5일 전이다. ➜ −5일

02

다음 중 자연수가 아닌 정수를 모두 고르면? (정답 2개)

① $-\dfrac{2}{13}$　　② 7　　③ 0

④ 1.5　　⑤ −4

03

다음 중 보기의 수에 대한 설명으로 옳지 않은 것은?

---보기---
$$-2.1, \ 3, \ +\frac{1}{2}, \ -\frac{5}{3}, \ 0, \ -\frac{12}{4}, \ +5.5$$
---

① 정수는 3개이다.
② 유리수는 7개이다.
③ 양의 유리수는 3개이다.
④ 음의 유리수는 3개이다.
⑤ 정수가 아닌 유리수는 5개이다.

04

다음 중 옳지 않은 것은?

① 모든 정수는 유리수이다.
② 자연수는 양의 정수이다.
③ 0은 양수도 음수도 아니다.
④ 양의 정수와 음의 정수를 통틀어 정수라 한다.
⑤ 모든 유리수는 분수 꼴로 나타낼 수 있다.

05

다음 수를 수직선 위에 나타내었을 때, 가장 오른쪽에 있는 점에 대응하는 수는?

① 1.5　　② $-\dfrac{5}{2}$　　③ 0

④ $\dfrac{12}{5}$　　⑤ −3.4

06

수직선에서 절댓값이 $\dfrac{7}{2}$인 수에 대응하는 두 점 사이의 거리는?

① 0　　② $\dfrac{7}{4}$　　③ $\dfrac{7}{2}$

④ 5　　⑤ 7

07

다음 중 절댓값이 가장 작은 수는?

① $\dfrac{1}{2}$　　② −0.3　　③ $\dfrac{2}{3}$

④ −1　　⑤ $-\dfrac{3}{4}$

08

다음 중 두 수의 대소 관계가 옳은 것은?

① $-4 > -2$ ② $|-9| < 3$

③ $\dfrac{2}{3} > \dfrac{3}{4}$ ④ $-\dfrac{5}{2} < -\dfrac{8}{3}$

⑤ $\dfrac{7}{5} > |-1.3|$

09

다음 중 옳지 <u>않은</u> 것은?

① x는 3보다 크거나 같다. ➔ $x \geq 3$

② x는 -2 이상 $\dfrac{1}{2}$ 미만이다. ➔ $-2 \leq x < \dfrac{1}{2}$

③ x는 -5 초과이고 1보다 작다. ➔ $-5 < x < 1$

④ x는 $\dfrac{2}{3}$보다 작지 않고 4 이하이다. ➔ $\dfrac{2}{3} < x \leq 4$

⑤ x는 -7보다 크고 $\dfrac{1}{3}$보다 크지 않다. ➔ $-7 < x \leq \dfrac{1}{3}$

10

두 유리수 -0.5와 $\dfrac{10}{3}$ 사이에 있는 정수의 개수를 구하시오.

11

다음 조건을 만족시키는 정수 A의 개수를 구하시오.

> (가) A는 -5보다 작지 않고 $\dfrac{5}{4}$ 미만이다.
> (나) $|A| \geq 2$

→ 서술형 문제 ←

12

수직선 위의 두 점 A, B에 대응하는 수를 각각 a, b라 할 때, $|a| = |b|$이고, 두 점 A, B 사이의 거리는 12이다. 이때 $|a|$을 구하시오. [6점]

 풀이

 답

13

다음 조건을 만족시키는 서로 다른 세 수 a, b, c를 작은 수부터 차례로 나열하시오. [6점]

> (가) b는 음수이다.
> (나) a는 b보다 작다.
> (다) a와 c에 대응하는 두 점은 원점으로부터 같은 거리에 있다.

풀이

답

01 정수와 유리수의 덧셈과 뺄셈

01 수직선을 이용하여 두 수의 덧셈을 할 때, 다음 수직선으로 설명할 수 있는 덧셈식을 쓰시오.

(1)

➡ _____

(2)

➡ _____

(3)

➡ _____

(4)

➡ _____

02 다음을 계산하시오.

(1) $(+4)+(+2)$

(2) $(-7)+(-3)$

(3) $(+9)+(-5)$

(4) $(-12)+(+6)$

03 다음을 계산하시오.

(1) $\left(+\dfrac{1}{2}\right)+\left(+\dfrac{5}{2}\right)$

(2) $\left(-\dfrac{1}{3}\right)+\left(+\dfrac{3}{2}\right)$

(3) $(-3.3)+(-2.7)$

(4) $(+2.5)+(-4.5)$

(5) $\left(-\dfrac{3}{5}\right)+(+0.7)$

04 다음 계산 과정에서 ㉠, ㉡에 이용된 덧셈의 계산 법칙을 각각 쓰시오.

$$
\begin{aligned}
&(-1.3)+(+7)+(-3.7) \quad \Big\}㉠\\
&=(-1.3)+(-3.7)+(+7) \quad \Big\}㉡\\
&=\{(-1.3)+(-3.7)\}+(+7)\\
&=(-5)+(+7)\\
&=+2
\end{aligned}
$$

05 덧셈의 계산 법칙을 이용하여 다음을 계산하시오.

(1) $(-10)+(+5)+(+10)$

(2) $\left(+\dfrac{2}{5}\right)+(-1)+\left(-\dfrac{7}{5}\right)$

(3) $(-4.7)+\left(+\dfrac{1}{2}\right)+(-1.3)$

06 다음을 계산하시오.

(1) $(+6)-(+9)$

(2) $(-3)-(+5)$

(3) $(+5)-(-7)$

(4) $(-8)-(-10)$

(5) $(+12)-(-3)$

(6) $(-15)-(-8)$

07 다음을 계산하시오.

(1) $\left(+\dfrac{1}{8}\right)-\left(-\dfrac{3}{4}\right)$

(2) $\left(-\dfrac{1}{2}\right)-\left(-\dfrac{9}{2}\right)$

(3) $\left(-\dfrac{4}{3}\right)-\left(+\dfrac{1}{6}\right)$

(4) $(+3.9)-(+5.3)$

(5) $(-4.6)-(-6.7)$

(6) $(-7.5)-\left(+\dfrac{1}{2}\right)$

08 다음을 계산하시오.

(1) $(+2)+(-3)-(-7)$

(2) $(-9)-(+2)+(-5)$

(3) $\left(-\dfrac{3}{4}\right)+\left(+\dfrac{5}{2}\right)-\left(-\dfrac{5}{4}\right)$

(4) $\left(-\dfrac{1}{2}\right)-\left(-\dfrac{1}{3}\right)+\left(-\dfrac{1}{4}\right)$

(5) $(+5.3)+(-2.8)-(-1.5)$

(6) $(-1.2)-(-3.4)+(-1.7)$

09 다음을 계산하시오.

(1) $-3+1+4$

(2) $7-2+3-11$

(3) $\dfrac{3}{2}-\dfrac{2}{3}+\dfrac{1}{6}$

(4) $\dfrac{3}{4}-\dfrac{5}{2}-\dfrac{1}{3}+\dfrac{3}{2}$

(5) $1.8+4.5-7.3$

(6) $-2+3.7-1.2+5$

유리수의 덧셈

01 다음 중 계산 결과가 옳지 <u>않은</u> 것은?

① $(+7)+(+3)=10$

② $(-9)+(-11)=-20$

③ $\left(-\dfrac{3}{2}\right)+\left(-\dfrac{5}{2}\right)=-3$

④ $\left(-\dfrac{2}{5}\right)+\left(+\dfrac{3}{10}\right)=-\dfrac{1}{10}$

⑤ $(+4.3)+(-2.7)=1.6$

02 다음 중 계산 결과가 가장 작은 것은?

① $(+3)+(-4)$ ② $(-1)+\left(-\dfrac{3}{2}\right)$

③ $(-2)+\left(+\dfrac{3}{4}\right)$ ④ $(+2)+(+1.5)$

⑤ $(-3.5)+(+1.2)$

03 $a=(-3.2)+(-1.8)$, $b=\left(-\dfrac{1}{3}\right)+\left(+\dfrac{11}{6}\right)$일

때, $a+b$의 값을 구하시오.

덧셈의 계산 법칙

04 다음 계산 과정에서 덧셈의 교환법칙이 이용된 곳은?

$$
\begin{aligned}
&\left(-\dfrac{2}{5}\right)+(+4)+(+1.4) \\
&=\left(-\dfrac{2}{5}\right)+(+4)+\left(+\dfrac{7}{5}\right) \quad ① \\
&=(+4)+\left(-\dfrac{2}{5}\right)+\left(+\dfrac{7}{5}\right) \quad ② \\
&=(+4)+\left\{\left(-\dfrac{2}{5}\right)+\left(+\dfrac{7}{5}\right)\right\} \quad ③ \\
&=(+4)+(+1) \quad ④ \\
&=5 \quad ⑤
\end{aligned}
$$

05 다음은 덧셈의 계산 법칙을 이용하여 계산하는 과정이다. ㉠~㉣에 알맞은 것을 구하시오.

$$
\begin{aligned}
&\left(+\dfrac{11}{2}\right)+(-6)+\left(-\dfrac{3}{2}\right) \quad \Big\} \text{덧셈의 } \boxed{㉠} \text{ 법칙} \\
&=\left(+\dfrac{11}{2}\right)+\left(-\dfrac{3}{2}\right)+(-6) \quad \Big\} \text{덧셈의 } \boxed{㉡} \text{ 법칙} \\
&=\left\{\left(+\dfrac{11}{2}\right)+\left(-\dfrac{3}{2}\right)\right\}+(-6) \\
&=\left(\boxed{㉢}\right)+(-6) \\
&=\boxed{㉣}
\end{aligned}
$$

유리수의 뺄셈

06 다음 중 계산 결과가 옳지 <u>않은</u> 것은?

① $(+2)-(+11)=-9$

② $(-7)-(-5)=-2$

③ $\left(-\dfrac{1}{3}\right)-\left(-\dfrac{4}{3}\right)=-\dfrac{5}{3}$

④ $\left(-\dfrac{3}{4}\right)-\left(+\dfrac{1}{2}\right)=-\dfrac{5}{4}$

⑤ $(+2.5)-(+1.3)=1.2$

07 $a=\left(-\dfrac{7}{2}\right)-\left(+\dfrac{1}{2}\right)$, $b=(+1)-(-6)$일 때, $a-b$

의 값을 구하시오.

08 다음 중 가장 큰 수와 가장 작은 수의 차를 구하시오.

$$
-\dfrac{7}{2}, \quad +1, \quad +\dfrac{3}{4}, \quad -2, \quad +2.5
$$

덧셈과 뺄셈의 혼합 계산

09 다음을 계산하시오.

$$(-0.25)+\left(+\frac{1}{12}\right)-\left(-\frac{5}{6}\right)+\left(-\frac{2}{3}\right)$$

10 $a=(+4)+(-7)-(-12)+(-15),$
$b=\left(+\frac{1}{3}\right)-\left(+\frac{1}{2}\right)-\left(-\frac{3}{2}\right)+\left(-\frac{5}{6}\right)$일 때,
$a-b$의 값을 구하시오.

부호가 생략된 수의 혼합 계산

11 다음 중 계산 결과가 가장 큰 것은?

① $-3+5-4$ ② $2-8+5$

③ $-9-2+7$ ④ $1.2-3.7+2$

⑤ $-1+\frac{1}{2}-\frac{5}{4}$

12 $\frac{3}{4}-\frac{1}{3}-\frac{1}{2}+\frac{5}{6}$를 계산하시오.

13 $a=-\frac{1}{2}+\frac{3}{2}-\frac{1}{3}+\frac{1}{6},$ $b=-7+3-5+8$일 때,
$a+b$의 값을 구하시오.

어떤 수보다 ☐만큼 큰 수, 작은 수

14 다음 수 중 나머지 넷과 다른 하나는?

① 1보다 3만큼 큰 수
② 6보다 2만큼 작은 수
③ 8보다 -4만큼 작은 수
④ -1보다 5만큼 큰 수
⑤ -3보다 -7만큼 작은 수

15 2보다 8만큼 작은 수를 a, -1보다 -4만큼 큰 수를 b라 할 때, $a+b$의 값을 구하시오.

16 -5보다 $\frac{3}{2}$만큼 큰 수를 a, $-\frac{7}{2}$보다 $-\frac{1}{6}$만큼 작은 수를 b라 할 때, a, b의 값을 각각 구하시오.

덧셈과 뺄셈 사이의 관계

17 다음 □ 안에 알맞은 수를 구하시오.

$$\square + \left(-\frac{7}{4}\right) = -\frac{11}{6}$$

18 $\square - (-1) = \frac{1}{2}$일 때, □ 안에 알맞은 수를 구하시오.

바르게 계산한 답 구하기

19 어떤 수에서 -2를 빼야 할 것을 잘못하여 더했더니 그 결과가 $\frac{2}{3}$가 되었다. 어떤 수를 구하시오.

20 어떤 수에 $\frac{1}{3}$을 더해야 할 것을 잘못하여 뺐더니 그 결과가 $-\frac{1}{2}$이 되었다. 다음 물음에 답하시오.

(1) 어떤 수를 구하시오.

(2) 바르게 계산한 답을 구하시오.

21 $\frac{3}{4}$에서 어떤 수를 빼야 할 것을 잘못하여 더했더니 그 결과가 $-\frac{5}{2}$가 되었다. 바르게 계산한 답을 구하시오.

절댓값이 주어진 두 수의 덧셈과 뺄셈

22 x의 절댓값은 10이고, y의 절댓값은 5이다. 다음을 구하시오.

(1) $x+y$의 값 중 가장 큰 값

(2) $x+y$의 값 중 가장 작은 값

23 x의 절댓값은 7, y의 절댓값은 3일 때, $x+y$의 값 중 가장 큰 값을 구하시오.

24 $|x|=4$, $|y|=9$일 때, $x-y$의 값 중 가장 작은 값을 구하시오.

01

다음 수 중 절댓값이 가장 큰 수를 a, 절댓값이 가장 작은 수를 b라 할 때, $a+b$의 값을 구하시오.

$$2.4, \quad -3, \quad -\frac{7}{2}, \quad \frac{1}{3}, \quad -\frac{5}{6}$$

02

$a=\left(-\frac{2}{3}\right)+\left(+\frac{5}{6}\right)$, $b=\left(-\frac{1}{2}\right)-\left(-\frac{3}{4}\right)-\left(+\frac{2}{3}\right)$일 때, $a+b$의 값은?

① $-\frac{7}{12}$ ② $-\frac{1}{4}$ ③ $\frac{1}{4}$

④ $\frac{7}{12}$ ⑤ $\frac{3}{4}$

03

$\frac{3}{2}-\frac{5}{3}-2+\frac{1}{3}$의 계산 결과에 가장 가까운 정수는?

① -2 ② -1 ③ 0

④ 1 ⑤ 2

04

-2보다 3만큼 작은 수를 a, -5보다 2만큼 큰 수를 b라 할 때, $b-a$의 값은?

① -2 ② -1 ③ 0

④ 1 ⑤ 2

05

어떤 수에 $-\frac{5}{4}$를 더해야 할 것을 잘못하여 뺐더니 그 결과가 $\frac{1}{6}$이 되었다. 바르게 계산한 답을 구하시오.

06

$|x|=\frac{1}{2}$, $|y|=\frac{1}{6}$일 때, $x-y$의 값 중 가장 큰 값은?

① $\frac{1}{6}$ ② $\frac{1}{3}$ ③ $\frac{1}{2}$

④ $\frac{2}{3}$ ⑤ $\frac{5}{6}$

07

다음은 어느 날 부산의 기온을 3시간마다 측정하여 나타낸 것이다. 측정된 기온 중 최고 기온과 최저 기온의 차를 구하시오.

시각	6시	9시	12시	15시	18시
기온(℃)	-5	-2	6	8	1

08

오른쪽 그림과 같은 삼각형의 각 변에 놓인 세 수의 합이 모두 같을 때, $a-b$의 값을 구하시오.

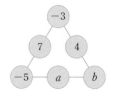

02 정수와 유리수의 곱셈

01 다음을 계산하시오.

(1) $(+3) \times (+5)$

(2) $(-5) \times (-7)$

(3) $(+8) \times (-3)$

(4) $(-6) \times (+5)$

(5) $(-13) \times (-4)$

(6) $(+15) \times (-6)$

02 다음을 계산하시오.

(1) $\left(+\dfrac{1}{2}\right) \times \left(+\dfrac{2}{5}\right)$

(2) $(+15) \times \left(-\dfrac{2}{3}\right)$

(3) $\left(-\dfrac{3}{7}\right) \times (+21)$

(4) $\left(-\dfrac{5}{4}\right) \times \left(-\dfrac{8}{5}\right)$

(5) $\left(+\dfrac{7}{2}\right) \times \left(-\dfrac{2}{7}\right)$

(6) $\left(-\dfrac{5}{3}\right) \times \left(-\dfrac{9}{10}\right)$

03 다음을 계산하시오.

(1) $(-5) \times (-1.8)$

(2) $(+2.5) \times (-0.6)$

(3) $(-3.9) \times \left(+\dfrac{10}{13}\right)$

(4) $0 \times \left(-\dfrac{5}{8}\right)$

04 다음 계산 과정에서 ㉠, ㉡에 이용된 곱셈의 계산 법칙을 각각 쓰시오.

$$\left(-\dfrac{8}{5}\right) \times (+9) \times \left(+\dfrac{15}{2}\right) \quad \Big\rangle ㉠$$
$$= \left(-\dfrac{8}{5}\right) \times \left(+\dfrac{15}{2}\right) \times (+9)$$
$$= \left\{\left(-\dfrac{8}{5}\right) \times \left(+\dfrac{15}{2}\right)\right\} \times (+9) \quad \Big\rangle ㉡$$
$$= (-12) \times (+9) = -108$$

05 곱셈의 계산 법칙을 이용하여 다음을 계산하시오.

(1) $(+4) \times (+9) \times (-25)$

(2) $(-5) \times (+7.3) \times (-2)$

(3) $\left(-\dfrac{4}{3}\right) \times (-5) \times \left(-\dfrac{9}{2}\right)$

06 다음을 계산하시오.

(1) $(+1) \times (-1) \times (+7)$

(2) $(+3) \times (-7) \times (-5)$

(3) $(-2) \times (-5) \times (-6)$

(4) $(-8) \times (+4) \times (-3)$

07 다음을 계산하시오.

(1) $\left(-\dfrac{1}{2}\right) \times \left(+\dfrac{1}{3}\right) \times \left(+\dfrac{2}{3}\right)$

(2) $\left(-\dfrac{8}{5}\right) \times (-2) \times \left(+\dfrac{15}{4}\right)$

(3) $(-6) \times \left(+\dfrac{2}{3}\right) \times \left(-\dfrac{5}{4}\right)$

(4) $\left(-\dfrac{2}{7}\right) \times (-1.4) \times (-15)$

08 다음을 계산하시오.

(1) $(+6) \times (-1) \times (+3) \times (-5)$

(2) $(-10) \times \left(+\dfrac{1}{2}\right) \times \left(-\dfrac{3}{5}\right) \times \left(-\dfrac{4}{3}\right)$

09 다음을 계산하시오.

(1) $(-5)^2$

(2) -5^2

(3) $(-3)^3$

(4) -3^3

(5) $\left(-\dfrac{1}{4}\right)^2$

(6) $\left(-\dfrac{1}{2}\right)^3$

(7) $\left(-\dfrac{2}{3}\right)^4$

(8) $-\left(\dfrac{1}{3}\right)^4$

(9) $-(-2)^5$

(10) $-(-1)^{10}$

10 분배법칙을 이용하여 다음을 계산하시오.

(1) $15 \times (100 + 6)$

(2) $43 \times \dfrac{2}{9} + 43 \times \left(-\dfrac{11}{9}\right)$

(3) $\left\{\left(-\dfrac{1}{2}\right) + \dfrac{9}{14}\right\} \times (-28)$

(4) $10.2 \times \dfrac{7}{3} + (-1.2) \times \dfrac{7}{3}$

유리수의 곱셈

01 다음 중 계산 결과가 옳지 <u>않은</u> 것은?

① $\left(-\dfrac{4}{5}\right) \times (-2) = \dfrac{8}{5}$

② $\left(-\dfrac{2}{7}\right) \times (+14) = -4$

③ $\left(+\dfrac{7}{3}\right) \times \left(-\dfrac{5}{7}\right) = -\dfrac{5}{3}$

④ $\left(+\dfrac{4}{5}\right) \times \left(-\dfrac{1}{2}\right) = \dfrac{2}{5}$

⑤ $(-9) \times \left(+\dfrac{2}{3}\right) = -6$

02 다음 중 계산 결과가 나머지 넷과 <u>다른</u> 하나는?

① $(+2) \times (+6)$ ② $(-4) \times (-3)$

③ $\left(+\dfrac{6}{5}\right) \times (+10)$ ④ $(-0.5) \times (-24)$

⑤ $\left(-\dfrac{4}{3}\right) \times (-4.5)$

03 $A = \left(-\dfrac{7}{3}\right) \times \left(-\dfrac{9}{14}\right)$, $B = (-0.2) \times \left(+\dfrac{5}{4}\right)$일 때, $A \times B$의 값을 구하시오.

04 다음 중 가장 큰 수와 가장 작은 수의 곱을 구하시오.

$$-3, \quad \dfrac{5}{4}, \quad -\dfrac{7}{2}, \quad 1, \quad \dfrac{10}{7}$$

곱셈의 계산 법칙

05 다음 계산 과정에서 곱셈의 결합법칙이 이용된 곳은?

$$(-2) \times (+8) \times (-0.5)$$
$$= (-2) \times (+8) \times \left(-\dfrac{1}{2}\right) \quad \text{①}$$
$$= (-2) \times \left(-\dfrac{1}{2}\right) \times (+8) \quad \text{②}$$
$$= \left\{(-2) \times \left(-\dfrac{1}{2}\right)\right\} \times (+8) \quad \text{③}$$
$$= (+1) \times (+8) \quad \text{④}$$
$$= 8 \quad \text{⑤}$$

06 다음은 곱셈의 계산 법칙을 이용하여 계산하는 과정이다. ㈎, ㈏에 이용된 곱셈의 계산 법칙을 쓰고, ㉠, ㉡에 알맞은 수를 구하시오.

$$\left(+\dfrac{5}{4}\right) \times (-6) \times \left(+\dfrac{8}{5}\right) \times \left(-\dfrac{3}{2}\right)$$
$$= \left(+\dfrac{5}{4}\right) \times \left(+\dfrac{8}{5}\right) \times (-6) \times \left(-\dfrac{3}{2}\right) \quad \text{㈎}$$
$$= \left\{\left(+\dfrac{5}{4}\right) \times \left(+\dfrac{8}{5}\right)\right\} \times \left\{(-6) \times \left(-\dfrac{3}{2}\right)\right\} \quad \text{㈏}$$
$$= (+2) \times (\boxed{㉠})$$
$$= \boxed{㉡}$$

세 수 이상의 유리수의 곱셈

07 $\left(-\dfrac{5}{3}\right) \times \left(-\dfrac{2}{15}\right) \times \left(+\dfrac{9}{4}\right)$를 계산하면?

① -1 ② $-\dfrac{1}{2}$ ③ $\dfrac{1}{2}$

④ 1 ⑤ $\dfrac{3}{2}$

08 $A=\left(-\dfrac{2}{3}\right)\times\left(-\dfrac{2}{9}\right)\times(-3)$,

$B=\left(+\dfrac{3}{7}\right)\times(-35)\times\left(-\dfrac{3}{5}\right)$일 때,

$A\times B$의 값을 구하시오.

09 다음을 계산하시오.

$$\left(-\dfrac{1}{3}\right)\times\left(-\dfrac{3}{5}\right)\times\left(-\dfrac{5}{7}\right)\times(-14)$$

거듭제곱의 계산 (1)

10 다음 중 옳지 <u>않은</u> 것은?

① $\left(-\dfrac{1}{5}\right)^2=\dfrac{1}{25}$ ② $\left(-\dfrac{3}{2}\right)^2=\dfrac{9}{4}$

③ $-4^2=16$ ④ $-\left(-\dfrac{1}{8}\right)^2=-\dfrac{1}{64}$

⑤ $(-3)^3=-27$

11 다음 중 계산 결과가 나머지 넷과 <u>다른</u> 하나는?

① $-(-2)^2$ ② -2^2 ③ $(-1)^3\times2^2$

④ $-2-2$ ⑤ $(-2)^2$

거듭제곱의 계산 (2)

12 다음 중 계산 결과가 가장 작은 것은?

① $-2^3\times\left(-\dfrac{1}{2}\right)^3$

② $\left(-\dfrac{1}{3}\right)^2\times(-1)^2$

③ $-4^2\times(-1)^3$

④ $(-5)\times\left(-\dfrac{1}{3}\right)^2\times\left(-\dfrac{3}{10}\right)$

⑤ $\dfrac{1}{2}\times(-2)^2\times\dfrac{1}{8}\times(-1)^4$

13 다음을 계산하면?

$$-(-1)+(-1)^2+(-1)^3-(-1)^4$$

① -2 ② -1 ③ 0

④ 1 ⑤ 2

분배법칙

14 유리수 a, b, c에 대하여 $a\times b=4$, $a\times(b+c)=10$ 일 때, $a\times c$의 값을 구하시오.

15 다음 식을 만족시키는 유리수 a, b의 값을 각각 구하시오.

$$(-8.7)\times(-15.7)+(-8.7)\times(+5.7)$$
$$=(-8.7)\times a=b$$

03 정수와 유리수의 나눗셈

한번 더 개념 **확인문제** 　　　　개념북 ➡ 68쪽~70쪽 | 정답 및풀이 ➡ 70쪽

01 다음을 계산하시오.

(1) $(+35) \div (+7)$

(2) $(-20) \div (-5)$

(3) $(+12) \div (-3)$

(4) $(-28) \div (+4)$

(5) $(+48) \div (+6)$

(6) $(-72) \div (-8)$

(7) $(+50) \div (-10)$

(8) $(-81) \div (+9)$

(9) $0 \div (+5)$

(10) $0 \div (-2)$

02 다음 수의 역수를 구하시오.

(1) -2 　　　　　　(2) 5

(3) $-\dfrac{4}{9}$ 　　　　　(4) $\dfrac{1}{3}$

(5) $-1\dfrac{2}{7}$ 　　　　(6) $3\dfrac{1}{2}$

(7) -0.3 　　　　(8) 1.2

03 다음을 계산하시오.

(1) $(+8) \div \left(+\dfrac{1}{2}\right)$

(2) $(+10) \div \left(-\dfrac{5}{4}\right)$

(3) $\left(-\dfrac{2}{3}\right) \div (+6)$

(4) $\left(-\dfrac{6}{5}\right) \div \left(-\dfrac{1}{10}\right)$

(5) $\left(+\dfrac{5}{4}\right) \div \left(-\dfrac{5}{3}\right)$

(6) $\left(-\dfrac{9}{2}\right) \div \left(-\dfrac{3}{2}\right)$

(7) $(-5.6) \div (+0.7)$

(8) $(+9) \div (-1.5)$

(9) $(-2.4) \div \left(-\dfrac{3}{5}\right)$

(10) $0 \div \left(-\dfrac{2}{7}\right)$

04 다음을 계산하시오.

(1) $(+7) \div \left(-\dfrac{7}{6}\right) \div \left(-\dfrac{2}{5}\right)$

(2) $\left(-\dfrac{2}{3}\right) \div (-0.8) \div \left(-\dfrac{1}{4}\right)$

05 다음을 계산하시오.

(1) $(+6) \times (-5) \div (+10)$

(2) $(+2) \div \left(-\dfrac{2}{5}\right) \times (-8)$

(3) $\left(-\dfrac{1}{8}\right) \times (-4) \div (-2)$

(4) $(-16) \times \left(+\dfrac{1}{16}\right) \div \left(-\dfrac{1}{3}\right)$

(5) $\left(-\dfrac{9}{2}\right) \div \left(-\dfrac{3}{8}\right) \times \left(-\dfrac{5}{6}\right)$

06 다음을 계산하시오.

(1) $(-1) \times (+2)^3 \div (-2)^3$

(2) $\left(+\dfrac{2}{3}\right)^2 \times (-4) \div \left(-\dfrac{8}{9}\right)$

(3) $\left(-\dfrac{2}{5}\right) \div \left(-\dfrac{3}{5}\right) \times (-2)^2$

(4) $(-2^2) \div \left(-\dfrac{4}{9}\right) \times \left(-\dfrac{2}{3}\right)$

(5) $(-1)^4 \div (-2)^2 \times (-1)^3 \div \left(-\dfrac{1}{2}\right)^2$

07 다음을 계산하시오.

(1) $\left(-\dfrac{1}{2}\right)^2 \times 8 - 7 \div \dfrac{21}{2}$

(2) $1 - (-2) \times \dfrac{2}{5} \div \left(-\dfrac{2}{5}\right)$

(3) $\dfrac{2}{3} - \left(-\dfrac{1}{2}\right)^2 \div \left(-\dfrac{3}{4}\right) - (-6)$

(4) $10 - 16 \div \left(-\dfrac{2}{3}\right)^4 \times \left(-\dfrac{2}{9}\right)$

(5) $-3^2 + (-4)^2 \div \left(4 \div \dfrac{2}{3} - 7\right)$

08 다음을 계산하시오.

(1) $\{6 - (-2)^4\} \div (-5) + 3$

(2) $5 - 10 \div \left\{(-3)^2 \times \dfrac{2}{9}\right\}$

(3) $(-1)^3 \times \left\{\left(\dfrac{2}{3} - \dfrac{1}{5}\right) \div \dfrac{1}{15}\right\}$

(4) $8 - \left\{4 \div \dfrac{8}{9} - (-2)^2 \times \left(-\dfrac{1}{8}\right)\right\} \div \dfrac{1}{2}$

(5) $\dfrac{4}{5} \div (-2)^2 - \left\{\dfrac{3}{4} + \left(-\dfrac{1}{2}\right)^3 \div \left(-\dfrac{1}{2}\right)\right\}$

역수

01 다음 중 두 수가 서로 역수 관계인 것은?

① $-2, \dfrac{1}{2}$　　② $1, -1$　　③ $-\dfrac{3}{5}, -\dfrac{5}{3}$

④ $3, 3$　　　　⑤ $-0.2, -\dfrac{1}{5}$

02 $\dfrac{9}{4}$의 역수를 a, $-4\dfrac{1}{2}$의 역수를 b라 할 때, $a-b$의 값을 구하시오.

03 -0.4의 역수를 a, $2\dfrac{1}{2}$의 역수를 b라 할 때, $a \times b$의 값을 구하시오.

유리수의 나눗셈

04 다음 중 계산 결과가 옳지 <u>않은</u> 것은?

① $(+35) \div (-7) = -5$

② $0 \div (-5.2) = 0$

③ $(-2.7) \div (-0.3) = 9$

④ $(+10) \div \left(+\dfrac{5}{2}\right) = 4$

⑤ $\left(-\dfrac{20}{9}\right) \div \left(+\dfrac{5}{18}\right) = -6$

05 다음 중 계산 결과가 가장 큰 것은?

① $\left(-\dfrac{1}{4}\right) \div \left(-\dfrac{1}{2}\right)$　　② $(+3) \div \left(-\dfrac{1}{2}\right)$

③ $\left(+\dfrac{1}{4}\right) \div \left(+\dfrac{1}{5}\right)$　　④ $\left(-\dfrac{2}{3}\right) \div \left(-\dfrac{3}{4}\right)$

⑤ $(-0.5) \div \left(+\dfrac{1}{6}\right)$

06 $A = \left(-\dfrac{1}{2}\right) \div (-5)$, $B = (-0.2) \div (-2)^3$일 때, $A \div B$의 값을 구하시오.

곱셈과 나눗셈의 혼합 계산

07 다음을 계산하면?

$$\left(-\dfrac{4}{15}\right) \times (-3^2) \div (-2)^3$$

① $-\dfrac{3}{10}$　　② $-\dfrac{1}{5}$　　③ $-\dfrac{1}{10}$

④ $\dfrac{1}{5}$　　　　⑤ $\dfrac{3}{10}$

08 $A = (-15) \times \left(-\dfrac{1}{3}\right)^2 \div \left(-\dfrac{1}{3}\right)$, $B = \left(-\dfrac{1}{2}\right)^3 \div \left(-\dfrac{1}{4}\right) \times (-2^2)$일 때, $A \times B$의 값을 구하시오.

덧셈, 뺄셈, 곱셈, 나눗셈의 혼합 계산

09 다음 식의 계산 순서를 차례로 나열하고, 계산 결과를 구하시오.

$$11-\left\{\frac{3}{4}-8\div(-2)^3\right\}\times 4$$

↑　↑　↑　↑　↑
ㄱ　ㄴ　ㄷ　ㄹ　ㅁ

10 $(-2)^2-12\div\left\{4-\left(5-8\times\frac{1}{2}\right)\right\}\times\left(-\frac{1}{4}\right)$ 을 계산하면?

① -5 　　② -3 　　③ 1
④ 3 　　⑤ 5

11 다음을 계산하시오.

$$2\times(-1)^3-\left[9+\left\{5\div\left(-\frac{1}{2}\right)+1\right\}\right]$$

곱셈과 나눗셈 사이의 관계

12 다음 □ 안에 알맞은 수를 구하시오.

(1) $\left(-\frac{8}{5}\right)\times\boxed{}=2$

(2) $\boxed{}\div\left(-\frac{3}{2}\right)=-6$

13 다음 □ 안에 알맞은 수를 구하시오.

$$\frac{4}{3}\div\left(-\frac{2}{3}\right)^2\times\boxed{}=\frac{9}{2}$$

14 다음 □ 안에 알맞은 수를 구하시오.

$$\left(-\frac{1}{2}\right)^3\div\boxed{}\times\frac{16}{3}=\frac{2}{5}$$

문자로 주어진 유리수의 부호

15 유리수 a, b에 대하여 $a>0$, $b<0$일 때, 다음 중 항상 양수인 것은?

① $a+b$ 　　② $a-b$ 　　③ $b-a$
④ $a\times b$ 　　⑤ $b\div a$

16 유리수 a, b에 대하여 $a<b$, $a\times b<0$일 때, 다음 중 옳은 것은?

① $a-b>0$ 　　② $b-a>0$
③ $(-a)\div b<0$ 　　④ $b\div a>0$
⑤ $-a<0$

01

6보다 -3만큼 큰 수를 a, $\dfrac{1}{3}$보다 $\dfrac{1}{2}$만큼 작은 수를 b 라 할 때, $a \times b$의 값은?

① -1 ② $-\dfrac{1}{2}$ ③ $-\dfrac{1}{3}$

④ $\dfrac{1}{2}$ ⑤ 1

02

다음 중 가장 큰 수와 가장 작은 수의 합을 구하시오.

$$-\left(-\dfrac{1}{2}\right)^2, \quad \left(-\dfrac{1}{2}\right)^3, \quad -\dfrac{1}{2}, \quad -\left(-\dfrac{1}{2}\right)^3$$

03

유리수 a, b, c에 대하여 $a \times b = -\dfrac{2}{3}$, $a \times c = \dfrac{8}{3}$일 때, $a \times (b+c)$의 값은?

① -2 ② $-\dfrac{5}{3}$ ③ $-\dfrac{2}{3}$

④ $\dfrac{2}{3}$ ⑤ 2

04

$A = (-2) \div \left(+\dfrac{4}{3}\right)$, $B = \left(-\dfrac{6}{5}\right) \div \left(-\dfrac{9}{10}\right)$일 때, A와 B 사이에 있는 정수는 모두 몇 개인지 구하시오.

05

$A = (-5^2) \div \left(-\dfrac{2}{3}\right)^2 \times 0.8$, $B = \left(-\dfrac{3}{4}\right) \times (-2)^3$일 때, $A \div B$의 값은?

① $-\dfrac{15}{2}$ ② $-\dfrac{13}{2}$ ③ $-\dfrac{11}{2}$

④ $-\dfrac{9}{2}$ ⑤ $-\dfrac{7}{2}$

06

$A = \dfrac{5}{2} + (-3) \div \left\{(-2)^3 \times \left(-\dfrac{3}{10}\right)\right\}$일 때, A의 역수 를 구하시오.

07

$\boxed{} \div \dfrac{8}{3}$의 계산 결과가 $-5 - \left(-\dfrac{1}{2}\right)$의 계산 결과와 같을 때, $\boxed{}$ 안에 알맞은 수를 구하시오.

08

어떤 유리수에 8을 곱해야 할 것을 잘못하여 나누었더 니 그 결과가 $-\dfrac{1}{4}$이 되었다. 바르게 계산한 답을 구 하시오.

01

다음 중 옳은 것은?

① $(+4)+(-6)=2$

② $(-12)+(-5)=-7$

③ $\left(+\dfrac{1}{4}\right)+\left(-\dfrac{5}{2}\right)=-\dfrac{9}{4}$

④ $\left(-\dfrac{2}{3}\right)+(+1.5)=\dfrac{1}{6}$

⑤ $(-1.8)+(-2.4)=-1.6$

02

다음 조건을 만족시키는 유리수 a, b의 값을 각각 구하시오.

(가) a의 절댓값은 $\dfrac{5}{3}$, b의 절댓값은 $\dfrac{3}{4}$이다.

(나) a와 b의 합은 $-\dfrac{11}{12}$이다.

03

다음 중 옳지 않은 것은?

① $5-7+3=1$

② $-4+8-10=-6$

③ $11-6+2-4=3$

④ $-7-3+15-6=1$

⑤ $-23+15+9-8=-7$

04

$\dfrac{2}{3}$에서 어떤 수를 빼야 할 것을 잘못하여 더했더니 그 결과가 $\dfrac{1}{15}$이 되었다. 바르게 계산한 답을 구하시오.

05

오른쪽 표에서 가로, 세로, 대각선에 있는 세 수의 합이 모두 같을 때, a, b, c, d의 값을 각각 구하시오.

a	3	-4
b	c	d
2	-5	0

06

다음 중 절댓값이 가장 큰 수와 절댓값이 가장 작은 수의 곱은?

$$-0.3, \quad -1, \quad -\dfrac{7}{3}, \quad +\dfrac{3}{8}, \quad -\dfrac{5}{4}, \quad -2$$

① $-\dfrac{7}{8}$

② $-\dfrac{3}{8}$

③ $\dfrac{3}{10}$

④ $\dfrac{3}{8}$

⑤ $\dfrac{7}{10}$

07

다음 중 계산 결과가 나머지 넷과 다른 하나는?

① $(-1)^{10}$ 　　　　② $-(-1)^{11}$

③ $\{-(-1)\}^{10}$ 　　④ $-(-1)^{8}$

⑤ $\{-(-1)\}^{11}$

08

$\dfrac{5}{11}$의 역수보다 1만큼 작은 수를 a, $-\dfrac{1}{2}$보다 $-\dfrac{4}{5}$만큼 작은 수를 b라 할 때, $a \div b$의 값을 구하시오.

09

$8+\left\{(-3)^{2}+(-6) \div \dfrac{2}{5}\right\} \times \left(-\dfrac{7}{3}\right)$을 계산하시오.

10

유리수 a, b에 대하여 $a+b<0$, $a \times b>0$일 때, 다음 중 항상 옳은 것은?

① $a-b>0$ 　　② $b-a<0$ 　　③ $-a-b>0$

④ $(-a) \div b>0$ 　⑤ $b \div a<0$

서술형 **문제**

11

정수 a의 절댓값은 2이고, 정수 b의 절댓값은 6이다. $a-b$의 값 중 가장 큰 값을 M, 가장 작은 값을 m이라 할 때, $M-m$의 값을 구하시오. [7점]

 풀이

 답

12

네 수 $-\dfrac{4}{5}$, -1, $\dfrac{3}{5}$, 5 중 서로 다른 세 수를 뽑아 곱했을 때, 다음 물음에 답하시오. [6점]

⑴ 곱한 결과 중 가장 큰 수를 구하시오. [3점]

⑵ 곱한 결과 중 가장 작은 수를 구하시오. [3점]

 풀이

답

01 문자의 사용과 식의 값

한번 더 개념 **확인문제**

개념북 ⟶ 83쪽~84쪽 | 정답 및 풀이 ⟶ 75쪽

01 다음을 문자를 사용한 식으로 나타내시오.

(1) 한 장에 700원인 편지지 a장의 가격

(2) 길이가 x cm인 끈을 6등분했을 때, 한 조각의 길이

(3) 한 변의 길이가 x cm인 정사각형의 둘레의 길이

(4) 시속 a km로 3시간 동안 이동한 거리

02 다음 식을 기호 $\times$를 생략하여 나타내시오.

(1) $a \times a$

(2) $(-1) \times b \times a$

(3) $x \times x \times y \times 0.1$

(4) $(x+y) \times \dfrac{3}{4}$

(5) $x \times 7 + y \times (-2)$

03 다음 식을 기호 $\div$를 생략하여 나타내시오.

(1) $4 \div x$

(2) $(-a) \div \dfrac{1}{3}$

(3) $x \div y \div z$

(4) $(a-b) \div 5$

(5) $8 \div (-x) - y \div 4$

04 다음 식을 기호 $\times$, $\div$를 생략하여 나타내시오.

(1) $a \div x \times 2$

(2) $a \times 5 + b \div \dfrac{1}{8}$

(3) $(a+b) \times 4 \div c$

(4) $2 \times x \times x \div y \times x \div 3$

05 다음을 문자를 사용한 식으로 나타내시오.
(단, 기호 $\times$, $\div$는 생략하여 나타낸다.)

(1) a의 5배보다 2만큼 큰 수

(2) 한 송이에 4000원인 장미 x송이를 사고 50000원을 냈을 때의 거스름돈

(3) 국어 성적이 x점, 과학 성적이 y점일 때, 두 과목의 평균 성적

06 다음 식의 값을 구하시오.

(1) $x=2$일 때, $2-3x$의 값

(2) $a=3$일 때, a^2-4의 값

(3) $a=-4$일 때, $\dfrac{8}{a}+1$의 값

(4) $a=-2$, $b=3$일 때, $3a+5b-2$의 값

(5) $x=\dfrac{1}{2}$, $y=\dfrac{1}{3}$일 때, $4x-12y$의 값

(6) $x=5$, $y=-1$일 때, $\dfrac{x}{y^2}$의 값

곱셈 기호와 나눗셈 기호의 생략

01 다음 중 기호 $\times$, $\div$를 생략하여 나타낸 것으로 옳은 것을 모두 고르면? (정답 2개)

① $a \times 4 = a^4$

② $0.1 \times a = 0.a$

③ $a \times a \div b = \dfrac{a^2}{b}$

④ $a - b \div 3 = \dfrac{a-b}{3}$

⑤ $(a - 2b) \div 5 = \dfrac{a-2b}{5}$

02 다음 식을 기호 $\times$, $\div$를 생략하여 나타내시오.

$$a \div (b \div c) \times a$$

문자를 사용하여 식으로 나타내기

03 다음 중 문자를 사용하여 나타낸 식으로 옳지 <u>않은</u> 것은?

① 450원짜리 사탕 x개를 산 가격은 $450x$원이다.

② 형의 나이가 x세일 때, 형보다 3세 적은 동생의 나이는 $(x-3)$세이다.

③ x원을 내고 800원짜리 공책 y권을 샀을 때의 거스름돈은 $(x - 800y)$원이다.

④ 소수점 아래 첫째 자리의 숫자가 a, 둘째 자리의 숫자가 7인 수는 $0.1a + 0.7$이다.

⑤ a m의 거리를 분속 40 m로 걸었을 때, 걸린 시간은 $\dfrac{a}{40}$분이다.

---

04 오른쪽 그림과 같이 윗변의 길이가 x cm, 아랫변의 길이가 y cm, 높이가 h cm인 사다리꼴의 넓이를 x, y, h를 사용한 식으로 나타내시오.

식의 값

05 $x = -4$, $y = \dfrac{1}{2}$일 때, $xy^2 + y$의 값을 구하시오.

06 $x = -2$일 때, 다음 중 식의 값이 가장 큰 것은?

① $3x$ ② $\dfrac{1}{x}$ ③ $-x^2$

④ $-x$ ⑤ $3 + x$

07 $a = -1$일 때, 다음 중 식의 값이 나머지 넷과 <u>다른</u> 하나는?

① $-a$ ② a^2 ③ $(-a)^2$

④ $-\dfrac{1}{a}$ ⑤ $-a^2$

01

다음 중 옳지 <u>않은</u> 것은?

① $a \times (-0.3) = -0.3a$

② $x \times x \times y \times (-2) = -2x^2 y$

③ $\dfrac{a}{b} \div c = \dfrac{ac}{b}$

④ $a + b \div c = a + \dfrac{b}{c}$

⑤ $a \div (b \div c) = \dfrac{ac}{b}$

02

다음 중 **보기**에서 옳은 것을 모두 고른 것은?

- 보기 -

ㄱ. x분 30초는 $(60x + 30)$초이다.

ㄴ. 한 개에 1200원인 빵 a개와 한 개에 800원인 우유 b개를 살 때의 가격은 $(800a + 1200b)$원이다.

ㄷ. 5명이 x원씩 모아 y원인 피자를 사고 남은 돈은 $(5x - y)$원이다.

ㄹ. 가로의 길이가 a cm, 세로의 길이가 b cm인 직사각형의 넓이는 ab cm²이다.

ㅁ. 십의 자리의 숫자가 x, 일의 자리의 숫자가 8인 두 자리의 자연수는 $x + 8$이다.

① ㄱ, ㄴ, ㄷ ② ㄱ, ㄷ, ㄹ ③ ㄱ, ㄹ, ㅁ

④ ㄴ, ㄷ, ㄹ ⑤ ㄷ, ㄹ, ㅁ

03

A 지점에서 200 km 떨어진 B 지점까지 자동차를 타고 시속 x km로 가려고 한다. 자동차를 타고 3시간 동안 갔을 때, 남은 거리를 x를 사용한 식으로 나타내시오.

04

어느 중학교의 작년 학생은 a명이었다. 올해는 작년보다 15 % 증가하였을 때, 올해 학생은 몇 명인지 a를 사용한 식으로 나타내면?

① $0.15a$명 ② $0.85a$명 ③ $1.05a$명

④ $1.15a$명 ⑤ $1.5a$명

05

$x = -\dfrac{1}{2}$, $y = 4$일 때, 다음 중 식의 값이 가장 작은 것은?

① $x + y$ ② xy ③ $4x - y$

④ $x^2 y$ ⑤ $y - x$

06

$a = \dfrac{1}{6}$, $b = -\dfrac{1}{3}$일 때, $\dfrac{3}{a} + \dfrac{5}{b} - 2$의 값을 구하시오.

07

기온이 x °C일 때, 공기 중에서 소리의 속력은 초속 $(331 + 0.6x)$ m이다. 기온이 25 °C일 때, 소리의 속력을 구하시오.

01 다항식 $-x-2y+4$에 대하여 다음을 구하시오.

(1) 항

(2) 상수항

(3) x의 계수

(4) y의 계수

02 다음 다항식의 차수를 구하고, 일차식인지 쓰시오.

(1) $2x+1$

(2) $5x^2-3x$

(3) $-\dfrac{3}{4}$

(4) $0.7x-2$

03 다음 중 일차식인 것에는 ○표, 아닌 것에는 ×표를 하시오.

(1) a^2+a-a^2 ( )

(2) $3b-7$ ( )

(3) $\dfrac{5}{x}$ ( )

(4) $x+2y-3$ ( )

04 다음을 계산하시오.

(1) $5 \times 2x$

(2) $3x \times (-2)$

(3) $\left(-\dfrac{3}{4}\right) \times (-12x)$

(4) $(-8x) \div 2$

(5) $(-6x) \div \left(-\dfrac{3}{5}\right)$

(6) $\dfrac{1}{2}x \div \left(-\dfrac{1}{6}\right)$

05 다음을 계산하시오.

(1) $2(3x+4)$

(2) $-3\left(x-\dfrac{5}{3}\right)$

(3) $(15x+10) \times \left(-\dfrac{1}{5}\right)$

(4) $(8x+4) \div 4$

(5) $(-9x-12) \div (-3)$

(6) $\left(\dfrac{6}{5}x-9\right) \div \dfrac{3}{2}$

다항식

01 다음 중 다항식 $2x-5y-4$에 대한 설명으로 옳은 것을 모두 고르면? (정답 2개)

① 항은 $2x$, $5y$, 4이다.
② 다항식의 차수는 1이다.
③ x의 계수는 2이다.
④ y의 계수는 5이다.
⑤ 상수항은 4이다.

02 다항식 $-x^2+3x-5$의 차수를 a, x의 계수를 b, 상수항을 c라 할 때, $a+b+c$의 값을 구하시오.

03 다음 중 옳지 <u>않은</u> 것은?

① $4x$는 단항식이다.
② $xy+5$에서 항은 2개이다.
③ $\dfrac{7}{x}-2$는 다항식이다.
④ $9x-4y$에서 y의 계수는 -4이다.
⑤ $3x^2+x-1$의 차수는 2이다.

일차식

04 다음 중 일차식이 <u>아닌</u> 것은?

① $-3x+2$ ② $0.8a$ ③ $\dfrac{1-y}{5}$

④ $0\times x+4$ ⑤ $2b-\dfrac{3}{4}$

05 다음 **보기**에서 일차식인 것은 모두 몇 개인지 구하시오.

┌ 보기 ┐
ㄱ. $\dfrac{2}{y}$ ㄴ. $3x$ ㄷ. $5x+2y-1$

ㄹ. $1-x$ ㅁ. $2+x-x^2$ ㅂ. $\dfrac{y}{4}+0.7$
└────┘

일차식과 수의 곱셈, 나눗셈

06 다음 중 **보기**에서 계산 결과가 옳은 것을 모두 고른 것은?

┌ 보기 ┐
ㄱ. $4(x-3)=4x-3$
ㄴ. $(-x+1)\times(-1)=x-1$
ㄷ. $-2(2x-5)=-4x+10$
ㄹ. $(4x+6)\div(-2)=2x-3$
ㅁ. $(-12x-3)\div3=-4x-1$
ㅂ. $(6x-18)\div\dfrac{3}{2}=9x-27$
└────┘

① ㄱ, ㄷ, ㅁ ② ㄱ, ㄹ, ㅂ ③ ㄴ, ㄷ, ㅁ
④ ㄴ, ㄹ, ㅂ ⑤ ㄷ, ㅁ, ㅂ

07 $(-2x+3)\times3$과 $(12x-4)\div\dfrac{4}{5}$를 각각 계산하여 일차식으로 나타내었을 때, 두 식의 상수항의 합은?

① -14 ② -4 ③ 2
④ 4 ⑤ 14

03 일차식의 덧셈과 뺄셈

한번 더 개념 확인문제

개념북 ➡ 92쪽~93쪽 | 정답 및 풀이 ➡ 77쪽

01 다음 중 동류항끼리 짝 지어진 것에는 ○표, 아닌 것에는 ×표를 하시오.

(1) $\dfrac{1}{2}x$, $-10x$　　　　(　)

(2) $3x^2$, $2x$　　　　(　)

(3) a, $0.9a$　　　　(　)

(4) -5, $\dfrac{b}{4}$　　　　(　)

(5) $\dfrac{3}{y}$, $-3y$　　　　(　)

(6) -10, 10　　　　(　)

(7) $4y^2$, $4x^2$　　　　(　)

02 다음을 계산하시오.

(1) $a+5a$

(2) $0.2b-0.6b$

(3) $3x+x-7x$

(4) $4y-\dfrac{5}{3}y+\dfrac{8}{3}y$

(5) $x-1+2x+3$

(6) $7y+\dfrac{1}{2}-5y-\dfrac{3}{2}$

03 다음을 계산하시오.

(1) $(2x-3)+(3x+4)$

(2) $\left(-\dfrac{2}{3}a+\dfrac{4}{7}\right)+\left(\dfrac{5}{3}a+\dfrac{10}{7}\right)$

(3) $(-3a-4)+3(2a+3)$

(4) $6\left(\dfrac{1}{2}x-\dfrac{1}{3}\right)+4\left(\dfrac{3}{2}x-1\right)$

(5) $(7x-5)-(5x-3)$

(6) $\left(\dfrac{1}{3}x+\dfrac{1}{2}\right)-\left(\dfrac{4}{3}x-\dfrac{1}{2}\right)$

(7) $2(x-3y)-3(2x-y)$

(8) $-\dfrac{1}{3}(-6x+9)-\dfrac{1}{2}(8x+4)$

04 다음을 계산하시오.

(1) $\dfrac{x-2}{2}+\dfrac{x+3}{4}$

(2) $\dfrac{2x+3}{3}+\dfrac{-3x-6}{2}$

(3) $\dfrac{x-1}{3}-\dfrac{2x-7}{4}$

(4) $\dfrac{4x+5}{3}-\dfrac{5x+1}{6}$

동류항

01 다음 중 동류항끼리 바르게 짝 지어진 것은?

① $-5x$, $-0.5y$ ② $8x$, $\dfrac{8}{x}$

③ x^2, $2x$ ④ $2xy$, xy^2

⑤ $-x$, $\dfrac{2}{5}x$

02 다음 **보기**에서 동류항인 것끼리 모두 짝 지으시오.

┌ 보기 ┐

$$x, \ -3y, \ 2x^2, \ 5, \ a,$$
$$4y, \ \frac{a}{3}, \ -\frac{1}{3}, \ 4x, \ 5x^2$$

동류항의 덧셈과 뺄셈

03 $-x+4y+3x-y=ax+by$일 때, $a-b$의 값은?
(단, a, b는 상수)

① -1 ② 0 ③ 1

④ 2 ⑤ 3

04 다음 **보기**에서 $-2x$와 동류항인 것을 모두 골라 그 합을 구하시오.

┌ 보기 ┐

$$3x, \ -2x^2, \ \frac{1}{2}x, \ \frac{3}{4}x^2, \ -5x, \ \frac{2}{3}$$

일차식의 덧셈과 뺄셈

05 $-\dfrac{1}{2}(2x-4)+2(3x-2)$를 계산하면?

① $3x-2$ ② $3x+2$ ③ $5x-2$

④ $5x+2$ ⑤ $7x-2$

06 $5(x+2y)-3\left(2x-\dfrac{4}{3}y\right)$를 계산하였을 때, x의 계수와 y의 계수의 합을 구하시오.

괄호가 있는 일차식의 덧셈과 뺄셈

07 $3+4x-\{3-(x-2)+3x\}=ax+b$일 때, ab의 값을 구하시오. (단, a, b는 상수)

08 다음을 계산하시오.

$$4x-\{7+2(x-6)\}-5$$

---

09 $6x+5-\{x-3(x-1)\}$을 계산하였을 때, x의 계수와 상수항의 합을 구하시오.

13 $A=x-1$, $B=-3x+1$일 때, $A+2B-(-A+3B)$를 계산하면?

① $-x-1$ ② $x+1$ ③ $3x-1$

④ $5x-3$ ⑤ $5x+3$

分수 꼴인 일차식의 덧셈과 뺄셈

10 다음을 계산하시오.

$$\frac{-3x+12}{5}-\frac{7-2x}{10}$$

□ 안에 알맞은 일차식 구하기

14 $2(x-3)-(\boxed{})=5x+2$일 때, □ 안에 알맞은 식을 구하시오.

11 $\dfrac{x-3}{2}+\dfrac{4x+1}{3}=ax+b$일 때, $a+b$의 값을 구하시오. (단, a, b는 상수)

15 다음 □ 안에 알맞은 식을 구하시오.

$$\boxed{}+3(2x-2)=9x-13$$

文자에 일차식 대입하기

12 $A=-2x+3$, $B=4x+1$일 때, $-A+3B$를 계산하시오.

16 어떤 다항식에서 $2x-3$을 뺐더니 $3x+5$가 되었다. 어떤 다항식을 구하시오.

01

다음 중 다항식 $2x^2 - \dfrac{1}{3}x + 4$에 대한 설명으로 옳지 않은 것은?

① 항은 3개이다.

② 다항식의 차수는 2이다.

③ x의 계수는 $\dfrac{1}{3}$이다.

④ x^2의 계수는 2이다.

⑤ 상수항은 4이다.

02

다항식 $(a+1)x^2 - 5x + 3$이 x에 대한 일차식일 때, 상수 a의 값을 구하시오.

03

다음 중 계산 결과가 $-(4x-6)$과 같은 것은?

① $2(2x-3)$

② $(2x+3) \times (-2)$

③ $(12-8x) \times \left(-\dfrac{1}{2}\right)$

④ $(8x+12) \div 2$

⑤ $(2x-3) \div \left(-\dfrac{1}{2}\right)$

04

다음 중 계산 결과가 나머지 넷과 다른 하나는?

① $3x+2-2x$

② $(2x+5)-(x+3)$

③ $(5x-4)+(6-4x)$

④ $4(2-x)+(5x-8)$

⑤ $3(x-2)-2(x-4)$

05

$3x - [5x + 2\{x - (3x-2)\}] = ax + b$일 때, $a-b$의 값을 구하시오. (단, a, b는 상수)

06

$\dfrac{3-x}{2} - \dfrac{2x+4}{3} + \dfrac{2x+5}{6} = ax + b$일 때, $6ab$의 값을 구하시오. (단, a, b는 상수)

07

오른쪽 그림과 같은 직사각형에서 색칠한 부분의 넓이를 x를 사용한 식으로 나타내시오.

08

$A = 4x-2$, $B = x+3$일 때, $\dfrac{1}{2}A - B$를 계산하였더니 x의 계수는 a, 상수항은 b이었다. 이때 $a-b$의 값을 구하시오.

09

$4x - 3 - () = 3(x+1)$일 때, ☐ 안에 알맞은 식을 구하시오.

01

다음 식을 기호 $\times$, $\div$를 생략하여 나타낸 것은?

$$x\times(-5)\div y+x\div(x-y)$$

① $-\dfrac{5x}{y}+\dfrac{x-y}{x}$ ② $-\dfrac{5x}{y}+\dfrac{x}{x-y}$

③ $-\dfrac{5}{xy}+\dfrac{x-y}{x}$ ④ $-\dfrac{5}{xy}+\dfrac{x}{x-y}$

⑤ $-\dfrac{x}{5y}+\dfrac{x}{x-y}$

02

어느 상점에서 한 개에 1200원인 초콜릿을 10 % 할인하여 판매하고 있다. 성규가 이 상점에서 초콜릿 a개를 구입하고, 2000원에 판매하는 상자에 담아 유미에게 선물하였다. 성규가 선물에 사용한 금액을 a를 사용한 식으로 나타내시오.

03

$a=-2$, $b=\dfrac{1}{4}$일 때, 다음 중 식의 값이 가장 큰 것은?

① $2ab$ ② $\dfrac{1}{b}-a$ ③ $2a+\dfrac{2}{b}$

④ $\dfrac{2}{b}-\dfrac{1}{a}$ ⑤ $a^2+\dfrac{1}{ab}$

04

다항식 $5x^2-4x+1$의 차수를 a, x의 계수를 b, 상수항을 c라 할 때, $a-b+c$의 값을 구하시오.

05

다음 중 일차식인 것을 모두 고르면? (정답 2개)

① $-7x+4$ ② $2x^2-3x+4$ ③ $0\times x+5$

④ $x+y-3$ ⑤ $\dfrac{1}{x}-6x$

06

$(-2a-6)\times\dfrac{2}{3}$와 $(3b-1)\div\dfrac{4}{3}$를 각각 계산하여 일차식으로 나타내었을 때, 두 식의 상수항의 곱을 구하시오.

07

다음 중 동류항끼리 바르게 짝 지어진 것은?

① $2x$, $3x^2$ ② $\dfrac{2}{x}$, $\dfrac{x}{2}$ ③ $-2x$, $-\dfrac{3}{10}x$

④ $4x^2$, $5y^2$ ⑤ $3x$, $-3y$

08

$\dfrac{2x+1}{3}+\dfrac{x-3}{2}$을 계산하면 $ax+b$일 때, $a-b$의 값은? (단, a, b는 상수)

① $-\dfrac{5}{6}$ ② $-\dfrac{2}{3}$ ③ 0

④ $\dfrac{3}{2}$ ⑤ $\dfrac{7}{3}$

09

오른쪽 그림과 같은 도형의 둘레의 길이를 a를 사용한 식으로 나타내시오.

10

$2(3x+4)+(\boxed{})=4x+11$일 때, $\boxed{}$ 안에 알맞은 식은?

① $-2x-3$ ② $-2x+3$ ③ $-x-7$

④ $2x-3$ ⑤ $10x+19$

11

두 다항식 A, B가 다음 조건을 만족시킬 때, $A+2B$를 계산하시오.

(가) A에 $2x+2$를 더했더니 $-x-3$이 되었다.

(나) A에서 $-5x-4$를 뺐더니 B가 되었다.

서술형 문제

12

오른쪽 그림과 같은 직육면체에 대하여 다음 물음에 답하시오. [6점]

(1) 직육면체의 겉넓이를 a, b, c를 사용한 식으로 나타내시오. [3점]

(2) $a=3$, $b=2$, $c=4$일 때, 직육면체의 겉넓이를 구하시오. [3점]

풀이

답

13

다음 표에서 가로, 세로, 대각선에 놓인 세 식의 합이 모두 같을 때, 두 다항식 A, B를 각각 구하시오. [6점]

A		$-x+6$
	$5x+3$	$9x+1$
$11x$		B

풀이

답

01 방정식과 그 해

한번 더 **개념 확인문제**   개념북 → 103쪽~104쪽 | 정답 및 풀이 → 80쪽

01 다음 식이 등식인지 아닌지 구하고, 등식인 것은 좌변과 우변을 각각 쓰시오.

(1) $x+6=0$

(2) $3x-2$

(3) $5x+9=3-x$

(4) $2x-1<5$

02 다음 중 등식인 것에는 ○표, 아닌 것에는 ×표를 하시오.

(1) $4x \geq x-2$ (   )

(2) $5+2=7$ (   )

(3) $10-2x$ (   )

(4) $3x=-x+1$ (   )

03 다음 중 항등식인 것에는 ○표, 아닌 것에는 ×표를 하시오.

(1) $8x=8$ (   )

(2) $2x-3=4x-3-2x$ (   )

(3) $-5x+4=5x-4$ (   )

(4) $3(x-3)=3x-9$ (   )

04 다음 [   ] 안의 수가 주어진 방정식의 해이면 ○표, 아니면 ×표를 하시오.

(1) $3x-2=4$ $[-2]$ (   )

(2) $4-2x=6$ $[-1]$ (   )

(3) $2x=3x-1$ $[1]$ (   )

(4) $2(x+4)=5x-1$ $[3]$ (   )

(5) $\dfrac{5x-4}{3}=\dfrac{x}{2}$ $[2]$ (   )

05 $a=b$일 때, 다음 □ 안에 알맞은 수를 써넣으시오.

(1) $a+3=b+\boxed{}$ (2) $a-7=b-\boxed{}$

(3) $5a=\boxed{}b$ (4) $\dfrac{a}{2}=\dfrac{b}{\boxed{}}$

06 다음은 등식의 성질을 이용하여 방정식의 해를 구하는 과정이다. □ 안에 알맞은 수를 써넣고, ㉠, ㉡에 이용된 등식의 성질을 각각 쓰시오.

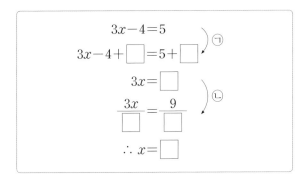

문장을 등식으로 나타내기

01 다음 중 문장을 등식으로 나타낸 것으로 옳지 <u>않은</u> 것은?

① 어떤 수 x의 4배는 x보다 12만큼 크다.
  ➡ $4x=x+12$
② 한 변의 길이가 x cm인 정삼각형의 둘레의 길이는 18 cm이다. ➡ $3x=18$
③ 가로의 길이가 $(x+2)$ cm, 세로의 길이가 4 cm인 직사각형의 넓이는 45 cm²이다.
  ➡ $2(x+2)=45$
④ 자두 50개를 x명의 학생에게 6개씩 나누어 주었더니 2개가 남았다.
  ➡ $50-6x=2$
⑤ 시속 x km로 7시간 동안 이동한 거리는 420 km이다. ➡ $7x=420$

02 다음 문장 중 등식으로 나타낼 수 있는 것은?

① 어떤 수 x는 3보다 작다.
② 어떤 수 x의 4배에 2를 더한다.
③ 500원짜리 연필을 x자루 살 때의 가격이다.
④ 딸기 맛 사탕 x개와 포도 맛 사탕 y개를 합하면 30개이다.
⑤ 어느 동물원의 어른 1명의 입장료가 x원일 때, 어른 8명의 입장료이다.

03 다음 문장을 등식으로 나타내시오.

어떤 수 x와 14의 합은 x의 3배보다 8만큼 작다.

방정식의 해

04 다음 중 **보기**에서 해가 $x=3$인 방정식을 모두 고른 것은?

• 보기 •

ㄱ. $x+5=8$
ㄴ. $6x-8=3x$
ㄷ. $4x-10=-5x+9$
ㄹ. $3-(x+5)=x$
ㅁ. $3x-(4x-2)=-1$
ㅂ. $\dfrac{x}{2}-3=3$

① ㄱ, ㄷ   ② ㄱ, ㅁ   ③ ㄴ, ㄹ
④ ㄱ, ㄴ, ㅁ   ⑤ ㄷ, ㄹ, ㅂ

05 다음 중 [ ] 안의 수가 주어진 방정식의 해가 <u>아닌</u> 것은?

① $2x-1=3$ [2]
② $-6x=3-5x$ [-3]
③ $\dfrac{1}{3}x-2=-1$ [6]
④ $4x-5=3(x-2)$ [-1]
⑤ $-(x+3)=2(x-9)$ [5]

06 x가 $-1\leq x\leq 1$인 정수일 때, 방정식 $-5-(3x-2)=0$의 해를 구하시오.

항등식

07 다음 중 항등식인 것을 모두 고르면? (정답 2개)

① $6x+2=-4$

② $5x-8x=-3x$

③ $2x-3=3x-2$

④ $4\left(x-\dfrac{5}{2}\right)=-10+4x$

⑤ $-(2-x)+3=x-1$

08 다음 중 x의 값에 관계없이 항상 성립하는 등식은?

① $x+2x\leq3$ ② $4x=2x-6$

③ $3x-1=2x+5$ ④ $3x=3(x+3)-9$

⑤ $7-3x=7(1-3x)$

09 다음 중 **보기**에서 x의 값에 관계없이 항상 참인 등식을 모두 고른 것은?

┌─**보기**─────────────────┐
ㄱ. $2x-3x=-x$

ㄴ. $5x-8$

ㄷ. $2(3x-2)=3x-4$

ㄹ. $1-2x=-2x+2$

ㅁ. $x+3=3x-(2x-3)$

ㅂ. $-(x-7)=-x+7$
└──────────────────────┘

① ㄱ, ㄴ, ㄷ ② ㄱ, ㄷ, ㅁ

③ ㄱ, ㅁ, ㅂ ④ ㄴ, ㄹ, ㅂ

⑤ ㄴ, ㅁ, ㅂ

항등식이 될 조건

10 등식 $ax-7=5x+b$가 x에 대한 항등식일 때, 상수 a, b의 값을 각각 구하시오.

11 등식 $2(3x-2)=ax-4$가 x의 값에 관계없이 항상 성립할 때, 상수 a의 값은?

① -6 ② -2 ③ 2

④ 3 ⑤ 6

12 다음 등식이 x에 대한 항등식일 때, □ 안에 알맞은 수를 구하시오.

┌──────────────────────┐
$2(5x-3)+4=10x+$□
└──────────────────────┘

13 등식 $3x-8=a(x-1)-b$가 x에 어떤 값을 대입하여도 항상 참이 될 때, 상수 a, b의 값을 각각 구하시오.

등식의 성질

14 $a=b$일 때, 다음 중 옳지 <u>않은</u> 것은?

① $a+2=b+2$

② $a-3=b-3$

③ $-5a+6=-5b+6$

④ $1-\dfrac{a}{3}=\dfrac{b}{3}-1$

⑤ $\dfrac{3}{4}a-2=\dfrac{3}{4}b-2$

15 $x+2=y+2$일 때, 다음 중 옳은 것을 모두 고르면?

(정답 2개)

① $x=-y$ ② $x-1=1-y$

③ $-3x=-3y$ ④ $\dfrac{x}{2}=\dfrac{y}{4}$

⑤ $\dfrac{x}{5}+7=7+\dfrac{y}{5}$

16 다음 중 **보기**에서 옳은 것을 모두 고른 것은?

┌─ 보기 ─────────────────────┐

ㄱ. $x-7=y-7$이면 $x=y$이다.

ㄴ. $3x=3y$이면 $x+2=y+2$이다.

ㄷ. $x=-y$이면 $-x=-y$이다.

ㄹ. $\dfrac{x}{2}=\dfrac{y}{2}$이면 $4x-1=4y-1$이다.

ㅁ. $x=2y$이면 $2x=\dfrac{1}{2}y$이다.

└──────────────────────────┘

① ㄱ, ㄴ, ㄹ   ② ㄱ, ㄷ, ㅁ   ③ ㄴ, ㄷ, ㄹ

④ ㄴ, ㄹ, ㅁ   ⑤ ㄷ, ㄹ, ㅁ

등식의 성질을 이용한 방정식의 풀이

17 오른쪽은 등식의 성질을 이용하여 방정식 $4x-5=2x+9$를 푸는 과정이다. (가), (나)에 이용된 등식의 성질을 **보기**에서 각각 고르시오.

$$4x-5=2x+9$$
$$4x=2x+14 \quad \Big)^{(가)}$$
$$2x=14$$
$$\therefore x=7 \quad \Big)^{(나)}$$

┌─ 보기 ─────────────────────┐

$a=b$이고 c는 자연수일 때,

ㄱ. $a+c=b+c$ ㄴ. $a-c=b-c$

ㄷ. $ac=bc$ ㄹ. $\dfrac{a}{c}=\dfrac{b}{c}$

└──────────────────────────┘

18 오른쪽은 등식의 성질을 이용하여 방정식 $\dfrac{1}{2}x-1=\dfrac{1}{4}$의 해를 구하는 과정이다. 이때 등식의 성질 '$a=b$이면 $ac=bc$이다.'를 이용한 곳을 고르시오. (단, c는 자연수)

$$\dfrac{1}{2}x-1=\dfrac{1}{4} \quad \Big)^{㉠}$$
$$2x-4=1 \quad \Big)^{㉡}$$
$$2x=5$$
$$\therefore x=\dfrac{5}{2} \quad \Big)^{㉢}$$

19 다음 중 등식의 성질을 이용하여 방정식 $-3x+8=-1$의 해를 구하는 순서로 옳은 것은?

① 양변에 3을 더한다. ➡ 양변에서 8을 뺀다.

② 양변에 8을 더한다. ➡ 양변을 3으로 나눈다.

③ 양변에서 8을 뺀다. ➡ 양변을 -3으로 나눈다.

④ 양변에 -1을 곱한다. ➡ 양변에서 8을 뺀다.

⑤ 양변을 -3으로 나눈다. ➡ 양변에 1을 더한다.

01
다음 중 등식인 것을 모두 고르면? (정답 2개)

① $x+4=4+x$ ② $2x-5<2x+3$

③ $3=0$ ④ $\dfrac{1}{4}x-7$

⑤ $2x \geq x+5$

02
다음 방정식 중 해가 $x=-2$가 <u>아닌</u> 것은?

① $x+2=0$ ② $1-2x=5$

③ $3x-2=x-6$ ④ $\dfrac{1}{3}(x+8)=1$

⑤ $4(1-x)=x+14$

03
x가 절댓값이 1 이하인 정수일 때, 방정식
$5-3x=x+1$의 해를 구하시오.

04
다음 중 x의 값에 관계없이 항상 성립하는 등식은?

① $5x=10$ ② $1+2x=1-2x$

③ $x+2=2(x+2)$ ④ $6x-x=4x$

⑤ $3(x-1)+5=2+3x$

05
등식 $2(x-a)=8-bx$가 x에 대한 항등식일 때, ab의 값은? (단, a, b는 상수)

① -8 ② -4 ③ 2

④ 4 ⑤ 8

06
다음 중 옳은 것을 모두 고르면? (정답 2개)

① $a=b$이면 $a-b=0$이다.

② $ac=bc$이면 $a=b$이다.

③ $a+3=b+3$이면 $a-3=3-b$이다.

④ $\dfrac{a}{5}=\dfrac{b}{2}$이면 $2a=5b$이다.

⑤ $\dfrac{a}{-2}=\dfrac{b}{-4}$이면 $2a=4b$이다.

07
다음 중 방정식을 푸는 과정에서 등식의 성질 '$a=b$이면 $\dfrac{a}{c}=\dfrac{b}{c}$이다.'를 이용한 것은? (단, c는 자연수)

① $x+3=-2$ ➔ $x=-5$

② $x-4=3$ ➔ $x=7$

③ $2x-1=-3$ ➔ $x=-1$

④ $\dfrac{x+2}{5}=1$ ➔ $x=3$

⑤ $\dfrac{1}{3}x+3=2$ ➔ $x=-3$

02 일차방정식의 풀이

한번 더 **개념** 확인문제　　　　개념북 109쪽~111쪽 | 정답 및 풀이 82쪽

01 다음 등식에서 밑줄 친 항을 이항하시오.

(1) $x - 2 = 4$

(2) $2x = 6 - x$

(3) $5x + 2 = 3x$

(4) $4x - 6 = -2x + 2$

02 다음 중 일차방정식인 것에는 ○표, 아닌 것에는 ×표를 하시오.

(1) $2x + 5 = 9$　　　　　　(　)

(2) $3x - 1 = 3x + 4$　　　　(　)

(3) $7 + x = 7 + x^2$　　　　(　)

(4) $x^2 - 2x = x(1 + x)$　　(　)

03 다음 일차방정식을 푸시오.

(1) $2x - 4 = 2$

(2) $x = 3 - 5x$

(3) $4x - 1 = -2x + 11$

(4) $-x + 3 = 4x + 8$

(5) $5x + 1 = 3x - 5$

(6) $9 + x = 3 - 2x$

04 다음 일차방정식을 푸시오.

(1) $7x + 5 = 4(x - 1)$

(2) $2(5 - 4x) = 3(x + 7)$

(3) $-2(2x - 3) = 3(x - 5)$

(4) $12 - (2x - 6) = 3x + 8$

05 다음 일차방정식을 푸시오.

(1) $0.2x - 0.8 = x$

(2) $1.4 - 0.3x = 0.2x - 0.6$

(3) $0.1x + 0.24 = 0.05x - 0.06$

(4) $0.5(x + 2) = 0.3x + 2$

06 다음 일차방정식을 푸시오.

(1) $\dfrac{1}{2}x - 2 = x - 5$

(2) $\dfrac{-x + 10}{3} = \dfrac{3x - 8}{2}$

(3) $\dfrac{1}{5}x - \dfrac{1}{2} = \dfrac{x + 2}{2}$

(4) $\dfrac{2 - x}{4} + 1 = \dfrac{2x - 1}{3}$

일차방정식의 뜻

01 다음 중 일차방정식인 것을 모두 고르면? (정답 2개)

① $2x-1=3x+2$

② $5x+3=5\left(x+\dfrac{3}{5}\right)$

③ $7-4x<-x$

④ $x^2-3x-2=4+x^2$

⑤ $\dfrac{2}{3}x-4=\dfrac{2}{3}(x-6)$

02 다음 **보기**에서 일차방정식인 것은 모두 몇 개인지 구하시오.

> •보기•
> ㄱ. $x-3=5$　　ㄴ. $3(x-2)=3x-6$
> ㄷ. $x^2-x=x(x+1)$　　ㄹ. $2x-5=2x+3$
> ㅁ. $4(x+3)=2(x+3)$　　ㅂ. $1-5x=3-4x$

괄호가 있는 일차방정식의 풀이

03 다음 일차방정식 중 해가 나머지 넷과 <u>다른</u> 하나는?

① $x+3=-2x$　　② $5x+6=1$

③ $3(x-2)=5x-4$　　④ $-4x+2=2(x+4)$

⑤ $4-x=3x-(2-2x)$

04 일차방정식 $2-x=5(x+3)-1$의 해를 $x=a$라 할 때, $3a+1$의 값을 구하시오.

05 다음 **보기**의 일차방정식을 해가 작은 것부터 차례로 나열하시오.

> •보기•
> ㄱ. $-3(x-4)=2x-3$
> ㄴ. $4x-(2x+6)=3x-7$
> ㄷ. $4(x-1)-1=3(2x+1)+2x$

계수에 소수 또는 분수가 있는 일차방정식의 풀이

06 다음 일차방정식을 푸시오.

$$0.2(x+2)-0.3=0.15(x+3)$$

07 다음 일차방정식을 푸시오.

$$\dfrac{x+3}{4}+\dfrac{1}{3}=\dfrac{4x+7}{6}$$

08 일차방정식 $0.3x-4=1.2x+0.5$의 해를 $x=a$, 일차방정식 $\dfrac{1}{2}x=-\dfrac{2}{3}x-7$의 해를 $x=b$라 할 때, ab의 값을 구하시오.

복잡한 일차방정식의 풀이

09 일차방정식 $0.25\left(x+\dfrac{2}{5}\right)=0.2\left(x-\dfrac{1}{2}\right)$의 해를 구하시오.

10 다음 일차방정식을 푸시오.

$$0.3x+0.4=\dfrac{1}{5}\left(x+\dfrac{3}{2}\right)$$

비례식으로 주어진 일차방정식의 풀이

11 비례식 $(2x-6):(4x-1)=2:5$를 만족시키는 x의 값을 구하시오.

12 다음 비례식을 만족시키는 x의 값을 구하시오.

$$(x+6):4=(3x-2):7$$

일차방정식의 해가 주어질 때 상수 구하기

13 일차방정식 $5x-2=3x+a$의 해가 $x=-1$일 때, 상수 a의 값을 구하시오.

14 일차방정식 $3x-7=-2(2x-3a)$의 해가 $x=7$일 때, 상수 a의 값을 구하시오.

두 일차방정식의 해가 같을 때 상수 구하기

15 다음 두 일차방정식의 해가 같을 때, 상수 a의 값을 구하시오.

$$-2(1-3x)+5=a,\ 6-5x=8-3x$$

16 다음 두 일차방정식의 해가 같을 때, 상수 a의 값을 구하시오.

$$-\dfrac{1}{4}x=\dfrac{1}{3}x-\dfrac{7}{6},\ 3x-4a=-2(x+1)$$

01 어떤 수의 5배에서 3을 뺀 수는 어떤 수의 2배보다 9만큼 크다고 할 때, 다음 물음에 답하시오.

(1) 어떤 수를 x로 놓고, 방정식을 세우시오.

(2) (1)에서 세운 방정식을 풀어 어떤 수를 구하시오.

02 연속하는 세 홀수의 합이 63일 때, 다음 물음에 답하시오.

(1) 세 홀수 중 가운데 수를 x로 놓고, 방정식을 세우시오.

(2) (1)에서 세운 방정식을 풀어 연속하는 세 홀수를 구하시오.

03 올해 아버지의 나이는 48세이고 아들의 나이는 16세일 때, 아버지의 나이가 아들의 나이의 2배가 되는 것은 몇 년 후인지 구하려고 한다. 다음 물음에 답하시오.

(1) 몇 년 후를 x년 후로 놓고, 방정식을 세우시오.

(2) (1)에서 세운 방정식을 풀어 아버지의 나이가 아들의 나이의 2배가 되는 것은 몇 년 후인지 구하시오.

04 가로의 길이가 8 cm, 세로의 길이가 4 cm인 직사각형의 가로의 길이를 x cm 줄이고, 세로의 길이를 12 cm 늘였더니 넓이가 처음 넓이의 3배가 되었다. 다음 물음에 답하시오.

(1) 방정식을 세우시오.

(2) (1)에서 세운 방정식을 풀어 x의 값을 구하시오.

05 두 지점 A, B 사이를 왕복하는데 갈 때는 시속 4 km로 걷고, 올 때는 시속 3 km로 걸어서 총 7시간이 걸렸을 때, 두 지점 A, B 사이의 거리를 구하려고 한다. 다음 물음에 답하시오.

(1) 두 지점 A, B 사이의 거리를 x km로 놓고, 방정식을 세우시오.

(2) (1)에서 세운 방정식을 풀어 두 지점 A, B 사이의 거리를 구하시오.

06 집에서 도서관까지 자전거를 타고 왕복하는데 갈 때는 시속 8 km로 가고, 올 때는 같은 길을 시속 10 km로 왔더니 갈 때가 올 때보다 15분이 더 걸렸다고 한다. 집에서 도서관까지의 거리를 구하려고 할 때, 다음 물음에 답하시오.

(1) 집에서 도서관까지의 거리를 x km로 놓고, 방정식을 세우시오.

(2) (1)에서 세운 방정식을 풀어 집에서 도서관까지의 거리를 구하시오.

자릿수에 대한 문제

01 십의 자리의 숫자가 3인 두 자리의 자연수가 있다. 이 자연수는 각 자리의 숫자의 합의 4배와 같을 때, 이 자연수를 구하시오.

02 십의 자리의 숫자가 4인 두 자리의 자연수가 있다. 이 자연수의 십의 자리의 숫자와 일의 자리의 숫자를 바꾼 수는 처음 수보다 18만큼 클 때, 처음 수를 구하시오.

03 십의 자리의 숫자가 일의 자리의 숫자보다 6만큼 작은 두 자리의 자연수가 있다. 이 자연수는 각 자리의 숫자의 합의 3배보다 2만큼 작을 때, 이 자연수를 구하시오.

개수에 대한 문제

04 다현이가 농구 시합에서 2점짜리 슛과 3점짜리 슛을 합하여 12개를 넣어 28점을 얻었다. 이때 다현이가 넣은 2점짜리 슛은 모두 몇 개인지 구하시오.

05 동물원에 코끼리와 홍학이 총 24마리 있다. 코끼리와 홍학의 다리의 수의 합이 60개일 때, 홍학은 모두 몇 마리인지 구하시오.

06 1개에 1200원인 쿠키와 1개에 1700원인 마카롱을 합하여 9개를 샀다. 15000원을 내고 2700원을 거슬러 받았을 때, 쿠키는 모두 몇 개 샀는지 구하시오.

과부족에 대한 문제

07 학생들에게 귤을 나누어 주려고 하는데 한 학생에게 5개씩 나누어 주면 5개가 남고, 7개씩 나누어 주면 9개가 모자란다고 한다. 다음 물음에 답하시오.

(1) 학생은 모두 몇 명인지 구하시오.

(2) 귤은 모두 몇 개인지 구하시오.

08 어느 모임에 참석한 사람들에게 떡을 나누어 주려고 하는데 한 사람에게 7개씩 나누어 주면 2개가 남고, 8개씩 나누어 주면 6개가 모자란다고 한다. 이때 모임에 참석한 사람은 모두 몇 명인지 구하시오.

09 재희네 반 학생들이 긴 의자에 앉는데 한 의자에 5명씩 앉으면 8명이 앉지 못하고, 6명씩 앉으면 2명이 앉지 못한다고 한다. 이때 긴 의자는 몇 개이고, 학생은 몇 명인지 각각 구하시오.

13 성아는 4시 10분에 집에서 출발하여 분속 60 m로 도서관을 향해 걸어갔다. 오빠가 4시 25분에 집에서 출발하여 분속 90 m로 성아를 따라간다고 할 때, 오빠가 출발한 지 몇 분 후에 성아를 만나게 되는지 구하시오.

(단, 두 사람은 도서관에 도착하기 전에 만난다.)

증가, 감소에 대한 문제

10 어느 중학교의 학생 수는 작년에 비하여 5 % 감소하여 올해는 342명이 되었다. 이 중학교의 작년의 학생은 모두 몇 명인지 구하시오.

일에 대한 문제

14 어떤 일을 완성하는 데 언니가 혼자 하면 6시간, 동생이 혼자 하면 12시간이 걸린다고 한다. 이 일을 언니와 동생이 함께 하여 완성하려면 몇 시간이 걸리는지 구하시오.

11 어느 피트니스 센터의 작년의 전체 회원은 1300명이었다. 올해는 작년에 비하여 남자 회원 수는 6 % 증가하였고 여자 회원 수는 12 % 감소하여 전체 회원은 57명이 감소하였다. 이 피트니스 센터의 작년의 남자 회원은 모두 몇 명인지 구하시오.

15 어떤 일을 완성하는 데 연주가 혼자 하면 8일, 어진이가 혼자 하면 16일이 걸린다고 한다. 이 일을 연주가 혼자 2일 동안 하다가 어진이와 함께 하여 완성하였을 때, 연주와 어진이가 함께 일을 한 날은 며칠인지 구하시오.

거리, 속력, 시간에 대한 문제

12 시원이가 집을 출발한 지 20분 후에 누나가 시원이를 따라나섰다. 시원이는 분속 70 m로 걸어가고, 누나는 자전거를 타고 분속 110 m로 따라간다고 할 때, 누나가 출발한 지 몇 분 후에 시원이를 만나게 되는지 구하시오.

16 어떤 물통에 물을 가득 채우는 데 A 호스로는 4시간, B 호스로는 6시간이 걸린다고 한다. A, B 두 호스를 같이 사용하여 2시간 동안 물을 받다가 B 호스로만 물을 받아서 이 물통에 물을 가득 채우려고 할 때, B 호스로만 몇 시간을 더 받아야 하는지 구하시오.

01

등식 $4-4x=ax$가 x에 대한 일차방정식이 되도록 하는 상수 a의 조건을 구하시오.

02

다음 중 일차방정식 $5x-2=3x+6$과 해가 같은 것은?

① $x-4=2$
② $5x-9=-4x$
③ $2(x-3)+2=3x$
④ $0.1x+1=0.3x+0.2$
⑤ $\dfrac{1}{2}x=\dfrac{2}{5}x-1$

03

다음 두 일차방정식의 해가 같을 때, 상수 a의 값을 구하시오.

$$\dfrac{1}{4}x+\dfrac{1}{2}=\dfrac{1}{3}x+\dfrac{1}{6},\ 2x-a=3$$

04

일차방정식 $7+3x=11$에서 좌변의 7을 잘못 보고 풀었더니 해가 $x=3$이었다. 이때 7을 어떤 수로 잘못 본 것인지 구하시오.

05

올해 은주와 이모의 나이의 합은 54세이다. 15년 후에 이모의 나이가 은주의 나이의 2배가 된다고 할 때, 올해 은주의 나이를 구하시오.

06

둘레의 길이가 2 km인 호수의 둘레를 선주와 민성이가 같은 지점에서 서로 반대 방향으로 동시에 출발하였다. 선주는 분속 90 m로 걷고, 민성이는 분속 110 m로 걸었을 때, 두 사람은 출발한 지 몇 분 후에 처음으로 만나게 되는지 구하시오.

07

길이가 120 cm인 철사를 구부려 가로와 세로의 길이의 비가 3 : 1인 직사각형을 만들려고 한다. 이 직사각형의 가로의 길이를 구하시오.
(단, 철사는 겹치는 부분이 없도록 모두 사용하며 철사의 두께는 생각하지 않는다.)

08

어느 동아리 학생들이 초콜릿을 나누어 먹으려고 하는데 한 명이 4개씩 먹으면 6개가 남고, 6개씩 먹으면 2개가 모자란다고 한다. 이때 초콜릿은 모두 몇 개인지 구하시오.

01

다음 문장 중 등식으로 나타낼 수 있는 것은?

① 한 개에 2000원 하는 과자 a개의 가격이다.

② 어떤 수 x를 2배 한 수에서 1을 뺀다.

③ 길이가 20 cm인 실을 a cm 사용하고 남은 실의 길이이다.

④ 한 변의 길이가 x cm인 정사각형의 둘레의 길이는 16 cm이다.

⑤ 한 개에 500원인 지우개를 a개 사고 5000원을 냈을 때의 거스름돈이다.

02

다음 방정식 중 해가 $x=2$인 것은?

① $3x+2=5$

② $\frac{1}{2}x-4=3$

③ $x+6=5x-6$

④ $-4(4-x)=8$

⑤ $-(x+1)+3=2x-4$

03

다음 중 항등식인 것은?

① $3-2=0$ ② $5x=3x$

③ $x+4=4+x$ ④ $2x-7$

⑤ $\frac{x-1}{2}=x$

04

등식 $2x+6=a(x-2)+bx$가 x에 대한 항등식일 때, $b-a$의 값을 구하시오. (단, a, b는 상수)

05

$a=2b$일 때, 다음 중 옳지 <u>않은</u> 것은?

① $a+2=2b+2$ ② $a-5=2b-5$

③ $\frac{1}{2}a=b$ ④ $2a+1=4b+2$

⑤ $\frac{a-1}{4}=\frac{2b-1}{4}$

06

다음 중 일차방정식이 <u>아닌</u> 것은?

① $3x-8=7$ ② $5x+1=x-3$

③ $2(1-x)=6-2x$ ④ $x^2-2x=x^2+4$

⑤ $\frac{x^2+1}{3}-x=\frac{x^2-1}{3}$

07

다음 일차방정식 중 해가 가장 큰 것은?

① $x+1=2x-1$ ② $5x+2=2(x-5)$

③ $\frac{1}{2}x+4=\frac{1}{3}x+2$ ④ $0.4x+3.5=0.7-x$

⑤ $0.9x-0.1=-\frac{1}{2}(x+3)$

08

다음 일차방정식의 해가 $x=2$일 때, 상수 a의 값을 구하시오.

$$\frac{-2x-a}{3}=\frac{x+2a}{4}+4$$

09

일의 자리의 숫자가 6인 두 자리의 자연수가 있다. 이 자연수의 십의 자리의 숫자와 일의 자리의 숫자를 바꾼 수는 처음 수보다 27만큼 크다고 할 때, 처음 수를 구하시오.

10

건우는 오전 8시에 집에서 출발하여 매분 60 m의 속력으로 학교를 향해 걸어갔다. 동생이 건우에게 준비물을 가져다주기 위해 오전 8시 10분에 집에서 출발하여 자전거를 타고 매분 110 m의 속력으로 건우를 따라갈 때, 동생이 집에서 출발한 지 몇 분 후에 건우를 만날 수 있는지 구하시오.

(단, 두 사람은 학교에 도착하기 전에 만난다.)

11

주경이는 가족들과 함께 강릉으로 여행을 갔다. 여행 비용의 $\frac{1}{8}$은 교통비로, $\frac{1}{3}$은 숙박비로, $\frac{1}{2}$은 식사비로 각각 사용하였고, 관광지의 입장료로 20000원을 사용하였다. 계획한 여행 비용을 딱 맞게 모두 사용하였을 때, 주경이네 가족이 계획한 여행 비용은 얼마인지 구하시오.

서술형 문제

12

다음 두 일차방정식의 해가 같을 때, 상수 a의 값을 구하시오. [6점]

$$3(x-2)=4(x-3)+1, \quad 2a-x=1$$

 풀이

 답

13

어떤 물건을 원가에 30 %의 이익을 붙여서 정가를 정하고, 정가에서 600원을 할인하여 팔았더니 1200원의 이익이 생겼다. 다음 물음에 답하시오. [7점]

⑴ 이 물건의 원가를 x원으로 놓고, 방정식을 세우시오. [4점]

⑵ 이 물건의 원가를 구하시오. [3점]

풀이

답

01 순서쌍과 좌표

한번 더 **개념** 확인문제　　개념북 ● 129쪽~130쪽 | 정답 및 풀이 ● 86쪽

01 다음 수직선 위의 네 점 A, B, C, D의 좌표를 각각 기호로 나타내시오.

02 다음 수직선 위에 네 점 A, B, C, D를 각각 나타내시오.

$$A(-4), \quad B\left(-\frac{2}{3}\right), \quad C(0), \quad D\left(\frac{3}{2}\right)$$

03 오른쪽 좌표평면 위의 5개의 점 A, B, C, D, E의 좌표를 각각 기호로 나타내시오.

(1) A(☐ , ☐)

(2) B(☐ , ☐)

(3) C(☐ , ☐)

(4) D(☐ , ☐)

(5) E(☐ , ☐)

04 오른쪽 좌표평면 위에 네 점 A, B, C, D를 각각 나타내시오.

(1) A(1, 3)

(2) B(-3, 2)

(3) C(2, -3)

(4) D(-4, -2)

05 다음 점의 좌표를 구하시오.

(1) x좌표가 2이고 y좌표가 -4인 점

(2) x좌표가 -3이고 y좌표가 6인 점

(3) x축 위에 있고, x좌표가 7인 점

(4) y축 위에 있고, y좌표가 -1인 점

06 다음 점은 제몇 사분면 위의 점인지 구하시오.

(1) (-1, 3)

(2) (4, 2)

(3) (-3, -5)

(4) (6, -4)

(5) (0, -2)

순서쌍

01 두 수 a, b에 대하여 $|a|=1$, $|b|=2$일 때, 순서쌍 (a, b)를 모두 구하시오.

02 두 순서쌍 $(2a, -4)$, $(2, 2b)$가 서로 같을 때, $a-b$의 값을 구하시오.

03 두 순서쌍 $\left(\dfrac{1}{3}a, -5\right)$, $(-3, 2b+1)$이 서로 같을 때, ab의 값을 구하시오.

좌표평면 위의 점의 좌표

04 오른쪽 좌표평면 위의 점 P 의 좌표는?

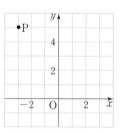

① $(-5, -3)$
② $(-3, -5)$
③ $(-3, 5)$
④ $(3, -5)$
⑤ $(5, -3)$

05 다음 중 오른쪽 좌표평면 위의 점의 좌표를 나타낸 것으로 옳은 것은?

① $A(3, 0)$
② $B(2, 4)$
③ $C(-1, -2)$
④ $D(-3, 3)$
⑤ $E(1, -3)$

x축 또는 y축 위의 점의 좌표

06 다음 중 x축 위의 점은?

① $(-3, -3)$ ② $(-2, 0)$
③ $(0, -4)$ ④ $(1, -2)$
⑤ $(3, 5)$

07 점 $(2a+4, 3)$이 y축 위의 점일 때, a의 값을 구하시오.

08 점 $(-2, a+3)$은 x축 위의 점이고, 점 $(b-2, 2)$는 y축 위의 점일 때, $a+b$의 값을 구하시오.

좌표평면 위의 도형의 넓이

09 다음 좌표평면 위에 네 점 A$(-1, 1)$, B$(-1, -2)$, C$(3, -2)$, D$(3, 1)$을 각각 나타내고, 이 네 점을 꼭짓점으로 하는 사각형 ABCD의 넓이를 구하시오.

10 세 점 A$(1, 3)$, B$(-4, -1)$, C$(1, -1)$을 꼭짓점으로 하는 삼각형 ABC의 넓이를 구하시오.

사분면 위의 점

11 다음 중 점 $(-1, 2)$와 같은 사분면 위의 점은?

① $(2, -1)$　　② $(1, -2)$　　③ $(-1, -2)$
④ $(1, 0)$　　⑤ $(-2, 1)$

12 다음 중 점의 좌표와 그 점이 속하는 사분면을 바르게 짝 지은 것은?

① $(4, 4)$ ➡ 제4사분면
② $(-2, -2)$ ➡ 제3사분면
③ $(2, -5)$ ➡ 제2사분면
④ $(-5, 3)$ ➡ 제1사분면
⑤ $(0, -6)$ ➡ 제3사분면

13 다음 중 옳은 것을 모두 고르면? (정답 2개)

① 점 $(4, 2)$는 제2사분면 위의 점이다.
② 점 $(-3, -5)$는 제4사분면 위의 점이다.
③ 점 $(5, 0)$은 x축 위의 점이다.
④ 점 $(3, -7)$은 제3사분면 위의 점이다.
⑤ 점 $(-2, 3)$과 점 $(-3, 2)$는 같은 사분면 위의 점이다.

사분면의 결정

14 $a>0$, $b>0$일 때, 점 $(-a, b)$는 제몇 사분면 위의 점인가?

① 제1사분면　　　　② 제2사분면
③ 제3사분면　　　　④ 제4사분면
⑤ 어느 사분면에도 속하지 않는다.

15 $a<0$, $b>0$일 때, 다음 중 점의 좌표와 그 점이 속하는 사분면을 바르게 짝 지은 것은?

① (a, b) ➡ 제4사분면
② $(-a, b)$ ➡ 제2사분면
③ $(-a, -b)$ ➡ 제1사분면
④ $(a, -b)$ ➡ 제3사분면
⑤ $(-b, -a)$ ➡ 제4사분면

16 점 (a, b)가 제3사분면 위의 점일 때, 다음 점은 제몇 사분면 위의 점인지 구하시오.

(1) $(-a, b)$　　　　　(2) $(a, -b)$

(3) $(a+b, a)$　　　　(4) $(-b, ab)$

02 그래프의 뜻과 표현

한번 더 개념 확인문제

개념북 134쪽~135쪽 | 정답 및 풀이 87쪽

01 길이가 12 cm인 향에 불을 붙이면 1시간마다 2 cm 씩 길이가 일정하게 줄어든다. 향에 불을 붙인 지 x시간 후의 향의 길이를 y cm라 할 때, 다음 물음에 답하시오.

(1) 표를 완성하고, 순서쌍 (x, y)를 모두 구하시오.

x(시간)	0	1	2	3	4	5	6
y(cm)	12	10					

(2) x와 y 사이의 관계를 그래프로 나타내시오.

02 높이가 100 cm인 직육면체 모양의 빈 수조에 수면의 높이가 매분 20 cm씩 올라가도록 물을 채우고 있다. 물을 채우기 시작한 지 x분 후의 수조의 물의 높이를 y cm라 할 때, 다음 물음에 답하시오.

(1) 표를 완성하고, 순서쌍 (x, y)를 모두 구하시오.

x(분)	0	1	2	3	4	5
y(cm)	0	20				

(2) x와 y 사이의 관계를 그래프로 나타내시오.

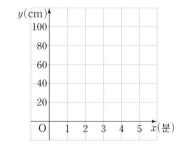

03 다음 상황을 읽고, 물의 온도의 변화를 시간에 따라 나타낸 그래프로 알맞은 것을 **보기**에서 고르시오.

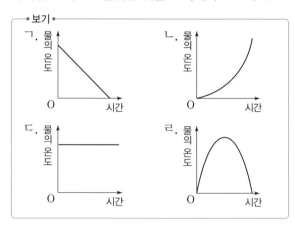

(1) 물의 온도가 시간에 따라 점점 빠르게 높아졌다.

(2) 물의 온도가 시간에 따라 일정하게 낮아졌다.

(3) 물의 온도가 시간이 지나도 변하지 않았다.

(4) 물의 온도가 시간에 따라 높아졌다가 다시 낮아졌다.

04 준호는 출발점에서 반환점까지 500 m의 거리를 2회 왕복하여 걸었다. 아래 그림은 준호가 출발한 지 x분 후에 준호가 출발점으로부터 떨어진 거리를 y m라 할 때, x와 y 사이의 관계를 나타낸 그래프이다. 다음 물음에 답하시오.

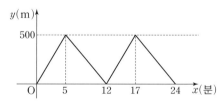

(1) 출발점에서 반환점까지 가는 데 걸린 시간은 몇 분인지 구하시오.

(2) 출발점에서 반환점 사이를 1회 왕복하는 데 걸린 시간은 몇 분인지 구하시오.

상황에 알맞은 그래프 찾기

01 현준이는 집에서 친구 집까지 일정한 속력으로 자전거를 타고 가다가 중간에 아는 사람을 만나서 이야기하느라 잠깐 멈춰 선 후 다시 처음과 같은 속력으로 자전거를 타고 친구 집까지 갔다. 현준이가 집에서부터 이동한 거리를 시간에 따라 나타낸 그래프로 알맞은 것을 다음 **보기**에서 고르시오.

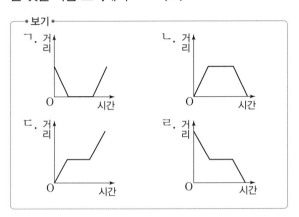

02 일정한 속력으로 타는 양초에 불을 붙였다가 5분 후에 끄고, 10분이 지난 후 다시 불을 붙이고 5분 후 양초의 길이가 처음 길이의 절반이 되어 불을 껐다. 양초의 길이를 시간에 따라 나타낸 그래프로 알맞은 것을 다음 **보기**에서 고르시오.

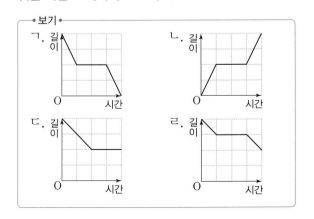

그래프 해석하기

03 민희는 집에서 300 m 떨어진 서점에 갔다가 집으로 돌아왔다. 아래 그림은 집에서 출발한 지 x분 후에 민희가 집으로부터 떨어진 거리를 y m라 할 때, x와 y 사이의 관계를 나타낸 그래프이다. 다음 물음에 답하시오.

(1) 민희가 집에서 출발하여 10분 동안 이동한 거리는 몇 m인지 구하시오.

(2) 민희가 서점에 머문 시간은 몇 분인지 구하시오.

04 아래 그림은 모형 자동차의 이동 거리를 시간에 따라 나타낸 그래프이다. 모형 자동차가 출발하여 x초 동안 이동한 거리를 y m라 할 때, 다음 물음에 답하시오.

(1) 모형 자동차가 출발하여 10초 동안 이동한 거리는 몇 m인지 구하시오.

(2) 모형 자동차가 25 m를 이동하는 데 걸린 시간은 몇 초인지 구하시오.

주기적 변화 파악하기

05 아래 그림은 대관람차의 어느 칸이 출발한 지 x분 후에 지면으로부터의 높이를 y m라 할 때, x와 y 사이의 관계를 나타낸 그래프이다. 다음 물음에 답하시오.

(1) 출발하여 처음으로 가장 높이 올라갈 때까지 걸린 시간을 구하시오.

(2) 출발한 후 3바퀴를 돌아 처음 위치로 돌아오는 데 걸린 시간을 구하시오.

06 아래 그림은 A 지점과 B 지점 사이를 왕복 운동하는 서빙 로봇의 위치를 시간에 따라 나타낸 그래프이다. 서빙 로봇이 움직이기 시작한 지 x초 후에 A 지점과 서빙 로봇 사이의 거리를 y m라 할 때, 다음 물음에 답하시오.

(1) A 지점과 B 지점 사이의 거리는 몇 m인지 구하시오.

(2) 서빙 로봇이 A 지점과 B 지점 사이를 한 번 왕복하는 데 걸리는 시간은 몇 초인지 구하시오. (단, 멈춰 있는 시간은 제외한다.)

두 그래프 한 번에 보여 주기

07 민수와 원준이가 각각 자전거를 타고 3000 m 떨어진 야구장까지 갔다. 아래 그림은 민수와 원준이가 출발하여 x분 동안 이동한 거리를 y m라 할 때, x와 y 사이의 관계를 나타낸 그래프이다. 다음 물음에 답하시오.

(1) 출발하여 10분 동안 민수와 원준이가 이동한 거리를 각각 구하시오.

(2) 민수와 원준이가 야구장까지 가는 데 걸린 시간의 차를 구하시오.

08 강호와 혜수가 5 km 마라톤 대회에 참가하였다. 아래 그림은 x분 동안 달린 거리를 y km라 할 때, x와 y 사이의 관계를 나타낸 그래프이다. 다음 물음에 답하시오.

(1) 출발하여 16분 동안 강호와 혜수가 달린 거리를 각각 구하시오.

(2) 강호가 혜수보다 앞서기 시작한 것은 출발한 지 몇 분 후인지 구하시오.

(3) 혜수가 달리는 도중 복통으로 한 곳에 머무르면서 쉬었다. 혜수가 몇 분 동안 쉬었는지 구하시오.

01

점 $A(a, a+1)$은 x축 위의 점이고,
점 $B(b-2, b+3)$은 y축 위의 점일 때, $a+b$의 값을
구하시오.

02

점 $P(a, b)$가 제4사분면 위의 점일 때,
점 $Q(ab, a-b)$는 제몇 사분면 위의 점인가?

① 제1사분면   ② 제2사분면
③ 제3사분면   ④ 제4사분면
⑤ 어느 사분면에도 속하지 않는다.

03

아래 그림은 어떤 자기 부상 열차가 운행을 시작한 후
열차의 속력을 시간에 따라 나타낸 그래프이다. x초일
때의 열차의 속력을 y m/s라 할 때, 다음 중 옳지 <u>않은</u>
것은?

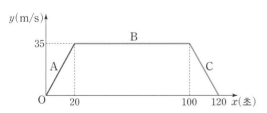

① A 구간에서 자기 부상 열차의 속력은 점점 증가하
였다.
② B 구간에서 자기 부상 열차의 속력은 일정하였다.
③ B 구간에서 자기 부상 열차가 이동한 거리는 35 m
이다.
④ C 구간에서 자기 부상 열차의 속력은 점점 감소하
였다.
⑤ 자기 부상 열차는 C 구간을 20초 동안 달렸다.

04

아래 그림은 연서가 회전목마를 탔을 때, 연서가 탄 목
마의 지면으로부터의 높이를 시간에 따라 나타낸 그래
프이다. 회전목마가 움직이기 시작한 지 x초 후에 목
마의 지면으로부터의 높이를 y m라 할 때, 다음 **보기**
에서 그래프에 대한 설명으로 옳은 것을 모두 고르시오.

• 보기 •
ㄱ. 목마가 움직이기 시작한 지 16초 후의 지면으로
부터의 높이는 0.8 m이다.
ㄴ. 목마가 움직이기 시작한 후 32초 동안 가장 높이
올라갔을 때의 높이는 1.6 m이다.
ㄷ. 목마가 움직이기 시작한 후 32초 동안 높이가
1.2 m인 지점에 도달한 것은 총 2번이다.

05

오른쪽 그림과 같은 두 종류의
컵 A, B에 시간당 일정한 양
의 물을 부을 때, 시간에 따른
물의 높이를 나타낸 그래프로
알맞은 것을 **보기**에서 각각 고
르시오.

01

수직선 위의 두 점 $A(a)$, $B(b)$에 대하여 $2a+b$의 값을 구하시오.

02

두 순서쌍 $(2a-1, 6)$, $(3, b+2)$가 서로 같을 때, $a+b$의 값은?

① -2 ② 1 ③ 3
④ 4 ⑤ 6

03

다음 중 오른쪽 좌표평면 위의 점의 좌표를 기호로 나타낸 것으로 옳지 <u>않은</u> 것은?

① $A(2, 4)$
② $B(-2, 1)$
③ $C(-4, -3)$
④ $D(-3, 0)$
⑤ $E(3, 0)$

04

다음 중 x축 위에 있고, x좌표가 7인 점의 좌표는?

① $(0, 7)$ ② $(1, 7)$ ③ $(7, 0)$
④ $(7, 7)$ ⑤ $(-7, 0)$

05

좌표평면 위의 세 점 $A(1, 4)$, $B(-4, -2)$, $C(3, -2)$를 꼭짓점으로 하는 삼각형 ABC의 넓이를 구하시오.

06

다음 중 제2사분면 위의 점은?

① $(-3, -5)$ ② $(-3, 5)$ ③ $(3, 0)$
④ $(3, 5)$ ⑤ $(5, -3)$

07

다음 중 좌표평면에 대한 설명으로 옳지 <u>않은</u> 것은?

① 원점은 y축 위의 점이다.
② 점 $(2, 0)$은 x축 위의 점이다.
③ 점 $(3, -2)$는 제4사분면 위의 점이다.
④ 두 점 $(-1, 4)$, $(-4, 1)$은 같은 사분면 위의 점이다.
⑤ $a>0$, $b<0$일 때, 점 $(a-b, ab)$는 제3사분면 위의 점이다.

08

다음 상황에 알맞은 그래프를 **보기**에서 고르시오.

> 물을 끓였더니 물의 온도가 높아지다가 어느 순간부터는 변하지 않았다.

09

아래 그림은 희재가 자전거를 탄 후 경과한 시간과 출발점으로부터의 이동 거리 사이의 관계를 나타낸 그래프이다. 다음 **보기**에서 옳은 것을 모두 고르시오.

┌ • 보기 •
│ ㄱ. 이동 거리가 5 km가 될 때까지 걸린 시간은 10분이다.
│ ㄴ. 30분 동안 10 km를 이동하였다.
│ ㄷ. 60분 동안 20 km를 이동하였다.
│ ㄹ. 90분 동안 정지해 있던 시간은 총 20분이다.
└

10

수호와 준명이가 학교에서 동시에 출발하여 도서관까지 갔다. 아래 그림은 학교에서 출발한 지 x분 후에 수호와 준명이가 학교로부터 떨어진 거리를 y m라 할 때, x와 y 사이의 관계를 나타낸 그래프이다. 다음 물음에 답하시오.

(1) 학교에서 도서관까지의 거리는 몇 m인지 구하시오.

(2) 수호와 준명이는 출발한 지 몇 분 후에 처음으로 다시 만나는지 구하시오.

┤ 서술형 **문제** ├

11

점 A$(-2a-3, 2b+10)$은 x축 위의 점이고,
점 B$\left(a, \dfrac{1}{2}b\right)$는 y축 위의 점일 때, $a-b$의 값을 구하시오. [5점]

 풀이

 답

12

점 P$(a, -b)$가 제3사분면 위의 점일 때,
점 Q$(-ab, b-a)$는 제몇 사분면 위의 점인지 구하시오. [6점]

 풀이

 답

01 정비례와 그 그래프

한번 더 개념 확인문제   개념북 ➡ 145쪽~147쪽 | 정답 및 풀이 ➡ 89쪽

01 한 변의 길이가 x cm인 정사각형의 둘레의 길이를 y cm라 하자. 다음 물음에 답하시오.

(1) 표를 완성하시오.

x	1	2	3	4	⋯
y					⋯

(2) y가 x에 정비례하는지 구하시오.

(3) x와 y 사이의 관계를 식으로 나타내시오.

02 다음 중 y가 x에 정비례하는 것에는 ○표, 정비례하지 않는 것에는 ×표를 하시오.

(1) $y = -x$ ( )

(2) $y = \dfrac{2}{x}$ ( )

(3) $y = 3x + 7$ ( )

(4) $y = -\dfrac{1}{4}x$ ( )

(5) $y = 1 - 5x$ ( )

03 y가 x에 정비례하고 다음 조건을 만족시킬 때, x와 y 사이의 관계를 식으로 나타내시오.

(1) $x = 2$일 때, $y = 6$이다.

(2) $x = -4$일 때, $y = 20$이다.

(3) $x = -10$일 때, $y = -5$이다.

04 다음 정비례 관계의 그래프가 지나는 사분면을 모두 구하시오.

(1) $y = \dfrac{2}{3}x$ 　　　　 (2) $y = -2x$

05 다음 점이 각 정비례 관계의 그래프 위에 있으면 ○표, 그래프 위에 있지 않으면 ×표를 하시오.

(1) $y = 3x$ 　　 $(2, -6)$ 　　　　 ( )

(2) $y = \dfrac{4}{5}x$ 　　 $(10, 8)$ 　　　　 ( )

(3) $y = -4x$ 　 $(-3, -12)$ 　　 ( )

(4) $y = -\dfrac{1}{10}x$ 　 $(20, -2)$ 　　 ( )

06 다음 그래프가 나타내는 식을 구하시오.

(1)

(2)

정비례 관계 찾기

01 다음 중 y가 x에 정비례하는 것을 모두 고르면?

(정답 2개)

① $y=2+x$

② $\dfrac{y}{x}=-4$

③ $y=3x$

④ $xy=-7$

⑤ $y=\dfrac{6}{x}$

02 다음 중 y가 x에 정비례하는 것은?

① 곱이 30인 두 수 x와 y

② 5명씩 한 개의 팀을 이룰 때, x개의 팀 전체 사람 수 y명

③ 둘레의 길이가 40 cm인 직사각형의 가로의 길이 x cm와 세로의 길이 y cm

④ 10 km를 시속 x km로 달린 시간 y시간

⑤ 음료수 20 L를 x명이 똑같이 나누어 마실 때, 한 사람이 마시는 음료수의 양 y L

정비례 관계 $y=ax\,(a\neq0)$의 그래프

03 다음 중 정비례 관계 $y=5x$의 그래프는?

①

②

③

④

⑤

04 다음 중 정비례 관계 $y=-\dfrac{3}{5}x$의 그래프는?

①

②

③

④

⑤

정비례 관계 $y=ax\,(a\neq0)$의 그래프의 성질

05 다음 중 정비례 관계 $y=4x$의 그래프에 대한 설명으로 옳은 것을 모두 고르면? (정답 2개)

① 점 $(1,\ -4)$를 지난다.

② 오른쪽 아래로 향한다.

③ 제1사분면과 제3사분면을 지난다.

④ 한 쌍의 매끄러운 곡선이다.

⑤ x의 값이 증가하면 y의 값도 증가한다.

06 다음 중 정비례 관계 $y=-\dfrac{1}{3}x$의 그래프에 대한 설명으로 옳은 것은?

① 점 $(3,\ 1)$을 지난다.

② x의 값이 증가하면 y의 값도 증가한다.

③ 오른쪽 위로 향한다.

④ 원점을 지나는 직선이다.

⑤ 제1사분면과 제3사분면을 지난다.

한번더!
개념 완성하기
교과서 대표 문제로

07 다음 정비례 관계 중 그 그래프가 제2사분면과 제4사분면을 지나는 것을 모두 고르면? (정답 2개)

① $y=x$ ② $y=2x$ ③ $y=\dfrac{x}{3}$

④ $y=-4x$ ⑤ $y=-\dfrac{1}{5}x$

정비례 관계 $y=ax$ $(a \neq 0)$의 그래프 위의 점

08 다음 중 정비례 관계 $y=-\dfrac{3}{2}x$의 그래프 위의 점이 아닌 것은?

① $(-6, 9)$ ② $\left(-\dfrac{4}{3}, 2\right)$ ③ $(0, 0)$

④ $(2, 3)$ ⑤ $(4, -6)$

09 정비례 관계 $y=2x$의 그래프가 두 점 $(-2, a)$, $(b, 4)$를 지날 때, $a-b$의 값을 구하시오.

정비례 관계 $y=ax$ $(a \neq 0)$의 식 구하기

10 오른쪽 그래프가 나타내는 식을 구하시오.

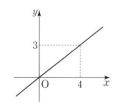

11 y가 x에 정비례하고, 그 그래프가 점 $(2, -6)$을 지날 때, x와 y 사이의 관계를 나타내는 식은?

① $y=-6x$ ② $y=-3x$ ③ $y=-2x$

④ $y=x$ ⑤ $y=2x$

정비례 관계의 활용

12 불을 붙이면 1분에 0.4 cm씩 타는 길이가 20 cm인 양초가 있다. 불을 붙이고 x분 동안 탄 양초의 길이를 y cm라 할 때, 다음 물음에 답하시오.

⑴ x와 y 사이의 관계를 식으로 나타내시오.

⑵ 20분 동안 탄 양초의 길이는 몇 cm인지 구하시오.

13 높이가 90 cm인 원기둥 모양의 빈 물통에 매분 일정한 양의 물을 넣을 때, 수면의 높이는 1분에 5 cm씩 올라간다고 한다. 물을 넣기 시작한 지 x분 후의 수면의 높이를 y cm라 할 때, 다음 물음에 답하시오.

⑴ x와 y 사이의 관계를 식으로 나타내시오.

⑵ 물통에 물을 가득 채우는 데 걸리는 시간은 몇 분인지 구하시오.

반비례와 그 그래프

01 길이가 60 cm인 끈을 x도막으로 똑같이 자를 때, 잘린 한 도막의 길이를 y cm라 하자. 다음 물음에 답하시오.

(1) 표를 완성하시오.

x	1	2	3	4	⋯
y					⋯

(2) y가 x에 반비례하는지 구하시오.

(3) x와 y 사이의 관계를 식으로 나타내시오.

02 다음 중 y가 x에 반비례하는 것에는 ○표, 반비례하지 않는 것에는 ×표를 하시오.

(1) $y = \dfrac{3}{x}$ (   )

(2) $y = 5 - 2x$ (   )

(3) $y = \dfrac{x}{6}$ (   )

(4) $xy = -1$ (   )

03 y가 x에 반비례하고 다음 조건을 만족시킬 때, x와 y 사이의 관계를 식으로 나타내시오.

(1) $x = 3$일 때, $y = 1$이다.

(2) $x = 5$일 때, $y = -2$이다.

(3) $x = -6$일 때, $y = -\dfrac{2}{3}$이다.

04 다음 반비례 관계의 그래프가 지나는 사분면을 모두 구하시오.

(1) $y = \dfrac{10}{x}$ (2) $y = -\dfrac{2}{x}$

05 다음 점이 각 반비례 관계의 그래프 위에 있으면 ○표, 그래프 위에 있지 않으면 ×표를 하시오.

(1) $y = \dfrac{6}{x}$ $(2, -3)$ (   )

(2) $y = \dfrac{8}{x}$ $(4, 2)$ (   )

(3) $y = -\dfrac{12}{x}$ $(-6, 2)$ (   )

(4) $y = -\dfrac{15}{x}$ $(-5, -3)$ (   )

06 다음 그래프가 나타내는 식을 구하시오.

(1)

(2)

반비례 관계 찾기

01 다음 중 x의 값이 2배, 3배, 4배, ...가 될 때 y의 값은 $\frac{1}{2}$배, $\frac{1}{3}$배, $\frac{1}{4}$배, ...가 되는 것은?

① $y = -2x$ ② $y = -\dfrac{4}{x}$ ③ $y = x + 6$

④ $x + y = 8$ ⑤ $\dfrac{y}{x} = \dfrac{1}{10}$

02 다음 중 y가 x에 반비례하는 것을 모두 고르면?
(정답 2개)

① 밑변의 길이가 x cm, 넓이가 7 cm²인 삼각형의 높이 y cm

② 한 변의 길이가 x cm인 정삼각형의 둘레의 길이 y cm

③ 매일 2시간씩 공부할 때, x일 동안 공부한 시간 y시간

④ 시속 x km로 y시간 동안 달린 거리 60 km

⑤ 1개당 열량이 50 kcal인 사탕 x개의 열량 y kcal

반비례 관계 $y = \dfrac{a}{x}\ (a \neq 0)$의 그래프

03 다음 중 반비례 관계 $y = -\dfrac{3}{x}$의 그래프는?

①   ②

③   ④

⑤

04 다음 중 반비례 관계 $y = \dfrac{10}{x}$의 그래프는?

①   ②

③   ④

⑤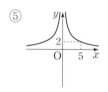

반비례 관계 $y = \dfrac{a}{x}\ (a \neq 0)$의 그래프의 성질

05 다음 중 반비례 관계 $y = -\dfrac{6}{x}$의 그래프에 대한 설명으로 옳지 **않은** 것을 모두 고르면? (정답 2개)

① 한 쌍의 매끄러운 곡선이다.

② 원점을 지난다.

③ 제2사분면과 제4사분면을 지난다.

④ 점 $(2, -3)$을 지난다.

⑤ 지나는 각 사분면에서 x의 값이 증가하면 y의 값은 감소한다.

06 다음 **보기**에서 반비례 관계 $y = \dfrac{8}{x}$의 그래프에 대한 설명으로 옳은 것을 모두 고르시오.

┌ 보기 ┐
ㄱ. 원점을 지나는 직선이다.

ㄴ. 제1사분면과 제3사분면을 지난다.

ㄷ. 지나는 각 사분면에서 x의 값이 증가하면 y의 값도 증가한다.

ㄹ. 반비례 관계 $y = \dfrac{6}{x}$의 그래프보다 원점에서 더 멀리 떨어져 있다.
└───────┘

07 다음 중 그 그래프가 제1사분면과 제3사분면을 지나는 한 쌍의 매끄러운 곡선인 것은?

① $y=-x$ ② $y=-\dfrac{3}{x}$ ③ $y=\dfrac{5}{x}$

④ $y=7x$ ⑤ $y=\dfrac{1}{9}x$

11 y가 x에 반비례하고, 그 그래프가 점 $(6, -4)$를 지날 때, x와 y 사이의 관계를 나타내는 식은?

① $y=-\dfrac{36}{x}$ ② $y=-\dfrac{24}{x}$ ③ $y=-\dfrac{4}{x}$

④ $y=\dfrac{6}{x}$ ⑤ $y=\dfrac{24}{x}$

반비례 관계 $y=\dfrac{a}{x}\ (a\neq0)$의 그래프 위의 점

08 다음 중 반비례 관계 $y=\dfrac{18}{x}$의 그래프 위의 점이 <u>아닌</u> 것은?

① $\left(-8, -\dfrac{9}{4}\right)$ ② $(-6, -3)$ ③ $(-1, -18)$

④ $(4, 4)$ ⑤ $\left(12, \dfrac{3}{2}\right)$

반비례 관계의 활용

12 48개의 사탕을 x개의 접시에 y개씩 똑같이 나누어 담을 때, 다음 물음에 답하시오.

⑴ x와 y 사이의 관계를 식으로 나타내시오.

⑵ 한 개의 접시에 사탕을 6개씩 담을 때, 몇 개의 접시에 담아야 하는지 구하시오.

09 반비례 관계 $y=-\dfrac{20}{x}$의 그래프가 두 점 $(-4, a)$, $(b, 2)$를 지날 때, $a+b$의 값을 구하시오.

반비례 관계 $y=\dfrac{a}{x}\ (a\neq0)$의 식 구하기

10 오른쪽 그래프가 나타내는 식을 구하시오.

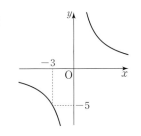

13 부피가 $240\ cm^3$이고 높이가 $8\ cm$인 직육면체의 가로의 길이, 세로의 길이를 각각 $x\ cm$, $y\ cm$라 할 때, 다음 물음에 답하시오.

⑴ x와 y 사이의 관계를 식으로 나타내시오.

⑵ 직육면체의 가로의 길이가 $6\ cm$일 때, 세로의 길이는 몇 cm인지 구하시오.

01

다음 중 정비례 관계 $y=ax$ $(a \neq 0)$의 그래프에 대한 설명으로 옳지 <u>않은</u> 것을 모두 고르면? (정답 2개)

① 점 $(1, a)$를 지난다.

② $a>0$일 때, 원점을 지나지 않는다.

③ $a<0$일 때, 오른쪽 아래로 향한다.

④ a의 절댓값이 커질수록 x축에 가까워진다.

⑤ $a>0$일 때, x의 값이 증가하면 y의 값도 증가한다.

02

정비례 관계 $y=ax$의 그래프가 점 $(-2, 6)$을 지날 때, 다음 중 이 그래프 위의 점은? (단, a는 상수)

① $(-3, -9)$　　② $(-1, -3)$　　③ $(0, 1)$

④ $(4, -12)$　　⑤ $(6, -2)$

03

오른쪽 그림과 같은 그래프에서 k의 값을 구하시오.

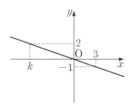

04

다음 중 반비례 관계 $y=\dfrac{a}{x}$ $(a \neq 0)$의 그래프에 대한 설명으로 옳지 <u>않은</u> 것은?

① 좌표축과 만나지 않는다.

② 점 $(a, 1)$을 지난다.

③ a의 절댓값이 커질수록 원점에서 멀어진다.

④ $a>0$일 때, 제1사분면과 제3사분면을 지난다.

⑤ $a<0$이고 $x<0$일 때, x의 값이 증가하면 y의 값은 감소한다.

05

두 반비례 관계 $y=\dfrac{a}{x}$, $y=\dfrac{3}{x}$의 그래프가 오른쪽 그림과 같을 때, 상수 a의 값의 범위는?

① $a<-3$　　② $a>-3$

③ $-3<a<0$　　④ $0<a<3$

⑤ $a>3$

06

오른쪽 그림과 같은 그래프에서 k의 값은?

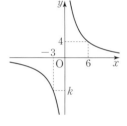

① -10　　② -9

③ -8　　④ -7

⑤ -6

07

오른쪽 그림과 같이 정비례 관계 $y=3x$의 그래프와 반비례 관계 $y=\dfrac{a}{x}$의 그래프가 점 A에서 만난다. 점 A의 y좌표가 6일 때, 상수 a의 값을 구하시오.

08

크기가 같은 정사각형 모양의 색종이 80장을 겹치지 않게 빈틈없이 붙여서 직사각형을 만들려고 할 때, 직사각형의 가로, 세로에 놓인 색종이를 각각 x장, y장이라 하자. 이 직사각형의 세로에 놓인 색종이가 16장일 때, 가로에 놓인 색종이는 몇 장인지 구하시오.

01

다음 중 y가 x에 정비례하지 <u>않는</u> 것은?

① 시속 x km로 3시간 동안 이동한 거리 y km
② 강아지 x마리의 다리의 개수 y
③ 길이 1 m의 무게가 15 g인 철사 x m의 무게 y g
④ 가로의 길이가 2 cm, 세로의 길이가 x cm인 직사각형의 둘레의 길이 y cm
⑤ 한 개에 500원인 젤리 x개의 값 y원

02

다음 중 정비례 관계 $y=-3x$의 그래프에 대한 설명으로 옳은 것을 모두 고르면? (정답 2개)

① 원점을 지나는 직선이다.
② 점 $\left(-\dfrac{1}{3},\ -1\right)$을 지난다.
③ 제1사분면과 제3사분면을 지난다.
④ x의 값이 증가하면 y의 값은 감소한다.
⑤ 오른쪽 위로 향하는 직선이다.

03

오른쪽 그림과 같이 정비례 관계 $y=ax$의 그래프가 정비례 관계 $y=2x$의 그래프와 x축 사이에 있을 때, 다음 중 상수 a의 값이 될 수 <u>없는</u> 것은?

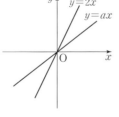

① $\dfrac{1}{4}$　　② $\dfrac{1}{2}$　　③ 1

④ $\dfrac{3}{2}$　　⑤ 3

04

정비례 관계 $y=\dfrac{2}{3}x$의 그래프가 점 $(a,\ -6)$을 지날 때, a의 값을 구하시오.

05

정비례 관계 $y=ax\ (x\neq0)$의 그래프가 오른쪽 그림과 같을 때, 상수 a의 값을 구하시오.

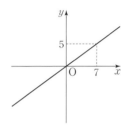

06

다음 중 반비례 관계 $y=\dfrac{14}{x}$의 그래프에 대한 설명으로 옳지 <u>않은</u> 것은?

① 원점을 지나지 않는다.
② x축, y축에 한없이 가까워지는 한 쌍의 곡선이다.
③ 점 $(2,\ 7)$을 지난다.
④ 제1사분면과 제3사분면을 지난다.
⑤ $x>0$일 때, x의 값이 증가하면 y의 값도 증가한다.

07

다음 중 그 그래프가 제1사분면과 제3사분면을 지나는 것을 모두 고르면? (정답 2개)

① $y=-2x$　　　　② $y=\dfrac{4}{x}$

③ $y=6x$　　　　④ $y=-\dfrac{1}{8}x$

⑤ $y=-\dfrac{10}{x}$

08

다음 반비례 관계의 그래프 중 원점에서 가장 먼 것은?

① $y = \dfrac{3}{x}$ ② $y = \dfrac{1}{x}$ ③ $y = \dfrac{1}{2x}$

④ $y = -\dfrac{4}{x}$ ⑤ $y = -\dfrac{2}{x}$

09

다음 중 반비례 관계 $y = -\dfrac{24}{x}$ 의 그래프 위의 점이 <u>아닌</u> 것은?

① $(-8, 3)$ ② $(-4, 6)$ ③ $\left(-\dfrac{1}{2}, 12\right)$

④ $(6, -4)$ ⑤ $\left(16, -\dfrac{3}{2}\right)$

10

반비례 관계 $y = \dfrac{a}{x}$ 의 그래프가 오른쪽 그림과 같을 때, $a-b$의 값은? (단, a는 상수)

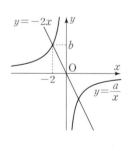

① -10 ② -8
③ -2 ④ 2
⑤ 8

11

온도가 일정할 때, 기체의 부피는 압력에 반비례한다. 부피가 50 mL인 어떤 기체의 압력이 3기압이었다. 같은 온도에서 이 기체의 부피가 30 mL일 때, 이 기체의 압력은 몇 기압인지 구하시오.

�796 서술형 문제 〞⋯

12

오른쪽 그림과 같은 직사각형 ABCD에서 점 P는 점 B를 출발하여 변 BC를 따라 점 C까지 움직인다. 점 P가 움직인 거리를 x cm, 이때 생기는 삼각형 ABP의 넓이를 y cm²라 하자. 다음 물음에 답하시오. [7점]

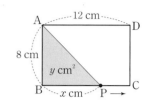

⑴ x와 y 사이의 관계를 식으로 나타내시오. [3점]

⑵ 삼각형 ABP의 넓이가 32 cm²일 때, 선분 PC의 길이는 몇 cm인지 구하시오. [4점]

 풀이

 답

13

오른쪽 그림과 같이 정비례 관계 $y = -2x$의 그래프와 반비례 관계 $y = \dfrac{a}{x}$의 그래프가 점 $(-2, b)$에서 만날 때, $a+b$의 값을 구하시오. (단, a는 상수)
[7점]

 풀이

답

한번 더
교과서에서 쏙 빼온 문제

한번 더 교과서에서 쏙 빼온 문제

01

정우가 친구들에게 깜짝 선물을 하려고 한다. 오른쪽 사물함에서 합성수가 적혀 있는 모든 칸에 선물을 1개씩 넣으려고 할 때, 정우가 준비해야 하는 선물은 모두 몇 개인지 구하시오.

2	5	7	8
15	19	21	23
34	37	39	41
53	58	61	65

02

다음 조건을 만족시키는 자연수를 모두 구하시오.

㉮ 20 이하의 자연수이다.
㉯ 6으로 나누면 몫과 나머지가 모두 소수이다.

03

다음은 주헌이가 컴퓨터 박물관에 다녀온 후 입장권의 종류인 '메가', '기가', '테라'가 무엇을 뜻하는지 조사한 것이다. 밑줄 친 수를 10의 거듭제곱으로 나타내시오.

입장권 종류
메가 티켓
기가 티켓
테라 티켓

'바이트(byte)'는 컴퓨터 기억 장치의 크기를 나타내는 단위이다. 1킬로바이트(kilobyte, KB)는 약 1000바이트, 1메가바이트(megabyte, MB)는 약 <u>100만</u> 바이트, 1기가바이트(gigabyte, GB)는 약 <u>10억</u> 바이트, 1테라바이트(terabyte, TB)는 약 <u>1조</u> 바이트를 나타낸다.

04

수정이는 수 60을 소인수분해 하여 다음과 같은 방법으로 비밀번호를 만들었다. 수정이와 같은 방법으로 수 126을 이용하여 비밀번호를 만드시오.

$60 = 2 \times 2 \times 3 \times 5$
→ 비밀번호 : 2235

05

다음에서 공통으로 설명하는 수를 구하시오.

⑦ 35는 이 수의 배수이다.
⑭ 이 수는 112의 약수이다.
⑭ 이 수는 소수이다.

06

다음 수 중에서 $1 \times 2 \times 3 \times \cdots \times 9 \times 10$ 의 약수를 모두 고르시오.

$2^9, \quad 3^3, \quad 5^2, \quad 7^2, \quad 2^6 \times 5^3, \quad 3^4 \times 7$

07

세 수 4, 5, 6 중 하나의 수에 4를 곱하여 세 수의 최소 공배수를 구하였더니 240이 되었다. 4를 어느 수에 곱하였는지 구하시오.

08

우리나라에서는 '하늘'을 뜻하는 10개의 천간과 '땅'을 뜻하는 12개의 지지를 차례로 짝 지어 한 해의 이름을 붙인다. 예를 들어 천간의 처음 글자인 '갑'과 지지의 처음 글자인 '자'를 짝 지어 갑자년, 다음 해에는 그 다음 글자를 하나씩 짝 지어 을축년, …이라 부르고, 이를 육십갑자라 한다.

천간	갑	을	병	정	무	기	경	신	임	계		
지지	자	축	인	묘	진	사	오	미	신	유	술	해

2024년은 갑진년이고 2025년은 을사년이다. 2028년을 육십갑자로 나타내고, 해당 육십갑자를 사용하는 해는 몇 년마다 돌아오는지 구하시오.

09

다음 표는 성욱이의 한 달 동안의 수입과 지출의 내용을 적어 놓은 것이다. 각 금액을 부호 +, -를 사용하여 나타내시오.

내용	금액
용돈 받음	20000원
책 구입	11000원
교통비 지출	6000원
음료수 구입	1500원
중고 거래로 책 판매	5500원

10

다음 그림에서 ☐ 안의 수가 무엇을 뜻하는지 쓰시오.

관리비 납입영수증(입주자용)

항목	당월고지금액	전월고지금액	증감액
일반관리비	63020	63840	-820
청소비	19390	19390	
소독비	940	940	
승강기유지비	2080	2080	
수선유지비	10440	11480	-1040
생활폐기물수수료	770	620	150
경비비	34020	34020	
위탁관리비	1520	1520	
LED충당금	470	470	
세대전기료	29990	29790	200
공동전기료	5910	3480	2430
승강기전기료	2180	2190	-10
세대수도료	26340	27350	☐-1010

11

아래 그림과 같은 5장의 카드 중에서 정수가 적힌 카드는 3장, 양수가 적힌 카드는 2장일 때, 다음 중 뒤집어진 카드에 적힌 수가 될 수 있는 것은?

① -3 ② $-\dfrac{2}{11}$ ③ 0

④ 1.2 ⑤ 4

12

겉보기 등급은 지구에서 측정되는 천체의 밝기를 등급으로 나타낸 것이다. 다음 별들의 겉보기 등급을 보고, 겉보기 등급이 낮은 별부터 차례로 나열하시오.

별	겉보기 등급
시리우스	-1.47
아크투루스	-0.04
아케르나르	0.45
태양	-26.73
안카	2.4

13

다음 규칙에 따라 바둑돌을 사용하여 식
$(+2)+(-4)=-2$를 설명하시오.

---규칙---

❶ 흰 바둑돌은 양의 정수를 나타내고, 검은 바둑돌
은 음의 정수를 나타낸다.

❷ 흰 바둑돌과 검은 바둑돌이 같은 개수만큼 있으면
0을 나타낸다.

14

토성의 표면은 낮 평균 온도가 $-123\,℃$이고 밤 평균
온도는 낮에 비해 $27\,℃$ 더 내려간다고 한다. 토성의 표
면의 밤 평균 온도를 구하시오.

15

$+3$, $+1$, -2에서 가운데에 있는 $+1$은 $+3$과 -2
의 합이다. 이와 같은 규칙으로 다음과 같이 계속해서
수를 적어 나갈 때, 10번째에 나오는 수를 구하시오.

$$+3,\ +1,\ -2,\ -3,\ -1,\ +2,\ \ldots$$

16

1유로를 사는 데 필요한 우리나라 돈의 액수를 원/유로
환율이라 한다. 다음 표는 어느 해 5월 이틀 동안의 전일
대비 원/유로 환율의 등락을 나타낸 것이다. 5월 3일
에 100유로를 산 사람은 5월 1일에 100유로를 산 사람
보다 얼마나 더 싸게 샀는지 구하시오.

날짜	5월 2일	5월 3일
환율의 등락(원)	$+7.25$	-12.63

17

아래 규칙에 따라 유리수의 나눗셈을 이용하여 다음 퍼즐에서 ㄱ, ㄴ, ㄷ에 알맞은 수를 각각 구하시오.

•규칙•

옆으로 이웃한 두 칸에 있는 수 중 절댓값이 큰 수를 절댓값이 작은 수로 나눈 결과를 바로 위의 칸에 적는다.

예

$(-6) \div 2 = -3$

18

다음 그림과 같은 전개도를 접어 정육면체를 만들려고 한다. 마주 보는 면에 적힌 두 수가 서로 역수일 때, $(a+c) \times b$의 값을 구하시오.

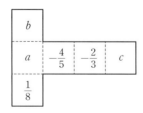

19

세 수 $\frac{3}{2}$, -4, $\frac{15}{8}$를 다음의 □ 안에 한 번씩 써넣어 계산할 때, 나올 수 있는 가장 작은 값을 구하시오.

$$\boxed{} - \boxed{} \div \boxed{}$$

20

선우와 경재가 계단에서 가위바위보 놀이를 하는데 가위로 이기면 1칸, 바위로 이기면 2칸, 보로 이기면 3칸을 올라가고, 지면 2칸을 내려가기로 하였다. 두 사람이 가위바위보를 10번 하였을 때, 각자 이긴 횟수가 다음 표와 같다고 한다. 선우와 경재는 처음 위치에서 얼마나 올라가거나 내려갔는지 각각 구하시오.

(단, 비긴 경우는 없다.)

이름	가위	바위	보
선우	1	3	2
경재	1	2	1

21

준희는 기호 ×, ÷를 생략하여 식을 다음과 같이 나타내었다. 준희가 식을 바르게 나타내었는지 확인해 보고, 옳지 않은 것이 있다면 모두 찾아 바르게 고치시오.

> ㄱ. $a \div b \div c = \dfrac{ac}{b}$
>
> ㄴ. $a \div (b \div c) = \dfrac{ac}{b}$
>
> ㄷ. $a \div (b \times c) = \dfrac{ac}{b}$

22

오른쪽 표는 A 식품과 B 식품의 100 g당 칼륨 함량을 나타낸 것이다. 하연이가 A 식품 x g과 B 식품 y g을 섭취하였을 때, 섭취한 칼륨의 양을 문자를 사용한 식으로 나타내시오.

식품	칼륨 (mg/100 g)
A	500
B	150

23

표준 체중은 비만의 정도를 살펴보는 척도로, 키를 이용하여 계산한다. 키가 h cm일 때 표준 체중(kg)을 계산하는 식은 $(h-100) \times 0.9$ (kg)이다. 수연이와 정민이의 키가 각각 150 cm, 160 cm일 때, 두 사람의 표준 체중을 각각 구하시오.

24

어느 사진 공모전에 출품하기 위해 선화는 다음 그림과 같이 가로의 길이가 x cm, 세로의 길이가 33 cm인 직사각형 모양의 판에 같은 간격으로 같은 크기의 사진 8장을 붙이려고 한다. 사진 8장의 넓이를 x를 사용한 식으로 간단히 나타내시오.

25

A 가게와 B 가게에서는 가격이 같은 음료수를 다음과 같이 팔고 있다. A 가게는 5개를 구입하면 1개를 더 주고, B 가게는 5개를 구입하면 25 %를 할인해 준다. 음료수 5개를 구입할 때, 어느 가게에서 사는 것이 음료수 1개당 가격이 더 저렴한지 구하시오.

26

다음은 식 $\dfrac{x+4}{2} - \dfrac{x-1}{3}$ 을 계산하는 과정이다. 계산 과정에서 잘못된 부분을 찾고, 주어진 식을 바르게 계산한 결과를 쓰시오.

$$\dfrac{x+4}{2} - \dfrac{x-1}{3} = \underset{\underset{(가)}{\uparrow}}{\dfrac{3x+12-2x+2}{6}}$$
$$= \underset{\underset{(나)}{\uparrow}}{\dfrac{x+14}{6}} = \underset{\underset{(다)}{\uparrow}}{\dfrac{15x}{6}} = \underset{\underset{(라)}{\uparrow}}{\dfrac{5}{2}x}$$

27

다음 그림에서 ▭ 안의 식은 바로 위 양옆의 ▭ 안의 수 또는 식의 합이다. 이때 $A+B-C$를 계산하시오.

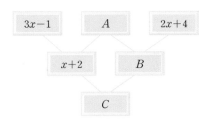

28

다음 주어진 식을 계산하면 네 식 사이에 일정한 규칙이 있다. 빈칸에 알맞은 식을 항이 2개인 일차식으로 나타내시오.

$\boxed{2x-3-x+4}$ $\boxed{}$ $\boxed{-x+(8x+6)\div 2}$ $\boxed{3(x-2)+(x+10)}$

Ⅲ. 문자의 사용과 식 | 2. 일차방정식

29

다음은 일차방정식 $\dfrac{x}{5}+2=x-\dfrac{2}{3}$ 를 푸는 방법을 설명한 것이다. 바르게 설명한 학생을 모두 고르시오.

> 경미 : 주어진 방정식의 양변에 15를 곱하면
> $3x+2=15x-10$이 돼.
> 이 식을 이항하여 정리하면 $x=1$이야.
> 민주 : 나는 주어진 방정식을 이항하여
> $\dfrac{x}{5}-x=-\dfrac{2}{3}-2$를 만들었어.
> 현오 : 민주가 만든 식을 정리하면
> $-\dfrac{4}{5}x=-\dfrac{8}{3}$이야.
> 이 식의 양변에 $-\dfrac{5}{4}$를 곱하면 $x=\dfrac{10}{3}$이야.
> 태준 : 주어진 방정식의 해는 2개구나!

30

오른쪽 그림과 같이 공과 추를 접시저울에 올려놓았더니 저울이 평형을 이루었다. 공의 무게가 모두 같을 때, 공한 개의 무게는 몇 g인지 구하시오.

31

우리가 일상생활에서 흔히 볼 수 있는 바코드는 오른쪽 그림과 같이 굵기가 다른 흑백 막대와 그 아래의 숫자로 이루어져 있다. 바코드의 각 숫자는 정해진 방식에 따라 입력되는데 앞의 12개의 숫자로 맨 마지막 숫자인 체크 숫자를 계산하는 방법은 아래와 같다.

제조 국가   제조 업자   상품의   체크
고유 번호 고유 번호 고유 번호 숫자

> ❶ {(왼쪽부터 홀수 번째 자리에 있는 수들의 합)
> $+3\times$(왼쪽부터 짝수 번째 자리에 있는 수들의 합)}을 구한다.
> ❷ (❶에서 구한 값의 일의 자리의 숫자)
> $+$(체크 숫자)$=10$
>   (단, ❶에서 구한 값의 일의 자리의 숫자가 0일 때 체크 숫자는 0이다.)

다음은 어느 제품의 바코드에 쓰여 있는 숫자이다. □ 안에 알맞은 숫자를 구하시오.

> 880   1035   44789   □

32

한 변의 길이가 a인 정사각형 10개를 다음 그림과 같이 길이가 서로 1씩 겹치도록 하여 직사각형을 만들었다. 직사각형의 둘레의 길이가 92일 때, a의 값을 구하시오.

33

기태는 한양 도성 돌기 행사에 참가하였다. 참가자들은 정해진 코스를 따라 걸어 반환점을 돌아 다시 출발점까지 와야 한다. 기태가 출발점에서 반환점까지 갈 때는 시속 2 km로 걷고, 되돌아올 때는 같은 길을 시속 3 km로 걸어서 왕복하는 데 모두 6시간이 걸렸다. 이때 출발점에서 반환점까지의 거리를 소수로 나타내시오.

34

달력에서 다음과 같은 모양으로 4개의 서로 다른 수를 선택하려고 한다. 선택한 4개의 수의 합이 68일 때, 4개의 수 중 가장 작은 수를 구하시오.

(단, 모양을 돌리거나 뒤집지 않는다.)

일	월	화	수	목	금	토
				1	2	3
4	5	6	7	8	9	10
11	12	13	14	15	16	17
18	19	20	21	22	23	24
25	26	27	28	29	30	31

35

다음은 《구장산술》에 있는 문제이다. 일차방정식을 만들어 다음 문제를 푸시오.

> 어떤 사람이 금 12근을 가지고 관문을 나가려고 하는데, 가지고 나가는 물건값의 $\frac{1}{10}$을 세금으로 내야 한다. 이 사람이 관문에서 세금으로 금 2근을 주고 5000전을 돌려받았을 때, 금 1근의 값은 몇 전인가?

36

도현이는 친구들과 공책을 공동으로 구매하여 나누어 갖기로 하였다. 공책을 한 명에게 6권씩 나누어 주면 4권이 남고, 7권씩 나누어 주면 마지막 한 명은 6권밖에 못 받는다고 한다. 다음 물음에 답하시오.

(1) 공동 구매에 참여한 학생은 모두 몇 명인지 구하시오.

(2) 구매한 공책은 모두 몇 권인지 구하시오.

37

오른쪽 그림과 같이 좌표평면 위에 사각형 ABCD가 있다. 점 P(a, b)가 사각형 ABCD의 변 위를 움직일 때, $a-b$의 값이 될 수 있는 가장 큰 값을 구하시오. (단, 사각형 ABCD의 네 변은 좌표축과 평행하다.)

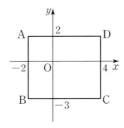

38

다음 선혜네 가족 사진을 보고 선혜네 가족의 나이와 키에 대한 상황을 나타낸 그래프에서 각 번호에 가장 가까운 가족 구성원을 찾으시오.

39

아래 상황을 보고, 다음 물음에 답하시오.

규찬이는 30초 동안 일정한 속력 5 m/s로 뛰었다.

⑴ 규찬이가 이동한 시간을 x초, 그때의 속력을 y m/s 라 할 때, x와 y 사이의 관계를 그래프로 나타내시오.

⑵ 규찬이가 이동한 시간을 x초, 그때의 이동 거리를 y m라 할 때, x와 y 사이의 관계를 그래프로 나타내시오.

40

오른쪽 그림은 어떤 병에 시간당 일정한 양의 물을 채울 때, 병에 담긴 물의 높이 변화를 시간에 따라 나타낸 그래프이다. 다음 **보기**에서 이 병의 모양으로 가장 알맞은 것을 고르시오.

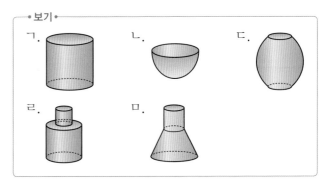

41

아래 그림은 동환, 우진, 상훈, 재연이가 5주 동안 식물의 성장을 관찰한 결과를 각각 나타낸 그래프이다. 다음 네 사람의 설명에 알맞은 그래프를 골라 바르게 짝 지으시오.

> 동환 : 그늘진 곳에서 키웠다. 매주 같은 길이만큼 자랐다.
>
> 우진 : 햇빛이 잘 들고, 양분이 많은 흙에서 키웠다. 물을 잘 주어 매주 한 주 전보다 더 많이 자랐다.
>
> 상훈 : 꾸준히 성장했지만 처음 자란 속도만큼 자라지는 않았다.
>
> 재연 : 처음 2주 동안 매우 빠른 속도로 자란 후 성장이 멈췄다.

42

아래 그림은 어느 해안에서 하루 동안의 해수면의 높이를 시간에 따라 측정하여 나타낸 그래프이다. 다음 물음에 답하시오.

(1) 해수면의 높이가 가장 낮았던 때를 모두 말하시오.

(2) 7시에서 24시 사이에 해수면의 높이가 높아지는 때는 몇 시부터 몇 시까지인지 말하시오.

(3) 몇 시간마다 같은 모양의 그래프가 반복되는지 구하시오.

43

의예, 화미, 숙현 세 명이 1500 m 달리기 코스에서 경주를 하였다. 아래 그림은 세 명의 출발 후 이동 거리를 경과 시간에 따라 나타낸 그래프이다. 다음 **보기**에서 옳은 것을 모두 고르시오.

> •보기•
> ㄱ. 가장 먼저 결승점에 도착한 사람은 화미이다.
> ㄴ. 출발 후 2분 동안 가장 빨리 달린 사람은 의예이다.
> ㄷ. 화미가 달리는 중간에 쉰 시간은 4분이다.
> ㄹ. 12분 이내에 세 명 모두 결승점에 도착하였다.

44

다음은 원영, 채원, 은우가 그린 그래프이다. 각각의 그래프에서 잘못된 부분을 찾아 설명하고, 바르게 고치시오.

(1) 원영 $y=x$

(2) 채원 $y=-\dfrac{1}{3}x$

(3) 은우 $y=-\dfrac{4}{x}$

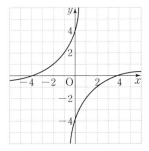

45

다음 그림과 같이 정비례 관계 $y=ax$의 그래프와 반비례 관계 $y=\dfrac{8}{x}$의 그래프가 만나는 점 A의 x좌표가 2일 때, 상수 a의 값을 구하시오.

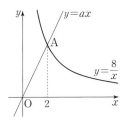

46

다음 그림과 같이 두 점 P, Q가 반비례 관계 $y=\dfrac{15}{x}$의 그래프 위에 있다. 직사각형 ABCP의 넓이가 10일 때, 직사각형 CDEQ의 넓이를 구하시오.

(단, $x>0$이고 O는 원점이다.)

1등급의 절대기준

동아출판

2022 개정
교육과정
반영

공통수학 1

공통수학 2

대수

고등 수학 내신 1등급 문제서

대성마이맥 이창무 집필
수학 최상위 레벨 대표 강사

타임 어택 1, 3, 7분컷
실전 감각 UP

적중률 높이는 기출
교육 특구 및 전국 500개 학교 분석

1등급 확정
변별력 갖춘 A·B·C STEP

공통수학1, 공통수학2, 대수, 미적분Ⅰ, 확률과 통계, 미적분Ⅱ

수매씽 개념

중학 수학 **1·1**

내신과 등업을 위한 강력한 한 권!

개념 연산서 **수매씽 개념연산**
중등 : 1~3학년 1·2학기

개념 기본서 **수매씽 개념**
중등 : 1~3학년 1·2학기
고등 (22개정) : 공통수학1, 공통수학2, 대수, 미적분I,
확률과 통계, 미적분II, 기하

유형 기본서 **수매씽 유형**
중등 : 1~3학년 1·2학기
고등 (15개정) : 수학I, 수학II, 확률과 통계, 미적분
고등 (22개정) : 공통수학1, 공통수학2, 대수, 미적분I,
확률과 통계, 미적분II

동아출판

📞 **Telephone** 1644-0600
🏠 **Homepage** www.bookdonga.com
✉ **Address** 서울시 영등포구 은행로 30 (우 07242)

• 정답 및 풀이는 동아출판 홈페이지 내 학습자료실에서 내려받을 수 있습니다.
• 교재에서 발견된 오류는 동아출판 홈페이지 내 정오표에서 확인 가능하며, 잘못 만들어진 책은 구입처에서 교환해 드립니다.
• 학습 상담, 제안 사항, 오류 신고 등 어떠한 이야기라도 들려주세요.

내신을 위한 강력한 한 권!

2022 개정
교육과정
2025년 중1부터 적용

모바일 빠른 정답

수

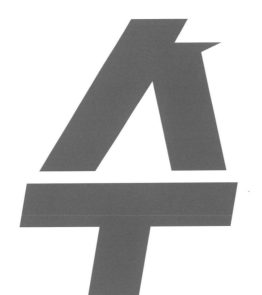

매씽

MATHING

개념

중학 수학

1·1

정답 및 풀이

동아출판

수매씽 MATHING 개념

모바일 빠른 정답
QR 코드를 찍으면 정답 및 풀이를
쉽고 빠르게 확인할 수 있습니다.

I. 소인수분해

1 | 소인수분해

01 소수와 합성수

─────────────────────────────── 6쪽~7쪽

1 (1) 1, 3, 9   (2) 1, 2, 4, 8, 16
    (3) 1, 2, 3, 4, 6, 8, 12, 24   (4) 1, 2, 5, 10, 25, 50

1-1 (1) 1, 2, 5, 10   (2) 1, 2, 3, 6, 9, 18
    (3) 1, 2, 4, 8, 16, 32   (4) 1, 7, 49

2 (1) 1, 3 / 소수   (2) 1, 2, 3, 6 / 합성수
    (3) 1, 11 / 소수   (4) 1, 2, 4, 5, 10, 20 / 합성수
    (5) 1, 5, 25 / 합성수   (6) 1, 41 / 소수

2-1 (1) 소   (2) 합   (3) 합   (4) 소   (5) 소   (6) 합

3 (1) ×   (2) ○   (3) ×   (4) ○

3-1 (1) ×   (2) ○   (3) ○   (4) ×

2 (1) 3의 약수는 1, 3의 2개이므로 소수이다.
(2) 6의 약수는 1, 2, 3, 6의 4개이므로 합성수이다.
(3) 11의 약수는 1, 11의 2개이므로 소수이다.
(4) 20의 약수는 1, 2, 4, 5, 10, 20의 6개이므로 합성수이다.
(5) 25의 약수는 1, 5, 25의 3개이므로 합성수이다.
(6) 41의 약수는 1, 41의 2개이므로 소수이다.

> **Self 코칭**
> 약수의 개수에 따른 소수와 합성수의 구분
> • 약수가 2개 ➡ 소수
> • 약수가 3개 이상 ➡ 합성수

2-1 (1) 5의 약수는 1, 5의 2개이므로 소수이다.
(2) 12의 약수는 1, 2, 3, 4, 6, 12의 6개이므로 합성수이다.
(3) 21의 약수는 1, 3, 7, 21의 4개이므로 합성수이다.
(4) 29의 약수는 1, 29의 2개이므로 소수이다.
(5) 37의 약수는 1, 37의 2개이므로 소수이다.
(6) 51의 약수는 1, 3, 17, 51의 4개이므로 합성수이다.

3 (1) 1은 소수도 아니고 합성수도 아니다.
(3) 2는 소수이면서 짝수이다.
(4) 10 이하의 자연수 중 소수는 2, 3, 5, 7의 4개이다.

3-1 (1) 가장 작은 합성수는 4이다.
(4) 자연수는 1, 소수, 합성수로 이루어져 있다.

> **개념 완성하기** ───────────── 8쪽
> **01** 4개   **02** ③   **03** ③   **04** 5
> **05** ⑤   **06** ③

01 소수는 3, 19, 31, 79의 4개이다.

02 합성수는 16, 27, 63의 3개이다.

> **Self 코칭**
> 1은 소수도 아니고 합성수도 아니다.

03 20에 가장 가까운 소수는 19이므로 $a=19$
30보다 큰 수 중 30에 가장 가까운 합성수는 32이므로
$b=32$
∴ $a+b=19+32=51$

04 소수는 23, 29의 2개이므로 $a=2$
합성수는 21, 22, 24, 25, 26, 27, 28의 7개이므로 $b=7$
∴ $b-a=7-2=5$

05 ② 짝수 중 소수는 2뿐이다.
④ 7의 배수 중 소수는 7뿐이다.
⑤ 12의 약수 1, 2, 3, 4, 6, 12 중 소수는 2, 3의 2개이다.
따라서 옳지 않은 것은 ⑤이다.

06 ① 9는 홀수이지만 합성수이다.
② 한 자리의 자연수 중 합성수는 4, 6, 8, 9의 4개이다.
④ 가장 작은 합성수는 4이다.
⑤ $2×3=6$과 같이 두 소수의 곱은 짝수일 수도 있다.
따라서 옳은 것은 ③이다.

02 소인수분해

─────────────────────────────── 10쪽~13쪽

1 (1) 2, 5   (2) 5, 4   (3) 7, 3   (4) 10, 2

1-1 (1) 2, 4   (2) 3, 7   (3) 9, 3   (4) 11, 2

2 (1) 3^4 (2) $5^2×7^3$ (3) $2^2×3^2×5$
   (4) $\left(\dfrac{1}{7}\right)^3$ (5) $\dfrac{1}{5^4}$

2-1 (1) 2^5 (2) $3^3×7^2$ (3) $2×5^3×7$
   (4) $\left(\dfrac{1}{3}\right)^2×\left(\dfrac{1}{5}\right)^3$ (5) $\dfrac{1}{2^3×3^2×7}$

3 (1) 2, 6, 3 / $2^3×3$ / 2, 3
   (2) 70, 35, 5 / $2^2×5×7$ / 2, 5, 7

3-1 (1) $44=2^2×11$ / 소인수 : 2, 11
   (2) $98=2×7^2$ / 소인수 : 2, 7
   (3) $135=3^3×5$ / 소인수 : 3, 5
   (4) $252=2^2×3^2×7$ / 소인수 : 2, 3, 7

4 (1) 2, 2 / $2^2×13$ / 2, 13
   (2) 2, 5, 25 / $2×3×5^2$ / 2, 3, 5

4-1 (1) $50=2×5^2$ / 소인수 : 2, 5
   (2) $72=2^3×3^2$ / 소인수 : 2, 3

(3) $126=2\times3^2\times7$ / 소인수 : 2, 3, 7

(4) $350=2\times5^2\times7$ / 소인수 : 2, 5, 7

5 (위에서부터) 1, 3, 5, 15, 25, 75 / 1, 3, 5, 15, 25, 75

5-1 (위에서부터) 1, 2, 4, 3, 6, 12, 9, 18, 36 /

1, 2, 3, 4, 6, 9, 12, 18, 36

6 (1) 4 (2) 10 (3) 12 (4) 6 (5) 9

6-1 (1) 5 (2) 8 (3) 12 (4) 3 (5) 16

7 (1) 2 (2) 3 (3) 15

7-1 (1) 2 (2) 3 (3) 10

8 (1) 5 (2) 3 (3) 14

8-1 (1) 5 (2) 2 (3) 21

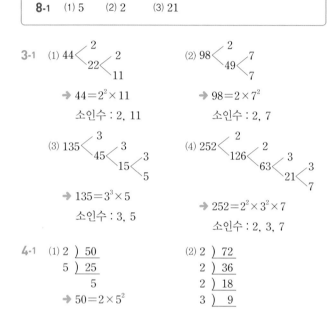

3-1 (1) $44\big<\begin{smallmatrix}2\\22\big<\begin{smallmatrix}2\\11\end{smallmatrix}\end{smallmatrix}$

→ $44=2^2\times11$
소인수 : 2, 11

(2) $98\big<\begin{smallmatrix}2\\49\big<\begin{smallmatrix}7\\7\end{smallmatrix}\end{smallmatrix}$

→ $98=2\times7^2$
소인수 : 2, 7

(3) $135\big<\begin{smallmatrix}3\\45\big<\begin{smallmatrix}3\\15\big<\begin{smallmatrix}3\\5\end{smallmatrix}\end{smallmatrix}\end{smallmatrix}$

→ $135=3^3\times5$
소인수 : 3, 5

(4) $252\big<\begin{smallmatrix}2\\126\big<\begin{smallmatrix}2\\63\big<\begin{smallmatrix}3\\21\big<\begin{smallmatrix}3\\7\end{smallmatrix}\end{smallmatrix}\end{smallmatrix}\end{smallmatrix}$

→ $252=2^2\times3^2\times7$
소인수 : 2, 3, 7

4-1 (1)
```
2 ) 50
5 ) 25
    5
```
→ $50=2\times5^2$
소인수 : 2, 5

(2)
```
2 ) 72
2 ) 36
2 ) 18
3 )  9
     3
```
→ $72=2^3\times3^2$
소인수 : 2, 3

(3)
```
2 ) 126
3 )  63
3 )  21
     7
```
→ $126=2\times3^2\times7$
소인수 : 2, 3, 7

(4)
```
2 ) 350
5 ) 175
5 )  35
     7
```
→ $350=2\times5^2\times7$
소인수 : 2, 5, 7

6 (1) $3+1=4$

(2) $(4+1)\times(1+1)=10$

(3) $(3+1)\times(2+1)=12$

(4) $68=2^2\times17$이므로 약수의 개수는 $(2+1)\times(1+1)=6$

(5) $100=2^2\times5^2$이므로 약수의 개수는 $(2+1)\times(2+1)=9$

Self 코칭

자연수 A가 $A=a^m\times b^n$(a, b는 서로 다른 소수, m, n은 자연수)으로 소인수분해 될 때, A의 약수의 개수
→ $(m+1)\times(n+1)$

6-1 (1) $4+1=5$

(2) $(1+1)\times(3+1)=8$

(3) $(2+1)\times(3+1)=12$

(4) $49=7^2$이므로 약수의 개수는 $2+1=3$

---

(5) $216=2^3\times3^3$이므로 약수의 개수는
$(3+1)\times(3+1)=16$

7 (1) 2의 지수가 짝수가 되어야 하므로 □$=2$

(2) 3의 지수가 짝수가 되어야 하므로 □$=3$

(3) 3과 5의 지수가 짝수가 되어야 하므로 □$=3\times5=15$

7-1 (1) $18=2\times3^2$이고, 2의 지수가 짝수가 되어야 하므로 곱해야 하는 가장 작은 자연수는 2이다.

(2) $27=3^3$이고, 3의 지수가 짝수가 되어야 하므로 곱해야 하는 가장 작은 자연수는 3이다.

(3) $40=2^3\times5$이고, 2와 5의 지수가 짝수가 되어야 하므로 곱해야 하는 가장 작은 자연수는 $2\times5=10$

8 (1) 5의 지수가 짝수가 되어야 하므로 □$=5$

(2) 3의 지수가 짝수가 되어야 하므로 □$=3$

(3) 2와 7의 지수가 짝수가 되어야 하므로 □$=2\times7=14$

8-1 (1) $20=2^2\times5$이고, 5의 지수가 짝수가 되어야 하므로 나누어야 하는 가장 작은 자연수는 5이다.

(2) $32=2^5$이고, 2의 지수가 짝수가 되어야 하므로 나누어야 하는 가장 작은 자연수는 2이다.

(3) $84=2^2\times3\times7$이고, 3과 7의 지수가 짝수가 되어야 하므로 나누어야 하는 가장 작은 자연수는 $3\times7=21$

개념 완성하기 ────────── 14쪽~15쪽

01 ④	**02** 3	**03** ⑤	**04** ㄱ, ㄷ
05 ⑤	**06** ③	**07** ④	**08** 10
09 60	**10** ②	**11** ②, ④	**12** ③
13 ③	**14** ②	**15** 5	**16** 2

01 ① $5\times5\times5=5^3$

② $2+2+2=2\times3$

③ $7\times7\times7\times7=7^4$

⑤ $3\times3\times5\times5=3^2\times5^2$
따라서 옳은 것은 ④이다.

02 $2\times3\times3\times2\times7\times3\times7=2^2\times3^3\times7^2$이므로
$a=2$, $b=3$, $c=2$
∴ $a+b-c=2+3-2=3$

03 ⑤ $120=2^3\times3\times5$

04 ㄴ. $84=2^2\times3\times7$ ㄹ. $225=3^2\times5^2$
따라서 소인수분해 한 결과가 옳은 것은 ㄱ, ㄷ이다.

05 $396=2^2\times3^2\times11$이므로 소인수는 2, 3, 11이다.
따라서 396의 모든 소인수의 합은 $2+3+11=16$

06 각각의 수를 소인수분해 하면 다음과 같다.
① $30=2\times3\times5$ ② $90=2\times3^2\times5$

③ $140=2^2 \times 5 \times 7$ ④ $150=2 \times 3 \times 5^2$

⑤ $450=2 \times 3^2 \times 5^2$

따라서 소인수는 ①, ②, ④, ⑤ 2, 3, 5이고 ③ 2, 5, 7이므로 소인수가 나머지 넷과 다른 하나는 ③이다.

07 $160=2^5 \times 5$이므로 $a=5$, $b=1$

∴ $a+b=5+1=6$

08 $540=2^2 \times 3^3 \times 5$이므로 $a=2$, $b=3$, $c=5$

∴ $a+b+c=2+3+5=10$

09 $60=2^2 \times 3 \times 5$이므로 $2^2 \times 3 \times 5 \times \square$가 어떤 자연수의 제곱이 되려면 $\square=3 \times 5 \times ($자연수$)^2$ 꼴이어야 한다.

따라서 곱해야 하는 가장 작은 자연수는 $3 \times 5=15$, 두 번째로 작은 자연수는 $3 \times 5 \times 2^2=60$

10 $48=2^4 \times 3$이므로 $2^4 \times 3 \times x$가 어떤 자연수의 제곱이 되려면 $x=3 \times ($자연수$)^2$ 꼴이어야 한다.

① $3=3 \times 1^2$ ② $9=3 \times 3$ ③ $12=3 \times 2^2$

④ $27=3 \times 3^2$ ⑤ $48=3 \times 4^2$

따라서 자연수 x가 될 수 없는 수는 ②이다.

11 $54=2 \times 3^3$이므로 약수를 구하면 다음과 같다.

×	1	3	3^2	3^3
1	1	3	3^2	3^3
2	2	2×3	2×3^2	2×3^3

따라서 54의 약수인 것은 ②, ④이다.

Self 코칭

$54=2 \times 3^3$이므로 54의 약수는 2의 지수가 1보다 크지 않고, 3의 지수가 3보다 크지 않다.

12 ③ 7의 지수가 1보다 크므로 $2^3 \times 3^2 \times 7$의 약수가 아니다.

13 각각의 수의 약수의 개수를 구하면 다음과 같다.

① $(1+1) \times (5+1)=12$

② $(2+1) \times (3+1)=12$

③ $(1+1) \times (4+1)=10$

④ $(1+1) \times (2+1) \times (1+1)=12$

⑤ $(2+1) \times (1+1) \times (1+1)=12$

따라서 약수의 개수가 나머지 넷과 다른 하나는 ③이다.

14 각각의 수의 약수의 개수를 구하면 다음과 같다.

① $36=2^2 \times 3^2$이므로 $(2+1) \times (2+1)=9$

② $(4+1) \times (2+1)=15$

③ $48=2^4 \times 3$이므로 $(4+1) \times (1+1)=10$

④ $(2+1) \times (1+1) \times (1+1)=12$

⑤ $70=2 \times 5 \times 7$이므로 $(1+1) \times (1+1) \times (1+1)=8$

따라서 약수의 개수가 가장 많은 것은 ②이다.

15 $(\square+1) \times (2+1)=18$에서

$(\square+1) \times 3=18$, $\square+1=6$ ∴ $\square=5$

16 $(3+1) \times (\square+1)=12$에서

$4 \times (\square+1)=12$, $\square+1=3$ ∴ $\square=2$

01 ②	02 36	03 ④	04 ①
05 18	06 ④	07 ⑤	08 ③

01 ② 1은 소수도 아니고 합성수도 아니다.

④ 15보다 작은 자연수 중 소수는 2, 3, 5, 7, 11, 13의 6개이다.

⑤ 1을 제외한 모든 자연수는 소수 또는 합성수이므로 약수가 2개 이상이다.

따라서 옳지 않은 것은 ②이다.

02 $2^5=32$이므로 $a=32$

$81=3^4$이므로 $b=4$

∴ $a+b=32+4=36$

03 ㄱ. $25=5^2$이므로 소인수는 5이다.

ㄴ. $48=2^4 \times 3$이므로 소인수는 2, 3이다.

ㄷ. $96=2^5 \times 3$이므로 소인수는 2, 3이다.

ㄹ. $135=3^3 \times 5$이므로 소인수는 3, 5이다.

따라서 소인수가 모두 같은 것끼리 짝 지은 것은 ㄴ, ㄷ이다.

04 $504=2^3 \times 3^2 \times 7$이므로

$a=3$, $b=3$, $c=7$

∴ $a-b+c=3-3+7=7$

05 $24=2^3 \times 3$이므로 $2^3 \times 3 \times a$가 어떤 자연수의 제곱이 되려면 지수가 모두 짝수이어야 한다.

즉, 가장 작은 자연수 a는 $a=2 \times 3=6$

이때 $24 \times a=24 \times 6=144=12^2$이므로 $b=12$

∴ $a+b=6+12=18$

06 $126=2 \times 3^2 \times 7$이므로 126의 약수 중에서 가장 큰 수는 $2 \times 3^2 \times 7$이고 두 번째로 큰 수는 $3^2 \times 7$이다.

07 각각의 수의 약수의 개수를 구하면 다음과 같다.

① $28=2^2 \times 7$이므로 $(2+1) \times (1+1)=6$

② $30=2 \times 3 \times 5$이므로 $(1+1) \times (1+1) \times (1+1)=8$

③ $36=2^2 \times 3^2$이므로 $(2+1) \times (2+1)=9$

④ $64=2^6$이므로 $6+1=7$

⑤ $125=5^3$이므로 $3+1=4$

따라서 약수의 개수가 가장 적은 것은 ⑤이다.

08 **전략 코칭**

$a^m \times b^n$ (a, b는 서로 다른 소수, m, n은 자연수)의 약수의 개수

➡ $(m+1) \times (n+1)$

① $2^2 \times 9=2^2 \times 3^2$이므로

(약수의 개수)$=(2+1) \times (2+1)=9$

② $2^2 \times 25=2^2 \times 5^2$이므로

(약수의 개수)$=(2+1) \times (2+1)=9$

③ $2^2 \times 27 = 2^2 \times 3^3$이므로

　　(약수의 개수)$= (2+1) \times (3+1) = 12$

④ $2^2 \times 49 = 2^2 \times 7^2$이므로

　　(약수의 개수)$= (2+1) \times (2+1) = 9$

⑤ $2^2 \times 121 = 2^2 \times 11^2$이므로

　　(약수의 개수)$= (2+1) \times (2+1) = 9$

따라서 □ 안에 들어갈 수 없는 수는 ③이다.

[다른 풀이]

$2^2 \times$ □의 약수의 개수가 9이므로 □ 안에 들어갈 수 있는 수는 2^6이거나 (2가 아닌 소수)^2 꼴이어야 한다.

③ $27 = 3^3$이므로 □ 안에 들어갈 수 없다.

03 최대공약수

─┤18쪽 ~ 19쪽├─

1 　1, 2, 4, 8 / 1, 2, 4, 5, 10, 20

　　(1) 1, 2, 4　　　(2) 4

1-1 　1, 2, 4, 8, 16 / 1, 2, 3, 4, 6, 8, 12, 24

　　(1) 1, 2, 4, 8　　　(2) 8

2 　(1) 최대공약수 : 1, 서로소이다.

　　(2) 최대공약수 : 5, 서로소가 아니다.

　　(3) 최대공약수 : 1, 서로소이다.

　　(4) 최대공약수 : 3, 서로소가 아니다.

　　(5) 최대공약수 : 1, 서로소이다.

　　(6) 최대공약수 : 6, 서로소가 아니다.

2-1 　(1) ○　　(2) ○　　(3) ×　　(4) ○　　(5) ×　　(6) ○

3 　(1) 2×3^2　　(2) $2^2 \times 5$　　(3) 3×5　　(4) $2 \times 3 \times 5^2$

3-1 　(1) 2×5　　(2) $2^2 \times 3$　　(3) $3^2 \times 5$　　(4) $2 \times 3 \times 7$

4 　(1) 20　　(2) 3

4-1 　(1) 18　　(2) 25

2 　(2) 5의 약수 : 1, 5

　　10의 약수 : 1, 2, 5, 10

　　따라서 5와 10의 최대공약수는 5이므로 5와 10은 서로소가 아니다.

　　(4) 12의 약수 : 1, 2, 3, 4, 6, 12

　　27의 약수 : 1, 3, 9, 27

　　따라서 12와 27의 최대공약수는 3이므로 12와 27은 서로소가 아니다.

　　(6) 18의 약수 : 1, 2, 3, 6, 9, 18

　　30의 약수 : 1, 2, 3, 5, 6, 10, 15, 30

　　따라서 18과 30의 최대공약수는 6이므로 18과 30은 서로소가 아니다.

2-1 　(3) 8의 약수 : 1, 2, 4, 8

　　14의 약수 : 1, 2, 7, 14

　　따라서 8과 14의 최대공약수는 2이므로 8과 14는 서로소가 아니다.

　　(5) 15의 약수 : 1, 3, 5, 15

　　25의 약수 : 1, 5, 25

　　따라서 15와 25의 최대공약수는 5이므로 15와 25는 서로소가 아니다.

4 　(1) 　　　$40 = 2^3 \qquad \times 5$

　　　　　$60 = 2^2 \times 3 \times 5$

　　────────────────

　　(최대공약수)$= 2^2 \qquad \times 5 = 20$

　　(2) 　　　$12 = 2^2 \times 3$

　　　　　$42 = 2 \times 3 \qquad \times 7$

　　　　　$45 = \qquad 3^2 \times 5$

　　────────────────

　　(최대공약수)$= \qquad 3$

4-1 　(1) 　　　$54 = 2 \times 3^3$

　　　　　$72 = 2^3 \times 3^2$

　　────────────────

　　(최대공약수)$= 2 \times 3^2 = 18$

　　(2) 　　　$75 = \qquad 3 \times 5^2$

　　　　　$100 = 2^2 \qquad \times 5^2$

　　　　　$150 = 2 \times 3 \times 5^2$

　　────────────────

　　(최대공약수)$= \qquad 5^2 = 25$

개념 완성하기

─┤20쪽 ~ 21쪽├─

01 1, 2, 3, 4, 6, 12　　**02** ④　　**03** ③, ④

04 3개　　**05** ②　　**06** ③　　**07** ⑤

08 ㄱ, ㄴ, ㄹ　　**09** 12　　**10** 8　　**11** 12명

12 바나나 : 5개, 귤 : 7개

01 두 수의 공약수는 두 수의 최대공약수인 12의 약수이므로 1, 2, 3, 4, 6, 12이다.

02 두 수의 공약수는 두 수의 최대공약수인 $2^3 \times 3^2$의 약수이다.

④ $48 = 2^4 \times 3$이므로 $2^3 \times 3^2$의 약수가 아니다.

⑤ $72 = 2^3 \times 3^2$이므로 $2^3 \times 3^2$의 약수이다.

따라서 두 수의 공약수가 아닌 것은 ④이다.

03 두 수의 최대공약수를 각각 구하면 다음과 같다.

① 7　　② 3　　③ 1　　④ 1　　⑤ 5

따라서 두 수가 서로소인 것은 ③, ④이다.

04 $6 = 2 \times 3$이므로 2의 배수와 3의 배수는 6과 서로소가 될 수 없다. 따라서 6과 서로소인 수는 5, 13, 35의 3개이다.

05 　　　　2×3^3

　　　　$2^2 \times 3^2 \times 5$

　　　　$2^2 \times 3^3 \times 5$

　　────────────────

　　(최대공약수)$= 2 \times 3^2$

[Self 코칭]

최대공약수는 공통인 소인수의 거듭제곱에서 지수가 작거나 같은 것을 택하여 모두 곱한다.

06
$$2^3 \times 3^a \times 7^3$$
$$2 \times 3^4 \times 7^b$$
$$\overline{(\text{최대공약수})=2 \times 3^2 \times 7^2}$$
따라서 $a=2$, $b=2$이므로 $a+b=2+2=4$

07 두 수의 최대공약수는 $2^2 \times 7$이므로 공약수는 $2^2 \times 7$의 약수
이다. 따라서 두 수의 공약수가 아닌 것은 ⑤이다.

08 $90=2 \times 3^2 \times 5$, $2^2 \times 3^2 \times 5$, $2 \times 3^2 \times 7$의 최대공약수는 2×3^2
이므로 세 수의 공약수는 2×3^2의 약수이다.
따라서 세 수의 공약수는 ㄱ, ㄴ, ㄹ이다.

09 어떤 자연수는 $65-5=60$, $40-4=36$의 공약수이다.
60과 36의 최대공약수는 12이므로 구하는 가장 큰 자연수는
12이다.

10 어떤 자연수는 $26-2=24$, $39+1=40$의 공약수이다.
24와 40의 최대공약수는 8이므로 구하는 가장 큰 자연수는
8이다.

11 되도록 많은 학생들에게 나누어 주려면 학생 수는 36과 48
의 최대공약수이어야 한다.
36과 48의 최대공약수는 12이므로 구하는 학생은 12명이다.

12 45와 63의 최대공약수는 9이므로 나누어 줄 수 있는 학생은
9명이다. 따라서 한 학생이 받게 되는 바나나와 귤은
바나나 : $45 \div 9=5$(개), 귤 : $63 \div 9=7$(개)

04 최소공배수

────────23쪽~24쪽

1 4, 8, 12, 16, 20, 24 / 6, 12, 18, 24, 30, 36
 (1) 12, 24, ... (2) 12

1-1 10, 20, 30, 40, 50, 60 / 15, 30, 45, 60, 75, 90
 (1) 30, 60, ... (2) 30

2 (1) $2^3 \times 3^2$ (2) $3^2 \times 5^3 \times 7$ (3) $2^3 \times 3^2 \times 5^2$
 (4) $2^3 \times 3^2 \times 5^2 \times 7$

2-1 (1) $3^3 \times 5 \times 7$ (2) $2^2 \times 3^3 \times 5$ (3) $2^2 \times 3^2 \times 5 \times 7^2$
 (4) $2^3 \times 3^2 \times 5^2 \times 7$

3 (1) 72 (2) 480 **3-1** (1) 90 (2) 560
4 4, 4, $A=12$ **4-1** 15
5 5 **5-1** 54

3 (1)
$$24=2^3 \times 3$$
$$36=2^2 \times 3^2$$
$$\overline{(\text{최소공배수})=2^3 \times 3^2=72}$$
(2)
$$10=2 \times 5$$
$$24=2^3 \times 3$$
$$32=2^5$$
$$\overline{(\text{최소공배수})=2^5 \times 3 \times 5=480}$$

3-1 (1)
$$30=2 \times 3 \times 5$$
$$45= 3^2 \times 5$$
$$\overline{(\text{최소공배수})=2 \times 3^2 \times 5=90}$$
(2)
$$16=2^4$$
$$28=2^2 \times 7$$
$$40=2^3 \times 5$$
$$\overline{(\text{최소공배수})=2^4 \times 5 \times 7=560}$$

4 A와 15의 최대공약수가 3이고,
15$=3 \times 5$이므로
$A=3 \times \square$ ($\square$, 5는 서로소)라 하자.
이때 두 수의 최소공배수가 60이므로
$3 \times \square \times 5=60$ ∴ $\square=4$
∴ $A=3 \times 4=12$

$$3 \overline{)\,A \quad 15}$$
$$\overline{\square \quad 5}$$

4-1 35와 A의 최대공약수가 5이고,
35$=5 \times 7$이므로
$A=5 \times a$ (a, 7은 서로소)라 하자.
이때 두 수의 최소공배수가 105이므로
$5 \times 7 \times a=105$ ∴ $a=3$
∴ $A=5 \times 3=15$

$$5 \overline{)\,35 \quad A}$$
$$\overline{7 \quad a}$$

5 (두 수의 곱)$=$(최대공약수)$\times$(최소공배수)이므로
$300=$(최대공약수)$\times 60$ ∴ (최대공약수)$=5$

5-1 (두 수의 곱)$=$(최대공약수)$\times$(최소공배수)이므로
$486=9 \times$(최소공배수) ∴ (최소공배수)$=54$

개념 완성하기
────────25쪽~26쪽

01 12, 24, 36	**02** 5개	**03** ⑤	**04** ④
05 ④, ⑤	**06** ①, ②	**07** 6	**08** 13
09 32	**10** 38	**11** $\dfrac{24}{5}$	**12** ④
13 오전 9시	**14** 20일 후		

01 두 수의 공배수는 두 수의 최소공배수인 12의 배수이므로
12, 24, 36이다.

02 두 수 A, B의 공배수는 두 수 A, B의 최소공배수인 18의
배수이므로 18의 배수 중 두 자리의 자연수는 18, 36, 54,
72, 90의 5개이다.

03
$$2^2 \times 3 \times 5$$
$$2^2 \times 3^3$$
$$2 \times 3^2 \times 7$$
$$\overline{(\text{최소공배수})=2^2 \times 3^3 \times 5 \times 7}$$

Self 코칭

최소공배수는 공통인 소인수의 거듭제곱에서 지수가 크거나
같은 것을 택하고, 공통이 아닌 소인수의 거듭제곱도 모두 택
하여 곱한다.

04
$$2^a \times 3 \times 5^3$$
$$2 \times 3^b \times 5 \times c$$
$$\text{(최소공배수)} = 2^3 \times 3^2 \times 5^3 \times 7$$

따라서 $a=3$, $b=2$, $c=7$이므로 $a+b+c=3+2+7=12$

05 두 수의 최소공배수는 $2^3 \times 3^2 \times 5$이므로 공배수는 $2^3 \times 3^2 \times 5$
의 배수이다.
따라서 두 수의 공배수는 ④, ⑤이다.

06 $9=3^2$, $12=2^2 \times 3$, $18=2 \times 3^2$의 최소공배수는 $2^2 \times 3^2$이므로 세 수의 공배수는 $2^2 \times 3^2$의 배수이다.
따라서 세 수의 공배수가 아닌 것은 ①, ②이다.

07
$$2^3 \times 3^a$$
$$2^b \times 3^3 \times 7$$
$$\text{(최대공약수)} = 2^2 \times 3^3 \quad \rightarrow b=2$$
$$\text{(최소공배수)} = 2^3 \times 3^4 \times 7 \quad \rightarrow a=4$$
$$\therefore a+b=4+2=6$$

08
$$2^a \times 3^b \times 7$$
$$2^3 \times 3^3 \qquad \times c$$
$$\text{(최대공약수)} = 2^3 \times 3^2 \qquad \rightarrow b=2$$
$$\text{(최소공배수)} = 2^4 \times 3^3 \times 7 \times 11 \quad \rightarrow a=4, c=11$$
$$\therefore a-b+c=4-2+11=13$$

09 3, 5, 6 중 어느 수로 나누어도 2가 남는 자연수를 x라 하면 $x-2$는 3, 5, 6의 공배수이다.
3, 5, 6의 최소공배수는 30이므로 $x-2=30, 60, 90, \ldots$
따라서 $x=32, 62, 92, \ldots$이므로 구하는 가장 작은 자연수는 32이다.

10 4로 나누면 2가 남고, 5로 나누면 3이 남고, 8로 나누면 6이 남는 자연수를 x라 하면 $x+2$는 4, 5, 8로 나누어떨어진다.
즉, $x+2$는 4, 5, 8의 공배수이다.
4, 5, 8의 최소공배수는 40이므로 $x+2=40, 80, 120, \ldots$
따라서 $x=38, 78, 118, \ldots$이므로 구하는 가장 작은 자연수는 38이다.

> **Self 코칭**
> 4로 나누면 2가 남고, 5로 나누면 3이 남고, 8로 나누면 6이 남는다.
> → 4, 5, 8로 나누면 모두 2가 부족하다.
> → 구하는 수에 2를 더하면 4, 5, 8로 나누어떨어진다.

11 구하는 분수는
$$\frac{(8, 12의 최소공배수)}{(15, 25의 최대공약수)} = \frac{24}{5}$$

12 두 분수 중 어느 것에 곱하여도 그 결과가 자연수가 되도록 하는 가장 작은 자연수는 16과 24의 최소공배수이므로 48이다.

13 두 기차가 처음으로 다시 동시에 출발하는 때는 15와 20의 최소공배수만큼 시간이 지난 후이다. 15와 20의 최소공배수는 60이므로 두 기차가 오전 8시 이후 처음으로 다시 동시에 출발하는 시각은 60분 후, 즉 1시간 후인 오전 9시이다.

14 두 사람이 처음으로 다시 함께 도서관에 가는 날은 4와 5의 최소공배수만큼 날이 지난 후이다. 4와 5의 최소공배수는 20이므로 두 사람이 오늘 이후 처음으로 다시 함께 도서관에 가는 날은 20일 후이다.

실력 확인하기 ────27쪽 ~ 28쪽─

01 ③, ⑤	**02** 3	**03** 9	**04** ③
05 24	**06** 6개		
07 빨간 공 : 2개, 파란 공 : 4개, 노란 공 : 5개		**08** ②	
09 ③	**10** 900	**11** 10	**12** ③
13 10	**14** ③	**15** 40	

01 ③ 3과 4는 서로소이지만 4는 소수가 아니다.
⑤ 3과 9는 모두 홀수이지만 최대공약수가 3이므로 서로소가 아니다.

02 $180=2^2 \times 3^2 \times 5$, $360=2^3 \times 3^2 \times 5$, $450=2 \times 3^2 \times 5^2$의 최대공약수는 $2 \times 3^2 \times 5$이므로 $a=2$, $b=5$
$$\therefore b-a=5-2=3$$

03 두 수의 최대공약수는 $2^2 \times 3^2$이므로
공약수의 개수는 $(2+1) \times (2+1)=9$

> **Self 코칭**
> (공약수의 개수) = (최대공약수의 약수의 개수)

04 $54=2 \times 3^3$과 A의 최대공약수가 6이어야 한다.
① $24=2^3 \times 3$이므로 최대공약수는 $2 \times 3=6$
② $30=2 \times 3 \times 5$이므로 최대공약수는 $2 \times 3=6$
③ $36=2^2 \times 3^2$이므로 최대공약수는 $2 \times 3^2=18$
④ $42=2 \times 3 \times 7$이므로 최대공약수는 $2 \times 3=6$
⑤ $48=2^4 \times 3$이므로 최대공약수는 $2 \times 3=6$
따라서 A가 될 수 없는 수는 ③이다.

> **Self 코칭**
> 두 자연수의 공약수가 6의 약수와 같다.
> → 두 자연수의 최대공약수가 6이다.

05 어떤 자연수는 $51-3=48$, $100-4=96$, $126-6=120$의 공약수이다.
48, 96, 120의 최대공약수는 24이므로 구하는 가장 큰 자연수는 24이다.

06 두 분수 $\dfrac{90}{n}$, $\dfrac{54}{n}$가 자연수가 되도록 하는 자연수 n은 90과 54의 공약수이다.
이때 90과 54의 최대공약수는 18이고, 공약수는 최대공약수의 약수이므로 자연수 n은 1, 2, 3, 6, 9, 18의 6개이다.

07 28, 56, 70의 최대공약수는 14이므로 나누어 줄 수 있는 학생은 14명이다.
따라서 한 학생이 받게 되는 빨간 공, 파란 공, 노란 공은

빨간 공 : $28\div14=2$(개), 파란 공 : $56\div14=4$(개)
노란 공 : $70\div14=5$(개)

08
$$
\begin{array}{r}
2\ \times3^2\times5^2 \\
2^2\ \ \ \ \times5^2 \\
2\ \ \ \ \times5^2\times7 \\
\hline
(\text{최대공약수})=2\ \ \ \ \times5^2 \\
(\text{최소공배수})=2^2\times3^2\times5^2\times7
\end{array}
$$

09 $20=2^2\times5$, $2^2\times3^3$, $2\times3^2\times5$의 최소공배수는 $2^2\times3^3\times5$이
므로 세 수의 공배수는 $2^2\times3^3\times5$의 배수이다.
따라서 세 수의 공배수가 아닌 것은 ③이다.

10 $45=3^2\times5$, $60=2^2\times3\times5$의 최소공배수는 $2^2\times3^2\times5=180$
이므로 두 수의 공배수는 180의 배수이다.
이때 $180\times5=900$, $180\times6=1080$이므로 두 수의 공배수
중 가장 큰 세 자리의 자연수는 900이다.

11
$$
\begin{array}{r}
2^a\times3^2\ \ \ \ \times7 \\
2^2\times3^b\times c \\
\hline
(\text{최대공약수})=2\ \times3^2 \ \ \ \rightarrow a=1 \\
(\text{최소공배수})=2^2\times3^4\times5\times7 \ \ \ \rightarrow b=4,\ c=5
\end{array}
$$
$\therefore a+b+c=1+4+5=10$

12 세 버스가 처음으로 다시 동시에 출발하는 때는 5, 15, 25의
최소공배수만큼 시간이 지난 후이다.
5, 15, 25의 최소공배수가 75이므로 세 버스가 오전 8시 이
후 처음으로 다시 동시에 출발하는 시각은 75분 후, 즉 1시
간 15분 후인 오전 9시 15분이다.

13 **전략 코칭**
> 두 자연수를 어떤 수로 각각 나누었을 때 모두 나누어떨어지고
> 그 몫이 서로소이려면 어떤 수는 두 자연수의 최대공약수이어야
> 한다.

두 수 90과 140의 최대공약수로 각각 나누어야 몫이 서로소
가 된다.
$90=2\times3^2\times5$와 $140=2^2\times5\times7$의 최대공약수는 $2\times5=10$
이므로 구하는 어떤 자연수는 10이다.

14 **전략 코칭**
> 세 수 $6\times x$, $8\times x$, $12\times x$는 x로 나누어떨어진다.

$$
\begin{array}{r|ccc}
x & 6\times x & 8\times x & 12\times x \\
2 & 6 & 8 & 12 \\
3 & 3 & 4 & 6 \\
2 & 1 & 4 & 2 \\
\hline
& 1 & 2 & 1
\end{array}
$$
세 수의 최소공배수가 120이므로
$x\times2\times3\times2\times1\times2\times1=120$ $\therefore x=5$
따라서 구하는 세 수의 최대공약수는 $x\times2=5\times2=10$

15 **전략 코칭**
> $A=8\times a$, $B=8\times b$ (a, b는 서로소)로 놓고 최소공배수를
> 이용한다.

$A=8\times a$, $B=8\times b$ (a, b는 서로소)라 하면
$8\times a\times b=48$ $\therefore a\times b=6$
A, B가 두 자리의 자연수이므로 $a=2$, $b=3$ 또는 $a=3$, $b=2$
따라서 $A=16$, $B=24$ 또는 $A=24$, $B=16$이므로 $A+B=40$

서술형 **문제** ─────────── 29쪽~30쪽

1 2		**1-1** 3	
2 26		**3** 28	
4 1080		**4-1** 810	
5 56		**6** 23	

1 채점 기준1 288의 약수의 개수 구하기 … 3점
$288=2^5\times3^2$의 약수의 개수는
$(5+1)\times(2+1)=18$
채점 기준2 자연수 a의 값 구하기 … 3점
$2^a\times3^2\times5$의 약수의 개수가 18이므로
$(a+1)\times(2+1)\times(1+1)=18$
$6\times(a+1)=18$, $a+1=3$ $\therefore a=2$

1-1 채점 기준1 126의 약수의 개수 구하기 … 3점
$126=2\times3^2\times7$의 약수의 개수는
$(1+1)\times(2+1)\times(1+1)=12$
채점 기준2 자연수 a의 값 구하기 … 3점
$3^2\times7^a$의 약수의 개수가 12이므로
$(2+1)\times(a+1)=12$
$3\times(a+1)=12$, $a+1=4$ $\therefore a=3$

2 25보다 크고 30보다 작은 자연수는 26, 27, 28, 29이다.
·········· ❶
이때 $26=2\times13$, $27=3^3$, $28=2^2\times7$이므로
2개의 소인수를 가지는 수는 26, 28이고 ·········· ❷
이 중 두 소인수의 합이 15인 것은 26이다. ·········· ❸

채점 기준	배점
❶ ㈎를 만족시키는 수 구하기	1점
❷ ㈎, ㈏를 만족시키는 수 구하기	2점
❸ ㈎, ㈏, ㈐를 만족시키는 수 구하기	2점

3 63을 소인수분해 하면 $63=3^2\times7$ ·········· ❶
$63\times x=3^2\times7\times x=y^2$이 되려면 소인수의 지수가 모두 짝
수가 되어야 하므로 가장 작은 자연수 x는 $x=7$ ·········· ❷
$63\times x=3^2\times7\times7=3^2\times7^2=(3\times7)\times(3\times7)$
$=(3\times7)^2=21^2$
이므로 $y=21$ ·········· ❸
$\therefore x+y=7+21=28$ ·········· ❹

채점 기준	배점
❶ 63을 소인수분해 하기	1점
❷ x의 값 구하기	2점
❸ y의 값 구하기	2점
❹ $x+y$의 값 구하기	1점

4

채점기준 1 세 자연수의 최소공배수 구하기 … 3점

$36=2^2 \times 3^2$, $90=2 \times 3^2 \times 5$, $120=2^3 \times 3 \times 5$이므로

36, 90, 120의 최소공배수는 $2^3 \times 3^2 \times 5 = 360$

채점기준 2 세 자연수의 공배수 중에서 1000에 가장 가까운 수 구하기 … 2점

세 자연수의 공배수는 최소공배수인 360의 배수, 즉

360, 720, 1080, 1440, …이므로 공배수 중에서 1000에 가장 가까운 수는 1080이다.

4-1 **채점기준 1** 세 자연수의 최소공배수 구하기 … 3점

$30=2 \times 3 \times 5$, $45=3^2 \times 5$, $135=3^3 \times 5$이므로

30, 45, 135의 최소공배수는 $2 \times 3^3 \times 5 = 270$

채점기준 2 세 자연수의 공배수 중에서 800에 가장 가까운 수 구하기 … 2점

세 자연수의 공배수는 최소공배수인 270의 배수, 즉

270, 540, 810, 1080, …이므로 공배수 중에서 800에 가장 가까운 수는 810이다.

5 $42=14 \times 3$이고 A와 42의 최대공약수가 14이므로

$A=14 \times a$ (a, 3은 서로소)로 나타낼 수 있다. …… ❶

이때 A와 42의 최소공배수가 168이므로

$14 \times a \times 3 = 168$ ∴ $a=4$ …… ❷

따라서 자연수 A는

$A=14 \times a = 14 \times 4 = 56$ …… ❸

채점 기준	배점
❶ 자연수 A를 최대공약수를 이용하여 나타내기	2점
❷ 최소공배수를 이용하여 자연수 A의 인수 구하기	2점
❸ 자연수 A 구하기	2점

6 $5\frac{5}{6}=\frac{35}{6}$, $1\frac{13}{15}=\frac{28}{15}$ …… ❶

a는 6과 15의 최소공배수이므로 $a=30$

b는 35와 28의 최대공약수이므로 $b=7$ …… ❷

∴ $a-b=30-7=23$ …… ❸

채점 기준	배점
❶ 대분수를 모두 가분수로 바꾸기	2점
❷ a, b의 값을 각각 구하기	4점
❸ $a-b$의 값 구하기	1점

실전! 중단원 마무리 ────|31쪽~33쪽|

01 ④	**02** ⑤	**03** ①, ④	**04** 30
05 30	**06** 1	**07** ④	**08** ⑤
09 ③	**10** ②	**11** ①	**12** 1, 2, 4
13 ④	**14** 6명	**15** ①, ④	**16** ③
17 ③	**18** 210	**19** ②	
20 $A=6$, $B=24$		**21** 86	**22** 42년

01 20보다 크고 50보다 작은 자연수 중 소수는

23, 29, 31, 37, 41, 43, 47의 7개이다.

02 ① 2는 소수이지만 짝수이다.

② 자연수는 1과 소수와 합성수로 이루어져 있다.

③ 1의 약수는 1의 1개이다.

④ 3의 배수 중 3은 소수이다.

따라서 옳은 것은 ⑤이다.

03 ② $\frac{1}{2} \times \frac{1}{2} \times \frac{1}{2} = \left(\frac{1}{2}\right)^3$

③ $7+7+7=7 \times 3$

⑤ $\dfrac{1}{2 \times 2 \times 3 \times 3 \times 3 \times 3} = \dfrac{1}{2^2 \times 3^4}$

따라서 옳은 것은 ①, ④이다.

04 $32=2^5$이므로 $a=5$

$5^2=25$이므로 $b=25$

∴ $a+b=5+25=30$

05 소수를 작은 것부터 차례로 3개 곱하면 $2 \times 3 \times 5 = 30$이므로 구하는 가장 작은 자연수는 30이다.

06 $720=2^4 \times 3^2 \times 5$이므로

$a=4$, $b=2$, $c=5$

∴ $a+b-c=4+2-5=1$

07 $240=2^4 \times 3 \times 5$이므로 $2^4 \times 3 \times 5 \times \square$가 어떤 자연수의 제곱이 되려면 $\square = 3 \times 5 \times (자연수)^2$ 꼴이어야 한다.

따라서 곱해야 하는 가장 작은 자연수는 $3 \times 5 = 15$, 두 번째로 작은 자연수는 $3 \times 5 \times 2^2 = 60$

08 $225=3^2 \times 5^2$

⑤ 3의 지수가 2보다 크므로 225의 약수가 아니다.

09 ③ $3^2 \times 9 = 81 = 3^4$이므로

(약수의 개수) $= 4+1 = 5$

다른풀이

$3^2 \times a$의 약수의 개수가 6이므로

$a=3^3$ 또는 $a=(3$이 아닌 소수$)$ 꼴이어야 한다.

10 두 수의 최대공약수를 각각 구하면 다음과 같다.

① 3 ② 1 ③ 2 ④ 3 ⑤ 10

따라서 두 수가 서로소인 것은 ②이다.

11 ① $\square=27=3^3$이면 두 수 $2^3 \times 3^3$, $2^2 \times 3^5 \times 7$의 최대공약수는 $2^2 \times 3^3$이다.

② $\square=36=2^2 \times 3^2$이면 두 수 $2^5 \times 3^2$, $2^2 \times 3^5 \times 7$의 최대공약수는 $2^2 \times 3^2$이다.

③ $\square=45=3^2 \times 5$이면 두 수 $2^3 \times 3^2 \times 5$, $2^2 \times 3^5 \times 7$의 최대공약수는 $2^2 \times 3^2$이다.

④ $\square=72=2^3 \times 3^2$이면 두 수 $2^6 \times 3^2$, $2^2 \times 3^5 \times 7$의 최대공약수는 $2^2 \times 3^2$이다.

⑤ $\square=90=2 \times 3^2 \times 5$이면 두 수 $2^4 \times 3^2 \times 5$, $2^2 \times 3^5 \times 7$의 최대공약수는 $2^2 \times 3^2$이다.

따라서 $\square$ 안에 들어갈 수 없는 수는 ①이다.

12 두 분수 $\dfrac{12}{n}$, $\dfrac{20}{n}$이 자연수가 되도록 하는 자연수 n은 12와 20의 공약수이다.

이때 12와 20의 최대공약수는 4이고, 공약수는 최대공약수의 약수이므로 자연수 n은

$n=1,\ 2,\ 4$

13 가능한 한 많은 보트를 이용하려면 필요한 보트 수는 48과 32의 최대공약수이어야 한다.

48과 32의 최대공약수는 16이므로 필요한 보트는 16대이다.

14 연필은 2자루가 남고, 볼펜은 1자루가 부족하고, 지우개는 3개가 남으므로

연필 : $56-2=54$(자루)

볼펜 : $35+1=36$(자루)

지우개 : $45-3=42$(개)

이것을 되도록 많은 학생들에게 똑같이 나누어 주려면 학생 수는 54, 36, 42의 최대공약수이어야 한다.

54, 36, 42의 최대공약수는 6이므로 구하는 학생은 모두 6명이다.

15 ① 서로소인 두 자연수의 공약수는 1이다.

④ 4와 9는 서로소이지만 둘 다 소수가 아니다.

16 두 수의 공배수는 두 수의 최소공배수인 16의 배수이다.

따라서 두 수의 공배수가 아닌 것은 ③이다.

17 ③ 두 수의 공약수의 개수는 두 수의 최대공약수인 $2^2\times3$의 약수의 개수와 같으므로

$(2+1)\times(1+1)=6$

18 $18=2\times3^2$, $30=2\times3\times5$, $84=2^2\times3\times7$이므로

$G=2\times3=6$

$L=2^2\times3^2\times5\times7=1260$

$\therefore \dfrac{L}{G}=\dfrac{1260}{6}=210$

19
$$\begin{array}{r}2^3\times3^3\times5^a\qquad\times11\\ 2\times3^b\qquad\times7\\ \hline (\text{최소공배수})=2^3\times3^4\times5\times7\times11\end{array}$$

따라서 $a=1$, $b=4$이므로

$a\times b=1\times4=4$

20 $A=6\times a$, $B=6\times b$ (a, b는 서로소, $a<b$)라 하면

$6\times a\times6\times b=144$

$\therefore a\times b=4$

이때 $a<b$이므로

$a=1,\ b=4$

$\therefore A=6,\ B=24$

21 5로 나누면 1이 남고, 6으로 나누면 2가 남고, 9로 나누면 5가 남으므로 어떤 자연수를 x라 하면 $x+4$는 5, 6, 9로 나누어떨어진다.

즉, $x+4$는 5, 6, 9의 공배수이다.

5, 6, 9의 최소공배수는 90이므로

$x+4=90,\ 180,\ 270,\ \ldots$

따라서 $x=86,\ 176,\ 266,\ \ldots$이므로 구하는 가장 작은 자연수는 86이다.

22 7과 6의 최소공배수는 42이므로 매미는 42년에 한 번씩 천적의 공격을 받는다.

교과서에서 **쏙** 배온 **문제** ──────── 34쪽

1 2^{50}개   **2** 사랑   **3** 120

4 2014년

1 2일 후에는 $4=2^2$(개),

3일 후에는 $8=2^3$(개),

4일 후에는 $16=2^4$(개),

$\vdots$

이므로 50일 후에는 2^{50}개의 세포로 나누어진다.

2 2730을 소인수분해 하면

$2730=2\times3\times5\times7\times13$

이므로 2730의 소인수는 2, 3, 5, 7, 13이다.

즉, ㄱ~ㅁ에 들어갈 수는 차례로

2, 3, 5, 7, 13이므로 각 수에서 뺀 값은 오른쪽과 같다.

$$\begin{array}{r}6\quad10\quad7\quad14\quad18\\ -)\ 2\quad3\quad5\quad7\quad13\\ \hline 4\quad7\quad2\quad7\quad5\end{array}$$

따라서 4, 7, 2, 7, 5에 해당하는 문자를 차례로 나열하면

ㅅ, ㅏ, ㄹ, ㅏ, ㅇ이므로 암호문은 '사랑'이다.

3 12와 20으로 각각 나누어떨어지는 수는 12와 20의 공배수이다.

$12=2^2\times3$과 $20=2^2\times5$의 최소공배수는 $2^2\times3\times5=60$이므로 12와 20의 공배수는 60, 120, 180, …이다.

이 중 가장 작은 세 자리의 자연수는 120이므로 구하는 수는 120이다.

4 두 톱니바퀴가 다시 같은 톱니에서 맞물릴 때까지 돌아간 톱니의 수는 10과 12의 공배수이다.

10과 12의 최소공배수는 60이므로 육십갑자는 60년마다 반복된다.

갑오개혁은 1894년에 일어났고

$1894+60=1954$,

$1894+60\times2=2014$,

$1894+60\times3=2074$,

$\vdots$

이므로 구하는 가장 최근의 해는 2014년이다.

Self 코칭

두 톱니바퀴가 다시 같은 톱니에서 맞물릴 때까지 돌아간 톱니의 수가 어떤 두 수의 공배수인지 생각해 본다.

1 정수와 유리수

01 정수와 유리수

───37쪽~38쪽───

1 (1) $-7\,^{\circ}\mathrm{C}$ (2) $-1500\,\mathrm{m}$ (3) $+200$원

1-1 (1) $+3$층   (2) -4점   (3) $-5\,\mathrm{km}$

2 (1) $+3$ (2) -4 (3) $+1.5$ (4) $-\dfrac{1}{2}$

2-1 (1) $+5$ (2) -7 (3) $+\dfrac{3}{4}$ (4) -2.1

3 (1) $+3,\ \dfrac{10}{5}$ (2) $+3,\ 0,\ -5,\ \dfrac{10}{5}$

    (3) $-2.1,\ -5,\ -\dfrac{11}{3}$ (4) $-2.1,\ \dfrac{1}{7},\ -\dfrac{11}{3}$

3-1 (1) $-1,\ -\dfrac{14}{7}$ (2) $-1,\ +6,\ \dfrac{10}{2},\ 0,\ -\dfrac{14}{7}$

    (3) $+6,\ \dfrac{10}{2},\ 3.9$ (4) $-\dfrac{1}{5},\ 3.9$

4 (1) -3 (2) $-\dfrac{5}{3}\left(=-1\dfrac{2}{3}\right)$ (3) $+\dfrac{1}{2}$

    (4) $+2$

4-1

---

3 (1) $\dfrac{10}{5}=2$이므로 양의 정수이다.

3-1 (1) $-\dfrac{14}{7}=-2$이므로 음의 정수이다.

    (2) $\dfrac{10}{2}=5$이므로 정수이다.

개념 완성하기

───39쪽───

01 ③   **02** 1   **03** ㄴ, ㄹ   **04** ③

05 (1)

    (2) $-2,\ 1$

06 $-3,\ 2$

---

01 ① 양수는 $+2,\ 4,\ \dfrac{1}{3},\ 2.5$의 4개이다.

② 음수는 $-\dfrac{1}{4},\ -\dfrac{9}{3}$의 2개이다.

③ 정수는 $+2,\ 0,\ 4,\ -\dfrac{9}{3}(=-3)$의 4개이다.

④ 주어진 수는 모두 유리수이므로 7개이다.

⑤ 정수가 아닌 유리수는 $-\dfrac{1}{4},\ \dfrac{1}{3},\ 2.5$의 3개이다.

따라서 옳지 않은 것은 ③이다.

---

02 자연수는 $1,\ \dfrac{20}{4}(=5),\ +7$의 3개이므로 $a=3$

정수가 아닌 유리수는 $-\dfrac{1}{2},\ 1.2$의 2개이므로 $b=2$

$\therefore a-b=3-2=1$

03 ㄱ. 0은 정수이다.

ㄷ. 모든 정수는 유리수이다.

따라서 옳은 것은 ㄴ, ㄹ이다.

04 ③ 양의 정수가 아닌 정수는 0 또는 음의 정수이다.

05 (2) 수직선 위에서 $-\dfrac{7}{3}$에 가장 가까운 정수는 -2이고, $\dfrac{3}{5}$에 가장 가까운 정수는 1이다.

06 $-\dfrac{13}{5}=-2\dfrac{3}{5},\ \dfrac{7}{4}=1\dfrac{3}{4}$이므로 두 수를 각각 수직선 위에 나타내면 다음과 같다.

따라서 $-\dfrac{13}{5}$에 가장 가까운 정수는 -3이고, $\dfrac{7}{4}$에 가장 가까운 정수는 2이다.

02 정수와 유리수의 대소 관계

───41쪽~42쪽───

1 (1) 4   (2) 9   (3) 0   (4) $\dfrac{3}{2}$ (5) 3.8

1-1 (1) 8   (2) $\dfrac{1}{4}$ (3) 2.3   (4) $\dfrac{2}{5}$ (5) 11

2 (1) $+6,\ -6$ (2) $+\dfrac{1}{2},\ -\dfrac{1}{2}$ (3) $+2.5$

    (4) $+8,\ -8$

2-1 (1) $+5,\ -5$ (2) 0   (3) $-\dfrac{2}{3}$ (4) $+4,\ -4$

3 (1) $<$ (2) $>$ (3) $<$ (4) $>$ (5) $<$

3-1 (1) $>$ (2) $<$ (3) $>$ (4) $>$ (5) $<$

4 (1) $x<-3$ (2) $x\geq\dfrac{2}{7}$ (3) $-1\leq x<5$

    (4) $2<x\leq6$

4-1 (1) $x\geq7$ (2) $x\leq-\dfrac{1}{3}$ (3) $4<x\leq10$

    (4) $-2\leq x<3$

---

2 (1) 절댓값이 6인 수는 원점으로부터 거리가 6인 수이므로 $+6,\ -6$이다.

(3) 절댓값이 2.5인 수는 $+2.5,\ -2.5$이므로 이 중 양수는 $+2.5$이다.

2-1 (1) 절댓값이 5인 수는 원점으로부터 거리가 5인 수이므로 $+5,\ -5$이다.

(2) 절댓값이 0인 수는 0뿐이다.

(3) 절댓값이 $\frac{2}{3}$인 수는 $+\frac{2}{3}$, $-\frac{2}{3}$이므로 이 중 음수는 $-\frac{2}{3}$이다.

3 (5) $-0.5=-\frac{1}{2}=-\frac{2}{4}$이므로 $-0.5<-\frac{1}{4}$

3-1 (5) $-\frac{1}{2}=-\frac{3}{6}$, $-\frac{1}{3}=-\frac{2}{6}$이므로 $-\frac{1}{2}<-\frac{1}{3}$

4 (2) x는 $\frac{2}{7}$보다 작지 않다. ➡ x는 $\frac{2}{7}$보다 크거나 같다.
➡ $x\geq\frac{2}{7}$

4-1 (2) x는 $-\frac{1}{3}$보다 크지 않다. ➡ x는 $-\frac{1}{3}$보다 작거나 같다.
➡ $x\leq-\frac{1}{3}$

개념 완성하기
— 43쪽～44쪽 —

01 ⑤   **02** $a=7$, $b=-4$
03 -5, $\frac{7}{2}$, 1, $-\frac{1}{3}$, 0 **04** -3.5 **05** 3
06 $a=9$, $b=-9$ **07** ②, ⑤   **08** ④
09 ④   **10** ③
11 (1) -3, -2, -1, 0, 1, 2, 3 (2) -2, -1, 0, 1
12 ⑤

01 $a=|-4|=4$
절댓값이 10인 수는 10, -10이므로 $b=10$
$\therefore a+b=4+10=14$

02 $a=|-7|=7$
절댓값이 4인 수는 4, -4이므로 $b=-4$

03 각 수의 절댓값은 차례로 5, $\frac{7}{2}$, $\frac{1}{3}$, 0, 1이므로
절댓값이 큰 수부터 차례로 나열하면
-5, $\frac{7}{2}$, 1, $-\frac{1}{3}$, 0

> **Self 코칭**
> **절댓값의 성질**
> ① $a>0$이면 $|a|=a$
> ② $a=0$이면 $|a|=0$
> ③ $a<0$이면 $|a|=-a$

04 각 수의 절댓값은 차례로 3.5, 4, $\frac{9}{2}$, 1, 2.6, 7이므로
절댓값이 작은 수부터 차례로 나열하면
1, 2.6, -3.5, 4, $-\frac{9}{2}$, -7
따라서 세 번째에 오는 수는 -3.5이다.

05 두 수는 원점으로부터 $6\times\frac{1}{2}=3$만큼 떨어진 점에 대응하는 수이므로 3, -3이다.
따라서 두 수 중 큰 수는 3이다.

> **Self 코칭**
> 수직선에서 절댓값이 같고 부호가 서로 다른 두 수에 대응하는 두 점은 원점으로부터 거리가 같고 서로 반대 방향에 있다.

06 두 수는 원점으로부터 $18\times\frac{1}{2}=9$만큼 떨어진 점에 대응하는 수이므로 9, -9이다.
이때 $a>b$이므로 $a=9$, $b=-9$

07 ① 양수는 음수보다 크므로 $1>-\frac{1}{2}$
② 음수끼리는 절댓값이 큰 수가 더 작으므로 $-3>-4.5$
③ 양수는 0보다 크므로 $\frac{1}{4}>0$
④ $\frac{1}{3}=\frac{5}{15}$, $\frac{2}{5}=\frac{6}{15}$이므로 $\frac{1}{3}<\frac{2}{5}$
⑤ $\left|-\frac{2}{3}\right|=\frac{2}{3}=\frac{4}{6}$, $\left|-\frac{1}{2}\right|=\frac{1}{2}=\frac{3}{6}$이므로
$\left|-\frac{2}{3}\right|>\left|-\frac{1}{2}\right|$
따라서 두 수의 대소 관계가 옳은 것은 ②, ⑤이다.

> **Self 코칭**
> **수의 대소 관계**
> ① (음수)$<0<$(양수)
> ② 양수끼리는 절댓값이 큰 수가 더 크다.
> ③ 음수끼리는 절댓값이 큰 수가 더 작다.

08 ① 양수는 음수보다 크므로 $-7<4$
② 음수는 0보다 작으므로 $0>-0.6$
③ 양수끼리는 절댓값이 큰 수가 더 크므로 $\frac{8}{5}<2$
④ $\frac{1}{3}=\frac{4}{12}$, $\left|-\frac{1}{4}\right|=\frac{1}{4}=\frac{3}{12}$이므로 $\frac{1}{3}>\left|-\frac{1}{4}\right|$
⑤ $\left|-\frac{9}{2}\right|=\frac{9}{2}=4\frac{1}{2}$, $|+4|=4$이므로 $\left|-\frac{9}{2}\right|>|+4|$
따라서 두 수의 대소 관계가 옳지 않은 것은 ④이다.

09 ④ a는 -1보다 크지 않다. ➡ a는 -1보다 작거나 같다.
➡ $a\leq-1$

> **Self 코칭**
> (크지 않다.)=(작거나 같다.)=(이하이다.)

10 x는 -2보다 작지 않고 $\frac{2}{3}$보다 작다.
➡ x는 -2보다 크거나 같고 $\frac{2}{3}$보다 작다.
➡ $-2\leq x<\frac{2}{3}$

> **Self 코칭**
> (작지 않다.)=(크거나 같다.)=(이상이다.)

11 (1) $-\dfrac{7}{2}=-3\dfrac{1}{2}$이므로 $-3\dfrac{1}{2}<x\le3$을 만족시키는 정수 x는 $-3,\ -2,\ -1,\ 0,\ 1,\ 2,\ 3$이다.

(2) $-\dfrac{11}{4}=-2\dfrac{3}{4}$이므로 $-2\dfrac{3}{4}<x<1.5$를 만족시키는 정수 x는 $-2,\ -1,\ 0,\ 1$이다.

12 $-\dfrac{14}{3}=-4\dfrac{2}{3}$, $\dfrac{12}{5}=2\dfrac{2}{5}$이므로 두 유리수 사이에 있는 정수는 $-4,\ -3,\ -2,\ -1,\ 0,\ 1,\ 2$의 7개이다.

실력 확인하기 ────────────── 45쪽

01 ④ **02** ② **03** ④ **04** ③

05 5 **06** ④ **07** $-\dfrac{1}{2}\le x\le3,\ 4$

08 $x=2,\ y=-2$

---

01 ① 정수는 $-2,\ 3,\ 0$이다.

② 양수는 $3,\ \dfrac{2}{7}$이다.

③ 주어진 수는 모두 유리수이다.

④ 정수가 아닌 유리수는 $\dfrac{2}{7},\ -\dfrac{4}{3},\ -3.4$의 3개이다.

⑤ 0은 정수이고, 정수는 유리수이므로 0은 유리수이다.
따라서 옳은 것은 ④이다.

02 주어진 수를 수직선 위에 각각 나타내면 다음 그림과 같다.

따라서 가장 오른쪽에 있는 점에 대응하는 수는 ② 3.2이다.

[다른풀이]
수직선에서 가장 오른쪽에 있는 점에 대응하는 수가 가장 큰 수이다.
이때 (음수)$<0<$(양수)이므로 양수 중 가장 큰 수를 찾으면 ② 3.2이다.

03 절댓값이 8인 두 수는 $8,\ -8$이므로 수직선 위에 나타내면 다음 그림과 같고, 이때 두 수에 대응하는 두 점 사이의 거리는 $8\times2=16$

04 각 수의 절댓값을 구하면 다음과 같다.

① $\left|-\dfrac{5}{2}\right|=\dfrac{5}{2}=2\dfrac{1}{2}$ ② $\left|-\dfrac{17}{6}\right|=\dfrac{17}{6}=2\dfrac{5}{6}$

③ $\left|-\dfrac{15}{4}\right|=\dfrac{15}{4}=3\dfrac{3}{4}$ ④ $|3|=3$

⑤ $\left|\dfrac{7}{3}\right|=\dfrac{7}{3}=2\dfrac{1}{3}$

따라서 절댓값이 가장 큰 수는 ③ $-\dfrac{15}{4}$이다.

05 절댓값이 3 미만인 정수는 $-2,\ -1,\ 0,\ 1,\ 2$의 5개이다.

06 ① $-5<3$

② $0<0.2$

③ $-\dfrac{2}{5}=-\dfrac{6}{15}$, $-\dfrac{1}{3}=-\dfrac{5}{15}$이므로 $-\dfrac{2}{5}<-\dfrac{1}{3}$

④ $\dfrac{5}{2}=\dfrac{15}{6}$, $\left|-\dfrac{4}{3}\right|=\dfrac{4}{3}=\dfrac{8}{6}$이므로 $\dfrac{5}{2}>\left|-\dfrac{4}{3}\right|$

⑤ $\left|-\dfrac{3}{5}\right|=\dfrac{3}{5}=\dfrac{12}{20}$, $\left|-\dfrac{3}{4}\right|=\dfrac{3}{4}=\dfrac{15}{20}$이므로 $\left|-\dfrac{3}{5}\right|<\left|-\dfrac{3}{4}\right|$

따라서 부등호의 방향이 나머지 넷과 다른 하나는 ④이다.

07 부등호를 사용하여 나타내면 $-\dfrac{1}{2}\le x\le3$
따라서 구하는 정수 x는 $0,\ 1,\ 2,\ 3$의 4개이다.

08 [전략 코칭]

절댓값이 $a\ (a>0)$인 두 수 ➡ $a,\ -a$

㈎, ㈏에서 두 수는 원점으로부터 $4\times\dfrac{1}{2}=2$만큼 떨어진 점에 대응하는 수이므로 $2,\ -2$이다.
이때 ㈏에서 x가 양수이므로 $x=2,\ y=-2$

서술형 문제 ────────────── 46쪽

1 $a=5,\ b=-5$ **1-1** $a=-4,\ b=4$

2 5 **3** $a=2,\ b=-3$

---

1 [채점 기준 1] 두 수 $a,\ b$에 대응하는 두 점 사이의 거리 구하기 … 2점
a가 b보다 10만큼 크므로 수직선에서 두 수 $a,\ b$에 대응하는 두 점 사이의 거리는 10이다.

[채점 기준 2] 두 점이 원점으로부터 떨어진 거리 구하기 … 2점
두 수 $a,\ b$는 원점으로부터 $10\times\dfrac{1}{2}=5$만큼 떨어진 점에 대응하는 수이다.

[채점 기준 3] $a,\ b$의 값을 각각 구하기 … 2점
$a>b$이므로 $a=5,\ b=-5$

1-1 [채점 기준 1] 두 수 $a,\ b$에 대응하는 두 점 사이의 거리 구하기 … 2점
a가 b보다 8만큼 작으므로 수직선에서 두 수 $a,\ b$에 대응하는 두 점 사이의 거리는 8이다.

[채점 기준 2] 두 점이 원점으로부터 떨어진 거리 구하기 … 2점
두 수 $a,\ b$는 원점으로부터 $8\times\dfrac{1}{2}=4$만큼 떨어진 점에 대응하는 수이다.

[채점 기준 3] $a,\ b$의 값을 각각 구하기 … 2점
$a<b$이므로 $a=-4,\ b=4$

2 원점으로부터 거리가 4인 두 점에 대응하는 두 수는 4, -4 이므로 $a=4$ ······ ❶

원점으로부터 거리가 1인 두 점에 대응하는 두 수는 1, -1 이므로 $b=-1$ ······ ❷

두 수 a, b를 수직선 위에 나타내면 다음 그림과 같다.

따라서 두 수 a, b에 대응하는 두 점 사이의 거리는 5이다. ······ ❸

채점 기준	배점
❶ a의 값 구하기	2점
❷ b의 값 구하기	2점
❸ 두 수 a, b에 대응하는 두 점 사이의 거리 구하기	2점

3 $-\dfrac{11}{3}=-3\dfrac{2}{3}$이고 $\dfrac{9}{4}=2\dfrac{1}{4}$이므로

$-3\dfrac{2}{3}<x<2\dfrac{1}{4}$을 만족시키는 정수 x는

-3, -2, -1, 0, 1, 2 ······ ❶

따라서 x의 값 중 가장 큰 수는 2이므로 $a=2$ ······ ❷

x의 값 중 가장 작은 수는 -3이므로 $b=-3$ ······ ❸

채점 기준	배점
❶ 조건을 만족시키는 정수 x 구하기	2점
❷ a의 값 구하기	2점
❸ b의 값 구하기	2점

실전! 중단원 마무리 ———— |47쪽 ~ 48쪽|

01 ③	**02** ②, ④	**03** 6	**04** ②
05 -1	**06** ④	**07** ③	**08** -6, 0.4
09 $a=-7$, $b=7$		**10** ③, ⑤	**11** ④
12 -5	**13** 유리	**14** -3	**15** 7개

01 ③ 300원 이익 : $+300$원

02 □ 안의 수는 정수가 아닌 유리수에 해당한다.

따라서 정수가 아닌 유리수는 ② -1.7, ④ $\dfrac{3}{7}$이다.

03 음의 유리수는 $-\dfrac{5}{2}$, $-\dfrac{12}{3}$, -3.6의 3개이므로 $a=3$

정수는 0, $-\dfrac{12}{3}(=-4)$, 8의 3개이므로 $b=3$

$\therefore a+b=3+3=6$

04 ② B : $-\dfrac{1}{3}$

05 -5와 3을 수직선 위에 나타내면 다음 그림과 같고, 이때 두 수에 대응하는 두 점 사이의 거리는 8이다.

따라서 -5와 3에 대응하는 두 점으로부터 같은 거리에 있는 점에 대응하는 수는 -5에서 오른쪽으로 4만큼 떨어져 있는 -1이다.

06 $a=\left|+\dfrac{15}{4}\right|=\dfrac{15}{4}$, $b=\left|-\dfrac{3}{2}\right|=\dfrac{3}{2}$이므로

$a-b=\dfrac{15}{4}-\dfrac{3}{2}=\dfrac{15}{4}-\dfrac{6}{4}=\dfrac{9}{4}$

07 각 수의 절댓값을 구하면 다음과 같다.

① $\left|-\dfrac{13}{3}\right|=\dfrac{13}{3}=4\dfrac{1}{3}$ ② $|-4|=4$

③ $|5.7|=5.7$ ④ $|3|=3$

⑤ $\left|-\dfrac{3}{4}\right|=\dfrac{3}{4}$

따라서 절댓값이 가장 큰 수를 찾으면 ③ 5.7이다.

Self 코칭

수를 수직선 위에 나타내었을 때, 원점에서 가장 멀리 떨어져 있다.

➡ 절댓값이 가장 크다.

08 각 수의 절댓값은 차례로 6, 1.2, 3, 0.4, $\dfrac{2}{3}$, 5이므로

절댓값이 가장 큰 수는 -6, 절댓값이 가장 작은 수는 0.4이다.

09 두 수는 원점으로부터 $14\times\dfrac{1}{2}=7$만큼 떨어진 점에 대응하는 수이므로 7, -7이다.

이때 $a<b$이므로 $a=-7$, $b=7$

10 ① 음수보다 큰 수는 0과 양수이다.

② 절댓값이 8인 수는 8, -8이다.

④ $|1|=|-1|$이지만 $1\neq-1$이다.

따라서 옳은 것은 ③, ⑤이다.

11 ① $-\dfrac{4}{3}=-\dfrac{8}{6}$, $-\dfrac{3}{2}=-\dfrac{9}{6}$이므로

$-\dfrac{4}{3}>-\dfrac{3}{2}$

② 양수는 음수보다 크므로

$\dfrac{7}{2}>-\dfrac{8}{3}$

③ $\left|-\dfrac{5}{4}\right|=\dfrac{5}{4}$이므로

$\left|-\dfrac{5}{4}\right|>0$

④ $\left|-\dfrac{7}{2}\right|=\dfrac{7}{2}$, $\left|-\dfrac{15}{2}\right|=\dfrac{15}{2}$이므로

$\left|-\dfrac{7}{2}\right|<\left|-\dfrac{15}{2}\right|$

⑤ $|-2.4|=2.4$, $|+2.1|=2.1$이므로

$|-2.4|>|+2.1|$

따라서 두 수의 대소 관계가 옳지 않은 것은 ④이다.

12 작은 수부터 차례로 나열하면

$-\dfrac{11}{2}$, -5, -3, $-\dfrac{1}{2}$, 0, $\dfrac{1}{3}$

따라서 두 번째에 오는 수는 -5이다.

13 정호 : $x \geq 3$, 민우 : $x \geq 3$, 준서 : $x \geq 3$,

　　유리 : $x \leq 3$, 아영 : $x \geq 3$

　　따라서 나머지 친구들과 다른 것을 말한 친구는 유리이다.

14 $-\dfrac{10}{3} = -3\dfrac{1}{3}$이므로 $-3\dfrac{1}{3} \leq x \leq 2.5$를 만족시키는 정수 x는

　　-3, -2, -1, 0, 1, 2

　　이 수들의 절댓값은 차례로 3, 2, 1, 0, 1, 2이므로 절댓값이 가장 큰 수는 -3이다.

15 $1 < \dfrac{5}{4} < \dfrac{4}{3}$이므로 $-\dfrac{8}{3}$과 $\dfrac{5}{4}$ 사이에 있는 정수가 아닌 유리수 중 분모가 3인 기약분수는

　　$-\dfrac{7}{3}$, $-\dfrac{5}{3}$, $-\dfrac{4}{3}$, $-\dfrac{2}{3}$, $-\dfrac{1}{3}$, $\dfrac{1}{3}$, $\dfrac{2}{3}$의 7개이다.

교과서에서 쏙 빼온 문제　　　　　　　　　　| 49쪽 |

1 ㉠ : $-5\,^{\circ}\mathrm{C}$, ㉡ : $+10\,^{\circ}\mathrm{C}$, ㉢ : $+4$일, ㉣ : -15일,

　㉤ : $-6\,\mathrm{km}$, ㉥ : $+5\,\mathrm{km}$

2 비

3 -4

4 아리스토텔레스, 에라토스테네스, 갈릴레이, 홍정하

---

2 각 수의 분류에 따라 해당하는 수를 색칠하면 다음과 같다.

자연수	$+5$	-0.7	$\dfrac{6}{3}$	0	3
정수	-4	0	$+9$	$\dfrac{1}{2}$	$-\dfrac{8}{4}$
음의 유리수	$-\dfrac{4}{2}$	3.5	$-\dfrac{4}{3}$	$+6$	-2.8
정수가 아닌 유리수	1.3	$\dfrac{11}{6}$	-2.2	$\dfrac{12}{4}$	$-\dfrac{5}{7}$

　　따라서 나타나는 글자는 '비'이다.

3 원점으로부터 거리가 4인 점에 대응하는 수는 $+4$와 -4이다.

　　막대가 왼쪽으로 쓰러졌으므로 구하는 수는 -4이다.

4 B.C.를 $-$, A.D.를 $+$로 나타내면

　　• B.C. 384 ➡ -384

　　• A.D. 1564 ➡ $+1564$

　　• B.C. 275 ➡ -275

　　• A.D. 1684 ➡ $+1684$

　　따라서 $-384 < -275 < +1564 < +1684$이므로 출생 연도가 이른 수학자부터 차례로 이름을 나열하면

　　아리스토텔레스, 에라토스테네스, 갈릴레이, 홍정하이다.

---

2 | 정수와 유리수의 계산

01 정수와 유리수의 덧셈과 뺄셈

| 51쪽 ～ 54쪽 |

1 (1) $+7$　(2) -9　(3) -3　(4) $+2$

1-1 (1) $(+4)+(+2)=+6$　(2) $(-5)+(-3)=-8$

　　　(3) $(+6)+(-2)=+4$　(4) $(-7)+(+4)=-3$

2 (1) $+$, $+$, 7　(2) $-$, 4, $-$, 11

　　(3) $-$, $-$, 2　(4) $+$, 8, $+$, 4

2-1 (1) $+10$　(2) -15　(3) $+3$　(4) -5

3 (1) $+$, 2, $+$, $\dfrac{7}{6}$　(2) $+$, 14, $+$, $\dfrac{1}{10}$

　　(3) $-$, 5.2, $-$, 2.1　(4) $-$, 4.7, $-$, 6

3-1 (1) $+\dfrac{5}{4}$　(2) $-\dfrac{5}{21}$　(3) $+0.7$　(4) -8.3

4 -6, -6, -10, $+5$ / 교환법칙, 결합법칙

4-1 (1) $+3$　(2) -11　(3) 0　(4) $+5$

5 (1) $-$, 8, $+$, 8, $+$, 5　(2) $+$, 3, $-$, 3, $-$, 4

5-1 (1) $+23$　(2) -16　(3) $+\dfrac{2}{15}$　(4) -2

6 $+$, 3, $+$, 3, $+$, 8, $-$, 1

6-1 (1) $+9$　(2) -6　(3) $+10$　(4) -5

7 $+$, $+$, 9, $+$, $-$, 9, $-$, 9, $+$, $-$, 12, $+$, $-$, 5

7-1 (1) $+10$　(2) -14　(3) -3　(4) -2

1-1 (1) 원점에서 오른쪽으로 4만큼 이동한 후 오른쪽으로 2만큼 이동한 것은 원점에서 오른쪽으로 6만큼 이동한 것과 같다.

　　➡ $(+4)+(+2)=+6$

　　(2) 원점에서 왼쪽으로 5만큼 이동한 후 왼쪽으로 3만큼 이동한 것은 원점에서 왼쪽으로 8만큼 이동한 것과 같다.

　　➡ $(-5)+(-3)=-8$

　　(3) 원점에서 오른쪽으로 6만큼 이동한 후 왼쪽으로 2만큼 이동한 것은 원점에서 오른쪽으로 4만큼 이동한 것과 같다.

　　➡ $(+6)+(-2)=+4$

　　(4) 원점에서 왼쪽으로 7만큼 이동한 후 오른쪽으로 4만큼 이동한 것은 원점에서 왼쪽으로 3만큼 이동한 것과 같다.

　　➡ $(-7)+(+4)=-3$

2-1 (1) $(+3)+(+7)=+(3+7)=+10$

　　(2) $(-11)+(-4)=-(11+4)=-15$

　　(3) $(+8)+(-5)=+(8-5)=+3$

　　(4) $(-7)+(+2)=-(7-2)=-5$

3-1 (1) $\left(+\dfrac{1}{2}\right)+\left(+\dfrac{3}{4}\right)=\left(+\dfrac{2}{4}\right)+\left(+\dfrac{3}{4}\right)$

　　　　　　$=+\left(\dfrac{2}{4}+\dfrac{3}{4}\right)=+\dfrac{5}{4}$

　　(2) $\left(+\dfrac{3}{7}\right)+\left(-\dfrac{2}{3}\right)=\left(+\dfrac{9}{21}\right)+\left(-\dfrac{14}{21}\right)$

　　　　　　$=-\left(\dfrac{14}{21}-\dfrac{9}{21}\right)=-\dfrac{5}{21}$

(3) $(-2.9)+(+3.6)=+(3.6-2.9)=+0.7$

(4) $(-1)+(-7.3)=-(1+7.3)=-8.3$

Self 코칭

분모가 다른 분수의 계산은 분모의 최소공배수로 통분하여 계산한다.

4-1 (1) $(-8)+(+3)+(+8)=(-8)+(+8)+(+3)$
$\qquad\qquad\qquad\qquad=\{(-8)+(+8)\}+(+3)$
$\qquad\qquad\qquad\qquad=0+(+3)=+3$

(2) $(-17)+(+9)+(-3)=(-17)+(-3)+(+9)$
$\qquad\qquad\qquad\qquad\quad=\{(-17)+(-3)\}+(+9)$
$\qquad\qquad\qquad\qquad\quad=(-20)+(+9)=-11$

(3) $\left(+\dfrac{3}{2}\right)+(-5)+\left(+\dfrac{7}{2}\right)$
$\quad=\left(+\dfrac{3}{2}\right)+\left(+\dfrac{7}{2}\right)+(-5)$
$\quad=\left\{\left(+\dfrac{3}{2}\right)+\left(+\dfrac{7}{2}\right)\right\}+(-5)$
$\quad=(+5)+(-5)=0$

(4) $(-0.4)+(+6)+(-0.6)$
$\quad=(-0.4)+(-0.6)+(+6)$
$\quad=\{(-0.4)+(-0.6)\}+(+6)$
$\quad=(-1)+(+6)=+5$

5-1 (1) $(+15)-(-8)=(+15)+(+8)=+(15+8)=+23$

(2) $(-9)-(+7)=(-9)+(-7)=-(9+7)=-16$

(3) $\left(+\dfrac{1}{3}\right)-\left(+\dfrac{1}{5}\right)=\left(+\dfrac{1}{3}\right)+\left(-\dfrac{1}{5}\right)=\left(+\dfrac{5}{15}\right)+\left(-\dfrac{3}{15}\right)$
$\qquad\qquad\qquad\qquad=+\left(\dfrac{5}{15}-\dfrac{3}{15}\right)=+\dfrac{2}{15}$

(4) $(-3.9)-(-1.9)=(-3.9)+(+1.9)$
$\qquad\qquad\qquad\quad=-(3.9-1.9)=-2$

6-1 (1) $(+5)-(-7)+(-3)=(+5)+(+7)+(-3)$
$\qquad\qquad\qquad\qquad\quad=\{(+5)+(+7)\}+(-3)$
$\qquad\qquad\qquad\qquad\quad=(+12)+(-3)=+9$

(2) $(-7)+(-3)-(-4)=(-7)+(-3)+(+4)$
$\qquad\qquad\qquad\qquad\quad=\{(-7)+(-3)\}+(+4)$
$\qquad\qquad\qquad\qquad\quad=(-10)+(+4)=-6$

(3) $\left(-\dfrac{2}{7}\right)+(+11)-\left(+\dfrac{5}{7}\right)$
$\quad=\left(-\dfrac{2}{7}\right)+(+11)+\left(-\dfrac{5}{7}\right)$
$\quad=\left(-\dfrac{2}{7}\right)+\left(-\dfrac{5}{7}\right)+(+11)$
$\quad=\left\{\left(-\dfrac{2}{7}\right)+\left(-\dfrac{5}{7}\right)\right\}+(+11)$
$\quad=(-1)+(+11)=+10$

(4) $(+6.5)-(+2.2)+(-9.3)$
$\quad=(+6.5)+(-2.2)+(-9.3)$
$\quad=(+6.5)+\{(-2.2)+(-9.3)\}$
$\quad=(+6.5)+(-11.5)$
$\quad=-5$

7-1 (1) $6-7+11=(+6)-(+7)+(+11)$
$\qquad\qquad\quad=(+6)+(-7)+(+11)$
$\qquad\qquad\quad=(+6)+(+11)+(-7)$
$\qquad\qquad\quad=\{(+6)+(+11)\}+(-7)$
$\qquad\qquad\quad=(+17)+(-7)=+10$

(2) $4-16+18-20$
$\quad=(+4)-(+16)+(+18)-(+20)$
$\quad=(+4)+(-16)+(+18)+(-20)$
$\quad=(+4)+(+18)+(-16)+(-20)$
$\quad=\{(+4)+(+18)\}+\{(-16)+(-20)\}$
$\quad=(+22)+(-36)=-14$

(3) $-\dfrac{11}{3}+\dfrac{7}{6}-\dfrac{1}{2}=\left(-\dfrac{11}{3}\right)+\left(+\dfrac{7}{6}\right)-\left(+\dfrac{1}{2}\right)$
$\qquad\qquad\qquad\quad=\left(-\dfrac{11}{3}\right)+\left(+\dfrac{7}{6}\right)+\left(-\dfrac{1}{2}\right)$
$\qquad\qquad\qquad\quad=\left\{\left(-\dfrac{22}{6}\right)+\left(+\dfrac{7}{6}\right)\right\}+\left(-\dfrac{3}{6}\right)$
$\qquad\qquad\qquad\quad=\left(-\dfrac{15}{6}\right)+\left(-\dfrac{3}{6}\right)=-\dfrac{18}{6}=-3$

(4) $-4.1+6.5-7.8+3.4$
$\quad=(-4.1)+(+6.5)-(+7.8)+(+3.4)$
$\quad=(-4.1)+(+6.5)+(-7.8)+(+3.4)$
$\quad=(-4.1)+(-7.8)+(+6.5)+(+3.4)$
$\quad=\{(-4.1)+(-7.8)\}+\{(+6.5)+(+3.4)\}$
$\quad=(-11.9)+(+9.9)=-2$

개념 완성하기 ────────── 55쪽 ~ 57쪽

01 ③　　　　**02** ②

03 ㉠ 덧셈의 교환법칙　㉡ 덧셈의 결합법칙

04 ⑤　　**05** ⑤　　**06** ④　　**07** ⑤

08 $\dfrac{3}{8}$　　**09** ③　　**10** $-\dfrac{10}{3}$　　**11** ④

12 1　　**13** (1) -2　(2) $-\dfrac{3}{4}$　　**14** ③

15 (1) -3　(2) 2　　**16** $\dfrac{11}{10}$

17 (1) 9　(2) -9　　**18** ④

01 ③ $\left(-\dfrac{5}{2}\right)+\left(-\dfrac{7}{2}\right)=-\dfrac{12}{2}=-6$

02 ① $(+1)+(-3)=-2$

② $\left(+\dfrac{5}{6}\right)+\left(+\dfrac{5}{3}\right)=\left(+\dfrac{5}{6}\right)+\left(+\dfrac{10}{6}\right)=\dfrac{15}{6}=\dfrac{5}{2}$

③ $\left(-\dfrac{2}{3}\right)+\left(-\dfrac{7}{6}\right)=\left(-\dfrac{4}{6}\right)+\left(-\dfrac{7}{6}\right)=-\dfrac{11}{6}$

④ $\left(-\dfrac{1}{2}\right)+\left(+\dfrac{3}{4}\right)=\left(-\dfrac{2}{4}\right)+\left(+\dfrac{3}{4}\right)=\dfrac{1}{4}$

⑤ $(+2.8)+(-1.3)=1.5$

따라서 계산 결과가 가장 큰 것은 ②이다.

04 ⑤ ㉤: $\left(-\dfrac{3}{7}\right)+(+1)=\left(-\dfrac{3}{7}\right)+\left(+\dfrac{7}{7}\right)$

$\qquad\qquad\qquad =\dfrac{4}{7}$

05 ③ $\left(+\dfrac{3}{5}\right)-\left(+\dfrac{1}{2}\right)=\left(+\dfrac{3}{5}\right)+\left(-\dfrac{1}{2}\right)$

$\qquad\qquad\qquad\quad =\left(+\dfrac{6}{10}\right)+\left(-\dfrac{5}{10}\right)$

$\qquad\qquad\qquad\quad =\dfrac{1}{10}$

④ $\left(-\dfrac{2}{3}\right)-\left(-\dfrac{2}{3}\right)=\left(-\dfrac{2}{3}\right)+\left(+\dfrac{2}{3}\right)=0$

⑤ $(-0.5)-(+2.5)=(-0.5)+(-2.5)=-3$

따라서 계산 결과가 옳지 않은 것은 ⑤이다.

06 ① $(-2)-(-7)=(-2)+(+7)=5$

② $\left(+\dfrac{1}{3}\right)-\left(+\dfrac{2}{5}\right)=\left(+\dfrac{1}{3}\right)+\left(-\dfrac{2}{5}\right)$

$\qquad\qquad\qquad\quad =\left(+\dfrac{5}{15}\right)+\left(-\dfrac{6}{15}\right)=-\dfrac{1}{15}$

③ $(-1)-\left(-\dfrac{3}{4}\right)=(-1)+\left(+\dfrac{3}{4}\right)$

$\qquad\qquad\qquad\quad =\left(-\dfrac{4}{4}\right)+\left(+\dfrac{3}{4}\right)=-\dfrac{1}{4}$

④ $\left(-\dfrac{1}{2}\right)-\left(+\dfrac{2}{3}\right)=\left(-\dfrac{1}{2}\right)+\left(-\dfrac{2}{3}\right)$

$\qquad\qquad\qquad\quad =\left(-\dfrac{3}{6}\right)+\left(-\dfrac{4}{6}\right)=-\dfrac{7}{6}$

⑤ $(+5.1)-(-2.8)=(+5.1)+(+2.8)=7.9$

따라서 계산 결과가 가장 작은 것은 ④이다.

07 $\left(-\dfrac{3}{2}\right)+\left(+\dfrac{7}{3}\right)-\left(-\dfrac{5}{6}\right)-\left(+\dfrac{7}{12}\right)$

$=\left(-\dfrac{3}{2}\right)+\left(+\dfrac{7}{3}\right)+\left(+\dfrac{5}{6}\right)+\left(-\dfrac{7}{12}\right)$

$=\left(-\dfrac{3}{2}\right)+\left(-\dfrac{7}{12}\right)+\left(+\dfrac{7}{3}\right)+\left(+\dfrac{5}{6}\right)$

$=\left\{\left(-\dfrac{18}{12}\right)+\left(-\dfrac{7}{12}\right)\right\}+\left\{\left(+\dfrac{28}{12}\right)+\left(+\dfrac{10}{12}\right)\right\}$

$=\left(-\dfrac{25}{12}\right)+\left(+\dfrac{38}{12}\right)$

$=\dfrac{13}{12}$

08 $a=(+5)+(-3)-(-9)+(-12)$

$\quad =(+5)+(-3)+(+9)+(-12)$

$\quad =(+5)+(+9)+(-3)+(-12)$

$\quad =\{(+5)+(+9)\}+\{(-3)+(-12)\}$

$\quad =(+14)+(-15)=-1$

$b=\left(+\dfrac{1}{2}\right)-\left(-\dfrac{1}{4}\right)+\left(-\dfrac{3}{2}\right)-\left(+\dfrac{5}{8}\right)$

$\quad =\left(+\dfrac{1}{2}\right)+\left(+\dfrac{1}{4}\right)+\left(-\dfrac{3}{2}\right)+\left(-\dfrac{5}{8}\right)$

$\quad =\left\{\left(+\dfrac{4}{8}\right)+\left(+\dfrac{2}{8}\right)\right\}+\left\{\left(-\dfrac{12}{8}\right)+\left(-\dfrac{5}{8}\right)\right\}$

$\quad =\left(+\dfrac{6}{8}\right)+\left(-\dfrac{17}{8}\right)=-\dfrac{11}{8}$

$\therefore a-b=(-1)-\left(-\dfrac{11}{8}\right)=\left(-\dfrac{8}{8}\right)+\left(+\dfrac{11}{8}\right)=\dfrac{3}{8}$

09 $\dfrac{2}{3}-2+\dfrac{5}{2}-\dfrac{5}{6}$

$=\left(+\dfrac{2}{3}\right)-(+2)+\left(+\dfrac{5}{2}\right)-\left(+\dfrac{5}{6}\right)$

$=\left(+\dfrac{2}{3}\right)+(-2)+\left(+\dfrac{5}{2}\right)+\left(-\dfrac{5}{6}\right)$

$=\left(+\dfrac{2}{3}\right)+\left(+\dfrac{5}{2}\right)+(-2)+\left(-\dfrac{5}{6}\right)$

$=\left\{\left(+\dfrac{4}{6}\right)+\left(+\dfrac{15}{6}\right)\right\}+\left\{\left(-\dfrac{12}{6}\right)+\left(-\dfrac{5}{6}\right)\right\}$

$=\left(+\dfrac{19}{6}\right)+\left(-\dfrac{17}{6}\right)=\dfrac{2}{6}=\dfrac{1}{3}$

10 $a=2-7+3-2$

$\quad =(+2)-(+7)+(+3)-(+2)$

$\quad =(+2)+(-7)+(+3)+(-2)$

$\quad =(+2)+(+3)+(-7)+(-2)$

$\quad =\{(+2)+(+3)\}+\{(-7)+(-2)\}$

$\quad =(+5)+(-9)=-4$

$b=\dfrac{4}{3}-\dfrac{1}{2}+1-\dfrac{7}{6}$

$\quad =\left(+\dfrac{4}{3}\right)-\left(+\dfrac{1}{2}\right)+(+1)-\left(+\dfrac{7}{6}\right)$

$\quad =\left(+\dfrac{4}{3}\right)+\left(-\dfrac{1}{2}\right)+(+1)+\left(-\dfrac{7}{6}\right)$

$\quad =\left(+\dfrac{4}{3}\right)+(+1)+\left(-\dfrac{1}{2}\right)+\left(-\dfrac{7}{6}\right)$

$\quad =\left\{\left(+\dfrac{8}{6}\right)+\left(+\dfrac{6}{6}\right)\right\}+\left\{\left(-\dfrac{3}{6}\right)+\left(-\dfrac{7}{6}\right)\right\}$

$\quad =\left(+\dfrac{14}{6}\right)+\left(-\dfrac{10}{6}\right)=\dfrac{4}{6}=\dfrac{2}{3}$

$\therefore a+b=(-4)+\left(+\dfrac{2}{3}\right)=\left(-\dfrac{12}{3}\right)+\left(+\dfrac{2}{3}\right)=-\dfrac{10}{3}$

11 $a=4-2=2,\ b=(-7)+(-3)=-10$

$\therefore a+b=2+(-10)=-8$

12 $a=\left(-\dfrac{3}{5}\right)+\dfrac{1}{2}=\left(-\dfrac{6}{10}\right)+\dfrac{5}{10}=-\dfrac{1}{10}$

$b=\left(-\dfrac{3}{5}\right)-\dfrac{1}{2}=\left(-\dfrac{6}{10}\right)+\left(-\dfrac{5}{10}\right)=-\dfrac{11}{10}$

$\therefore a-b=\left(-\dfrac{1}{10}\right)-\left(-\dfrac{11}{10}\right)=\left(-\dfrac{1}{10}\right)+\dfrac{11}{10}$

$\qquad\qquad =\dfrac{10}{10}=1$

13 (1) $\square=\left(-\dfrac{5}{3}\right)-\left(+\dfrac{1}{3}\right)=\left(-\dfrac{5}{3}\right)+\left(-\dfrac{1}{3}\right)=-2$

(2) $\square=\left(-\dfrac{1}{3}\right)+\left(-\dfrac{5}{12}\right)=\left(-\dfrac{4}{12}\right)+\left(-\dfrac{5}{12}\right)$

$\qquad =-\dfrac{9}{12}=-\dfrac{3}{4}$

14 $\square=\dfrac{5}{8}+\left(-\dfrac{3}{4}\right)=\dfrac{5}{8}+\left(-\dfrac{6}{8}\right)=-\dfrac{1}{8}$

15 (1) 어떤 수를 $\square$라 하면

$\qquad \square-5=-8$

$\qquad \therefore \square=(-8)+5=-3$

(2) $(-3)+5=2$

16 어떤 수를 □라 하면 $\dfrac{2}{5}+\square=-\dfrac{3}{10}$

$\therefore \square=\left(-\dfrac{3}{10}\right)-\dfrac{2}{5}=\left(-\dfrac{3}{10}\right)+\left(-\dfrac{4}{10}\right)=-\dfrac{7}{10}$

따라서 바르게 계산한 답은

$\dfrac{2}{5}-\left(-\dfrac{7}{10}\right)=\dfrac{2}{5}+\dfrac{7}{10}=\dfrac{4}{10}+\dfrac{7}{10}=\dfrac{11}{10}$

17 x의 절댓값은 2이므로 $x=2$ 또는 $x=-2$
y의 절댓값은 7이므로 $y=7$ 또는 $y=-7$
(1) $x+y$의 값 중 가장 큰 값은 $x=2$, $y=7$일 때이므로
$2+7=9$
(2) $x+y$의 값 중 가장 작은 값은 $x=-2$, $y=-7$일 때이므로 $(-2)+(-7)=-9$

18 x의 절댓값은 3이므로 $x=3$ 또는 $x=-3$
y의 절댓값은 5이므로 $y=5$ 또는 $y=-5$
$x-y$의 값 중 가장 큰 값은 $x=3$, $y=-5$일 때이므로
$3-(-5)=3+5=8$

실력 확인하기 ———————— 58쪽~59쪽

01 흰색, 1개	**02** 6	**03** ③, ④	**04** ②
05 ④	**06** ③	**07** ③	**08** ⑤
09 -4	**10** 도쿄	**11** 7	
12 ㄱ, ㄷ, ㅂ, 풀이 참조		**13** $a=-\dfrac{1}{2}$, $b=\dfrac{1}{3}$	
14 $-$, $-$			

01 바둑돌을 사용하여 계산하면

따라서 흰색 바둑돌이 1개 남는다.

02 각 수의 절댓값은 차례로 $\dfrac{1}{2}$, $\dfrac{5}{3}$, $\dfrac{5}{2}$, $\dfrac{13}{2}$, $\dfrac{11}{6}$이므로 절댓값이 가장 큰 수는 $+\dfrac{13}{2}$, 절댓값이 가장 작은 수는 $-\dfrac{1}{2}$이다.
따라서 구하는 합은 $\left(+\dfrac{13}{2}\right)+\left(-\dfrac{1}{2}\right)=\dfrac{12}{2}=6$

03 ① $(+2)+\left(-\dfrac{3}{4}\right)=\left(+\dfrac{8}{4}\right)+\left(-\dfrac{3}{4}\right)=\dfrac{5}{4}$

② $\left(-\dfrac{1}{2}\right)-\left(-\dfrac{2}{3}\right)=\left(-\dfrac{1}{2}\right)+\left(+\dfrac{2}{3}\right)$
$=\left(-\dfrac{3}{6}\right)+\left(+\dfrac{4}{6}\right)=\dfrac{1}{6}$

④ $(+1)-\left(-\dfrac{1}{3}\right)-\left(+\dfrac{5}{4}\right)$
$=(+1)+\left(+\dfrac{1}{3}\right)+\left(-\dfrac{5}{4}\right)$
$=\left\{\left(+\dfrac{12}{12}\right)+\left(+\dfrac{4}{12}\right)\right\}+\left(-\dfrac{15}{12}\right)$
$=\left(+\dfrac{16}{12}\right)+\left(-\dfrac{15}{12}\right)=\dfrac{1}{12}$

⑤ $(-9.1)+(+2.7)-(-3.6)$
$=(-9.1)+\{(+2.7)+(+3.6)\}$
$=(-9.1)+(+6.3)=-2.8$

따라서 계산 결과가 옳은 것은 ③, ④이다.

04 $(-3)-(-4.8)+\left(+\dfrac{1}{2}\right)-\left(+\dfrac{2}{5}\right)$
$=(-3)+(+4.8)+\left(+\dfrac{1}{2}\right)+\left(-\dfrac{2}{5}\right)$
$=\{(-3)+(+4.8)\}+\{(+0.5)+(-0.4)\}$
$=(+1.8)+(+0.1)=1.9$
따라서 1.9에 가장 가까운 정수는 ② 2이다.

05 $a=\dfrac{1}{2}-1+\dfrac{1}{4}$
$=\left(+\dfrac{1}{2}\right)-(+1)+\left(+\dfrac{1}{4}\right)$
$=\left(+\dfrac{1}{2}\right)+(-1)+\left(+\dfrac{1}{4}\right)$
$=(-1)+\left(+\dfrac{1}{2}\right)+\left(+\dfrac{1}{4}\right)$
$=(-1)+\left\{\left(+\dfrac{2}{4}\right)+\left(+\dfrac{1}{4}\right)\right\}$
$=(-1)+\left(+\dfrac{3}{4}\right)=-\dfrac{1}{4}$

$b=\dfrac{1}{4}-\dfrac{1}{2}+3$
$=\left(+\dfrac{1}{4}\right)-\left(+\dfrac{1}{2}\right)+(+3)$
$=\left(+\dfrac{1}{4}\right)+\left(-\dfrac{1}{2}\right)+(+3)$
$=\left\{\left(+\dfrac{1}{4}\right)+\left(-\dfrac{2}{4}\right)\right\}+(+3)$
$=\left(-\dfrac{1}{4}\right)+(+3)$
$=\left(-\dfrac{1}{4}\right)+\left(+\dfrac{12}{4}\right)=\dfrac{11}{4}$

$\therefore a-b=\left(-\dfrac{1}{4}\right)-\dfrac{11}{4}=-\dfrac{12}{4}=-3$

06 ① $8+(-3)=5$ ② $(-4)+2=-2$
③ $5-(-1)=5+1=6$ ④ $6-4=2$
⑤ $0-4=-4$
따라서 가장 큰 수는 ③이다.

07 $a=\left(-\dfrac{1}{2}\right)-1=-\dfrac{3}{2}$, $b=(-3)+\left(-\dfrac{1}{3}\right)=-\dfrac{10}{3}$
$\therefore |a|-|b|=\left|-\dfrac{3}{2}\right|-\left|-\dfrac{10}{3}\right|=\dfrac{3}{2}-\dfrac{10}{3}$
$=\dfrac{9}{6}-\dfrac{20}{6}=-\dfrac{11}{6}$

08 $-5+a=-3$에서
$a=(-3)-(-5)=(-3)+5=2$
$b-(-2)=7$에서
$b=7+(-2)=5$
$\therefore a+b=2+5=7$

09 어떤 수를 □라 하면 $\square-\left(-\dfrac{5}{2}\right)=1$

$\therefore \square=1+\left(-\dfrac{5}{2}\right)=-\dfrac{3}{2}$

따라서 바르게 계산한 답은

$\left(-\dfrac{3}{2}\right)+\left(-\dfrac{5}{2}\right)=-\dfrac{8}{2}=-4$

10 서울 : $6-(-2)=6+2=8\,(℃)$

베이징 : $3-(-5)=3+5=8\,(℃)$

도쿄 : $10-1=9\,(℃)$

방콕 : $32-26=6\,(℃)$

따라서 일교차가 가장 큰 도시는 도쿄이다.

11 한 변에 놓인 세 수의 합은 $4+(-5)+(-2)=-3$이므로

$4+(-3)+a=-3,\ 1+a=-3$

$\therefore a=(-3)-1=-4$

$a+b+(-2)=-3$에서

$(-4)+b+(-2)=-3,\ (-6)+b=-3$

$\therefore b=(-3)-(-6)=(-3)+6=3$

$\therefore b-a=3-(-4)=3+4=7$

12

ㄱ. 예 $(+4)+(-3)=+1$이므로

(양수)+(음수)=(양수)일 수도 있다.

ㄷ. 예 $(-4)+(+3)=-1$이므로

(음수)+(양수)=(음수)일 수도 있다.

ㅂ. 예 $(-4)-(-3)=-1$이므로

(음수)-(음수)=(음수)일 수도 있다.

따라서 항상 옳은 것이 아닌 것은 ㄱ, ㄷ, ㅂ이다.

13

$|a|=\dfrac{1}{2}$이므로 $a=\dfrac{1}{2}$ 또는 $a=-\dfrac{1}{2}$

$|b|=\dfrac{1}{3}$이므로 $b=\dfrac{1}{3}$ 또는 $b=-\dfrac{1}{3}$

(i) $a=\dfrac{1}{2},\ b=\dfrac{1}{3}$일 때, $a+b=\dfrac{1}{2}+\dfrac{1}{3}=\dfrac{5}{6}$

(ii) $a=\dfrac{1}{2},\ b=-\dfrac{1}{3}$일 때, $a+b=\dfrac{1}{2}+\left(-\dfrac{1}{3}\right)=\dfrac{1}{6}$

(iii) $a=-\dfrac{1}{2},\ b=\dfrac{1}{3}$일 때, $a+b=\left(-\dfrac{1}{2}\right)+\dfrac{1}{3}=-\dfrac{1}{6}$

(iv) $a=-\dfrac{1}{2},\ b=-\dfrac{1}{3}$일 때,

$a+b=\left(-\dfrac{1}{2}\right)+\left(-\dfrac{1}{3}\right)=-\dfrac{5}{6}$

(i)~(iv)에서 $a+b=-\dfrac{1}{6}$일 때, $a=-\dfrac{1}{2},\ b=\dfrac{1}{3}$이다.

14

$(-5)\boxed{㉠}(-9)\boxed{㉡}(+7)=-3$이라 하자.

(i) ㉠에 $+$를 써넣으면

$(-5)+(-9)=-14$이므로 $-14\boxed{㉡}(+7)=-3$

이를 만족시키는 경우는 없다.

(ii) ㉠에 $-$를 써넣으면

$(-5)-(-9)=-5+9=4$이므로

$4\boxed{㉡}(+7)=-3$에서 ㉡에 알맞은 기호는 $-$이다.

$\therefore (-5)\boxed{-}(-9)\boxed{-}(+7)=(-5)+(+9)+(-7)$
$=-3$

---

02 정수와 유리수의 곱셈

61쪽~64쪽

1 (1) $+,\ 3,\ +,\ 6$ (2) $-,\ 3,\ -,\ 6$

(3) $+,\ 3,\ -,\ 6$ (4) $-,\ 3,\ +,\ 6$

1-1 (1) $+8$ (2) $+4$ (3) 0 (4) -4 (5) -8

2 (1) $+,\ 8,\ +,\ 24$ (2) $+,\ 5,\ +,\ 20$

(3) $-,\ 3,\ -,\ 18$ (4) $-,\ 2,\ -,\ 14$

2-1 (1) $+28$ (2) $+39$ (3) -30 (4) -1

(5) 0 (6) 0

3 (1) $+,\ \dfrac{4}{3},\ +,\ 2$ (2) $-,\ \dfrac{8}{3},\ -,\ \dfrac{10}{3}$

(3) $+,\ 5,\ +,\ 8$ (4) $-,\ 2,\ -,\ 5$

3-1 (1) $+3$ (2) $+\dfrac{5}{4}$ (3) -14 (4) 0

4 $-4,\ -4,\ +7,\ +42$ / 교환법칙, 결합법칙

4-1 (1) $+700$ (2) -119 (3) -78

5 (1) $+,\ +,\ 36$ (2) $-,\ -,\ \dfrac{15}{2}$

5-1 (1) $+72$ (2) -120 (3) -27 (4) $+3$

6 (1) $+9$ (2) -9 (3) -125 (4) -125

(5) $+\dfrac{1}{16}$ (6) $+1$

6-1 (1) $+16$ (2) -16 (3) $-\dfrac{1}{27}$ (4) $+\dfrac{1}{81}$

(5) $+27$ (6) $+1$

7 (1) $25,\ 4,\ 2500,\ 2600$ (2) $21,\ 21,\ 21$

7-1 (1) 18090 (2) -900 (3) 1 (4) 25

2-1 (1) $(+4)\times(+7)=+(4\times7)=+28$

(2) $(-13)\times(-3)=+(13\times3)=+39$

(3) $(+3) \times (-10) = -(3 \times 10) = -30$

(4) $(-1) \times (+1) = -(1 \times 1) = -1$

3-1 (1) $\left(+\dfrac{5}{2}\right) \times \left(+\dfrac{6}{5}\right) = +\left(\dfrac{5}{2} \times \dfrac{6}{5}\right) = +3$

(2) $(-2) \times \left(-\dfrac{5}{8}\right) = +\left(2 \times \dfrac{5}{8}\right) = +\dfrac{5}{4}$

(3) $(+3.5) \times (-4) = -(3.5 \times 4) = -14$

4-1 (1) $(+5) \times (-7) \times (-20) = (-7) \times (+5) \times (-20)$
$= (-7) \times \{(+5) \times (-20)\}$
$= (-7) \times (-100)$
$= +700$

(2) $(-2) \times (+11.9) \times (+5)$
$= (-2) \times (+5) \times (+11.9)$
$= \{(-2) \times (+5)\} \times (+11.9)$
$= (-10) \times (+11.9)$
$= -119$

(3) $\left(-\dfrac{4}{3}\right) \times (-13) \times \left(-\dfrac{9}{2}\right)$
$= \left(-\dfrac{4}{3}\right) \times \left(-\dfrac{9}{2}\right) \times (-13)$
$= \left\{\left(-\dfrac{4}{3}\right) \times \left(-\dfrac{9}{2}\right)\right\} \times (-13)$
$= (+6) \times (-13)$
$= -78$

5-1 (1) $(+4) \times (-3) \times (-6)$
$= +(4 \times 3 \times 6) = +72$

(2) $(-8) \times (-5) \times (-3)$
$= -(8 \times 5 \times 3) = -120$

(3) $(+12) \times \left(-\dfrac{5}{8}\right) \times \left(+\dfrac{18}{5}\right)$
$= -\left(12 \times \dfrac{5}{8} \times \dfrac{18}{5}\right) = -27$

(4) $\left(-\dfrac{12}{5}\right) \times \left(-\dfrac{7}{2}\right) \times \left(+\dfrac{5}{14}\right)$
$= +\left(\dfrac{12}{5} \times \dfrac{7}{2} \times \dfrac{5}{14}\right) = +3$

6-1 (5) $-(-3)^3 = -(-27) = +27$

(6) $-(-1)^5 = -(-1) = +1$

7-1 (1) $18 \times (1000 + 5) = 18 \times 1000 + 18 \times 5$
$= 18000 + 90 = 18090$

(2) $9 \times (-82) + 9 \times (-18) = 9 \times \{(-82) + (-18)\}$
$= 9 \times (-100) = -900$

(3) $(-12) \times \left\{\dfrac{2}{3} + \left(-\dfrac{3}{4}\right)\right\}$
$= (-12) \times \dfrac{2}{3} + (-12) \times \left(-\dfrac{3}{4}\right)$
$= (-8) + 9 = 1$

(4) $\left(-\dfrac{1}{4}\right) \times 25 + \dfrac{5}{4} \times 25 = \left\{\left(-\dfrac{1}{4}\right) + \dfrac{5}{4}\right\} \times 25$
$= 1 \times 25 = 25$

01 ⑤   **02** ④

03 ㉠ 곱셈의 교환법칙 ㉡ 곱셈의 결합법칙   **04** ④

05 0   **06** -12 **07** ④   **08** ③

09 (1) 50 (2) -3 (3) $-\dfrac{1}{2}$ (4) -2

10 (1) 72 (2) -8 (3) -4 (4) 8

11 ①   **12** ④

01 ⑤ $(-0.8) \times \left(-\dfrac{5}{2}\right) = \left(-\dfrac{4}{5}\right) \times \left(-\dfrac{5}{2}\right) = 2$

02 ① $(-6) \times (+8) = -48$ ② $(+8) \times 0 = 0$
③ $(+12) \times \left(-\dfrac{1}{4}\right) = -3$ ④ $\left(-\dfrac{3}{4}\right) \times \left(-\dfrac{20}{9}\right) = \dfrac{5}{3}$
⑤ $(-0.2) \times (-5) = 1$
따라서 계산 결과가 가장 큰 것은 ④이다.

04 ① ㉠ : 교환 ② ㉡ : $-\dfrac{7}{3}$ ③ ㉢ : 결합
⑤ $(+2) \times (+5) = 10$이므로 ㉤ : 10

05 $A = \left(+\dfrac{2}{5}\right) \times \left(-\dfrac{1}{3}\right) \times \left(-\dfrac{15}{2}\right) = +\left(\dfrac{2}{5} \times \dfrac{1}{3} \times \dfrac{15}{2}\right) = 1$
$B = \left(-\dfrac{3}{8}\right) \times \left(-\dfrac{4}{9}\right) \times (-6) = -\left(\dfrac{3}{8} \times \dfrac{4}{9} \times 6\right) = -1$
$\therefore A + B = 1 + (-1) = 0$

06 $A = \left(-\dfrac{5}{2}\right) \times \left(-\dfrac{2}{3}\right) \times (+12) = +\left(\dfrac{5}{2} \times \dfrac{2}{3} \times 12\right) = 20$
$B = \left(-\dfrac{3}{14}\right) \times \left(+\dfrac{7}{2}\right) \times \left(-\dfrac{16}{5}\right) \times \left(-\dfrac{1}{4}\right)$
$= -\left(\dfrac{3}{14} \times \dfrac{7}{2} \times \dfrac{16}{5} \times \dfrac{1}{4}\right) = -\dfrac{3}{5}$
$\therefore A \times B = 20 \times \left(-\dfrac{3}{5}\right) = -12$

07 ④ $\{-(-3)\}^3 = 3^3 = 27$

08 ① $\left(-\dfrac{1}{3}\right)^2 = \dfrac{1}{9}$
② $-\left(\dfrac{1}{3}\right)^3 = -\dfrac{1}{27}$
③ $\left(-\dfrac{1}{2}\right)^3 = -\dfrac{1}{8}$
④ $-\left(-\dfrac{1}{2}\right)^3 = \dfrac{1}{8}$
⑤ $-\dfrac{1}{2^4} = -\dfrac{1}{16}$
따라서 계산 결과가 가장 작은 것은 ③이다.

09 (1) $(-5)^2 \times (+2) = (+25) \times (+2) = 50$
(2) $\left(+\dfrac{1}{9}\right) \times (-3)^3 = \left(+\dfrac{1}{9}\right) \times (-27) = -3$
(3) $-2^3 \times \left(-\dfrac{1}{4}\right)^2 = (-8) \times \left(+\dfrac{1}{16}\right) = -\dfrac{1}{2}$
(4) $(-2)^3 \times \left(-\dfrac{1}{3}\right)^2 \times \left(+\dfrac{9}{4}\right) = (-8) \times \left(+\dfrac{1}{9}\right) \times \left(+\dfrac{9}{4}\right)$
$= -\left(8 \times \dfrac{1}{9} \times \dfrac{9}{4}\right) = -2$

10 (1) $(+2) \times (-6)^2 = (+2) \times (+36) = 72$

(2) $\left(+\dfrac{1}{4}\right) \times (-2)^5 = \left(+\dfrac{1}{4}\right) \times (-32) = -8$

(3) $-5^2 \times \left(-\dfrac{2}{5}\right)^2 = (-25) \times \left(+\dfrac{4}{25}\right) = -4$

(4) $\left(-\dfrac{3}{2}\right) \times (-3)^3 \times \left(-\dfrac{2}{3}\right)^4$

$= \left(-\dfrac{3}{2}\right) \times (-27) \times \left(+\dfrac{16}{81}\right)$

$= +\left(\dfrac{3}{2} \times 27 \times \dfrac{16}{81}\right) = 8$

11 $a \times (b+c) = a \times b + a \times c = (-2) + (-5) = -7$

12 $a \times (b+c) = a \times b + a \times c = 15$이므로

$3 + a \times c = 15$ $\therefore a \times c = 12$

03 정수와 유리수의 나눗셈

┤68쪽~70쪽├

1 (1) $+$, 3 (2) $+$, 3

1-1 (1) $-$, 2 (2) $-$, 2

2 (1) $+$, 5, $+$, 2 (2) $+$, 6, $+$, 4

 (3) $-$, 7, $-$, 7 (4) $-$, 2, $-$, 8

2-1 (1) $+4$ (2) -4 (3) -5 (4) 0

3 (1) $-\dfrac{5}{7}$ (2) $-\dfrac{1}{8}$ (3) 2

3-1 (1) -6 (2) $-\dfrac{10}{7}$ (3) $\dfrac{2}{11}$

4 (1) $+64$ (2) $+\dfrac{3}{2}$

4-1 (1) -4 (2) -3

5 (1) $+\dfrac{1}{6}$ (2) -2 (3) -6

5-1 (1) $-\dfrac{1}{8}$ (2) -3 (3) $+\dfrac{1}{5}$

6 (1) ㉢, ㉠ (2) 9, 18, -1

6-1 (1) ㉠, ㉢, ㉡ (2) -1, 10, -11

7 (1) 8 (2) -16 (3) 2 (4) 4

7-1 (1) 1 (2) -12 (3) 10 (4) $\dfrac{10}{3}$

2-1 (1) $(-16) \div (-4) = +(16 \div 4) = +4$

(2) $(-32) \div (+8) = -(32 \div 8) = -4$

(3) $(+60) \div (-12) = -(60 \div 12) = -5$

3 (2) $-8 = -\dfrac{8}{1}$의 역수는 $-\dfrac{1}{8}$이다.

(3) $0.5 = \dfrac{1}{2}$의 역수는 2이다.

> **Self 코칭**
> 분수의 역수는 부호는 그대로 두고, 분자와 분모를 바꾼다.

3-1 (1) $-\dfrac{1}{6}$의 역수는 $-\dfrac{6}{1} = -6$이다.

(2) $-0.7 = -\dfrac{7}{10}$의 역수는 $-\dfrac{10}{7}$이다.

(3) $5\dfrac{1}{2} = \dfrac{11}{2}$의 역수는 $\dfrac{2}{11}$이다.

4 (1) $(+16) \div \left(+\dfrac{1}{4}\right) = (+16) \times (+4) = +64$

(2) $\left(-\dfrac{8}{3}\right) \div \left(-\dfrac{16}{9}\right) = \left(-\dfrac{8}{3}\right) \times \left(-\dfrac{9}{16}\right) = +\dfrac{3}{2}$

4-1 (1) $(+14) \div \left(-\dfrac{7}{2}\right) = (+14) \times \left(-\dfrac{2}{7}\right) = -4$

(2) $(-1.2) \div \left(+\dfrac{2}{5}\right) = \left(-\dfrac{6}{5}\right) \div \left(+\dfrac{2}{5}\right)$

$= \left(-\dfrac{6}{5}\right) \times \left(+\dfrac{5}{2}\right) = -3$

5 (1) $(-2) \times \left(+\dfrac{1}{3}\right) \div (-4) = (-2) \times \left(+\dfrac{1}{3}\right) \times \left(-\dfrac{1}{4}\right)$

$= +\left(2 \times \dfrac{1}{3} \times \dfrac{1}{4}\right)$

$= +\dfrac{1}{6}$

(2) $\left(+\dfrac{4}{5}\right) \div \left(-\dfrac{4}{15}\right) \times \left(+\dfrac{2}{3}\right)$

$= \left(+\dfrac{4}{5}\right) \times \left(-\dfrac{15}{4}\right) \times \left(+\dfrac{2}{3}\right)$

$= -\left(\dfrac{4}{5} \times \dfrac{15}{4} \times \dfrac{2}{3}\right) = -2$

(3) $\left(-\dfrac{1}{2}\right) \div \left(-\dfrac{3}{4}\right) \times (-9) = \left(-\dfrac{1}{2}\right) \times \left(-\dfrac{4}{3}\right) \times (-9)$

$= -\left(\dfrac{1}{2} \times \dfrac{4}{3} \times 9\right)$

$= -6$

5-1 (1) $\left(+\dfrac{3}{4}\right) \div (+15) \times \left(-\dfrac{5}{2}\right)$

$= \left(+\dfrac{3}{4}\right) \times \left(+\dfrac{1}{15}\right) \times \left(-\dfrac{5}{2}\right)$

$= -\left(\dfrac{3}{4} \times \dfrac{1}{15} \times \dfrac{5}{2}\right) = -\dfrac{1}{8}$

(2) $\left(-\dfrac{1}{2}\right) \times (-10) \div \left(-\dfrac{5}{3}\right)$

$= \left(-\dfrac{1}{2}\right) \times (-10) \times \left(-\dfrac{3}{5}\right)$

$= -\left(\dfrac{1}{2} \times 10 \times \dfrac{3}{5}\right) = -3$

(3) $\left(+\dfrac{3}{5}\right) \div \left(-\dfrac{12}{5}\right) \times \left(-\dfrac{4}{5}\right)$

$= \left(+\dfrac{3}{5}\right) \times \left(-\dfrac{5}{12}\right) \times \left(-\dfrac{4}{5}\right)$

$= +\left(\dfrac{3}{5} \times \dfrac{5}{12} \times \dfrac{4}{5}\right) = +\dfrac{1}{5}$

7 (1) $3 + (-2)^2 \times \dfrac{5}{4} = 3 + 4 \times \dfrac{5}{4} = 3 + 5 = 8$

(2) $\dfrac{3}{2} \div \left(-\dfrac{1}{16}\right) - 8 \times (-1) = \dfrac{3}{2} \times (-16) - 8 \times (-1)$

$= -24 + 8 = -16$

$(3)\ 4\times\left\{-\dfrac{5}{8}-\left(\dfrac{1}{2}\right)^3\right\}+5=4\times\left(-\dfrac{5}{8}-\dfrac{1}{8}\right)+5$

$\phantom{(3)\ 4\times\left\{-\dfrac{5}{8}-\left(\dfrac{1}{2}\right)^3\right\}+5}=4\times\left(-\dfrac{3}{4}\right)+5$

$\phantom{(3)\ 4\times\left\{-\dfrac{5}{8}-\left(\dfrac{1}{2}\right)^3\right\}+5}=-3+5=2$

$(4)\ 10-8\div\left\{\left(-\dfrac{2}{3}\right)^3\times\left(-\dfrac{9}{2}\right)\right\}$

$=10-8\div\left\{\left(-\dfrac{8}{27}\right)\times\left(-\dfrac{9}{2}\right)\right\}$

$=10-8\div\dfrac{4}{3}=10-8\times\dfrac{3}{4}$

$=10-6=4$

7-1 $(1)\ \dfrac{6}{5}-\left(-\dfrac{1}{2}\right)^3\div\left(-\dfrac{5}{8}\right)=\dfrac{6}{5}-\left(-\dfrac{1}{8}\right)\times\left(-\dfrac{8}{5}\right)$

$\phantom{(1)\ \dfrac{6}{5}-\left(-\dfrac{1}{2}\right)^3}=\dfrac{6}{5}-\dfrac{1}{5}=1$

$(2)\ \dfrac{15}{4}\times\left(-\dfrac{8}{5}\right)+\left(-\dfrac{2}{3}\right)\div\dfrac{1}{9}$

$=\dfrac{15}{4}\times\left(-\dfrac{8}{5}\right)+\left(-\dfrac{2}{3}\right)\times 9$

$=-6-6=-12$

$(3)\ 7\times\left\{\dfrac{1}{7}+(-2)^2-\dfrac{3}{7}\right\}-16$

$=7\times\left(\dfrac{1}{7}+4-\dfrac{3}{7}\right)-16$

$=7\times\left(\dfrac{29}{7}-\dfrac{3}{7}\right)-16$

$=7\times\dfrac{26}{7}-16=26-16=10$

$(4)\ -1+\left\{1-\left(-\dfrac{1}{3}\right)^2\times\dfrac{1}{3}\right\}\div\dfrac{2}{9}$

$=-1+\left(1-\dfrac{1}{9}\times\dfrac{1}{3}\right)\div\dfrac{2}{9}$

$=-1+\left(1-\dfrac{1}{27}\right)\div\dfrac{2}{9}$

$=-1+\dfrac{26}{27}\div\dfrac{2}{9}=-1+\dfrac{26}{27}\times\dfrac{9}{2}$

$=-1+\dfrac{13}{3}=\dfrac{10}{3}$

개념 완성하기 ────71쪽~72쪽

01 ③   **02** -2 **03** ②   **04** ④

05 ①   **06** 5

07 (1) ㉢, ㉣, ㉡, ㉺, ㉠   (2) -4

08 (1) ㉣, ㉢, ㉺, ㉡, ㉠   (2) -2

09 (1) $\dfrac{9}{4}$ (2) $-\dfrac{1}{3}$ **10** $\dfrac{3}{8}$ **11** ④

12 ⑤

01 $a=-\dfrac{3}{2},\ b=\dfrac{1}{3}$이므로

$a\times b=\left(-\dfrac{3}{2}\right)\times\dfrac{1}{3}=-\dfrac{1}{2}$

02 $a=\dfrac{10}{3},\ -1\dfrac{2}{3}=-\dfrac{5}{3}$이므로 $b=-\dfrac{3}{5}$

$\therefore a\times b=\dfrac{10}{3}\times\left(-\dfrac{3}{5}\right)=-2$

Self 코칭
대분수의 역수를 구할 때, 가분수로 고쳐서 구한다.

03 ① $\left(+\dfrac{2}{3}\right)\div(+8)=\left(+\dfrac{2}{3}\right)\times\left(+\dfrac{1}{8}\right)=\dfrac{1}{12}$

② $\left(+\dfrac{2}{5}\right)\div(-10)=\left(+\dfrac{2}{5}\right)\times\left(-\dfrac{1}{10}\right)=-\dfrac{1}{25}$

③ $\left(-\dfrac{10}{3}\right)\div\left(+\dfrac{5}{6}\right)=\left(-\dfrac{10}{3}\right)\times\left(+\dfrac{6}{5}\right)=-4$

④ $\left(-\dfrac{7}{5}\right)\div\left(-\dfrac{14}{15}\right)=\left(-\dfrac{7}{5}\right)\times\left(-\dfrac{15}{14}\right)=\dfrac{3}{2}$

⑤ $(+4.2)\div(+0.6)=+(4.2\div0.6)=7$

따라서 계산 결과가 옳지 않은 것은 ②이다.

04 ① $(-20)\div(-4)=+(20\div4)=5$

② $\left(-\dfrac{7}{2}\right)\div(+14)=\left(-\dfrac{7}{2}\right)\times\left(+\dfrac{1}{14}\right)=-\dfrac{1}{4}$

③ $0\div\left(-\dfrac{4}{5}\right)=0$

④ $\left(+\dfrac{3}{4}\right)\div\left(-\dfrac{21}{8}\right)=\left(+\dfrac{3}{4}\right)\times\left(-\dfrac{8}{21}\right)=-\dfrac{2}{7}$

⑤ $(-7.5)\div\left(-\dfrac{15}{16}\right)=\left(-\dfrac{15}{2}\right)\times\left(-\dfrac{16}{15}\right)=8$

따라서 계산 결과가 가장 작은 것은 ④이다.

05 $\left(-\dfrac{5}{3}\right)^2\times\left(-\dfrac{2}{5}\right)\div\left(-\dfrac{2}{3}\right)^2$

$=\dfrac{25}{9}\times\left(-\dfrac{2}{5}\right)\div\dfrac{4}{9}=\dfrac{25}{9}\times\left(-\dfrac{2}{5}\right)\times\dfrac{9}{4}$

$=-\left(\dfrac{25}{9}\times\dfrac{2}{5}\times\dfrac{9}{4}\right)=-\dfrac{5}{2}$

06 $A=(-2)^3\times\left(-\dfrac{1}{6}\right)^2\div\dfrac{2}{9}=(-8)\times\dfrac{1}{36}\div\dfrac{2}{9}$

$=(-8)\times\dfrac{1}{36}\times\dfrac{9}{2}=-\left(8\times\dfrac{1}{36}\times\dfrac{9}{2}\right)$

$=-1$

$B=\left(-\dfrac{3}{2}\right)^2\div\left(-\dfrac{9}{5}\right)\times\left(-\dfrac{2}{5}\right)^2=\dfrac{9}{4}\div\left(-\dfrac{9}{5}\right)\times\dfrac{4}{25}$

$=\dfrac{9}{4}\times\left(-\dfrac{5}{9}\right)\times\dfrac{4}{25}=-\left(\dfrac{9}{4}\times\dfrac{5}{9}\times\dfrac{4}{25}\right)$

$=-\dfrac{1}{5}$

$\therefore A\div B=(-1)\div\left(-\dfrac{1}{5}\right)=(-1)\times(-5)=5$

07 $(2)\ 1-\left[\left\{\dfrac{3}{2}-(-2)^2\times\left(-\dfrac{1}{4}\right)\right\}+\dfrac{5}{2}\right]$

$=1-\left[\left\{\dfrac{3}{2}-4\times\left(-\dfrac{1}{4}\right)\right\}+\dfrac{5}{2}\right]$

$=1-\left\{\left(\dfrac{3}{2}+1\right)+\dfrac{5}{2}\right\}$

$=1-\left(\dfrac{5}{2}+\dfrac{5}{2}\right)$

$=1-5=-4$

08 (2) $2+\dfrac{4}{3}\times\left\{\left(-\dfrac{2}{3}\right)\div\left(-\dfrac{1}{3}\right)^2-(-3)\right\}$

$=2+\dfrac{4}{3}\times\left\{\left(-\dfrac{2}{3}\right)\div\dfrac{1}{9}-(-3)\right\}$

$=2+\dfrac{4}{3}\times\left\{\left(-\dfrac{2}{3}\right)\times 9-(-3)\right\}$

$=2+\dfrac{4}{3}\times\{(-6)+3\}$

$=2+\dfrac{4}{3}\times(-3)$

$=2-4=-2$

09 (1) $\square=\left(-\dfrac{3}{5}\right)\div\left(-\dfrac{4}{15}\right)$

$=\left(-\dfrac{3}{5}\right)\times\left(-\dfrac{15}{4}\right)=\dfrac{9}{4}$

(2) $\square=2\times\left(-\dfrac{1}{6}\right)=-\dfrac{1}{3}$

10 $\left(-\dfrac{4}{3}\right)\div\left(-\dfrac{2}{5}\right)\times\square=\dfrac{5}{4}$에서

$\left(-\dfrac{4}{3}\right)\times\left(-\dfrac{5}{2}\right)\times\square=\dfrac{5}{4}$, $\dfrac{10}{3}\times\square=\dfrac{5}{4}$

$\therefore \square=\dfrac{5}{4}\div\dfrac{10}{3}=\dfrac{5}{4}\times\dfrac{3}{10}=\dfrac{3}{8}$

11 ④ $a>0$, $b<0$이므로 $a\times b<0$

12 ① $a+b$의 부호는 알 수 없다.

② $a-b<0$

③ $a\times b<0$

④ $a\div b<0$

⑤ $b-a>0$

따라서 항상 양수인 것은 ⑤이다.

실력 확인하기 ┤73쪽~74쪽├

01 $-5, -10, +5, +10$	**02** ⑤	**03** 10
04 ⑤	**05** 1325	**06** ③	**07** ②
08 -6	**09** $-\dfrac{3}{2}$	**10** 2개	**11** $-\dfrac{5}{2}$
12 $\dfrac{1}{4}$	**13** ④	**14** $\dfrac{2}{3}$	

01 곱해지는 수가 $+5$일 때, 곱하는 수가 1씩 작아지면 계산 결과는 5씩 작아진다.

$\therefore (+5)\times(-1)=-5$, $(+5)\times(-2)=-10$

곱해지는 수가 -5일 때, 곱하는 수가 1씩 작아지면 계산 결과는 5씩 커진다.

$\therefore (-5)\times(-1)=+5$, $(-5)\times(-2)=+10$

02 ① $2^3=8$

② $-(-2)^3=-(-8)=8$

③ $(-1)^3\times(-2)^3=(-1)\times(-8)=8$

④ $\left(-\dfrac{1}{2}\right)\times(-2^4)=\left(-\dfrac{1}{2}\right)\times(-16)=8$

⑤ $\left(-\dfrac{1}{2}\right)^2\times(-2)^5=\dfrac{1}{4}\times(-32)=-8$

따라서 계산 결과가 나머지 넷과 다른 하나는 ⑤이다.

03 $a=\left(-\dfrac{3}{2}\right)\times\left(-\dfrac{7}{3}\right)\times(-4)$

$=-\left(\dfrac{3}{2}\times\dfrac{7}{3}\times4\right)=-14$

$b=\left(-\dfrac{1}{3}\right)\times\left(-\dfrac{3}{2}\right)\times(-2)^3$

$=\left(-\dfrac{1}{3}\right)\times\left(-\dfrac{3}{2}\right)\times(-8)$

$=-\left(\dfrac{1}{3}\times\dfrac{3}{2}\times8\right)=-4$

$\therefore b-a=(-4)-(-14)$

$=-4+14=10$

04 $(-1)^{2024}=1$, $(-1)^{2025}=-1$, $(-1)^{2026}=1$이므로

$(-1)^{2024}-(-1)^{2025}-(-1)^{2026}$

$=1-(-1)-(+1)$

$=1+1-1=1$

05 $12\times105=12\times(100+5)$

$=12\times100+12\times5$

$=1200+60=1260$

따라서 $a=5$, $b=60$, $c=1260$이므로

$a+b+c=5+60+1260=1325$

06 ③ $0.4\times\dfrac{5}{2}=1$이므로 0.4와 $\dfrac{5}{2}$는 서로 역수 관계이다.

07 $A=\left(-\dfrac{5}{7}\right)\times(-3)\times\left(-\dfrac{14}{15}\right)$

$=-\left(\dfrac{5}{7}\times3\times\dfrac{14}{15}\right)=-2$

$A\times B=1$이므로 B는 A의 역수이다.

$\therefore B=-\dfrac{1}{2}$

08 $a=5-(-2)$

$=5+2=7$

$b=\left(-\dfrac{3}{2}\right)+\dfrac{1}{3}$

$=\left(-\dfrac{9}{6}\right)+\dfrac{2}{6}=-\dfrac{7}{6}$

$\therefore a\div b=7\div\left(-\dfrac{7}{6}\right)$

$=7\times\left(-\dfrac{6}{7}\right)=-6$

Self 코칭

x보다 y만큼 큰 수 ➡ $x+y$

x보다 y만큼 작은 수 ➡ $x-y$

22 정답 및 풀이

09 $(-3)^3 \times \left(-\dfrac{1}{2}\right)^3 \div \left\{-\left(-\dfrac{3}{2}\right)^2\right\}$

$= (-27) \times \left(-\dfrac{1}{8}\right) \div \left(-\dfrac{9}{4}\right)$

$= (-27) \times \left(-\dfrac{1}{8}\right) \times \left(-\dfrac{4}{9}\right)$

$= -\left(27 \times \dfrac{1}{8} \times \dfrac{4}{9}\right) = -\dfrac{3}{2}$

10 $A = 2 - (-6) \div \left\{(-4)^3 \times \left(-\dfrac{3}{8}\right)\right\}$

$= 2 - (-6) \div \left\{(-64) \times \left(-\dfrac{3}{8}\right)\right\}$

$= 2 - (-6) \div 24$

$= 2 - \left(-\dfrac{1}{4}\right) = 2 + \dfrac{1}{4} = \dfrac{9}{4}$

따라서 $\dfrac{9}{4}$보다 작은 자연수는 1, 2의 2개이다.

11 $\left(-\dfrac{2}{3}\right) \times \left(+\dfrac{9}{4}\right) \div \square = \dfrac{3}{5}$에서

$\left(-\dfrac{3}{2}\right) \div \square = \dfrac{3}{5}$

$\therefore \square = \left(-\dfrac{3}{2}\right) \div \dfrac{3}{5} = \left(-\dfrac{3}{2}\right) \times \dfrac{5}{3} = -\dfrac{5}{2}$

> **Self 코칭**
>
> $a \div \square = b \Rightarrow \square = a \div b$

12 어떤 유리수를 $\square$라 하면

$\square \div \left(-\dfrac{3}{4}\right) = \dfrac{4}{9}$

$\therefore \square = \dfrac{4}{9} \times \left(-\dfrac{3}{4}\right) = -\dfrac{1}{3}$

따라서 바르게 계산한 답은

$\left(-\dfrac{1}{3}\right) \times \left(-\dfrac{3}{4}\right) = \dfrac{1}{4}$

13
> **전략 코칭**
>
> ① $a \times b > 0$, $a \div b > 0$ ➡ a, b는 서로 같은 부호
>   ➡ $a > 0$, $b > 0$ 또는 $a < 0$, $b < 0$
> ② $a \times b < 0$, $a \div b < 0$ ➡ a, b는 서로 다른 부호
>   ➡ $a > 0$, $b < 0$ 또는 $a < 0$, $b > 0$

$a \times b > 0$이므로 $a > 0$, $b > 0$ 또는 $a < 0$, $b < 0$

이때 $a + b < 0$이므로 $a < 0$, $b < 0$

$a < 0$이고 $a \div c < 0$이므로 $c > 0$

14
> **전략 코칭**
>
> 두 수의 곱이 1일 때 한 수가 다른 수의 역수이므로 보이는 면에 있는 수의 역수를 구한다.

보이지 않는 면에 있는 세 수는 각각 $-\dfrac{3}{4}$, $\dfrac{2}{3}$, 2의 역수이

므로 $-\dfrac{4}{3}$, $\dfrac{3}{2}$, $\dfrac{1}{2}$이다.

따라서 구하는 세 수의 합은

$\left(-\dfrac{4}{3}\right) + \dfrac{3}{2} + \dfrac{1}{2} = \left(-\dfrac{4}{3}\right) + 2 = \dfrac{2}{3}$

서술형 문제 ─ 75쪽 ~ 76쪽

1 5	**1-1** $-\dfrac{28}{5}$
2 7	**3** $\dfrac{5}{2}$
4 -1	**5** $\dfrac{59}{6}$ m
6 $\dfrac{2}{15}$	**7** 7

1 채점 기준1 곱한 결과가 가장 크게 되는 경우 알기 … 2점

곱한 결과가 가장 클 때는 세 수의 곱이 양수일 때이므로 네 수 중 양수 1개와 절댓값이 큰 음수 2개를 뽑으면 된다.

채점 기준2 곱해야 하는 세 수 구하기 … 2점

곱한 결과가 가장 클 때는 $\dfrac{2}{3}$, -3, $-\dfrac{5}{2}$를 뽑을 때이다.

채점 기준3 곱한 결과 중 가장 큰 수 구하기 … 2점

$\dfrac{2}{3} \times (-3) \times \left(-\dfrac{5}{2}\right) = +\left(\dfrac{2}{3} \times 3 \times \dfrac{5}{2}\right) = 5$

> **Self 코칭**
>
> 네 수 중 세 수를 뽑아서 곱할 때
> ① 곱한 결과가 가장 큰 수
>   ➡ 음수 : 짝수 개, 절댓값의 곱 : 가장 크게
> ② 곱한 결과가 가장 작은 수
>   ➡ 음수 : 홀수 개, 절댓값의 곱 : 가장 크게

1-1 채점 기준1 곱한 결과가 가장 작게 되는 경우 알기 … 2점

곱한 결과가 가장 작을 때는 세 수의 곱이 음수일 때이므로 네 수 중 양수 2개와 절댓값이 큰 음수 1개를 뽑으면 된다.

채점 기준2 곱해야 하는 세 수 구하기 … 2점

곱한 결과가 가장 작을 때는 2, $\dfrac{7}{2}$, $-\dfrac{4}{5}$를 뽑을 때이다.

채점 기준3 곱한 결과 중 가장 작은 수 구하기 … 2점

$2 \times \dfrac{7}{2} \times \left(-\dfrac{4}{5}\right) = -\left(2 \times \dfrac{7}{2} \times \dfrac{4}{5}\right) = -\dfrac{28}{5}$

2 큰 수부터 차례로 나열하면 3, $\dfrac{8}{3}$, 2.1, -3.4, $-\dfrac{7}{2}$, -4

이므로 가장 큰 수는 3, 가장 작은 수는 -4이다. ⋯⋯ ❶

따라서 가장 큰 수와 가장 작은 수의 차는

$3 - (-4) = 3 + 4 = 7$ ⋯⋯ ❷

채점 기준	배점
❶ 가장 큰 수와 가장 작은 수를 각각 구하기	2점
❷ 가장 큰 수와 가장 작은 수의 차 구하기	3점

3 5보다 $\dfrac{19}{6}$만큼 작은 수는

$5 - \dfrac{19}{6} = \dfrac{30}{6} - \dfrac{19}{6} = \dfrac{11}{6}$ ⋯⋯ ❶

따라서 점 A에 대응하는 수는

$\dfrac{11}{6} + \dfrac{2}{3} = \dfrac{11}{6} + \dfrac{4}{6} = \dfrac{15}{6} = \dfrac{5}{2}$ ⋯⋯ ❷

채점 기준	배점
❶ 5보다 $\dfrac{19}{6}$만큼 작은 수 구하기	3점
❷ 점 A에 대응하는 수 구하기	2점

4 각 변에 놓인 네 수의 합은

$3+(-1)+6+(-4)=4$이므로 ...... ❶

$-5+2+a+3=4$에서 $a=4$ ...... ❷

$-5+b+8+(-4)=4$에서 $b=5$ ...... ❸

$\therefore a-b=4-5=-1$ ...... ❹

채점 기준	배점
❶ 각 변에 놓인 네 수의 합 구하기	1점
❷ a의 값 구하기	2점
❸ b의 값 구하기	2점
❹ $a-b$의 값 구하기	1점

5 건물 B의 높이를 $0\,\text{m}$라 하면

건물 A의 높이는 $0+\dfrac{25}{3}=\dfrac{25}{3}(\text{m})$ ...... ❶

건물 C의 높이는 $\dfrac{25}{3}-10=-\dfrac{5}{3}(\text{m})$ ...... ❷

건물 D의 높이는 $-\dfrac{5}{3}+\dfrac{23}{2}=\dfrac{59}{6}(\text{m})$ ...... ❸

따라서 건물 B와 건물 D의 높이의 차는

$\dfrac{59}{6}-0=\dfrac{59}{6}(\text{m})$ ...... ❹

채점 기준	배점
❶ 건물 A의 높이 구하기	2점
❷ 건물 C의 높이 구하기	2점
❸ 건물 D의 높이 구하기	2점
❹ 건물 B와 건물 D의 높이의 차 구하기	1점

6 $A\times\left(-\dfrac{3}{2}\right)^2-1=\dfrac{1}{2}$에서

$A\times\dfrac{9}{4}-1=\dfrac{1}{2}$, $A\times\dfrac{9}{4}=\dfrac{3}{2}$

$\therefore A=\dfrac{3}{2}\div\dfrac{9}{4}=\dfrac{3}{2}\times\dfrac{4}{9}=\dfrac{2}{3}$ ...... ❶

$B\div(-4)+\dfrac{1}{2}=-\dfrac{3}{4}$에서

$B\times\left(-\dfrac{1}{4}\right)+\dfrac{1}{2}=-\dfrac{3}{4}$, $B\times\left(-\dfrac{1}{4}\right)=-\dfrac{5}{4}$

$\therefore B=\left(-\dfrac{5}{4}\right)\div\left(-\dfrac{1}{4}\right)=\left(-\dfrac{5}{4}\right)\times(-4)=5$ ...... ❷

$\therefore A\div B=\dfrac{2}{3}\div5=\dfrac{2}{3}\times\dfrac{1}{5}=\dfrac{2}{15}$ ...... ❸

채점 기준	배점
❶ A의 값 구하기	3점
❷ B의 값 구하기	2점
❸ $A\div B$의 값 구하기	1점

7 15를 서로 다른 세 자연수의 곱으로 나타내면

$15=1\times3\times5$이고, $|a|>|b|>|c|$이므로

$|a|=5$, $|b|=3$, $|c|=1$ ...... ❶

즉, a는 5 또는 -5, b는 3 또는 -3, c는 1 또는 -1이다.

이때 $a+b+c=3$이므로 $a=5$, $b=-3$, $c=1$ ...... ❷

$\therefore a-b-c=5-(-3)-1=7$ ...... ❸

채점 기준	배점
❶ $|a|$, $|b|$, $|c|$를 각각 구하기	3점
❷ a, b, c의 값을 각각 구하기	3점
❸ $a-b-c$의 값 구하기	1점

01 ③	**02** -4	**03** ⑤	**04** ③
05 ③	**06** -2	**07** ①	**08** 3
09 4, -4	**10** 강릉	**11** ④	**12** ④
13 -1	**14** 17.5	**15** ⑤	**16** 7
17 ④	**18** ①	**19** $\dfrac{9}{4}$	**20** -27
21 $\dfrac{1}{6}$	**22** (1) -1점 (2) 11점		

01 원점에서 왼쪽으로 5만큼 이동한 후 오른쪽으로 2만큼 이동한 것은 원점에서 왼쪽으로 3만큼 이동한 것과 같다.

➡ $(-5)+(+2)=-3$

02 각 수의 절댓값은 차례로 4.5, $\dfrac{5}{4}$, 3, 1, $\dfrac{1}{2}$이므로

절댓값이 가장 큰 수는 -4.5, 절댓값이 가장 작은 수는 $\dfrac{1}{2}$

이다. 따라서 구하는 합은

$(-4.5)+\dfrac{1}{2}=\left(-\dfrac{9}{2}\right)+\dfrac{1}{2}=-4$

03 ① $\left(+\dfrac{1}{6}\right)+\left(+\dfrac{3}{4}\right)=\left(+\dfrac{2}{12}\right)+\left(+\dfrac{9}{12}\right)=\dfrac{11}{12}$

② $\left(-\dfrac{1}{2}\right)+\left(-\dfrac{5}{2}\right)=-\dfrac{6}{2}=-3$

③ $\left(+\dfrac{1}{3}\right)+\left(-\dfrac{1}{2}\right)=\left(+\dfrac{2}{6}\right)+\left(-\dfrac{3}{6}\right)=-\dfrac{1}{6}$

④ $\left(-\dfrac{2}{3}\right)-\left(+\dfrac{9}{4}\right)=\left(-\dfrac{8}{12}\right)+\left(-\dfrac{27}{12}\right)=-\dfrac{35}{12}$

⑤ $\left(-\dfrac{1}{4}\right)-\left(-\dfrac{2}{3}\right)=\left(-\dfrac{3}{12}\right)+\left(+\dfrac{8}{12}\right)=\dfrac{5}{12}$

따라서 옳지 않은 것은 ⑤이다.

04 $-\dfrac{14}{3}=-4\dfrac{2}{3}$보다 작은 정수 중 가장 큰 수는 -5이므로

$a=-5$

$\dfrac{17}{4}=4\dfrac{1}{4}$보다 큰 정수 중 가장 작은 수는 5이므로

$b=5$

$\therefore a-b=(-5)-5=-10$

05 $\dfrac{17}{4}-5-\dfrac{3}{4}+2=\dfrac{17}{4}-\dfrac{3}{4}-5+2$

$=\dfrac{14}{4}-3$

$=\dfrac{7}{2}-\dfrac{6}{2}=\dfrac{1}{2}$

06 $a=(-2)-3=-5$

$b=(-5)+2=-3$

$\therefore a-b=(-5)-(-3)=(-5)+3=-2$

07 $a+(-1)=-3$에서

$a=(-3)-(-1)=(-3)+1=-2$

$(+3)-b=5$에서

$b=3-5=-2$

$\therefore a+b=(-2)+(-2)=-4$

08 $-\dfrac{7}{2}+\square-\dfrac{1}{4}=-\dfrac{3}{4}$ 에서

$-\dfrac{14}{4}-\dfrac{1}{4}+\square=-\dfrac{3}{4}$, $-\dfrac{15}{4}+\square=-\dfrac{3}{4}$

$\therefore \square=-\dfrac{3}{4}+\dfrac{15}{4}=3$

09 $|a|=1$이므로 $a=1$ 또는 $a=-1$

$|b|=3$이므로 $b=3$ 또는 $b=-3$

따라서 $a+b$의 값 중 가장 큰 값은 $1+3=4$,

가장 작은 값은 $(-1)+(-3)=-4$

> **Self 코칭**
>
> $|x|=a\,(a>0)$이면 $x=a$ 또는 $x=-a$

10 서울 : $(+34)-(-21)=+55(℃)$

대전 : $(+37)-(-20)=+57(℃)$

부산 : $(+36)-(-18)=+54(℃)$

강릉 : $(+39)-(-21)=+60(℃)$

제주 : $(+36)-(-8)=+44(℃)$

따라서 최고 기온과 최저 기온의 차가 가장 큰 도시는 강릉이다.

11 ① ㉠ : 교환법칙 　　② ㉡ : $+\dfrac{2}{9}$

③ ㉢ : 결합법칙 　　④ ㉣ : $+4$

⑤ ㉤ : $-\dfrac{12}{5}$

따라서 ㉠~㉤에 알맞은 것은 ④이다.

12 ① $(-2)^2=4$ 　　② $-(-2)^3=-(-8)=8$

③ $-\dfrac{1}{2^2}=-\dfrac{1}{4}$ 　　④ $-2^2=-4$

⑤ $\left(-\dfrac{1}{2}\right)^2=\dfrac{1}{4}$

따라서 가장 작은 수는 ④ -2^2이다.

13 $(-1)+(-1)^2+(-1)^3+(-1)^4+\cdots+(-1)^9$

$=(-1)+(+1)+(-1)+(+1)+\cdots+(-1)$

$=-1$

> **Self 코칭**
>
> $(-1)^n \Rightarrow \begin{cases} n\text{이 짝수이면 } +1 \\ n\text{이 홀수이면 } -1 \end{cases}$

14 $7.3\times1.75+2.7\times1.75=(7.3+2.7)\times1.75$

$\qquad\qquad\qquad\qquad=10\times1.75=17.5$

15 $a\times(b+c)=a\times b+a\times c=5$이므로

$-3+a\times c=5$

$\therefore a\times c=5-(-3)=5+3=8$

16 $-\dfrac{1}{2}$의 역수는 -2이므로 $a=-2$

$-3\dfrac{1}{2}=-\dfrac{7}{2}$의 역수는 $-\dfrac{2}{7}$이므로 $b=-\dfrac{2}{7}$

$\therefore a\div b=(-2)\div\left(-\dfrac{2}{7}\right)=(-2)\times\left(-\dfrac{7}{2}\right)=7$

17 ① $(-20)\div(+5)=-4$

② $\left(+\dfrac{3}{2}\right)\div(-4)=\left(+\dfrac{3}{2}\right)\times\left(-\dfrac{1}{4}\right)=-\dfrac{3}{8}$

③ $(-3)\div\left(-\dfrac{3}{5}\right)=(-3)\times\left(-\dfrac{5}{3}\right)=5$

④ $\left(-\dfrac{2}{3}\right)\div\left(+\dfrac{4}{15}\right)=\left(-\dfrac{2}{3}\right)\times\left(+\dfrac{15}{4}\right)=-\dfrac{5}{2}$

⑤ $(-4.5)\div(+1.5)=-3$

따라서 옳은 것은 ④이다.

18 ① $\left(-\dfrac{1}{3}\right)\times3\div\left(-\dfrac{1}{4}\right)=\left(-\dfrac{1}{3}\right)\times3\times(-4)$

$\qquad\qquad\qquad\qquad=+\left(\dfrac{1}{3}\times3\times4\right)=4$

② $\left(-\dfrac{15}{2}\right)+\left(-\dfrac{5}{2}\right)\div\dfrac{5}{3}=\left(-\dfrac{15}{2}\right)+\left(-\dfrac{5}{2}\right)\times\dfrac{3}{5}$

$\qquad\qquad\qquad=-\dfrac{15}{2}-\dfrac{3}{2}=-\dfrac{18}{2}=-9$

③ $\left(-\dfrac{1}{4}\right)^2\times8-4\div\dfrac{4}{5}=\dfrac{1}{16}\times8-4\times\dfrac{5}{4}$

$\qquad\qquad\qquad\qquad=\dfrac{1}{2}-5=-\dfrac{9}{2}$

④ $(-35)\div\left\{(-2)^3\times\left(-\dfrac{1}{4}\right)+3\right\}$

$\quad=(-35)\div\left\{(-8)\times\left(-\dfrac{1}{4}\right)+3\right\}$

$\quad=(-35)\div(2+3)$

$\quad=(-35)\div5=-7$

⑤ $\dfrac{3}{4}\times\left\{(-4)+\dfrac{2}{5}\right\}\div\left(-\dfrac{9}{5}\right)=\dfrac{3}{4}\times\left(-\dfrac{18}{5}\right)\times\left(-\dfrac{5}{9}\right)$

$\qquad\qquad\qquad=+\left(\dfrac{3}{4}\times\dfrac{18}{5}\times\dfrac{5}{9}\right)=\dfrac{3}{2}$

따라서 계산 결과가 가장 큰 것은 ①이다.

19 $2-\left\{4\div\dfrac{8}{5}-(-1)^3\times\left(-\dfrac{1}{2}\right)^2-3\right\}$

$=2-\left\{4\times\dfrac{5}{8}-(-1)\times\dfrac{1}{4}-3\right\}$

$=2-\left(\dfrac{5}{2}+\dfrac{1}{4}-3\right)=2-\left(\dfrac{11}{4}-3\right)$

$=2-\left(-\dfrac{1}{4}\right)=2+\dfrac{1}{4}=\dfrac{9}{4}$

20 $\left(-\dfrac{1}{2}\right)^3\times\square\div\dfrac{9}{4}=\dfrac{3}{2}$ 에서

$\left(-\dfrac{1}{8}\right)\times\square\times\dfrac{4}{9}=\dfrac{3}{2}$, $\left(-\dfrac{1}{8}\right)\times\dfrac{4}{9}\times\square=\dfrac{3}{2}$

$\left(-\dfrac{1}{18}\right)\times\square=\dfrac{3}{2}$

$\therefore \square=\dfrac{3}{2}\div\left(-\dfrac{1}{18}\right)=\dfrac{3}{2}\times(-18)=-27$

21 어떤 유리수를 $\square$라 하면 $\square\div\left(-\dfrac{2}{3}\right)=\dfrac{3}{4}$

$\therefore \square=\dfrac{3}{4}\times\left(-\dfrac{2}{3}\right)=-\dfrac{1}{2}$

따라서 바르게 계산한 답은

$\left(-\dfrac{1}{2}\right)-\left(-\dfrac{2}{3}\right)=-\dfrac{1}{2}+\dfrac{2}{3}=-\dfrac{3}{6}+\dfrac{4}{6}=\dfrac{1}{6}$

22 (1) 태민이가 3번 이겼으므로 진 횟수는 $10-3=7$(번)

따라서 태민이의 점수는

$$(+2) \times 3 + (-1) \times 7 = 6 - 7 = -1(점)$$

(2) 은지는 7번 이겼으므로 진 횟수는 $10-7=3$(번)

따라서 은지의 점수는

$$(+2) \times 7 + (-1) \times 3 = 14 - 3 = 11(점)$$

> **Self 코칭**
>
> (태민이가 이긴 횟수)=(은지가 진 횟수)
>
> (태민이가 진 횟수)=(은지가 이긴 횟수)

┌─ 교과서에서 쏙 빼온 **문제** ─────── 80쪽 ┐

1 -3

2 (1) 8시간 (2) 14시간 (3) 일요일, 오후 9시

3 $-5, -0.2$ **4** -23

└────────────────────────────────┘

1 $(-5)+(+2)=-3$이므로 영민이의 위치는 -3이다.

2 (1) $(+9)-(+1)=+8$이므로 서울은 파리보다 8시간 빠르다.

(2) $(+9)-(-5)=+14$이므로 서울은 뉴욕보다 14시간 빠르다.

(3) $(+9)-(-3)=+12$이므로 서울은 부에노스아이레스보다 12시간 빠르다.

따라서 서울이 월요일 오전 9시이면 부에노스아이레스는 일요일 오후 9시이다.

> **Self 코칭**
>
> (3) 서울이 부에노스아이레스보다 몇 시간 더 빠른지 구해 본다.

3 -5의 역수는 -0.2이고 -0.2의 역수는 -5이다.

-5를 입력하고 $\boxed{1/x}$ 버튼을 1번 누르면 -0.2가 나오고, 2번 누르면 -0.2의 역수인 -5가 나온다.

즉, $\boxed{1/x}$ 버튼을 홀수 번 누르면 -0.2가 나오고, 짝수 번 누르면 -5가 나온다.

따라서 14번 누를 때 나오는 수는 -5이고, 17번 누를 때 나오는 수는 -0.2이다.

4 -3을 상자 A에 넣으면

$$(-3-3) \times \frac{5}{6} = -5$$

-5를 상자 B에 넣으면

$$(-5) \div \frac{2}{3} = (-5) \times \frac{3}{2} = -\frac{15}{2}$$

$-\frac{15}{2}$를 상자 C에 넣으면

$$\left(-\frac{15}{2} + \frac{7}{4}\right) \times 4 = \left(-\frac{23}{4}\right) \times 4 = -23$$

---

1 | 문자의 사용과 식

01 문자의 사용과 식의 값

┤ 83쪽~84쪽 ├

1 (1) $(500 \times x)$ MB (2) $(x \div 5)$원

(3) $(a \times 3)$ cm (4) 시속 $(8 \div x)$ km

1-1 (1) $(x \times 6)$원 (2) $(x \div 4)$ L

(3) $\left(\frac{1}{2} \times a \times 4\right)$ cm² (4) $(60 \times h)$ km

2 (1) $3ab$ (2) abc (3) $-5ab$ (4) ab^3

(5) $-2(a-b)$

2-1 (1) $7xy$ (2) xyz (3) $-xy$ (4) $-4xy^2z$

(5) $0.1(x+y)$

3 (1) $\dfrac{a}{b}$ (2) $-\dfrac{a}{5}$ (3) $-8a$ (4) $\dfrac{3}{a-b}$

3-1 (1) $\dfrac{x}{7}$ (2) $-\dfrac{x}{y}$ (3) $-\dfrac{2}{3}x$ (4) $\dfrac{x+y}{2}$

4 (1) -6 (2) 2 (3) 10 (4) -2

4-1 (1) -8 (2) 2 (3) 2 (4) -1

5 (1) 7 (2) 4 (3) -2 (4) -5

5-1 (1) 10 (2) 3 (3) 8 (4) -2

3 (3) $a \div \left(-\dfrac{1}{8}\right) = a \times (-8) = -8a$

(4) $3 \div (a-b) = 3 \times \dfrac{1}{a-b} = \dfrac{3}{a-b}$

3-1 (3) $(-x) \div \dfrac{3}{2} = (-x) \times \dfrac{2}{3} = -\dfrac{2}{3}x$

(4) $(x+y) \div 2 = (x+y) \times \dfrac{1}{2} = \dfrac{x+y}{2}$

4 (1) $2x = 2 \times (-3) = -6$

(2) $x+5 = -3+5 = 2$

(3) $x^2+1 = (-3)^2+1 = 9+1 = 10$

(4) $\dfrac{6}{x} = \dfrac{6}{-3} = -2$

4-1 (1) $4x = 4 \times (-2) = -8$

(2) $-x = -(-2) = 2$

(3) $6-x^2 = 6-(-2)^2 = 6-4 = 2$

(4) $\dfrac{8}{x}+3 = \dfrac{8}{-2}+3 = -4+3 = -1$

5 (1) $a+3b = -2+3 \times 3 = -2+9 = 7$

(2) $ab+10 = (-2) \times 3+10 = -6+10 = 4$

(3) $a^2-2b = (-2)^2-2 \times 3 = 4-6 = -2$

(4) $\dfrac{4}{a}-b = \dfrac{4}{-2}-3 = -2-3 = -5$

5-1 (1) $3x-y = 3 \times 2-(-4) = 6+4 = 10$

(2) $2x+\dfrac{1}{4}y = 2 \times 2+\dfrac{1}{4} \times (-4) = 4-1 = 3$

(3) $xy+y^2=2\times(-4)+(-4)^2=-8+16=8$

(4) $\dfrac{y}{x}=\dfrac{-4}{2}=-2$

06 $2x^2y-y^2=2\times\left(\dfrac{1}{2}\right)^2\times(-2)-(-2)^2=-1-4=-5$

완성하기 ────────────── 85쪽

01 ②   **02** ③   **03** ⑤   **04** ④

05 ③   **06** -5

---

01 ② $a\div b\div\dfrac{1}{c}=a\times\dfrac{1}{b}\times c=\dfrac{ac}{b}$

③ $x\times\dfrac{5}{y}\div z=x\times\dfrac{5}{y}\times\dfrac{1}{z}=\dfrac{5x}{yz}$

④ $a\times a\times a\div b=a\times a\times a\times\dfrac{1}{b}=\dfrac{a^3}{b}$

⑤ $3\times(a+b)\div c=3\times(a+b)\times\dfrac{1}{c}=\dfrac{3(a+b)}{c}$

따라서 옳지 않은 것은 ②이다.

02 ① $x\div y\div z=x\times\dfrac{1}{y}\times\dfrac{1}{z}=\dfrac{x}{yz}$

② $a\div b\times c=a\times\dfrac{1}{b}\times c=\dfrac{ac}{b}$

③ $x\div(y\times z)=x\times\dfrac{1}{yz}=\dfrac{x}{yz}$

④ $2\times a\div\dfrac{b}{3}=2\times a\times\dfrac{3}{b}=\dfrac{6a}{b}$

⑤ $(-0.1)\times a\div b=(-0.1)\times a\times\dfrac{1}{b}=-\dfrac{0.1a}{b}$

따라서 옳은 것은 ③이다.

> **Self 코칭**
> 괄호가 있으면 괄호 안의 기호 $\times$, $\div$를 먼저 생략한다.

03 ⑤ a원의 20 %는 $a\times\dfrac{20}{100}=0.2a$(원)

04 ① 한 자루에 a원인 색연필 3자루와 한 권에 b원인 공책 5권을 산 금액은 $(3a+5b)$원이다.

② 한 개에 500원 하는 물건을 a개 사고 5000원을 냈을 때의 거스름돈은 $(5000-500a)$원이다.

③ 한 변의 길이가 $x\,\text{cm}$인 정사각형의 넓이는 $x^2\,\text{cm}^2$이다.

⑤ 정가가 x원인 물건을 30 % 할인하여 산 가격은

$$x\times\left(1-\dfrac{30}{100}\right)=x\times\dfrac{70}{100}=0.7x\text{(원)}$$

따라서 옳은 것은 ④이다.

> **Self 코칭**
> $(a\,\%$ 할인한 가격)$=$(정가)$\times\left(1-\dfrac{a}{100}\right)$

05 $xy+\dfrac{y}{x^2}=(-1)\times3+\dfrac{3}{(-1)^2}=-3+3=0$

> **Self 코칭**
> 문자에 음수를 대입할 때는 괄호를 사용한다.

확인하기 ────────────── 86쪽

01 ①, ④   **02** ④   **03** ⑤   **04** ⑤

05 (1) $2ab+10a+10b$ (2) 67   **06** $\dfrac{12}{5}x$원

07 -9

---

01 ② $0.1\times x\times y=0.1xy$

③ $x\times y\div2=x\times y\times\dfrac{1}{2}=\dfrac{xy}{2}$

④ $x\div y\times(z+5)=x\times\dfrac{1}{y}\times(z+5)=\dfrac{x(z+5)}{y}$

⑤ $3\times(-1)\div x\times y=3\times(-1)\times\dfrac{1}{x}\times y=-\dfrac{3y}{x}$

따라서 옳은 것은 ①, ④이다.

02 $a\div(b\div c)=a\div\left(b\times\dfrac{1}{c}\right)=a\div\dfrac{b}{c}=a\times\dfrac{c}{b}=\dfrac{ac}{b}$

① $a\times b\times c=abc$

② $a\div b\div c=a\times\dfrac{1}{b}\times\dfrac{1}{c}=\dfrac{a}{bc}$

③ $a\times b\div c=a\times b\times\dfrac{1}{c}=\dfrac{ab}{c}$

④ $a\div b\times c=a\times\dfrac{1}{b}\times c=\dfrac{ac}{b}$

⑤ $a\div(c\div b)=a\div\left(c\times\dfrac{1}{b}\right)=a\div\dfrac{c}{b}=a\times\dfrac{b}{c}=\dfrac{ab}{c}$

따라서 계산 결과가 $a\div(b\div c)$와 같은 것은 ④이다.

03 ② 2시간 a분 $\to$ $2\times60+a=120+a$(분)

⑤ 백의 자리의 숫자가 a, 십의 자리의 숫자가 b, 일의 자리의 숫자가 c인 세 자리의 자연수

$\to$ $100a+10b+c$

따라서 옳지 않은 것은 ⑤이다.

04 ① $5-x=5-(-3)=5+3=8$

② $-x^2=-(-3)^2=-9$

③ $2x=2\times(-3)=-6$

④ $x^2+x=(-3)^2+(-3)=9-3=6$

⑤ $-4x=-4\times(-3)=12$

따라서 식의 값이 가장 큰 것은 ⑤이다.

> **Self 코칭**
> 거듭제곱을 포함한 식의 값
> • $(-a)^2=(-a)\times(-a)=a^2$
> • $-a^2=-(a\times a)$

05 (1) 직육면체의 겉넓이는

$$(a \times b + a \times 5 + b \times 5) \times 2 = 2ab + 10a + 10b$$

(2) $2ab + 10a + 10b$에 $a = \dfrac{3}{2}$, $b = 4$를 대입하면

$$\text{(직육면체의 겉넓이)} = 2 \times \dfrac{3}{2} \times 4 + 10 \times \dfrac{3}{2} + 10 \times 4$$
$$= 12 + 15 + 40 = 67$$

06

> **전략 코칭**
>
> a원의 $b\,\%$ ➡ $\left(a \times \dfrac{b}{100}\right)$원

미나리 3단의 원래 가격은 $x \times 3 = 3x$(원)

이때 원래 가격의 $80\,\%$는 $3x \times \dfrac{80}{100} = 3x \times \dfrac{4}{5} = \dfrac{12}{5}x$(원)

이므로 어머니가 지불할 금액은 $\dfrac{12}{5}x$원이다.

07

> **전략 코칭**
>
> 분모에 분수를 대입할 때는 $\dfrac{1}{a} = 1 \div a$ 꼴로 고친 다음 역수의 곱셈을 이용한다.

$$\dfrac{1}{a} - \dfrac{1}{b} + \dfrac{2}{c} = 1 \div a - 1 \div b + 2 \div c$$
$$= 1 \div \dfrac{1}{2} - 1 \div \dfrac{1}{3} + 2 \div \left(-\dfrac{1}{4}\right)$$
$$= 1 \times 2 - 1 \times 3 + 2 \times (-4)$$
$$= 2 - 3 - 8 = -9$$

---

02 일차식과 수의 곱셈, 나눗셈

── 88쪽~89쪽 ──

1 (1) $5x$, $-4y$, -7 (2) -7 (3) 5 (4) -4

1-1 (1) $-x^2$, $6y$, -2 (2) -2 (3) -1 (4) 6

2 (1) 차수 : 1, 일차식이다.

(2) 차수 : 0, 일차식이 아니다.

(3) 차수 : 2, 일차식이 아니다.

(4) 차수 : 1, 일차식이다.

2-1 (1) ○   (2) ×   (3) ○   (4) ×

3 (1) $8x$ (2) $-15x$ (3) $-3x$ (4) $12x$

3-1 (1) $12x$ (2) $2x$ (3) $4x$ (4) $-16x$

4 (1) $6x+3$ (2) $5x-10$ (3) $-2x+5$

(4) $2x+3$ (5) $-3x+4$ (6) $-15x-6$

4-1 (1) $-4x+5$ (2) $-2x+6$ (3) $8x+4$

(4) $x-4$ (5) $-2x+3$ (6) $-3x-4$

2-1 (4) 분모에 문자가 있는 식은 다항식이 아니므로 일차식이 아니다.

---

3 (3) $9x \div (-3) = 9x \times \left(-\dfrac{1}{3}\right) = -3x$

(4) $(-8x) \div \left(-\dfrac{2}{3}\right) = (-8x) \times \left(-\dfrac{3}{2}\right) = 12x$

> **Self 코칭**
>
> 계산 결과가 약분이 가능하면 약분한다.

3-1 (3) $28x \div 7 = 28x \times \dfrac{1}{7} = 4x$

(4) $(-12x) \div \dfrac{3}{4} = (-12x) \times \dfrac{4}{3} = -16x$

4 (4) $(14x+21) \div 7 = (14x+21) \times \dfrac{1}{7}$
$$= 2x+3$$

(5) $(6x-8) \div (-2) = (6x-8) \times \left(-\dfrac{1}{2}\right)$
$$= -3x+4$$

(6) $(-5x-2) \div \dfrac{1}{3} = (-5x-2) \times 3$
$$= -15x-6$$

4-1 (4) $(5x-20) \div 5 = (5x-20) \times \dfrac{1}{5}$
$$= x-4$$

(5) $(-8x+12) \div 4 = (-8x+12) \times \dfrac{1}{4}$
$$= -2x+3$$

(6) $\left(2x+\dfrac{8}{3}\right) \div \left(-\dfrac{2}{3}\right) = \left(2x+\dfrac{8}{3}\right) \times \left(-\dfrac{3}{2}\right)$
$$= -3x-4$$

> **개념 완성하기** ── 90쪽 ──
>
> **01** ④   **02** 7   **03** ③, ④   **04** ②
>
> **05** ⑤   **06** ⑤

01 ④ 차수가 가장 큰 항은 $4x^2$이고 $4x^2$의 차수는 2이므로 $4x^2 - 5x + 7$은 차수가 2인 다항식이다.

02 차수가 가장 큰 항은 $3x^2$이고 $3x^2$의 차수는 2이므로 $3x^2 + 4x - 2$의 차수는 2이다. $\therefore a = 2$

x^2의 계수는 3이므로 $b = 3$, 상수항은 -2이므로 $c = -2$

$\therefore a + b - c = 2 + 3 - (-2) = 7$

03 ① 차수가 2이므로 일차식이 아니다.

② 분모에 문자가 있는 식은 다항식이 아니므로 일차식이 아니다.

⑤ $8 + 0 \times x = 8$이므로 차수가 0이다. 즉, 일차식이 아니다.

따라서 일차식인 것은 ③, ④이다.

> **Self 코칭**
>
> $\dfrac{2}{x}$, $\dfrac{1}{x} - 3$ 등과 같이 분모에 문자가 있으면 다항식이 아니다.

04 ㄷ. 분모에 문자가 있는 식은 다항식이 아니므로 일차식이
   아니다.
   ㄹ. 차수가 3이므로 일차식이 아니다.
   ㅁ. $0 \times x^2 + x = x$이므로 차수가 1이다. 즉, 일차식이다.
   ㅂ. 차수가 0이므로 일차식이 아니다.
   따라서 일차식인 것은 ㄱ, ㄴ, ㅁ이다.

05 ⑤ $(3x-9) \div \left(-\dfrac{3}{4}\right) = (3x-9) \times \left(-\dfrac{4}{3}\right)$
   $$= 3x \times \left(-\dfrac{4}{3}\right) - 9 \times \left(-\dfrac{4}{3}\right)$$
   $$= -4x + 12$$

06 $-2(3x-2) = (-2) \times 3x - (-2) \times 2 = -6x + 4$
   ① $\dfrac{1}{2}(-6x+4) = \dfrac{1}{2} \times (-6x) + \dfrac{1}{2} \times 4 = -3x + 2$
   ② $(4x+6) \times \left(-\dfrac{3}{2}\right) = 4x \times \left(-\dfrac{3}{2}\right) + 6 \times \left(-\dfrac{3}{2}\right)$
   $$= -6x - 9$$
   ③ $(3x-6) \times \left(-\dfrac{1}{3}\right) = 3x \times \left(-\dfrac{1}{3}\right) - 6 \times \left(-\dfrac{1}{3}\right)$
   $$= -x + 2$$
   ④ $(3x-12) \div (-3) = (3x-12) \times \left(-\dfrac{1}{3}\right)$
   $$= 3x \times \left(-\dfrac{1}{3}\right) - 12 \times \left(-\dfrac{1}{3}\right)$$
   $$= -x + 4$$
   ⑤ $(-9x+6) \div \dfrac{3}{2} = (-9x+6) \times \dfrac{2}{3}$
   $$= (-9x) \times \dfrac{2}{3} + 6 \times \dfrac{2}{3} = -6x + 4$$
   따라서 계산 결과가 $-2(3x-2)$와 같은 것은 ⑤이다.

03 일차식의 덧셈과 뺄셈

————————————————————————————————— 92쪽~93쪽 ——

1 (1) ○ (2) × (3) ○ (4) ×
1-1 (1) × (2) × (3) ○ (4) ○
2 (1) $6x$ (2) $-a$
2-1 (1) $4y$ (2) $-3b+7$
3 (1) $4x+7$ (2) $-7x+10$
3-1 (1) $-4x+3$ (2) $-2x-7$
4 (1) $\dfrac{11x-7}{6}$ (2) $\dfrac{-7x-14}{15}$ (3) $\dfrac{5x-7}{4}$
4-1 (1) $\dfrac{3}{4}x+\dfrac{1}{12}$ (2) $-\dfrac{17}{8}x+3$ (3) $-\dfrac{5}{3}x+1$

1 (2) x^2과 $2x$는 차수가 다르므로 동류항이 아니다.
   (4) $4x$와 $9y$는 문자가 다르므로 동류항이 아니다.

1-1 (1) $3y$와 $3x$는 문자가 다르므로 동류항이 아니다.
   (2) $\dfrac{1}{a}$은 다항식이 아니므로 $-a$와 $\dfrac{1}{a}$은 동류항이 아니다.

3 (1) $2(x+4)+(2x-1)=2x+8+2x-1$
   $$=4x+7$$
   (2) $(x-2)-4(2x-3)=x-2-8x+12$
   $$=-7x+10$$

3-1 (1) $(x-7)+5(-x+2)=x-7-5x+10$
   $$=-4x+3$$
   (2) $\dfrac{1}{2}(2x+4)-3(x+3)=x+2-3x-9$
   $$=-2x-7$$

4 (1) $\dfrac{3x+1}{2}+\dfrac{x-5}{3}=\dfrac{3(3x+1)+2(x-5)}{6}$
   $$=\dfrac{9x+3+2x-10}{6}=\dfrac{11x-7}{6}$$
   (2) $\dfrac{x-3}{5}-\dfrac{2x+1}{3}=\dfrac{3(x-3)-5(2x+1)}{15}$
   $$=\dfrac{3x-9-10x-5}{15}=\dfrac{-7x-14}{15}$$
   (3) $x-2+\dfrac{x+1}{4}=\dfrac{4(x-2)+x+1}{4}$
   $$=\dfrac{4x-8+x+1}{4}=\dfrac{5x-7}{4}$$

4-1 (1) $\dfrac{x-1}{4}+\dfrac{3x+2}{6}=\dfrac{3(x-1)+2(3x+2)}{12}$
   $$=\dfrac{3x-3+6x+4}{12}$$
   $$=\dfrac{9x+1}{12}=\dfrac{3}{4}x+\dfrac{1}{12}$$
   (2) $\dfrac{-x+4}{8}-\dfrac{4x-5}{2}=\dfrac{-x+4-4(4x-5)}{8}$
   $$=\dfrac{-x+4-16x+20}{8}$$
   $$=\dfrac{-17x+24}{8}=-\dfrac{17}{8}x+3$$
   (3) $\dfrac{x-6}{3}-2x+3=\dfrac{x-6+3(-2x+3)}{3}$
   $$=\dfrac{x-6-6x+9}{3}$$
   $$=\dfrac{-5x+3}{3}=-\dfrac{5}{3}x+1$$

개념 완성하기

————————————————————————————————— 94쪽~95쪽 ——

01 ④ **02** $3x$와 $\dfrac{3}{2}x$, $-y$와 $4y$, 5와 -6
03 -4 **04** 0 **05** ③ **06** ⑤
07 $7x-2$ **08** $x+4$ **09** $\dfrac{11x-17}{10}$ **10** 1
11 ③ **12** ② **13** ③ **14** $2x-7$

01 ① 차수가 다르므로 동류항이 아니다.
   ② 문자가 다르므로 동류항이 아니다.

Ⅲ. 문자의 사용과 식 **29**

③ 문자가 다르므로 동류항이 아니다.

⑤ $\dfrac{3}{x}$은 다항식이 아니므로 $\dfrac{3}{x}$과 x는 동류항이 아니다.

따라서 동류항끼리 바르게 짝 지어진 것은 ④이다.

02 문자와 차수가 각각 같은 항을 찾는다.

이때 상수항끼리는 모두 동류항이다.

따라서 동류항은 $3x$와 $\dfrac{3}{2}x$, $-y$와 $4y$, 5와 -6이다.

03 $3x+2y-4x-5y=-x-3y$이므로

$a=-1$, $b=-3$

$\therefore a+b=-1+(-3)=-4$

04 $x-\dfrac{2}{3}-3x+\dfrac{8}{3}=-2x+2$이므로 x의 계수는 -2, 상수항은 2이다.

따라서 구하는 합은 $-2+2=0$

05 ① $(5x-4)+(-2x+3)=3x-1$

② $-(3x+5)-(x+8)=-3x-5-x-8$
$\qquad\qquad\qquad\qquad\quad=-4x-13$

③ $4\left(\dfrac{3}{2}x+1\right)+(-x-5)=6x+4-x-5$
$\qquad\qquad\qquad\qquad\qquad\quad=5x-1$

④ $(4x+7)-2(3x-2)=4x+7-6x+4$
$\qquad\qquad\qquad\qquad\quad=-2x+11$

⑤ $5(x-3)-3(2x-1)=5x-15-6x+3$
$\qquad\qquad\qquad\qquad\quad=-x-12$

따라서 옳은 것은 ③이다.

> **Self 코칭**
>
> 괄호 앞에 $-$가 있으면 괄호 안의 모든 항의 부호를 바꾸어 괄호를 풀어야 한다.
>
> → $-(a+b)=-a-b$, $-(a-b)=-a+b$,
> $\quad -(-a+b)=a-b$, $-(-a-b)=a+b$

06 $\dfrac{1}{3}(6x-9y)+\dfrac{1}{2}(6x+8y)=2x-3y+3x+4y$
$\qquad\qquad\qquad\qquad\qquad\qquad=5x+y$

따라서 $a=5$, $b=1$이므로

$ab=5\times1=5$

07 $5x-6-\{x-(3x+4)\}=5x-6-(x-3x-4)$
$\qquad\qquad\qquad\qquad\quad=5x-6-(-2x-4)$
$\qquad\qquad\qquad\qquad\quad=5x-6+2x+4=7x-2$

08 $3x-\{1-(5-2x)\}=3x-(1-5+2x)$
$\qquad\qquad\qquad\qquad=3x-(-4+2x)$
$\qquad\qquad\qquad\qquad=3x+4-2x=x+4$

09 $\dfrac{3x-5}{2}-\dfrac{2x-4}{5}=\dfrac{5(3x-5)-2(2x-4)}{10}$
$\qquad\qquad\qquad\qquad=\dfrac{15x-25-4x+8}{10}$
$\qquad\qquad\qquad\qquad=\dfrac{11x-17}{10}$

10 $\dfrac{7x+2}{3}-\dfrac{x-3}{6}=\dfrac{2(7x+2)-(x-3)}{6}$
$\qquad\qquad\qquad\qquad=\dfrac{14x+4-x+3}{6}$
$\qquad\qquad\qquad\qquad=\dfrac{13x+7}{6}$

따라서 $a=\dfrac{13}{6}$, $b=\dfrac{7}{6}$이므로

$a-b=\dfrac{13}{6}-\dfrac{7}{6}=1$

11 $A+3B=(2x-1)+3(-x+4)$
$\qquad\quad=2x-1-3x+12$
$\qquad\quad=-x+11$

> **Self 코칭**
>
> 문자에 일차식을 대입할 때는 괄호를 사용한다.

12 $2A-B=2(-2x+3)-(x-6)$
$\qquad\quad=-4x+6-x+6$
$\qquad\quad=-5x+12$

따라서 $a=-5$, $b=12$이므로

$a+b=-5+12=7$

13 $2(3x+1)-(\boxed{})=x-2$에서

$\boxed{}=2(3x+1)-(x-2)$
$\qquad\quad=6x+2-x+2=5x+4$

14 어떤 다항식을 $\boxed{}$라 하면

$\boxed{}-\dfrac{3}{2}(2x-6)=-x+2$

$\therefore \boxed{}=(-x+2)+\dfrac{3}{2}(2x-6)$
$\qquad\quad=-x+2+3x-9=2x-7$

따라서 어떤 다항식은 $2x-7$이다.

실력 확인하기 ──────── ┤96쪽├

01 ④　　**02** -2　　**03** ②, ⑤　　**04** $2x-13$

05 $\dfrac{10}{3}$　　**06** $6x+3$　　**07** $A=-3x+5$, $B=7x$

08 $7x+4$

01 ④ 항은 $-2x^2$, $3x$, -1이다.

⑤ x^2의 계수는 -2, x의 계수는 3이므로

$\quad -2+3=1$

따라서 옳지 않은 것은 ④이다.

02 일차식이 되려면 $(a+2)x^2-5x+7$에서 $a+2=0$이어야 하므로 $a=-2$

> **Self 코칭**
>
> 일차식이 되려면 차수가 가장 큰 항의 차수가 1이어야 하므로 x^2의 계수가 0이 되어야 한다.

03 $-4(2x-1)=-8x+4$

① $4(-2x-1)=-8x-4$

② $(4x-2)\times(-2)=-8x+4$

③ $(2x-1)\div(-4)=(2x-1)\times\left(-\dfrac{1}{4}\right)=-\dfrac{1}{2}x+\dfrac{1}{4}$

④ $(-8x+4)\div2=(-8x+4)\times\dfrac{1}{2}=-4x+2$

⑤ $(-4x+2)\div\dfrac{1}{2}=(-4x+2)\times2=-8x+4$

따라서 계산 결과가 $-4(2x-1)$과 같은 것은 ②, ⑤이다.

04 $3x-[2-\{3(x-3)-2(2x+1)\}]$
$=3x-\{2-(3x-9-4x-2)\}$
$=3x-\{2-(-x-11)\}$
$=3x-(2+x+11)=3x-(x+13)$
$=3x-x-13=2x-13$

05 $\dfrac{3(x-5)}{4}-\dfrac{2x-5}{6}=\dfrac{9(x-5)-2(2x-5)}{12}$
$=\dfrac{9x-45-4x+10}{12}$
$=\dfrac{5x-35}{12}$

따라서 $a=\dfrac{5}{12}$, $b=-\dfrac{35}{12}$이므로

$a-b=\dfrac{5}{12}-\left(-\dfrac{35}{12}\right)=\dfrac{40}{12}=\dfrac{10}{3}$

06 (사다리꼴의 넓이)$=\dfrac{1}{2}\{(x-1)+(x+2)\}\times6$
$=3(2x+1)=6x+3$

07 **전략 코칭**

주어진 표에서 먼저 세 식의 합을 구할 수 있는 부분을 찾는다.

대각선에 놓인 세 식의 합을 구하면
$(x+3)+(3x+2)+(5x+1)=9x+6$이므로
$(x+3)+(11x-2)+A=9x+6$에서
$12x+1+A=9x+6$
$\therefore A=(9x+6)-(12x+1)=9x+6-12x-1=-3x+5$
$A+B+(5x+1)=9x+6$이므로
$(-3x+5)+B+(5x+1)=9x+6$에서
$2x+6+B=9x+6$
$\therefore B=(9x+6)-(2x+6)=9x+6-2x-6=7x$

08 **전략 코칭**

❶ 어떤 다항식을 A로 놓고 조건에 따라 식을 세운다.
❷ A를 구한다.
❸ 바르게 계산한 식을 구한다.

어떤 다항식을 A라 하면
$A-(2x+3)=3x-2$
$\therefore A=(3x-2)+(2x+3)=5x+1$
따라서 바르게 계산하면
$(5x+1)+(2x+3)=7x+4$

서술형 문제 ──────────97쪽

1 $8x+17$

1-1 $10x$

2 $(300-80x)$ km

3 (1) $(3n+1)$개　(2) 25개

1 채점 기준 1　어떤 다항식 구하기 … 3점

어떤 다항식을 A라 하면
$A+(2x-7)=12x+3$
$\therefore A=(12x+3)-(2x-7)$
$=12x+3-2x+7$
$=10x+10$

채점 기준 2　바르게 계산한 식 구하기 … 3점

바르게 계산하면
$(10x+10)-(2x-7)=10x+10-2x+7$
$=8x+17$

1-1 채점 기준 1　어떤 다항식 구하기 … 3점

어떤 다항식을 A라 하면
$3x+5+A=-4x+10$
$\therefore A=(-4x+10)-(3x+5)$
$=-4x+10-3x-5$
$=-7x+5$

채점 기준 2　바르게 계산한 식 구하기 … 3점

바르게 계산하면
$(3x+5)-(-7x+5)=3x+5+7x-5$
$=10x$

2 시속 80 km로 x시간 동안 자동차를 타고 간 거리는
$80\times x=80x$(km)　　　　　　⋯⋯⋯ ❶
따라서 남은 거리는 $(300-80x)$ km이다.　⋯⋯⋯ ❷

채점 기준	배점
❶ x시간 동안 간 거리를 x를 사용한 식으로 나타내기	3점
❷ 남은 거리를 x를 사용한 식으로 나타내기	2점

3 (1) 정사각형을 만드는 데 필요한 성냥개비의 개수는 다음과 같다.

정사각형 1개 : 4
정사각형 2개 : $4+3$
정사각형 3개 : $4+3\times2$
정사각형 4개 : $4+3\times3$
⋮

따라서 정사각형 n개를 만드는 데 필요한 성냥개비는 모두
$4+3(n-1)=3n+1$(개)　　　　⋯⋯⋯ ❶

(2) 정사각형 8개를 만드는 데 필요한 성냥개비는 모두
$3\times8+1=25$(개)　　　　　　⋯⋯⋯ ❷

채점 기준	배점
❶ 정사각형 n개를 만드는 데 필요한 성냥개비의 개수를 n을 사용한 식으로 나타내기	4점
❷ 정사각형 8개를 만드는 데 필요한 성냥개비의 개수 구하기	3점

01 ⑤	02 ③	03 $\dfrac{2x+y}{3}$점	04 ①
05 ④	06 8	07 1 ℃	08 ③
09 ①, ⑤	10 ③	11 13	
12 $(8x+20)$ cm^2	13 ④	14 ②	
15 ⑤	16 -4	17 5	18 ④
19 $(16x+48)$ cm^2	20 ①	21 $\dfrac{9x-11}{10}$	

01 ④ $\dfrac{x}{y} \div z = \dfrac{x}{y} \times \dfrac{1}{z} = \dfrac{x}{yz}$

⑤ $x + y \div z = x + y \times \dfrac{1}{z} = x + \dfrac{y}{z}$

따라서 옳지 않은 것은 ⑤이다.

02 ③ $50 \times \dfrac{a}{100} = \dfrac{a}{2}$(kg)

03 남학생의 총점은 $20x$점, 여학생의 총점은 $10y$점이므로

(전체 평균) $= \dfrac{20x+10y}{20+10} = \dfrac{20x+10y}{30} = \dfrac{2x+y}{3}$(점)

04 ① $2x = 2 \times (-2) = -4$

② $x^2 = (-2)^2 = 4$

③ $(-x)^2 = \{-(-2)\}^2 = 2^2 = 4$

④ $-\dfrac{x^3}{2} = -\dfrac{(-2)^3}{2} = -\dfrac{-8}{2} = 4$

⑤ $2 - x = 2 - (-2) = 4$

따라서 식의 값이 나머지 넷과 다른 하나는 ①이다.

05 ① $-3x = -3 \times \left(-\dfrac{1}{3}\right) = 1$

② $2x^2 = 2 \times \left(-\dfrac{1}{3}\right)^2 = \dfrac{2}{9}$

③ $3x - 1 = 3 \times \left(-\dfrac{1}{3}\right) - 1 = -2$

④ $\dfrac{1}{x} = 1 \div x = 1 \div \left(-\dfrac{1}{3}\right) = 1 \times (-3) = -3$

⑤ $\dfrac{1}{x^2} + 6x = 1 \div x^2 + 6x$

$\qquad = 1 \div \left(-\dfrac{1}{3}\right)^2 + 6 \times \left(-\dfrac{1}{3}\right)$

$\qquad = 1 \times 9 + (-2) = 7$

따라서 식의 값이 가장 작은 것은 ④이다.

06 $\dfrac{2}{x} - \dfrac{1}{y} = 2 \div x - 1 \div y$

$\qquad = 2 \div \dfrac{1}{2} - 1 \div \left(-\dfrac{1}{4}\right)$

$\qquad = 2 \times 2 - 1 \times (-4)$

$\qquad = 4 + 4 = 8$

07 $25 - 6x$에 $x = 4$를 대입하면

$25 - 6 \times 4 = 25 - 24 = 1$

따라서 지면으로부터 높이가 4 km인 곳의 기온은 1 ℃이다.

08 ① $2x + 3$의 항은 $2x$, 3의 2개이다.

② 분모에 문자가 있는 식은 다항식이 아니므로 일차식이 아니다.

④ $\dfrac{x}{5} - 4$에서 x의 계수는 $\dfrac{1}{5}$이다.

⑤ $3x^2 + 2x - 2$에서 상수항은 -2이다.

따라서 옳은 것은 ③이다.

09 ② $2(x+1) - 2x = 2x + 2 - 2x = 2$이므로 차수가 0이다.

즉, 일차식이 아니다.

③ 분모에 문자가 있는 식은 다항식이 아니므로 일차식이 아니다.

④ 차수가 2이므로 일차식이 아니다.

따라서 일차식인 것은 ①, ⑤이다.

10 ③ $-\dfrac{3}{2}(4x+8) = -6x - 12$

④ $(-15x+9) \div (-3) = (-15x+9) \times \left(-\dfrac{1}{3}\right)$

$\qquad\qquad\qquad\qquad\qquad = 5x - 3$

⑤ $(12x-8) \div \dfrac{4}{3} = (12x-8) \times \dfrac{3}{4} = 9x - 6$

따라서 옳지 않은 것은 ③이다.

11 $(-6x+24) \times \left(-\dfrac{2}{3}\right) = 4x - 16$이므로 $a = 4$

$(14x-21) \div \dfrac{7}{3} = (14x-21) \times \dfrac{3}{7} = 6x - 9$이므로 $b = -9$

$\therefore a - b = 4 - (-9) = 13$

12 밑변의 길이가 $(5+2x)$ cm, 높이가 8 cm인 삼각형이므로

(삼각형의 넓이) $= \dfrac{1}{2} \times (5+2x) \times 8$

$\qquad\qquad\qquad = 4(5+2x)$

$\qquad\qquad\qquad = 8x + 20$(cm^2)

13 ⑤ $x^2y = x \times x \times y$, $xy^2 = x \times y \times y$

에서 곱해진 문자가 다르므로 동류항이 아니다.

따라서 바르게 짝 지어진 것은 ④이다.

14 $2x - 3y + 4y - 3x = -x + y$이므로 $a = -1$, $b = 1$

$\therefore a - b = -1 - 1 = -2$

15 ① $x + 1 - 3x = -2x + 1$

② $(4x-1) + (2-6x) = -2x + 1$

③ $2(x-1) - 4x + 3 = 2x - 2 - 4x + 3 = -2x + 1$

④ $(5x-7) - (7x-8) = 5x - 7 - 7x + 8 = -2x + 1$

⑤ $3(2x+5) - 4(2x+3) = 6x + 15 - 8x - 12 = -2x + 3$

따라서 나머지 넷과 다른 하나는 ⑤이다.

16 $2(3a-2b) - (11a-5b) = 6a - 4b - 11a + 5b$

$\qquad\qquad\qquad\qquad\qquad = -5a + b$

따라서 a의 계수는 -5, b의 계수는 1이므로 구하는 합은

$-5 + 1 = -4$

17 $2(ax+3)-6x+b=2ax+6-6x+b$
$$=(2a-6)x+6+b$$
즉, $2a-6=-2$이므로
$2a=4$ $\therefore a=2$
$6+b=3$이므로 $b=-3$
$\therefore |b-a|=|-3-2|=|-5|=5$

18 $2x-\{x+3(-2x+2)-9\}=2x-(x-6x+6-9)$
$$=2x-(-5x-3)$$
$$=2x+5x+3$$
$$=7x+3$$

19 (색칠한 부분의 넓이)
= (큰 정사각형의 넓이) − (작은 직사각형의 넓이)
$=12\times12-8(12-2x)$
$=144-96+16x$
$=16x+48(\text{cm}^2)$

20 $3A-2B-(2A-4B)=3A-2B-2A+4B$
$$=A+2B$$
이므로
$A+2B=(3x-2y)+2(-x-y)$
$$=3x-2y-2x-2y$$
$$=x-4y$$

21 $\dfrac{-x+1}{2}+\boxed{}=\dfrac{2x-3}{5}$에서
$\boxed{}=\dfrac{2x-3}{5}-\dfrac{-x+1}{2}$
$$=\dfrac{2(2x-3)-5(-x+1)}{10}$$
$$=\dfrac{4x-6+5x-5}{10}$$
$$=\dfrac{9x-11}{10}$$

교과서에서 쏙 빼온 **문제** ──────── 101쪽 ──

1 $(3x+y)$점
2 123회 이상 137회 이하
3

4

1 $x\times3+y\times1+1\times0=3x+y$(점)

---

2 $\dfrac{c}{100}(220-a-b)+b$에 $a=13$, $b=67$, $c=40$을 대입하면
$\dfrac{40}{100}\times(220-13-67)+67=123$
$\dfrac{c}{100}(220-a-b)+b$에 $a=13$, $b=67$, $c=50$을 대입하면
$\dfrac{50}{100}\times(220-13-67)+67=137$
따라서 구하는 1분당 목표 심장 박동 수의 범위는 123회 이상 137회 이하이다.

3 빈칸에 들어갈 식을 다음과 같이 A, B, C, D라 하면

A	$\div$	-4	$=$	$-6a$
$\div$		$\times$		
B	$\times$	C	$=$	D
$=$		$=$		
16		-24		

$A\div(-4)=-6a$에서
$A=(-6a)\times(-4)=24a$
$A\div B=16$에서
$B=24a\div16=24a\times\dfrac{1}{16}=\dfrac{3}{2}a$
$-4\times C=-24$에서
$C=(-24)\div(-4)=6$
$B\times C=D$에서
$D=\dfrac{3}{2}a\times6=9a$

4 주어진 피라미드에서 $(a+4)+(2a+3)=3a+7$이므로 피라미드에 적힌 식 사이의 규칙은 아래쪽에 있는 두 식을 더하면 위쪽에 있는 식이 되는 것이다.
빈칸에 들어갈 식을 다음과 같이 A, B, C라 하면

	C	
A		B
$a-3$	$a+2$	$a+5$

$A=(a-3)+(a+2)=2a-1$
$B=(a+2)+(a+5)=2a+7$
$C=A+B=(2a-1)+(2a+7)=4a+6$
빈칸에 들어갈 식을 다음과 같이 D, E, F라 하면

	$5a-2$	
$a+6$		F
D	$3a+2$	E

$D+(3a+2)=a+6$에서
$D=(a+6)-(3a+2)$
$$=a+6-3a-2=-2a+4$$
$(a+6)+F=5a-2$에서
$F=(5a-2)-(a+6)$
$$=5a-2-a-6=4a-8$$
$(3a+2)+E=F$에서
$E=(4a-8)-(3a+2)$
$$=4a-8-3a-2=a-10$$

2 일차방정식

01 방정식과 그 해

├103쪽～104쪽┤

1 (1) 등식이 아니다.

  (2) 등식이다. / 좌변 : $3x-1$, 우변 : 4

  (3) 등식이 아니다.

  (4) 등식이다. / 좌변 : $2x+5$, 우변 : $6-4x$

1-1 (1) ○ (2) × (3) ○ (4) ×

2 (1) × (2) ○ (3) × (4) ○

2-1 (1) × (2) ○ (3) ○ (4) ×

3 (1) × (2) ○ (3) ×

3-1 (1) $x=0$ (2) $x=-1$ (3) $x=1$

4 1, 1, -4, 2, -4, -2 /

  ㉠ 등식의 양변에서 같은 수를 빼어도 등식은 성립한다.

  ㉡ 등식의 양변을 0이 아닌 같은 수로 나누어도 등식은 성립한다.

4-1 2, 2, 6, 3, 3, 18 /

  ㉠ 등식의 양변에 같은 수를 더하여도 등식은 성립한다.

  ㉡ 등식의 양변에 같은 수를 곱하여도 등식은 성립한다.

1-1 (1), (3) 등호를 사용하여 나타내었으므로 등식이다.

2 (2) (좌변)$=4x$이므로 (좌변)$=$(우변)

  따라서 항등식이다.

  (4) (우변)$=2x-1$이므로 (좌변)$=$(우변)

  따라서 항등식이다.

> **Self 코칭**
> 항등식이 될 조건 ➡ (좌변)$=$(우변)

2-1 (2) (우변)$=2x-1$이므로 (좌변)$=$(우변)

  따라서 항등식이다.

  (3) (좌변)$=3x-6$이므로 (좌변)$=$(우변)

  따라서 항등식이다.

3 (1) $x=-2$를 대입하면 $-2+3\neq5$

  따라서 $x=-2$는 주어진 방정식의 해가 아니다.

  (2) $x=2$를 대입하면 $5\times2-6=4$

  따라서 $x=2$는 주어진 방정식의 해이다.

  (3) $x=3$을 대입하면 $4-3\times3\neq1$

  따라서 $x=3$은 주어진 방정식의 해가 아니다.

3-1 (1) $x=-1$일 때, $1\neq-1+1$

  $x=0$일 때, $1=0+1$

  $x=1$일 때, $1\neq1+1$

  따라서 주어진 방정식의 해는 $x=0$이다.

  (2) $x=-1$일 때, $2\times(-1)-3\neq-5$

  $x=0$일 때, $2\times0-3\neq-5$

  $x=1$일 때, $2\times1-3\neq-5$

  따라서 주어진 방정식의 해는 $x=-1$이다.

  (3) $x=-1$일 때, $3\times(-1)+4\neq7$

  $x=0$일 때, $3\times0+4\neq7$

  $x=1$일 때, $3\times1+4=7$

  따라서 주어진 방정식의 해는 $x=1$이다.

개념 완성하기

├105쪽～106쪽┤

01 ⑤ **02** ③ **03** ⑤ **04** ③

05 ④ **06** ④ **07** -2

08 $a=3$, $b=-4$ **09** ② **10** ②, ⑤

11 (1) ㄱ, ㄹ (2) ㄴ, ㄷ **12** ②

01 ① $3x=x+6$

  ② $\dfrac{x}{5}=1200$

  ③ $125-20x=5$

  ④ (시간)$=\dfrac{(거리)}{(속력)}$이므로 x km의 거리를 시속 30 km로

  가는 데 걸린 시간은 $\dfrac{x}{30}$시간이다.

  ➡ $\dfrac{x}{30}=2$

  따라서 옳은 것은 ⑤이다.

02 ③ (거리)$=$(속력)$\times$(시간)이므로 시속 20 km로 x시간

  동안 이동한 거리는 $20x$ km이다.

  ➡ $20x=80$

03 주어진 방정식에 $x=2$를 각각 대입하면

  ① $3\times2\neq9$

  ② $2\times2+1\neq6$

  ③ $5\times2-7\neq2\times2$

  ④ $2-5\neq-2+3$

  ⑤ $4\times2-5=2+1$

  따라서 해가 $x=2$인 방정식은 ⑤이다.

04 ① $x=-2$를 대입하면 $-2-3\neq2\times(-2)$

  ② $x=-1$을 대입하면 $2\times(-1)+1\neq3$

  ③ $x=1$을 대입하면 $3\times1-4=-1$

  ④ $x=2$를 대입하면 $4\times(2-1)\neq-4$

  ⑤ $x=3$을 대입하면 $\dfrac{3+5}{2}\neq4\times3-7$

  따라서 [ ] 안의 수가 주어진 방정식의 해인 것은 ③이다.

05 ①, ②, ③, ⑤ 방정식

  ④ (좌변)$=-x-2$에서 (좌변)$=$(우변)이므로 항등식이다.

06 x의 값에 관계없이 항상 참인 등식은 x에 대한 항등식이다.

  ①, ②, ③, ⑤ 방정식

  ④ (좌변)$=2x-6$에서 (좌변)$=$(우변)이므로 항등식이다.

07 $-2(x-2)=4+ax$에서

$-2x+4=4+ax$

항등식은 (좌변)=(우변)이므로 $a=-2$

08 항등식은 (좌변)=(우변)이므로

$a=3$, $b=-4$

09 ② $c=0$이면 $ac=bc$이지만 $a \neq b$일 수 있다.

따라서 '$ac=bc$이면 $a=b$이다.'가 성립하려면 $c \neq 0$의 조건이 있어야 한다.

⑤ $\dfrac{a}{2}=\dfrac{b}{4}$의 양변에 4를 곱하면 $2a=b$이다.

따라서 옳지 않은 것은 ②이다.

10 ② $x=y$의 양변에서 7을 빼면 $x-7=y-7$

⑤ $x=y$의 양변에 2를 곱하면 $2x=2y$

$2x=2y$의 양변에 5를 더하면 $2x+5=2y+5$

∴ $2x+5=5+2y$

11 (1) $3x-1=5$의 양변에 1을 더하면 (ㄱ)

$3x-1+1=5+1$, $3x=6$

$3x=6$의 양변을 3으로 나누면 (ㄹ)

$\dfrac{3x}{3}=\dfrac{6}{3}$ ∴ $x=2$

(2) $\dfrac{1}{2}x+3=1$의 양변에서 3을 빼면 (ㄴ)

$\dfrac{1}{2}x+3-3=1-3$, $\dfrac{1}{2}x=-2$

$\dfrac{1}{2}x=-2$의 양변에 2를 곱하면 (ㄷ)

$\dfrac{1}{2}x \times 2=-2 \times 2$ ∴ $x=-4$

12 $-2x+3=7$의 양변에서 3을 빼면 $-2x=4$

$-2x=4$의 양변을 -2로 나누면 $x=-2$

따라서 해를 구하는 순서로 옳은 것은 ②이다.

실력 확인하기
107쪽

01 $2x-1=3(x-3)$ **02** ③   **03** 2개

04 ⑤   **05** ⑤   **06** ㄱ, ㄹ   **07** △

01 x의 2배에서 1을 뺀 수는 $2x-1$이고, x에서 3을 뺀 후 3을 곱한 수는 $3(x-3)$이므로 등식으로 나타내면

$2x-1=3(x-3)$

02 ① $x=4$를 대입하면

$\dfrac{1}{4} \times 4-2 \neq 1$

② $x=-2$를 대입하면

$3 \times (-2)-4 \neq -2-6$

③ $x=-1$을 대입하면

$1-(-1)=3+(-1)$

④ $x=1$을 대입하면

$5 \times (1+1)-3 \neq 3 \times 1$

⑤ $x=2$를 대입하면

$2 \times (2 \times 2-1) \neq -2+7$

따라서 [ ] 안의 수가 주어진 방정식의 해인 것은 ③이다.

03 ㄱ, ㄴ, ㄹ, ㅁ. 방정식

ㄷ. (좌변)$=4x-8$에서 (좌변)=(우변)이므로 항등식이다.

ㅂ. (좌변)$=x+2x+2=3x+2$에서 (좌변)=(우변)이므로 항등식이다.

따라서 항등식은 ㄷ, ㅂ의 2개이다.

04 $5(x-1)+a=bx-3$에서 $5x-5+a=bx-3$

이 등식이 x에 대한 항등식이므로

$5=b$, $-5+a=-3$

∴ $a=2$, $b=5$

∴ $a+b=2+5=7$

05 ① $x=y$의 양변에 2를 더하면 $x+2=y+2$

∴ $x+2=2+y$

② $x-3=y-3$의 양변에 3을 더하면 $x=y$

③ $x+1=y+1$의 양변에 1을 빼면 $x=y$

$x=y$의 양변에 4를 곱하면 $4x=4y$

④ $x=2y$의 양변을 2로 나누면 $\dfrac{x}{2}=y$

⑤ $\dfrac{x}{2}=\dfrac{y}{5}$의 양변에 10을 곱하면 $5x=2y$

따라서 옳지 않은 것은 ⑤이다.

06 $2x-6=4$의 양변에 6을 더하면 $2x=10$

$2x=10$의 양변을 2로 나누면 $x=5$

따라서 이용된 등식의 성질은 ㄱ, ㄹ이다.

07

첫 번째의 양쪽 접시 ▨▲=◉ 위에 ▨ 모양을 올리면

▨▨▲=◉▨

이때 두 번째의 양쪽 접시에서

▨▨=◉▲이므로

◉▲▲=◉▨

즉, ▲▲=▨이므로 세 번째의 양쪽 접시에서

▲▲▲▲=▨▲이다.

따라서 ㉮에 올려놓은 것은 △ 모양이다.

109쪽 ~ 111쪽

1 (1) $x=1+5$ (2) $3x=6-2$
     (3) $2x+4x=-9$ (4) $x-3x=4+2$

1-1 (1) $4x=5+3$ (2) $-x=2-6$
     (3) $-2x-3x=1$ (4) $2x+4x=9-3$

2 (1) ○   (2) ×   (3) ○   (4) ○   (5) ×

2-1 (1) ○   (2) ×   (3) ○   (4) ×   (5) ○

3 (1) $x=3$ (2) $x=2$ (3) $x=-4$ (4) $x=1$

3-1 (1) $x=7$ (2) $x=-1$ (3) $x=-2$ (4) $x=2$

4 (1) $x=2$ (2) $x=2$ (3) $x=3$ (4) $x=-6$

4-1 (1) $x=-4$ (2) $x=4$ (3) $x=3$ (4) $x=-1$

5 (1) $x=2$ (2) $x=-1$

5-1 (1) $x=-3$ (2) $x=2$

6 (1) $x=-3$ (2) $x=\dfrac{1}{6}$

6-1 (1) $x=10$ (2) $x=5$

2 우변의 항을 좌변으로 이항하면
(1) $x+1=3$에서 $x-2=0$이므로 일차방정식이다.
(2) $2x-1=2x+5$에서 $-6=0$이므로 일차방정식이 아니다.
(3) $3x-1=2-3x$에서 $6x-3=0$이므로 일차방정식이다.
(4) $2(x-3)=3x-6$에서
$2x-6=3x-6$, $-x=0$이므로 일차방정식이다.
(5) $x(x+1)=3(x-2)$에서
$x^2+x=3x-6$, $x^2-2x+6=0$이므로 일차방정식이 아니다.

2-1 우변의 항을 좌변으로 이항하면
(1) $3x-2=x+5$에서 $2x-7=0$이므로 일차방정식이다.
(2) $x-7=3+x$에서 $-10=0$이므로 일차방정식이 아니다.
(3) $x^2+5=x(x-2)$에서
$x^2+5=x^2-2x$, $2x+5=0$이므로 일차방정식이다.
(4) $-4x+6=x^2-4x$에서
$-x^2+6=0$이므로 일차방정식이 아니다.
(5) $\dfrac{x+2}{3}=1$에서
$\dfrac{1}{3}x+\dfrac{2}{3}=1$, $\dfrac{1}{3}x-\dfrac{1}{3}=0$이므로 일차방정식이다.

3 (1) $3x-1=8$에서 $3x=8+1$, $3x=9$ ∴ $x=3$
(2) $2x=8-2x$에서 $2x+2x=8$, $4x=8$ ∴ $x=2$
(3) $x+1=2x+5$에서 $x-2x=5-1$
   $-x=4$ ∴ $x=-4$
(4) $4-2x=6-4x$에서 $-2x+4x=6-4$
   $2x=2$ ∴ $x=1$

3-1 (1) $x-5=2$에서 $x=2+5=7$
(2) $4x=x-3$에서 $4x-x=-3$
   $3x=-3$ ∴ $x=-1$

(3) $x+4=-3x-4$에서 $x+3x=-4-4$
   $4x=-8$ ∴ $x=-2$
(4) $5x-7=-x+5$에서 $5x+x=5+7$
   $6x=12$ ∴ $x=2$

4 (1) $2(3x-2)=8$에서 괄호를 풀면
   $6x-4=8$, $6x=8+4$, $6x=12$ ∴ $x=2$
(2) $x+7=3(5-x)$에서 괄호를 풀면
   $x+7=15-3x$, $x+3x=15-7$
   $4x=8$ ∴ $x=2$
(3) $2(x-3)+1=4-x$에서 괄호를 풀면
   $2x-6+1=4-x$, $2x-5=4-x$
   $2x+x=4+5$, $3x=9$ ∴ $x=3$
(4) $7(x+1)=5(x-1)$에서 괄호를 풀면
   $7x+7=5x-5$, $7x-5x=-5-7$
   $2x=-12$ ∴ $x=-6$

4-1 (1) $3(x+2)=-6$에서 괄호를 풀면
   $3x+6=-6$, $3x=-6-6$, $3x=-12$ ∴ $x=-4$
(2) $2(3x-5)-1=13$에서 괄호를 풀면
   $6x-10-1=13$, $6x-11=13$
   $6x=13+11$, $6x=24$ ∴ $x=4$
(3) $2x-3=-3(x-4)$에서 괄호를 풀면
   $2x-3=-3x+12$, $2x+3x=12+3$
   $5x=15$ ∴ $x=3$
(4) $8-5(x+1)=4(3x+5)$에서 괄호를 풀면
   $8-5x-5=12x+20$, $-5x+3=12x+20$
   $-5x-12x=20-3$, $-17x=17$ ∴ $x=-1$

5 (1) $0.2x-3=-1.3x$의 양변에 10을 곱하면
   $2x-30=-13x$, $15x=30$ ∴ $x=2$
(2) $0.08x+0.15=0.03x+0.1$의 양변에 100을 곱하면
   $8x+15=3x+10$, $5x=-5$ ∴ $x=-1$

5-1 (1) $0.4x-0.4=1.2x+2$의 양변에 10을 곱하면
   $4x-4=12x+20$, $-8x=24$ ∴ $x=-3$
(2) $0.15(x-4)=-0.25x+0.2$의 양변에 100을 곱하면
   $15(x-4)=-25x+20$
   $15x-60=-25x+20$, $40x=80$ ∴ $x=2$

6 (1) $\dfrac{4}{3}x+3=\dfrac{x+1}{2}$의 양변에 6을 곱하면
   $8x+18=3(x+1)$, $8x+18=3x+3$
   $5x=-15$ ∴ $x=-3$
(2) $2x-\dfrac{1}{2}(x-1)=\dfrac{3}{4}$의 양변에 4를 곱하면
   $8x-2(x-1)=3$, $8x-2x+2=3$
   $6x=1$ ∴ $x=\dfrac{1}{6}$

6-1 (1) $\dfrac{1}{2}x-2=\dfrac{2}{5}x-1$의 양변에 10을 곱하면
   $5x-20=4x-10$ ∴ $x=10$

(2) $\dfrac{1}{3}(x+2)-\dfrac{x-4}{4}=\dfrac{5}{12}x$의 양변에 12를 곱하면

$4(x+2)-3(x-4)=5x,\ 4x+8-3x+12=5x$

$x+20=5x,\ -4x=-20$　　$\therefore x=5$

개념 완성하기　　　　　　　　　├112쪽 ~ 113쪽┤

01 ②	**02** ㄷ, ㅁ	**03** ⑤	**04** ③
05 7	**06** 1	**07** ⑤	**08** $x=7$
09 ③	**10** 8	**11** -8	**12** 3
13 ③	**14** -4		

01 ①, ③ 등식이 아니므로 일차방정식이 아니다.

② $3x+7=x-3$에서 $2x+10=0$이므로 일차방정식이다.

④ $2+x=x$에서 $2=0$이므로 일차방정식이 아니다.

따라서 일차방정식인 것은 ②이다.

02 ㄱ. 등식이 아니므로 일차방정식이 아니다.

ㄴ. $5x=5x-6$에서 $6=0$이므로 일차방정식이 아니다.

ㄷ. $2(1-x)=2(x-1)$에서 $2-2x=2x-2$

　　$-4x+4=0$이므로 일차방정식이다.

ㄹ. $x^2+2=x-4$에서 $x^2-x+6=0$이므로 일차방정식이 아니다.

ㅁ. $x(x-3)=x^2+x$에서

　　$x^2-3x=x^2+x,\ -4x=0$이므로 일차방정식이다.

ㅂ. 등식이 아니므로 일차방정식이 아니다.

따라서 일차방정식인 것은 ㄷ, ㅁ이다.

03 ① $3x-5=-8$에서 $3x=-3$　　$\therefore x=-1$

② $x+2=2x+3$에서 $-x=1$　　$\therefore x=-1$

③ $5-4(1-x)=3x$에서 $5-4+4x=3x$　　$\therefore x=-1$

④ $3(x-2)=2x-7$에서 $3x-6=2x-7$　　$\therefore x=-1$

⑤ $5(x-1)=2(x+2)$에서 $5x-5=2x+4$

　　$3x=9$　　$\therefore x=3$

따라서 해가 나머지 넷과 다른 하나는 ⑤이다.

04 ① $2x+3=3x+4$에서 $-x=1$　　$\therefore x=-1$

② $10-x=2x+1$에서 $-3x=-9$　　$\therefore x=3$

③ $6(x-2)=4x$에서 $6x-12=4x,\ 2x=12$　　$\therefore x=6$

④ $4x-7=-3(5-2x)$에서 $4x-7=-15+6x$

　　$-2x=-8$　　$\therefore x=4$

⑤ $5(x+3)=2(3x+7)$에서 $5x+15=6x+14$

　　$-x=-1$　　$\therefore x=1$

따라서 해가 가장 큰 것은 ③이다.

05 $0.2x+5=0.5(x+7)$의 양변에 10을 곱하면

$2x+50=5(x+7),\ 2x+50=5x+35$

$-3x=-15$　　$\therefore x=5$

$\dfrac{1}{2}(x-2)=\dfrac{1}{3}-\dfrac{1}{6}x$의 양변에 6을 곱하면

$3(x-2)=2-x,\ 3x-6=2-x$

$4x=8$　　$\therefore x=2$

따라서 $a=5,\ b=2$이므로 $a+b=5+2=7$

06 $0.4x=-0.2(x+3)$의 양변에 10을 곱하면

$4x=-2(x+3),\ 4x=-2x-6$

$6x=-6$　　$\therefore x=-1$

$\dfrac{x+4}{15}=\dfrac{x+2}{10}$의 양변에 30을 곱하면

$2(x+4)=3(x+2),\ 2x+8=3x+6$

$-x=-2$　　$\therefore x=2$

따라서 $a=-1,\ b=2$이므로 $a+b=-1+2=1$

07 $0.45x-\dfrac{3}{2}=0.1x+\dfrac{3}{5}$에서

소수를 분수로 고치면

$\dfrac{9}{20}x-\dfrac{3}{2}=\dfrac{1}{10}x+\dfrac{3}{5}$

양변에 20을 곱하면

$9x-30=2x+12$

$7x=42$　　$\therefore x=6$

Self 코칭

계수에 소수와 분수가 함께 나오는 경우에는 소수를 분수로 고친 후 양변에 분모의 최소공배수를 곱한다.

08 $\dfrac{2}{3}x+\dfrac{5}{6}=0.5(x+1)+1.5$에서

소수를 분수로 고치면

$\dfrac{2}{3}x+\dfrac{5}{6}=\dfrac{1}{2}(x+1)+\dfrac{3}{2}$

양변에 6을 곱하면

$4x+5=3(x+1)+9$

$4x+5=3x+3+9$　　$\therefore x=7$

09 내항의 곱과 외항의 곱은 같으므로

$10x-2=2(3x+5),\ 10x-2=6x+10$

$4x=12$　　$\therefore x=3$

10 내항의 곱과 외항의 곱은 같으므로

$3(2x-4)=4(x+1),\ 6x-12=4x+4$

$2x=16$　　$\therefore x=8$

11 $5x-a=2(x+1)$에 $x=-2$를 대입하면

$-10-a=-2,\ -a=8$　　$\therefore a=-8$

Self 코칭

일차방정식의 해가 $x=\square$이다.

➡ $x=\square$를 방정식에 대입하면 등식이 성립한다.

12 $\frac{2}{3}x+2=\frac{1}{2}x+a$에 $x=6$을 대입하면

$4+2=3+a$ $\therefore a=3$

13 $4x+6=x+12$에서

$3x=6$ $\therefore x=2$

$x=2$를 $2x-a=-3$에 대입하면

$4-a=-3,\ -a=-7$ $\therefore a=7$

14 $2(x+2)=x+1$에서

$2x+4=x+1$ $\therefore x=-3$

$x=-3$을 $3(x+2)=5(a-x)+2$에 대입하면

$-3=5(a+3)+2,\ -3=5a+15+2$

$-5a=20$ $\therefore a=-4$

---

03 일차방정식의 활용

115쪽 ~ 117쪽

1 (1) $3x-4=5$ (2) 3

1-1 (1) $7(x-4)=5x$ (2) 14

2 (1) $(x-2)+x+(x+2)=30$ (2) 8, 10, 12

2-1 (1) $(x-1)+x+(x+1)=48$ (2) 15, 16, 17

3 (1) $39+x=3(9+x)$ (2) 6년 후

3-1 (1) $52-x=4(16-x)$ (2) 4년 전

4 (1) $2\times\{(2x+2)+x\}=40$ (2) 6 cm

4-1 (1) $\frac{1}{2}\times\{x+(x+4)\}\times5=25$ (2) 3 cm

5 (1) 표는 풀이 참조, $\frac{x}{8}+\frac{x}{4}=\frac{3}{2}$ (2) 4 km

5-1 (1) 표는 풀이 참조, $\frac{x}{2}+\frac{x+1}{4}=4$ (2) 5 km

6 (1) 표는 풀이 참조, $100x+150x=2500$ (2) 10분 후

6-1 (1) 표는 풀이 참조, $80x+120x=4000$ (2) 20분 후

---

1 (2) $3x-4=5$에서 $3x=9$ $\therefore x=3$

따라서 어떤 수는 3이다.

1-1 (2) $7(x-4)=5x$에서

$7x-28=5x,\ 2x=28$ $\therefore x=14$

따라서 어떤 수는 14이다.

2 (1) 연속하는 세 짝수는 $x-2$, x, $x+2$이므로

방정식을 세우면 $(x-2)+x+(x+2)=30$

(2) $(x-2)+x+(x+2)=30$에서

$3x=30$ $\therefore x=10$

따라서 연속하는 세 짝수는 8, 10, 12이다.

2-1 (1) 연속하는 세 정수는 $x-1$, x, $x+1$이므로

방정식을 세우면 $(x-1)+x+(x+1)=48$

(2) $(x-1)+x+(x+1)=48$에서

$3x=48$ $\therefore x=16$

따라서 연속하는 세 정수는 15, 16, 17이다.

3 (1) x년 후의 어머니의 나이는 $(39+x)$세, 딸의 나이는

$(9+x)$세이므로 방정식을 세우면

$39+x=3(9+x)$

(2) $39+x=3(9+x)$에서

$39+x=27+3x,\ -2x=-12$ $\therefore x=6$

따라서 어머니의 나이가 딸의 나이의 3배가 되는 것은 6년

후이다.

3-1 (1) x년 전의 삼촌의 나이는 $(52-x)$세, 진우의 나이는

$(16-x)$세이므로 방정식을 세우면

$52-x=4(16-x)$

(2) $52-x=4(16-x)$에서

$52-x=64-4x,\ 3x=12$ $\therefore x=4$

따라서 삼촌의 나이가 진우의 나이의 4배가 되었던 것은

4년 전이다.

4 (1) 가로의 길이는 $(2x+2)$ cm이므로 방정식을 세우면

$2\times\{(2x+2)+x\}=40$

(2) $2\times\{(2x+2)+x\}=40$에서

$2(3x+2)=40,\ 6x+4=40,\ 6x=36$ $\therefore x=6$

따라서 직사각형의 세로의 길이는 6 cm이다.

4-1 (1) 아랫변의 길이는 $(x+4)$ cm이므로 방정식을 세우면

$\frac{1}{2}\times\{x+(x+4)\}\times5=25$

(2) $\frac{1}{2}\times\{x+(x+4)\}\times5=25$에서

$\frac{5}{2}(2x+4)=25,\ 5x+10=25$

$5x=15$ $\therefore x=3$

따라서 사다리꼴의 윗변의 길이는 3 cm이다.

> **Self 코칭**
>
> (사다리꼴의 넓이)
>
> $=\frac{1}{2}\times\{($윗변의 길이$)+($아랫변의 길이$)\}\times($높이$)$

5 (1)

	거리(km)	속력(km/h)	시간(시간)
갈 때	x	8	$\frac{x}{8}$
올 때	x	4	$\frac{x}{4}$

갈 때 걸린 시간과 올 때 걸린 시간의 합은 1시간 30분, 즉

$\frac{3}{2}$시간이므로 방정식을 세우면 $\frac{x}{8}+\frac{x}{4}=\frac{3}{2}$

(2) $\frac{x}{8}+\frac{x}{4}=\frac{3}{2}$에서 $x+2x=12,\ 3x=12$ $\therefore x=4$

따라서 집과 학교 사이의 거리는 4 km이다.

5-1 (1)

	거리(km)	속력(km/h)	시간(시간)
올라갈 때	x	2	$\dfrac{x}{2}$
내려올 때	$x+1$	4	$\dfrac{x+1}{4}$

올라갈 때와 내려올 때 걸린 시간의 합은 4시간이므로

방정식을 세우면 $\dfrac{x}{2}+\dfrac{x+1}{4}=4$

(2) $\dfrac{x}{2}+\dfrac{x+1}{4}=4$에서 $2x+(x+1)=16$

$3x=15$ $\qquad \therefore x=5$

따라서 올라간 거리는 5 km이다.

6 (1)

	속력(m/min)	시간(분)	이동 거리(m)
윤지	100	x	$100x$
민호	150	x	$150x$

두 사람이 만날 때까지 이동한 거리의 합은 2500 m이므로

방정식을 세우면 $100x+150x=2500$

(2) $100x+150x=2500$에서

$250x=2500$ $\qquad \therefore x=10$

따라서 두 사람은 출발한 지 10분 후에 만난다.

6-1 (1)

	속력(m/min)	시간(분)	이동 거리(m)
A	80	x	$80x$
B	120	x	$120x$

두 사람이 처음으로 만날 때까지 이동한 거리의 합은

$4\,\text{km}=4000\,\text{m}$이므로 방정식을 세우면

$80x+120x=4000$

(2) $80x+120x=4000$에서

$200x=4000$ $\qquad \therefore x=20$

따라서 두 사람은 출발한 지 20분 후에 처음으로 만난다.

개념 완성하기 ─────── ┤118쪽~119쪽├

01 32 **02** 24 **03** 초콜릿 : 2개, 사탕 : 9개

04 돼지 : 11마리, 오리 : 15마리 **05** ③

06 (1) 10명 (2) 58권 **07** 300명 **08** ④

09 30분 후 **10** 25분 후 **11** 2일 **12** ②

01 처음 수의 십의 자리의 숫자를 x라 하면

$20+x=(10x+2)-9$

$-9x=-27$ $\qquad \therefore x=3$

따라서 처음 수는 32이다.

> **Self 코칭**
>
> 십의 자리의 숫자가 a, 일의 자리의 숫자가 b인 두 자리의 자연수를 ab로 나타내지 않도록 주의한다.

02 처음 수의 십의 자리의 숫자를 x라 하면 일의 자리의 숫자는 $(6-x)$이므로

$10(6-x)+x=2\{10x+(6-x)\}-6$

$60-9x=18x+6,\ -27x=-54$ $\qquad \therefore x=2$

따라서 처음 수는 24이다.

03 초콜릿을 x개 샀다고 하면 사탕은 $(11-x)$개 샀으므로

$1500x+500(11-x)=7500$

$1500x+5500-500x=7500$

$1000x=2000$ $\qquad \therefore x=2$

따라서 초콜릿은 2개, 사탕은 $11-2=9$(개)를 샀다.

04 돼지를 x마리라 하면 오리는 $(26-x)$마리이므로

$4x+2(26-x)=74$

$4x+52-2x=74,\ 2x=22$

$\therefore x=11$

따라서 돼지는 11마리, 오리는 $26-11=15$(마리)가 있다.

05 학생을 x명이라 하면

$6x+3=7x-5,\ -x=-8$ $\qquad \therefore x=8$

따라서 학생은 모두 8명이다.

06 (1) 학생을 x명이라 하면

$5x+8=6x-2,\ -x=-10$ $\qquad \therefore x=10$

따라서 학생은 모두 10명이다.

(2) 공책은 모두 $5\times10+8=58$(권)

> **Self 코칭**
>
> (2) 공책은 $(5x+8)$권 또는 $(6x-2)$권에 $x=10$을 대입하여 구한다.

07 작년의 남학생을 x명이라 하면 작년의 여학생은 $(800-x)$명이므로

$\dfrac{8}{100}x-\dfrac{4}{100}(800-x)=4$

$8x-4(800-x)=400,\ 8x-3200+4x=400$

$12x=3600$ $\qquad \therefore x=300$

따라서 작년의 남학생은 모두 300명이다.

> **Self 코칭**
>
> (남학생 수의 변화량)＋(여학생 수의 변화량)
>
> ＝(전체 학생 수의 변화량)
>
> 임을 이용하여 일차방정식을 세운다.

08 작년의 여자 신생아를 x명이라 하면 작년의 남자 신생아는 $(310-x)$명이므로

$-\dfrac{5}{100}(310-x)+\dfrac{2}{100}x=-5$

$-5(310-x)+2x=-500$

$-1550+5x+2x=-500$

$7x=1050$ $\qquad \therefore x=150$

따라서 작년의 여자 신생아는 모두 150명이다.

09 형이 출발한 지 x분 후에 동생을 만난다고 하면

$60(x+10)=80x$, $60x+600=80x$

$-20x=-600$ ∴ $x=30$

따라서 형이 출발한 지 30분 후에 동생을 만난다.

10 언니가 출발한 지 x분 후에 소희를 만난다고 하면 소희는 언니보다 20분 먼저 출발했으므로

$50(x+20)=90x$, $50x+1000=90x$

$-40x=-1000$ ∴ $x=25$

따라서 언니가 출발한 지 25분 후에 소희를 만난다.

11 전체 일의 양을 1이라 하면 성민이와 세희가 하루에 하는 일의 양은 각각 $\frac{1}{9}$, $\frac{1}{6}$이다.

세희가 일을 한 날수를 x일이라 하면

$\frac{1}{9}\times6+\frac{1}{6}\times x=1$, $4+x=6$ ∴ $x=2$

따라서 세희가 일을 한 날은 2일이다.

12 물통에 가득 채운 물의 양을 1이라 하면 A 호스와 B 호스로 1시간에 채우는 물의 양은 각각 $\frac{1}{10}$, $\frac{1}{15}$이다.

물을 가득 채우는 데 걸리는 시간을 x시간이라 하면

$\left(\frac{1}{10}+\frac{1}{15}\right)\times x=1$, $5x=30$ ∴ $x=6$

따라서 물을 가득 채우는 데 걸리는 시간은 6시간이다.

실력 확인하기 ─────────120쪽

| **01** $a\neq3$ | **02** ③ | **03** 7 | **04** 5 |
| **05** 1 | **06** 8분 후 | **07** 2, 5 | **08** 1000원 |

01 $3x-4-ax-5=0$, $(3-a)x-9=0$

x에 대한 일차방정식이 되려면 (x의 계수)$\neq0$이어야 하므로

$3-a\neq0$ ∴ $a\neq3$

02 ① $4-5x=x-20$에서 $-6x=-24$ ∴ $x=4$

② $2(x-3)=3x-8$에서 $2x-6=3x-8$

$-x=-2$ ∴ $x=2$

③ $0.1x-3=0.6(2-x)$에서 $x-30=6(2-x)$

$x-30=12-6x$, $7x=42$ ∴ $x=6$

④ $\frac{2}{3}x=\frac{1}{2}x+\frac{1}{6}$의 양변에 6을 곱하면

$4x=3x+1$ ∴ $x=1$

⑤ $2-1.2x=-0.4x-\frac{2}{5}$의 양변에 10을 곱하면

$20-12x=-4x-4$

$-8x=-24$ ∴ $x=3$

따라서 해가 가장 큰 것은 ③이다.

03 $2x-\{x-(5x+2)\}=-1$에서

$2x-(x-5x-2)=-1$, $2x-(-4x-2)=-1$

$2x+4x+2=-1$, $6x=-3$ ∴ $x=-\frac{1}{2}$

따라서 $a=-\frac{1}{2}$이므로

$2a+8=2\times\left(-\frac{1}{2}\right)+8=7$

04 $0.3x+1=0.7$의 양변에 10을 곱하면

$3x+10=7$, $3x=-3$ ∴ $x=-1$

$x=-1$을 $\frac{x-3}{4}=\frac{2x+a}{3}-2$에 대입하면

$\frac{-1-3}{4}=\frac{-2+a}{3}-2$, $-1=\frac{-2+a}{3}-2$

$-3=-2+a-6$ ∴ $a=5$

05 처음 직사각형의 넓이는 $5\times3=15(\text{cm}^2)$이므로

$(5+x)\times(3+2)=2\times15$, $25+5x=30$

$5x=5$ ∴ $x=1$

06 두 사람이 출발한 지 x분 후에 처음으로 만난다고 하면

$90x+60x=1200$

$150x=1200$ ∴ $x=8$

따라서 두 사람은 출발한 지 8분 후에 처음으로 만난다.

07 전략 코칭

> 주어진 일차방정식을 $x=(a$에 대한 일차식) 꼴로 나타내고, a에 대한 일차식이 자연수가 되도록 하는 자연수 a의 값을 찾는다.

$10x+a=7x+8$에서

$3x=8-a$ ∴ $x=\frac{8-a}{3}$

$\frac{8-a}{3}$가 자연수가 되려면 $8-a$가 3의 배수이어야 한다.

$8-a=3$일 때, $a=5$

$8-a=6$일 때, $a=2$

따라서 자연수 a의 값은 2, 5이다.

08 전략 코칭

> 원가는 이익이 붙지 않은 상품의 원래의 가격이다.
> 원가를 x원으로 놓고, (정가)=(원가)+(이익)임을 이용하여 정가를 x에 대한 일차식으로 나타낸다.

물건의 원가를 x원이라 하면

(정가)$=x+\frac{50}{100}x=\left(1+\frac{50}{100}\right)x=\frac{3}{2}x$(원)

(판매 가격)$=\frac{3}{2}x-300$(원)

(이익)=(판매 가격)-(원가)이므로

$\left(\frac{3}{2}x-300\right)-x=200$

$\frac{1}{2}x=500$ ∴ $x=1000$

따라서 이 물건의 원가는 1000원이다.

1 $-\dfrac{1}{3}$　　　　　　**1-1** $-\dfrac{1}{5}$

2 $a=2,\ b=1$　　　　**3** $a=5,\ x=1$

4 11세　　　　　　　**4-1** 12세

5 5　　　　　　　　　**6** 20 km

1　채점 기준 1　일차방정식 $2x-6=0$의 해 구하기 ⋯ 3점

$2x-6=0$에서

$2x=6$　　∴ $x=3$

채점 기준 2　a의 값 구하기 ⋯ 3점

일차방정식 $ax+3=x-1$의 해가 $x=3$이므로

$x=3$을 $ax+3=x-1$에 대입하면

$3a+3=3-1,\ 3a=-1$

∴ $a=-\dfrac{1}{3}$

1-1　채점 기준 1　일차방정식 $\dfrac{x-5}{3}=\dfrac{x-4}{2}$의 해 구하기 ⋯ 3점

$\dfrac{x-5}{3}=\dfrac{x-4}{2}$의 양변에 6을 곱하면

$2(x-5)=3(x-4)$

$2x-10=3x-12$

$-x=-2$　　∴ $x=2$

채점 기준 2　a의 값 구하기 ⋯ 3점

일차방정식 $\dfrac{1}{4}(x+2)=\dfrac{3}{5}x+a$의 해가 $x=2$이므로

$x=2$를 $\dfrac{1}{4}(x+2)=\dfrac{3}{5}x+a$에 대입하면

$\dfrac{1}{4}\times(2+2)=\dfrac{3}{5}\times2+a,\ 1=\dfrac{6}{5}+a$

∴ $a=-\dfrac{1}{5}$

2　$ax-3=2(x-2)+b$에서

$ax-3=2x-4+b$　　　　　　　⋯⋯ ❶

항등식이 되려면 x의 계수가 같아야 하므로

$a=2$　　　　　　　　　　　　⋯⋯ ❷

또, 상수항이 같아야 하므로

$-3=-4+b$에서 $b=1$　　　　⋯⋯ ❸

채점 기준	배점
❶ 주어진 식 정리하기	2점
❷ a의 값 구하기	1점
❸ b의 값 구하기	2점

3　$5(x-2)=2(1-x)-a$에서

$5x-10=2-2x-a$

$7x=12-a$　　∴ $x=\dfrac{12-a}{7}$　　⋯⋯ ❶

$\dfrac{12-a}{7}$가 자연수가 되려면 $12-a$가 7의 배수이어야 한다.

$12-a=7$에서 $a=5$

$12-a=14$에서 $a=-2$

⋮

그런데 a는 자연수이므로 $a=5$　　　⋯⋯ ❷

$x=\dfrac{12-a}{7}$에 $a=5$를 대입하면 $x=1$　⋯⋯ ❸

채점 기준	배점
❶ 주어진 일차방정식의 해를 a를 사용하여 나타내기	2점
❷ 자연수 a의 값 구하기	3점
❸ 일차방정식의 해 구하기	2점

4　채점 기준 1　올해 재윤이의 나이를 x세라 하고 방정식 세우기 ⋯ 3점

올해 재윤이의 나이를 x세라 하면 어머니의 나이는

$(x+32)$세이므로

$(x+32)+5=3(x+5)$

채점 기준 2　올해 재윤이의 나이 구하기 ⋯ 3점

$(x+32)+5=3(x+5)$에서

$x+32+5=3x+15$

$-2x=-22$

∴ $x=11$

따라서 올해 재윤이의 나이는 11세이다.

4-1　채점 기준 1　올해 소현이의 나이를 x세라 하고 방정식 세우기 ⋯ 3점

올해 소현이의 나이를 x세라 하면 아버지의 나이는

$(59-x)$세이므로

$(59-x)+15=2(x+15)+8$

채점 기준 2　올해 소현이의 나이 구하기 ⋯ 3점

$(59-x)+15=2(x+15)+8$에서

$59-x+15=2x+30+8$

$-3x=-36$

∴ $x=12$

따라서 올해 소현이의 나이는 12세이다.

5　작은 수를 x라 하면 큰 수는 $x+7$이므로

$x+7=3x-3$　　　　　　　　　⋯⋯ ❶

$-2x=-10$　　∴ $x=5$

따라서 작은 수는 5이다.　　　　　⋯⋯ ❷

채점 기준	배점
❶ 방정식 세우기	3점
❷ 작은 수 구하기	3점

6　은주네 집에서 학교까지의 거리를 x km라 하면

$\dfrac{x}{40}-\dfrac{x}{60}=\dfrac{10}{60}$　　　　　　⋯⋯ ❶

$3x-2x=20$　　∴ $x=20$

따라서 은주네 집에서 학교까지의 거리는 20 km이다.

　　　　　　　　　　　　　　　⋯⋯ ❷

채점 기준	배점
❶ 방정식 세우기	3점
❷ 은주네 집에서 학교까지의 거리 구하기	3점

> **Self 코칭**
>
> (느린 속력으로 이동한 시간) − (빠른 속력으로 이동한 시간)
> = (시차)
> 임을 이용하여 식을 세운다.

01 ⑤	**02** ③	**03** ⑤	**04** -1
05 ③, ④	**06** ③	**07** ①, ⑤	**08** ④
09 $x=4$	**10** $x=6$	**11** $\frac{1}{4}$	**12** ②
13 -4	**14** ①	**15** 19	**16** 40 km
17 16명	**18** 68개	**19** 154명	**20** 2시간
21 50 m^2			

01 ⑤ $20+x=2(2+x)+10$

02 ① $x=1$을 대입하면 $1+4=5$
　② $x=-1$을 대입하면 $6-(-1)=7$
　③ $x=3$을 대입하면 $2\times3\neq3+6$
　④ $x=-3$을 대입하면
　　　$3\times(-3)+2=-3-4$
　⑤ $x=-2$를 대입하면
　　　$2\times(-2-2)=5\times(-2)+2$
　따라서 [ ] 안의 수가 주어진 방정식의 해가 아닌 것은 ③
　이다.

03 x의 값에 관계없이 항상 참인 등식은 x에 대한 항등식이다.
　⑤ (우변)$=x-2x+3=-x+3$에서
　　(좌변)$=$(우변)이므로 항등식이다.

04 $(a+1)x-2=2(x+b)$, 즉
　$(a+1)x-2=2x+2b$에서
　$a+1=2$, $-2=2b$이므로
　$a=1$, $b=-1$
　$\therefore ab=1\times(-1)=-1$

05 ① $a+2=b$의 양변에 2를 곱하면
　　　$2a+4=2b$
　② $\frac{a}{2}=\frac{b}{3}$의 양변에 6을 곱하면
　　　$3a=2b$
　③ $-5a=-5b$의 양변을 -5로 나누면
　　　$a=b$
　　$a=b$의 양변에 1을 더하면
　　　$a+1=b+1$
　④ $2a+3=2b+3$의 양변에서 3을 빼면
　　　$2a=2b$
　　$2a=2b$의 양변을 2로 나누면
　　　$a=b$
　⑤ $a=b$의 양변에 3을 곱하면
　　　$3a=3b$
　따라서 옳은 것은 ③, ④이다.

06 $x+6=-3$의 양변에서 6을 빼면
　　$x+6-6=-3-6$　　$\therefore x=-9$
　따라서 c의 값은 6이다.

07 ① $3x=-3x+4$에서 $6x-4=0$이므로 일차방정식이다.
　② $1+5x=-4+5x$에서 $5=0$이므로 일차방정식이 아니다.
　③ $x^2-3x+1=2x$에서 $x^2-5x+1=0$이므로 일차방정식
　　이 아니다.
　④ 등호를 사용한 식이 아니므로 등식이 아니다.
　⑤ $-2(4x-x^2)=2x^2$에서
　　　$-8x+2x^2=2x^2$, $-8x=0$이므로 일차방정식이다.
　따라서 일차방정식인 것은 ①, ⑤이다.

08 $7-4x=15$에서 $-4x=8$　　$\therefore x=-2$
　① $x+3=0$에서 $x=-3$
　② $2x-1=5x-13$에서 $-3x=-12$　　$\therefore x=4$
　③ $5-x=x+7$에서 $-2x=2$　　$\therefore x=-1$
　④ $3(x+1)=x-1$에서 $3x+3=x-1$
　　　$2x=-4$　　$\therefore x=-2$
　⑤ $9-(4x-7)=2(x+2)$에서 $9-4x+7=2x+4$
　　　$-6x=-12$　　$\therefore x=2$
　따라서 주어진 일차방정식과 해가 같은 것은 ④이다.

09 $1.2x-0.8=0.3x+1$의 양변에 10을 곱하면
　　$12x-8=3x+10$, $9x=18$　　$\therefore x=2$
　즉, $a=2$이므로 $\frac{5}{6}x=\frac{1}{3}x+2$의 양변에 6을 곱하면
　　$5x=2x+12$, $3x=12$　　$\therefore x=4$

10 $0.04(x-1)-0.3=\frac{1}{20}x-\frac{2}{5}$의 양변에 100을 곱하면
　　$4(x-1)-30=5x-40$
　　$4x-4-30=5x-40$
　　$-x=-6$　　$\therefore x=6$

11 $(x+2):3=(2x+1):2$에서
　　$3(2x+1)=2(x+2)$
　　$6x+3=2x+4$
　　$4x=1$　　$\therefore x=\frac{1}{4}$

12 $x=3$을 $a(x-2)+3=5$에 대입하면
　　$a+3=5$　　$\therefore a=2$

13 $3(x-5)=x+1$에서
　　$3x-15=x+1$
　　$2x=16$　　$\therefore x=8$
　따라서 $\frac{1}{2}x+a=\frac{1}{5}x-1$의 해가 $x=10$이므로
　　$5+a=2-1$　　$\therefore a=-4$

14 -4를 a로 잘못 보았다고 하면
　　$2(x-1)-3x=a$
　이 식에 $x=-1$을 대입하면
　　$2\times(-2)-3\times(-1)=a$
　　$\therefore a=-1$

15 세 홀수 중 가운데 수를 x라 하면
세 홀수는 $x-2$, x, $x+2$이므로
$(x-2)+x+(x+2)=51$
$3x=51$ ∴ $x=17$
따라서 세 홀수 중 가장 큰 수는 $17+2=19$

16 두 지점 A, B 사이의 거리를 x km라 하면
$\dfrac{x}{40}-\dfrac{x}{80}=\dfrac{1}{2}$
$2x-x=40$ ∴ $x=40$
따라서 두 지점 A, B 사이의 거리는 40 km이다.

17 입장한 청소년을 x명이라 하면 입장한 성인은
$(20-x)$명이므로
$4000(20-x)+2500x=56000$
$80000-4000x+2500x=56000$
$-1500x=-24000$ ∴ $x=16$
따라서 입장한 청소년은 모두 16명이다.

18 학생을 x명이라 하면
$3x+8=4x-12$ ∴ $x=20$
따라서 귤은 모두 $3\times20+8=68$(개)

19 작년의 여학생을 x명이라 하면 작년의 남학생은
$(300-x)$명이므로
$-\dfrac{5}{100}(300-x)+\dfrac{10}{100}x=6$
양변에 100을 곱하면
$-1500+5x+10x=600$, $15x=2100$ ∴ $x=140$
따라서 올해의 여학생은 모두
$\left(1+\dfrac{10}{100}\right)\times140=154$(명)

Self 코칭
x가 a % 증가 ➡ $x+\dfrac{a}{100}x=\left(1+\dfrac{a}{100}\right)x$
x가 a % 감소 ➡ $x-\dfrac{a}{100}x=\left(1-\dfrac{a}{100}\right)x$

20 전체 작업의 양을 1이라 하면 세정이와 유화가 1시간에 하는
작업의 양은 각각 $\dfrac{1}{4}$, $\dfrac{1}{6}$이다.
두 사람이 함께 일한 시간을 x시간이라 하면
$\left(\dfrac{1}{4}+\dfrac{1}{6}\right)\times x+\dfrac{1}{6}\times1=1$, $5x+2=12$
$5x=10$ ∴ $x=2$
따라서 두 사람이 함께 일한 시간은 2시간이다.

21 울타리를 칠 전체 땅의 가로의 길이를 x m라 하면 세로의
길이는 $2x$ m이다.
필요한 그물망의 전체 길이는 가로의 길이의 4배와 세로의
길이의 2배의 합과 같으므로
$4x+2\times2x=40$, $8x=40$ ∴ $x=5$

따라서 울타리를 칠 전체 땅의 가로의 길이는 5 m, 세로의
길이는 10 m이므로 울타리를 칠 전체 땅의 넓이는
$5\times10=50(\text{m}^2)$

교과서에서 뽑은 문제 ─────── 126쪽
1 $-$, $-$, $\div$ / 12 **2** WORD
3 10, 16, 17, 18, 24 **4** 84세

1 ○ 안에 알맞은 것은 차례로 $-$, $-$, $\div$이다.
∴ $x=(4.26-2.46)\div0.15$
$=1.8\div0.15$
$=\dfrac{18}{10}\div\dfrac{15}{100}$
$=\dfrac{9}{5}\times\dfrac{20}{3}=12$

2 ㄱ. $3x+14=-x+2$에서
$4x=-12$ ∴ $x=-3$
ㄴ. $7x+4(x-5)=13$에서
$7x+4x-20=13$, $11x=33$ ∴ $x=3$
ㄷ. $\dfrac{x-5}{3}=\dfrac{x-4}{2}$의 양변에 6을 곱하면
$2(x-5)=3(x-4)$, $2x-10=3x-12$
$-x=-2$ ∴ $x=2$
ㄹ. $0.5x-\dfrac{3}{2}=\dfrac{1}{5}x+0.6$의 양변에 10을 곱하면
$5x-15=2x+6$, $3x=21$ ∴ $x=7$
따라서 주어진 표에서 각 일차방정식의 해에 해당하는 알파
벳을 찾아 차례로 나열하면 WORD이다.

3 5개의 수 중 가운데 있는 수를 x라 하면 왼쪽과 오른쪽에 있
는 수는 각각 $x-1$, $x+1$이고, 위쪽과 아래쪽에 있는 수는
각각 $x-7$, $x+7$이다.
이 5개의 수의 합이 85이므로
$x+(x-1)+(x+1)+(x-7)+(x+7)=85$
$5x=85$ ∴ $x=17$
따라서 5개의 수는 10, 16, 17, 18, 24이다.

Self 코칭
5개의 수 중 가운데 있는 수를 x로 놓고, 나머지 4개의 수를
x를 사용한 식으로 나타낸다.

4 디오판토스가 사망한 나이를 x세라 하면
$\dfrac{1}{6}x+\dfrac{1}{12}x+\dfrac{1}{7}x+5+\dfrac{1}{2}x+4=x$
$14x+7x+12x+420+42x+336=84x$
$-9x=-756$ ∴ $x=84$
따라서 디오판토스가 사망한 나이는 84세이다.

1 좌표평면과 그래프

01 순서쌍과 좌표

129쪽~130쪽

1    $A(-4)$, $B\left(-\dfrac{1}{2}\right)$, $C(1)$, $D\left(\dfrac{5}{2}\right)$

1-1

2   (1) $A(3, 4)$ (2) $B(0, 2)$ (3) $C(-3, 0)$
    (4) $D(-2, -3)$ (5) $E(0, -5)$ (6) $F(4, -3)$

2-1   풀이 참조

3   (1) $(-5, 0)$ (2) $(0, 3)$

3-1   (1) ㄹ   (2) ㄴ

4   좌표평면은 풀이 참조
    (1) 제1사분면   (2) 제4사분면
    (3) 제2사분면   (4) 제3사분면

4-1   (1) ㄴ   (2) ㅂ   (3) ㅁ   (4) ㄱ, ㄹ

2   (1) 점 A의 x좌표는 3, y좌표는 4이므로
     $A(3, 4)$이다.
   (2) 점 B는 y축 위에 있고 y좌표는 2이므로
     $B(0, 2)$이다.
   (3) 점 C는 x축 위에 있고 x좌표는 -3이므로
     $C(-3, 0)$이다.
   (4) 점 D의 x좌표는 -2, y좌표는 -3이므로
     $D(-2, -3)$이다.
   (5) 점 E는 y축 위에 있고 y좌표는 -5이므로
     $E(0, -5)$이다.
   (6) 점 F의 x좌표는 4, y좌표는 -3이므로
     $F(4, -3)$이다.

2-1

4

4-1   (4) ㄱ. 점 $(-8, 0)$은 x축 위의 점이므로 어느 사분면에도
       속하지 않는다.
      ㄹ. 점 $(0, 6)$은 y축 위의 점이므로 어느 사분면에도 속하
       지 않는다.

개념 완성하기

131쪽~132쪽

01 0   02 ①   03 ④   04 ⑤
05 1   06 $a=4$, $b=-1$
07 풀이 참조, 15   08 ⑤   09 ⑤
10 ③, ④
11 (1) 제3사분면   (2) 제1사분면   (3) 제4사분면
   (4) 제2사분면
12 (1) 제2사분면   (2) 제1사분면   (3) 제4사분면
   (4) 제3사분면

01   $a=-3$이고 $2=b-1$이므로 $b=3$
    $\therefore a+b=-3+3=0$

02   $2a-1=a+2$이므로 $a=3$
    $4=-4b$이므로 $b=-1$
    $\therefore b-a=-1-3=-4$

03   ① $A(-3, 3)$
    ② $B(0, -2)$
    ③ $C(1, 2)$
    ⑤ $E(2, -3)$
    따라서 옳은 것은 ④이다.

04   ⑤ $E(3, -3)$

05   x축 위의 점은 y좌표가 0이므로 $3a-3=0$ $\therefore a=1$

06   x축 위의 점은 y좌표가 0이므로 $a-4=0$ $\therefore a=4$
    y축 위의 점은 x좌표가 0이므로 $b+1=0$ $\therefore b=-1$

07   세 점 $A(-3, 2)$, $B(-3, -3)$, $C(3, -3)$을 좌표평면 위에 나타내면 오른쪽 그림과 같다.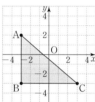
    삼각형 ABC의 밑변의 길이는 6, 높이는 5이므로
    (삼각형 ABC의 넓이)$=\dfrac{1}{2}\times6\times5=15$

08   네 점 $A(-2, 4)$, $B(-2, -3)$, $C(1, -3)$, $D(1, 4)$를 좌표평면 위에 나타내면 오른쪽 그림과 같다.
    사각형 ABCD는 직사각형이고 가로의 길이는 3, 세로의 길이는 7이므로
    (사각형 ABCD의 넓이)$=3\times7=21$

09   ① 제4사분면
    ② 제2사분면
    ③ y축 위의 점이므로 어느 사분면에도 속하지 않는다.
    ④ 제1사분면
    따라서 제3사분면 위의 점은 ⑤이다.

10   ③ 점 $(5, -2)$는 제4사분면 위의 점이다.
    ④ 점 $(2, 0)$은 x축 위의 점이므로 어느 사분면에도 속하지 않는다.

11 점 (a, b)가 제2사분면 위의 점이므로 $a<0$, $b>0$

    (1) $a<0$, $-b<0$이므로

        $A(a, -b)$는 제3사분면 위의 점이다.

    (2) $-a>0$, $b>0$이므로

        $B(-a, b)$는 제1사분면 위의 점이다.

    (3) $-a>0$, $-b<0$이므로

        $C(-a, -b)$는 제4사분면 위의 점이다.

    (4) $-b<0$, $-a>0$이므로

        $D(-b, -a)$는 제2사분면 위의 점이다.

12 점 (a, b)가 제4사분면 위의 점이므로 $a>0$, $b<0$

    (1) $b<0$, $a>0$이므로

        $A(b, a)$는 제2사분면 위의 점이다.

    (2) $-b>0$, $a>0$이므로

        $B(-b, a)$는 제1사분면 위의 점이다.

    (3) $a>0$, $ab<0$이므로

        $C(a, ab)$는 제4사분면 위의 점이다.

    (4) $\dfrac{a}{b}<0$, $b<0$이므로

        $D\left(\dfrac{a}{b}, b\right)$는 제3사분면 위의 점이다.

---

02 그래프의 뜻과 표현

├── 134쪽 ~ 135쪽 ┤

1	풀이 참조	**1-1**	풀이 참조
2	(1) $10\,\mu\mathrm{g/m^3}$	(2) 15시	
2-1	(1) 60 %	(2) 9시	
3	(1) 60 cm	(2) 0 cm	
	(3) 1초 후, 3초 후, 5초 후, 7초 후, 9초 후		
	(4) 5번	(5) 2초	
3-1	(1) 4 m	(2) 2번	(3) 14시	(4) 12시간
	(5) 12시간			

1

1-1

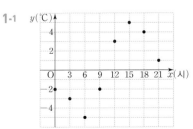

---

2 (1) $x=9$일 때 $y=10$이므로 9시의 미세먼지 농도는 $10\,\mu\mathrm{g/m^3}$이다.

    (2) $x=15$일 때 y의 값이 가장 크므로 미세먼지 농도가 가장 높았던 때는 15시이다.

2-1 (1) $x=6$일 때 $y=60$이므로 6시의 습도는 60 %이다.

    (2) y의 값은 $x=9$일 때 가장 크고 그 이후로 작아지므로 습도가 감소하는 것은 9시부터이다.

3 (4) 뛰기 시작한 지 2초, 4초, 6초, 8초, 10초일 때 트램펄린으로부터 규민이의 발까지의 높이가 0 cm이므로 규민이는 5번 뛰었다.

    (5) 2초마다 트램펄린으로부터 규민이의 발까지의 높이가 0 cm가 되므로 한 번 뛰어 착지할 때까지 걸린 시간은 2초이다.

3-1 (2) 해수면의 높이가 가장 높았던 것은 2시와 14시로 2번이다.

    (4) 해수면의 높이가 가장 낮았던 때는 8시와 20시이므로 걸린 시간은 $20-8=12$(시간)

    (5) 12시간마다 같은 모양의 그래프가 반복된다.

개념 완성하기

├── 136쪽 ~ 137쪽 ┤

01 ③	**02** ④	**03** (1) 100 m (2) 5분
04 (1) 1 km (2) 20분	**05** (1) 10 m (2) 10초	
06 (1) 3회 (2) 40분		
07 (1) 윤수 : 3 km, 호준 : 4 km	(2) 20분 후	
08 (1) 15분 후 (2) 10분		

01 일정한 속력으로 걸어올 때는 그래프의 모양이 오른쪽 아래로 향하는 직선이 되고, 휴식을 취할 때는 거리가 변하지 않으므로 그래프의 모양이 수평이 된다.

따라서 그래프로 알맞은 것은 ③이다.

02 일정한 속력으로 우체국에 갈 때는 그래프의 모양이 오른쪽 위로 향하는 직선이 되고, 우체국에 머무는 동안에는 집으로부터 떨어진 거리가 변하지 않으므로 그래프의 모양이 수평이 된다. 또, 집으로 되돌아올 때는 그래프의 모양이 오른쪽 아래로 향하는 직선이 된다.

따라서 그래프로 알맞은 것은 ④이다.

03 (1) 그래프가 점 $(5, 100)$을 지나므로 5분 동안 이동한 거리는 100 m이다.

    (2) 집에서 출발한 지 15분 후부터 20분 후까지 편의점에 머물렀으므로 머문 시간은 $20-15=5$(분)

04 (1) 그래프가 점 $(10, 1)$을 지나므로 10분 동안 이동한 거리는 1 km이다.

    (2) 그래프가 점 $(20, 1.5)$를 지나므로 할머니 댁까지 가는 데 걸린 시간은 20분이다.

05 (1) 그래프에서 가장 큰 y의 값과 가장 작은 y의 값의 차가 10이므로 A 지점과 B 지점 사이의 거리는 10 m이다.

(2) 로봇이 B 지점을 출발하여 5초 후에 A 지점에 도착하고, 다시 5초 후에 B 지점에 도착한다.
따라서 한 번 왕복하는 데 걸리는 시간은 10초이다.

06 (1) 코끼리 열차는 0분에서 50분, 60분에서 110분에서 120분에서 170분으로 총 3회 왕복한다.

(2) 코끼리 열차가 A 시점에서 B 지점까지 이동하는 데 걸리는 시간이 20분, B 지점에서 멈춰 있는 시간이 10분, B 지점에서 A 지점까지 이동하는 데 걸리는 시간이 20분, A 지점에서 멈춰 있는 시간이 10분이므로 멈춰 있는 시간을 제외하고 한 번 왕복하는 데 걸리는 시간은 40분이다.

07 (1) 윤수의 그래프는 점 $(15, 3)$을 지나므로 출발하여 15분 동안 이동한 거리는 3 km, 호준이의 그래프는 점 $(15, 4)$를 지나므로 출발하여 15분 동안 이동한 거리는 4 km이다.

(2) 두 그래프가 점 $(20, 4)$에서 만나므로 출발한 지 20분 후에 처음으로 다시 만난다.

08 (1) 두 그래프가 점 $(15, 3)$에서 만나고 15분 이후에는 같은 시간에 민재의 그래프가 현정이의 그래프보다 위에 있으므로 민재가 현정이보다 앞서기 시작한 것은 출발한 지 15분 후이다.

(2) 민재의 그래프는 점 $(55, 10)$을 지나므로 민재가 완주하는 데 걸린 시간은 55분이다.
현정이의 그래프는 점 $(65, 10)$을 지나므로 현정이가 완주하는 데 걸린 시간은 65분이다.
따라서 구하는 시간의 차는
$65-55=10$(분)

실력 확인하기 ────────────── 138쪽 ~ 139쪽

01 ③	02 ③	03 ④	04 제2사분면
05 ⑤	06 ④	07 ④	08 ③
09 ㄱ, ㄹ	10 A : ㄱ, B : ㄷ		11 15
12 풀이 참조			

01 ③ 점 C의 x좌표는 -3, y좌표는 -1이다.

02 x축 위의 점은 y좌표가 0이므로 $a-3=0$ ∴ $a=3$
y축 위의 점은 x좌표가 0이므로 $3b-1=0$ ∴ $b=\dfrac{1}{3}$
∴ $ab=3\times\dfrac{1}{3}=1$

03 ④ y축 위의 점은 x좌표가 0이다.

---

04 $2+3a=a-2$이므로 $2a=-4$ ∴ $a=-2$
$4b=b+3$이므로 $3b=3$ ∴ $b=1$
따라서 점 $(-2, 1)$은 제2사분면 위의 점이다.

05 ① $a>0$, $b<0$이므로 점 (a, b)는 제4사분면 위의 점이다.
② $a>0$, $-b>0$이므로 점 $(a, -b)$는 제1사분면 위의 점이다.
③ $-a<0$, $-b>0$이므로 점 $(-a, -b)$는 제2사분면 위의 점이다.
④ $b<0$, $a-b>0$이므로 점 $(b, a-b)$는 제2사분면 위의 점이다.
⑤ $b-a<0$, $-a<0$이므로 점 $(b-a, -a)$는 제3사분면 위의 점이다.
따라서 제3사분면 위의 점은 ⑤이다.

06 점 P(a, b)가 제2사분면 위의 점이므로 $a<0$, $b>0$
따라서 $b-a>0$, $ab<0$이므로
점 Q$(b-a, ab)$는 제4사분면 위의 점이다.

07 7년 동안 매년 나무의 키가 꾸준히 성장하였고, 이때 나무의 키의 변화는 4년~5년이 가장 크므로 가장 많이 성장한 기간은 4년~5년이다.

08 ③ $9-3=6$(초) 동안 25 m/s로 달렸으므로 이동한 거리는
$6\times25=150$(m)

09 ㄴ. A 지점과 B 지점 사이의 거리는 5 m이다.
ㄷ. 드론은 30초 동안 A 지점과 B 지점 사이를 3번 왕복한다.
따라서 옳은 것은 ㄱ, ㄹ이다.

10 컵 A는 폭이 일정하므로 물의 높이가 일정하게 증가한다.
컵 B는 폭이 위로 갈수록 넓어지므로 물의 높이는 점점 천천히 증가한다.
따라서 컵 A의 그래프로 알맞은 것은 ㄱ, 컵 B의 그래프로 알맞은 것은 ㄷ이다.

Self 코칭

컵에 시간당 일정한 양의 물을 부을 때
(1) 컵의 폭이 일정 ➡ 물의 높이는 일정하게 증가
(2) 컵의 폭이 위로 갈수록 점점 넓어지면
　➡ 물의 높이는 점점 느리게 증가
(3) 컵의 폭이 위로 갈수록 점점 좁아지면
　➡ 물의 높이는 점점 빠르게 증가

11 **전략 코칭**

먼저 세 점 A, B, C를 좌표평면 위에 나타낸다.

세 점 A$(-2, 6)$, B$(-5, 1)$,
C$(1, 1)$을 좌표평면 위에 나타내면
오른쪽 그림과 같다.
삼각형 ABC의 밑변의 길이는 6,
높이는 5이므로

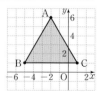

(삼각형 ABC의 넓이)$=\dfrac{1}{2}\times6\times5=15$

---

12 전략 코칭

병의 폭이 점점 넓어지는 부분과 병의 폭이 점점 좁아지는 부분으로 나누어서 생각한다.

병의 아래쪽은 폭이 위로 갈수록 넓어지므로 물의 높이는 위로 갈수록 천천히 증가한다.

병의 위쪽은 폭이 위로 갈수록 좁아지므로 물의 높이는 위로 갈수록 빠르게 증가한다.

따라서 그래프로 나타내면 오른쪽 그림과 같다.

서술형 문제 ────────── 140쪽

1 -1 **1-1** -3

2 30   **3** 제4사분면

---

1 채점 기준 1 a의 값 구하기 … 2점

점 $A(a+5, 6-2a)$는 x축 위의 점이므로 y좌표가 0이다.

즉, $6-2a=0$에서 $-2a=-6$ ∴ $a=3$

채점 기준 2 b의 값 구하기 … 2점

점 $B(3b+1, 2b+2)$는 y축 위의 점이므로 x좌표가 0이다.

즉, $3b+1=0$에서 $3b=-1$ ∴ $b=-\dfrac{1}{3}$

채점 기준 3 ab의 값 구하기 … 1점

$ab=3\times\left(-\dfrac{1}{3}\right)=-1$

1-1 채점 기준 1 a의 값 구하기 … 2점

점 $A(3a-1, 2a+4)$는 x축 위의 점이므로 y좌표가 0이다.

즉, $2a+4=0$에서 $2a=-4$ ∴ $a=-2$

채점 기준 2 b의 값 구하기 … 2점

점 $B\left(3-\dfrac{1}{2}b, 3b+3\right)$은 y축 위의 점이므로 x좌표가 0이다.

즉, $3-\dfrac{1}{2}b=0$에서 $-\dfrac{1}{2}b=-3$ ∴ $b=6$

채점 기준 3 $\dfrac{b}{a}$의 값 구하기 … 1점

$\dfrac{b}{a}=\dfrac{6}{-2}=-3$

2 네 점 $A(-3, 4)$, $B(-3, -2)$, $C(2, -2)$, $D(2, 4)$를 좌표평면 위에 나타내면 오른쪽 그림과 같다. ……❶

사각형 ABCD의 가로의 길이는 5, 세로의 길이는 6이므로

(사각형 ABCD의 넓이)$=5\times6=30$ ……❷

채점 기준	배점
❶ 네 점 A, B, C, D를 좌표평면 위에 나타내기	3점
❷ 사각형 ABCD의 넓이 구하기	3점

---

3 $ab>0$이므로 a, b의 부호는 서로 같다.

이때 $a+b<0$이므로 $a<0$, $b<0$ ……❶

따라서 $-a>0$, $b<0$이므로

점 $(-a, b)$는 제4사분면 위의 점이다. ……❷

채점 기준	배점
❶ a, b의 부호를 각각 구하기	3점
❷ 점 $(-a, b)$는 제몇 사분면 위의 점인지 구하기	3점

실전! 중단원 마무리 ────── 141쪽 ~ 142쪽

01 ④	**02** 2	**03** 데카르트	**04** 10
05 ④	**06** 제2사분면	**07** ②	

08 (1) 풀이 참조   (2) 풀이 참조

09 (1) 24초   (2) 16초 후   (3) 9 m/s

10 A : ㄷ, B : ㄱ, C : ㄴ   **11** (1) 2시간   (2) 10회

---

01 ④ $D\left(\dfrac{4}{3}\right)$

02 $2a=10$이므로 $a=5$

$-9=3b$이므로 $b=-3$

∴ $a+b=5+(-3)=2$

03 $(1, 3)$: 데, $(-3, -2)$: 카, $(-4, 3)$: 르, $(5, -2)$: 트

따라서 나타나는 단어는 '데카르트'이다.

04 세 점 $A(1, 3)$, $B(-3, -1)$, $C(2, -1)$을 좌표평면 위에 나타내면 오른쪽 그림과 같다.

삼각형 ABC의 밑변의 길이는 5, 높이는 4이므로

(삼각형 ABC의 넓이)$=\dfrac{1}{2}\times5\times4=10$

05 ① $(-2, 5)$ ➡ 제2사분면   ② $(-1, -4)$ ➡ 제3사분면

③ $(3, 0)$ ➡ x축   ⑤ $(4, -3)$ ➡ 제4사분면

따라서 바르게 짝 지은 것은 ④이다.

06 x축 위의 점은 y좌표가 0이므로 $a+3=0$ ∴ $a=-3$

y축 위의 점은 x좌표가 0이므로 $2b-4=0$ ∴ $b=2$

따라서 점 $(-3, 2)$는 제2사분면 위의 점이다.

07 점 $(-a, b)$가 제3사분면 위의 점이므로

$-a<0$, $b<0$에서 $a>0$, $b<0$이다.

즉, $ab<0$, $a-b>0$이므로 점 $(ab, a-b)$는 제2사분면 위의 점이다.

① 제1사분면   ② 제2사분면   ③ 제3사분면

④ 제4사분면   ⑤ 어느 사분면에도 속하지 않는다.

따라서 점 $(ab, a-b)$와 같은 사분면 위의 점은 ②이다.

08 (1)

x(개)	1	2	3	4	5	6	7
y(개)	3	5	7	9	11	13	15

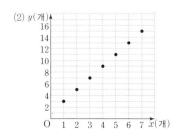

(2) *y*(개)

09 (2) 속력을 줄이기 시작한 부분은 그래프가 오른쪽 아래로 향
하는 부분이므로 16초 후에 속력을 줄이기 시작했다.

(3) 그래프의 y의 값 중에서 가장 큰 값은 9이므로 최고 속력
은 9 m/s이다.

10 A와 B는 폭이 일정하므로 물의 높이가 일정하게 증가한다.
이때 B의 폭이 A의 폭보다 넓으므로 B의 물의 높이가 A의
물의 높이보다 천천히 증가한다.
따라서 B의 그래프는 ㄱ, A의 그래프는 ㄷ이다.
C는 A와 B를 합쳐 놓은 모양이므로 C의 그래프는 ㄴ이다.

11 (1) 버스와 종점 사이의 거리가 두 번째로 다시 0 km가 될
때까지 걸리는 시간은 4시간이므로 이 버스가 노선을 1회
운행하는 데 걸리는 시간은 2시간이다.

(2) 이 버스는 20시간 동안 노선을 모두 20÷2=10(회) 운
행한다.

교과서에서 *쏙* 빼온 **문제** ──────────── |143쪽|

1 풀이 참조, D(2, 2)   **2** 경호 : ㄷ, 유미 : ㄴ, 세진 : ㄱ

3 ㄱ, ㄴ

4 (1) 2번   (2) 6세부터 12세까지

1 세 점 A(−3, 2), B(−3, −3),
C(2, −3)을 좌표평면 위에 나타
내면 오른쪽 그림과 같다.
이때 정사각형 ABCD가 되도록
하는 점 D의 좌표는 (2, 2)이므로
기호로 나타내면 D(2, 2)이다.

3 ㄱ. 그래프가 점 (40, 30)을 지나므로 40초 후의 속력은
30 m/s이다.

ㄴ. 20초 후부터 150초 후까지 30 m/s의 일정한 속력으로
움직였다.

ㄷ. 총 180초 동안 운행하였다.

ㄹ. 정지해 있던 시간은 없다.

따라서 옳은 것은 ㄱ, ㄴ이다.

4 (1) 주애와 가영이의 키가 같았던 때는 두 그래프가 만나는
곳인 6세와 12세로 2번 있었다.

(2) 주애가 가영보다 키가 컸을 때는 주애의 그래프가 가영
이의 그래프보다 위에 있는 곳이므로 6세부터 12세까지
였다.

---

2 │ 정비례와 반비례

01 정비례와 그 그래프

────────────────── |145쪽 ~ 147쪽|

1	(1) 풀이 참조	(2) 정비례한다.	(3) $y=5000x$		
1-1	(1) 풀이 참조	(2) 정비례한다.	(3) $y=3x$		
2	(1) ○	(2) ×	(3) ○	(4) ○	(5) ×
	(6) ○	(7) ×			
2-1	(1) ○	(2) ×	(3) ○	(4) ×	
3	(1) 풀이 참조	(2) 2, 4, 감소			
3-1	(1) 풀이 참조	(2) 풀이 참조			
4	(1) ○	(2) ×	(3) ×	(4) ○	
4-1	(1) ○	(2) ×	(3) ○	(4) ×	
5	(1) $y=\dfrac{1}{3}x$	(2) $y=-6x$			
5-1	(1) $y=4x$	(2) $y=-2x$			

1 (1)

x	1	2	3	4	⋯
y	5000	10000	15000	20000	⋯

(2) x의 값이 2배, 3배, 4배, …로 변함에 따라 y의 값도 2배,
3배, 4배, …로 변하므로 y는 x에 정비례한다.

1-1 (1)

x	1	2	3	4	⋯
y	3	6	9	12	⋯

(2) x의 값이 2배, 3배, 4배, …로 변함에 따라 y의 값도 2배,
3배, 4배, …로 변하므로 y는 x에 정비례한다.

2 (5) $y=\dfrac{2}{x}$

(6) $y=4x$

2-1 (1) $y=100x$ (2) $y=x-2$

(3) $y=5x$ (4) $y=10+3x$

3 (1)

x	−2	−1	0	1	2
y	4	2	0	−2	−4

3-1 (1)

(2)
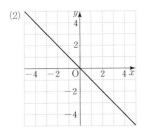

4 (1) $y=5x$에 $x=1$, $y=5$를 대입하면
$5=5\times1$ (○)
(2) $y=5x$에 $x=-5$, $y=-1$을 대입하면
$-1\neq5\times(-5)$ (×)
(3) $y=5x$에 $x=-2$, $y=10$을 대입하면
$10\neq5\times(-2)$ (×)
(4) $y=5x$에 $x=-4$, $y=-20$을 대입하면
$-20=5\times(-4)$ (○)

4-1 (1) $y=-\dfrac{1}{2}x$에 $x=1$, $y=-\dfrac{1}{2}$을 대입하면
$-\dfrac{1}{2}=-\dfrac{1}{2}\times1$ (○)
(2) $y=-\dfrac{1}{2}x$에 $x=-2$, $y=-1$을 대입하면
$-1\neq-\dfrac{1}{2}\times(-2)$ (×)
(3) $y=-\dfrac{1}{2}x$에 $x=-4$, $y=2$를 대입하면
$2=-\dfrac{1}{2}\times(-4)$ (○)
(4) $y=-\dfrac{1}{2}x$에 $x=8$, $y=4$를 대입하면
$4\neq-\dfrac{1}{2}\times8$ (×)

5 (1) 그래프가 원점을 지나는 직선이므로
$y=ax$ $(a\neq0)$로 놓고 $x=3$, $y=1$을 대입하면
$1=3a$, $a=\dfrac{1}{3}$
$\therefore y=\dfrac{1}{3}x$
(2) 그래프가 원점을 지나는 직선이므로
$y=ax$ $(a\neq0)$로 놓고 $x=1$, $y=-6$을 대입하면
$-6=a$
$\therefore y=-6x$

5-1 (1) 그래프가 원점을 지나는 직선이므로
$y=ax$ $(a\neq0)$로 놓고 $x=-1$, $y=-4$를 대입하면
$-4=-a$, $a=4$
$\therefore y=4x$
(2) 그래프가 원점을 지나는 직선이므로
$y=ax$ $(a\neq0)$로 놓고 $x=-3$, $y=6$을 대입하면
$6=-3a$, $a=-2$
$\therefore y=-2x$

개념 완성하기 ───────── 148쪽 ~ 149쪽

01 ①, ④ **02** ③ **03** ② **04** ⑤
05 ③ **06** ㄴ, ㄹ **07** ④ **08** 1
09 ⑤ **10** ② **11** (1) $y=14x$ (2) 70 km
12 (1) $y=8x$ (2) 25분

01 x와 y 사이의 관계를 식으로 나타내면
① $y=3x$
② $xy=40$이므로 $y=\dfrac{40}{x}$
③ $x+y=20$이므로 $y=20-x$
④ $y=1000x$
⑤ $y=\dfrac{60}{x}$
따라서 y가 x에 정비례하는 것은 ①, ④이다.

02 x와 y 사이의 관계를 식으로 나타내면
① $y=500x$
② $y=7x$
③ $y=200-x$
④ $y=5000x$
⑤ $y=4x$
따라서 y가 x에 정비례하지 않는 것은 ③이다.

03 $x=4$일 때, $y=\dfrac{3}{4}\times4=3$
따라서 $y=\dfrac{3}{4}x$의 그래프는 점 $(4, 3)$과 원점을 지나는 직선이므로 그래프는 ②이다.

04 $x=-3$일 때, $y=-\dfrac{1}{3}\times(-3)=1$
따라서 $y=-\dfrac{1}{3}x$의 그래프는 점 $(-3, 1)$과 원점을 지나는 직선이므로 그래프는 ⑤이다.

05 ② $y=\dfrac{1}{2}x$에 $x=4$를 대입하면 $y=\dfrac{1}{2}\times4=2$이므로
점 $(4, 2)$를 지난다.
③ 오른쪽 위로 향한다.
따라서 옳지 않은 것은 ③이다.

06 ㄱ. 원점을 지나는 직선이다.
ㄷ. $y=-3x$에 $x=3$을 대입하면 $y=-3\times3=-9$이므로
점 $(3, -9)$를 지난다.
따라서 옳은 것은 ㄴ, ㄹ이다.

07 ④ $y=\dfrac{2}{5}x$에 $x=-2$, $y=-5$를 대입하면
$-5\neq\dfrac{2}{5}\times(-2)$
따라서 점 $(-2, -5)$는 $y=\dfrac{2}{5}x$의 그래프 위의 점이 아니다.

08 $y=-\dfrac{2}{3}x$에 $x=-6$, $y=a$를 대입하면

$a=-\dfrac{2}{3}\times(-6)=4$

$y=-\dfrac{2}{3}x$에 $x=b$, $y=2$를 대입하면

$2=-\dfrac{2}{3}b$　∴ $b=-3$

∴ $a+b=4+(-3)=1$

09 $y=ax\,(a\neq0)$로 놓고 $x=2$, $y=5$를 대입하면

$5=2a,\ a=\dfrac{5}{2}$

∴ $y=\dfrac{5}{2}x$

10 $y=ax\,(a\neq0)$로 놓고 $x=3$, $y=-4$를 대입하면

$-4=3a,\ a=-\dfrac{4}{3}$

∴ $y=-\dfrac{4}{3}x$

11 ⑴ 1 L로 14 km를 갈 수 있으므로 x L로는 $14x$ km를 갈 수 있다.

∴ $y=14x$

⑵ $y=14x$에 $x=5$를 대입하면 $y=14\times5=70$

따라서 5 L의 휘발유로 갈 수 있는 거리는 70 km이다.

12 ⑴ 1분에 8 L씩 물이 흘러나오므로 x분 동안 $8x$ L의 물이 흘러나온다.

∴ $y=8x$

⑵ $y=8x$에 $y=200$을 대입하면

$200=8x$　∴ $x=25$

따라서 부피가 200 L인 욕조에 물을 가득 채우는 데 걸리는 시간은 25분이다.

02 반비례와 그 그래프

1	⑴ 풀이 참조　⑵ 반비례한다.　⑶ $y=\dfrac{48}{x}$	
1-1	⑴ 풀이 참조　⑵ 반비례한다.　⑶ $y=\dfrac{120}{x}$	
2	⑴ ○　⑵ ×　⑶ ×　⑷ ○　⑸ ○	
	⑹ ×　⑺ ×	
2-1	⑴ ×　⑵ ○　⑶ ○　⑷ ×	
3	⑴ 풀이 참조　⑵ 2, 4, 증가	
3-1	⑴ 풀이 참조　⑵ 풀이 참조	
4	⑴ ×　⑵ ○　⑶ ×　⑷ ○	
4-1	⑴ ○　⑵ ×　⑶ ○　⑷ ×	
5	⑴ $y=\dfrac{5}{x}$　⑵ $y=-\dfrac{12}{x}$	
5-1	⑴ $y=\dfrac{4}{x}$　⑵ $y=-\dfrac{9}{x}$	

1 ⑴

x	1	2	3	4	…
y	48	24	16	12	…

⑵ x의 값이 2배, 3배, 4배, …로 변함에 따라 y의 값은 $\dfrac{1}{2}$배, $\dfrac{1}{3}$배, $\dfrac{1}{4}$배, …로 변하므로 y는 x에 반비례한다.

1-1 ⑴

x	1	2	3	4	…
y	120	60	40	30	…

⑵ x의 값이 2배, 3배, 4배, …로 변함에 따라 y의 값은 $\dfrac{1}{2}$배, $\dfrac{1}{3}$배, $\dfrac{1}{4}$배, …로 변하므로 y는 x에 반비례한다.

2 ⑸ $y=\dfrac{4}{x}$

⑹ $y=6x$

2-1 ⑴ $y=\dfrac{x}{1000}$

⑵ $y=\dfrac{120}{x}$

⑶ $y=\dfrac{20}{x}$

⑷ $y=6x$

3 ⑴

x	-4	-2	-1	1	2	4
y	1	2	4	-4	-2	-1

3-1 ⑴

⑵

4 ⑴ $y=\dfrac{6}{x}$에 $x=1$, $y=-6$을 대입하면

$-6\neq\dfrac{6}{1}$　(×)

⑵ $y=\dfrac{6}{x}$에 $x=-3$, $y=-2$를 대입하면

$-2=\dfrac{6}{-3}$　(○)

50 정답 및 풀이

(3) $y=\dfrac{6}{x}$에 $x=-2$, $y=3$을 대입하면

$$3\neq\dfrac{6}{-2}\quad(\times)$$

(4) $y=\dfrac{6}{x}$에 $x=-6$, $y=-1$을 대입하면

$$-1=\dfrac{6}{-6}\quad(\bigcirc)$$

4-1 (1) $y=-\dfrac{15}{x}$에 $x=1$, $y=-15$를 대입하면

$$-15=-\dfrac{15}{1}\quad(\bigcirc)$$

(2) $y=-\dfrac{15}{x}$에 $x=-3$, $y=-5$를 대입하면

$$-5\neq-\dfrac{15}{-3}\quad(\times)$$

(3) $y=-\dfrac{15}{x}$에 $x=-5$, $y=3$을 대입하면

$$3=-\dfrac{15}{-5}\quad(\bigcirc)$$

(4) $y=-\dfrac{15}{x}$에 $x=15$, $y=1$을 대입하면

$$1\neq-\dfrac{15}{15}\quad(\times)$$

5 (1) 그래프가 좌표축에 가까워지면서 한없이 뻗어 나가는 한 쌍의 매끄러운 곡선이므로

$y=\dfrac{a}{x}\ (a\neq0)$로 놓고 $x=1$, $y=5$를 대입하면

$$5=\dfrac{a}{1},\ a=5$$

$$\therefore y=\dfrac{5}{x}$$

(2) 그래프가 좌표축에 가까워지면서 한없이 뻗어 나가는 한 쌍의 매끄러운 곡선이므로

$y=\dfrac{a}{x}\ (a\neq0)$로 놓고 $x=3$, $y=-4$를 대입하면

$$-4=\dfrac{a}{3},\ a=-12$$

$$\therefore y=-\dfrac{12}{x}$$

5-1 (1) 그래프가 좌표축에 가까워지면서 한없이 뻗어 나가는 한 쌍의 매끄러운 곡선이므로

$y=\dfrac{a}{x}\ (a\neq0)$로 놓고 $x=-4$, $y=-1$을 대입하면

$$-1=\dfrac{a}{-4},\ a=4$$

$$\therefore y=\dfrac{4}{x}$$

(2) 그래프가 좌표축에 가까워지면서 한없이 뻗어 나가는 한 쌍의 매끄러운 곡선이므로

$y=\dfrac{a}{x}\ (a\neq0)$로 놓고 $x=-3$, $y=3$을 대입하면

$$3=\dfrac{a}{-3},\ a=-9$$

$$\therefore y=-\dfrac{9}{x}$$

완성하기 ─── 154쪽 ~ 155쪽

01 ①, ③ **02** ④ **03** ③ **04** ⑤
05 ④ **06** ㄴ, ㄷ **07** ④ **08** 12
09 ⑤ **10** ② **11** (1) $y=\dfrac{60}{x}$ (2) 12개
12 (1) $y=\dfrac{72}{x}$ (2) 6 cm

01 x와 y 사이의 관계를 식으로 나타내면

① $y=\dfrac{6}{x}$

② $y=4x$

③ $y=\dfrac{50}{x}$

④ $y=\dfrac{1}{2}\times x\times12$이므로 $y=6x$

⑤ $y=2000x$

따라서 y가 x에 반비례하는 것은 ①, ③이다.

02 x와 y 사이의 관계를 식으로 나타내면

① $y=\dfrac{80000}{x}$

② $y=\dfrac{600}{x}$

③ $y=\dfrac{300}{x}$

④ $y=4x$

⑤ $y=\dfrac{10}{x}$

따라서 y가 x에 반비례하지 않는 것은 ④이다.

03 $y=\dfrac{6}{x}$의 그래프는 제1사분면과 제3사분면을 지나는 한 쌍의 매끄러운 곡선이다.

또, $x=2$일 때 $y=\dfrac{6}{2}=3$이므로 그래프는 점 $(2,3)$을 지난다.

따라서 구하는 그래프는 ③이다.

04 $y=-\dfrac{8}{x}$의 그래프는 제2사분면과 제4사분면을 지나는 한 쌍의 매끄러운 곡선이다.

또, $x=4$일 때 $y=-\dfrac{8}{4}=-2$이므로 그래프는 점 $(4,-2)$를 지난다.

따라서 구하는 그래프는 ⑤이다.

05 ② $y=\dfrac{4}{x}$에 $x=4$를 대입하면 $y=\dfrac{4}{4}=1$이므로

점 $(4,1)$을 지난다.

④ x축에 점점 가까워지지만 만나지는 않는다.

따라서 옳지 않은 것은 ④이다.

06 ㄱ. x의 값이 2배, 3배, 4배, ...가 되면 y의 값은 $\dfrac{1}{2}$배, $\dfrac{1}{3}$배,

$\dfrac{1}{4}$배, ...가 된다.

따라서 옳은 것은 ㄴ, ㄷ이다.

07 ④ $y=\dfrac{12}{x}$에 $x=4$, $y=5$를 대입하면 $5\neq\dfrac{12}{4}$

따라서 점 $(4, 5)$는 $y=\dfrac{12}{x}$의 그래프 위의 점이 아니다.

08 $y=-\dfrac{18}{x}$에 $x=a$, $y=6$을 대입하면

$6=-\dfrac{18}{a}$ $\therefore a=-3$

$y=-\dfrac{18}{x}$에 $x=-2$, $y=b$를 대입하면

$b=-\dfrac{18}{-2}=9$

$\therefore b-a=9-(-3)=12$

09 $y=\dfrac{a}{x}\ (a\neq0)$로 놓고 $x=-5$, $y=-2$를 대입하면

$-2=\dfrac{a}{-5}$, $a=10$

$\therefore y=\dfrac{10}{x}$

10 $y=\dfrac{a}{x}\ (a\neq0)$로 놓고 $x=-4$, $y=5$를 대입하면

$5=\dfrac{a}{-4}$, $a=-20$

$\therefore y=-\dfrac{20}{x}$

11 (1) $xy=60$이므로 $y=\dfrac{60}{x}$

(2) $y=\dfrac{60}{x}$에 $x=5$를 대입하면 $y=\dfrac{60}{5}=12$

따라서 5개의 접시에 똑같이 나누어 담을 때, 한 개의 접시에 쿠키를 12개씩 담을 수 있다.

12 (1) $xy=72$이므로 $y=\dfrac{72}{x}$

(2) $y=\dfrac{72}{x}$에 $y=12$를 대입하면

$12=\dfrac{72}{x}$ $\therefore x=6$

따라서 직사각형의 세로의 길이가 12 cm일 때, 가로의 길이는 6 cm이다.

오른쪽 위로 향하므로 $a>0$이고, $y=x$의 그래프보다 y축에 더 가까우므로 a의 절댓값은 1보다 크다.

따라서 그래프가 직선 l이 될 수 있는 것은 ⑤ $y=\dfrac{5}{4}x$이다.

03 $y=ax\ (a\neq0)$로 놓고 $x=2$, $y=1$을 대입하면

$1=2a$, $a=\dfrac{1}{2}$ $\therefore y=\dfrac{1}{2}x$

$y=\dfrac{1}{2}x$에 $x=-5$, $y=k$를 대입하면

$k=\dfrac{1}{2}\times(-5)=-\dfrac{5}{2}$

04 ④ a의 절댓값이 커질수록 원점에서 멀어진다.

05 $y=\dfrac{a}{x}$에 $x=8$, $y=3$을 대입하면

$3=\dfrac{a}{8}$, $a=24$ $\therefore y=\dfrac{24}{x}$

$y=\dfrac{24}{x}$에 $x=-4$, $y=b$를 대입하면

$b=\dfrac{24}{-4}=-6$

$\therefore a-b=24-(-6)=30$

06 $y=\dfrac{a}{x}\ (a\neq0)$로 놓고 $x=-4$, $y=3$을 대입하면

$3=\dfrac{a}{-4}$, $a=-12$ $\therefore y=-\dfrac{12}{x}$

$y=-\dfrac{12}{x}$에 $x=2$, $y=k$를 대입하면

$k=-\dfrac{12}{2}=-6$

07 전략 코칭

(삼각형의 넓이)$=\dfrac{1}{2}\times$(밑변의 길이)$\times$(높이)임을 이용한다.

$y=\dfrac{1}{2}\times x\times12$이므로 $y=6x$

$y=6x$에 $y=96$을 대입하면

$96=6x$ $\therefore x=16$

따라서 삼각형 ABP의 넓이가 96 cm²일 때, 선분 BP의 길이는 16 cm이다.

실력 확인하기 ——————————— 156쪽

01 ③	02 ⑤	03 $-\dfrac{5}{2}$	04 ④
05 30	06 -6	07 16 cm	

01 ③ 점 $(1, a)$를 지난다.

02 원점을 지나는 직선이므로 직선 l을 나타내는 식을 $y=ax\ (a\neq0)$라 하자.

서술형 문제 ——————————— 157쪽

1 $-\dfrac{9}{4}$	1-1 12
2 2000번	3 (1) $y=\dfrac{72}{x}$ (2) 3기압

1

채점기준1 b의 값 구하기 … 3점

$y=\dfrac{12}{x}$에 $x=-4$, $y=b$를 대입하면

$b=\dfrac{12}{-4}=-3$

채점기준2 a의 값 구하기 … 3점

$y=ax$에 $x=-4$, $y=-3$을 대입하면

$-3=-4a$ $\therefore a=\dfrac{3}{4}$

채점기준3 $a+b$의 값 구하기 … 1점

$a+b=\dfrac{3}{4}+(-3)=-\dfrac{9}{4}$

1-1

채점기준1 b의 값 구하기 … 3점

$y=-2x$에 $x=-2$, $y=b$를 대입하면

$b=-2\times(-2)=4$

채점기준2 a의 값 구하기 … 3점

$y=\dfrac{a}{x}$에 $x=-2$, $y=4$를 대입하면

$4=\dfrac{a}{-2}$ $\therefore a=-8$

채점기준3 $b-a$의 값 구하기 … 1점

$b-a=4-(-8)=12$

2 자전거는 1 m 이동하는 데 바퀴가 $\dfrac{8}{12}=\dfrac{2}{3}$(번) 회전한다.

x m 이동하는 데 바퀴가 y번 회전한다고 하면

$y=\dfrac{2}{3}x$ ……❶

$y=\dfrac{2}{3}x$에 $x=3000$을 대입하면

$y=\dfrac{2}{3}\times3000=2000$

따라서 자전거로 3000 m를 이동하면 바퀴는 2000번 회전한다.
                                           ……❷

채점 기준	배점
❶ x와 y 사이의 관계를 식으로 나타내기	3점
❷ 바퀴는 몇 번 회전하는지 구하기	3점

3 (1) y가 x에 반비례하므로 $y=\dfrac{a}{x}\ (a\neq0)$로 놓고

$x=8$, $y=9$를 대입하면

$9=\dfrac{a}{8}$, $a=72$

$\therefore y=\dfrac{72}{x}$ ……❶

(2) $y=\dfrac{72}{x}$에 $y=24$를 대입하면

$24=\dfrac{72}{x}$ $\therefore x=3$

따라서 기체의 부피가 24 mL일 때, 압력은 3기압이다.
                                           ……❷

채점 기준	배점
❶ x와 y 사이의 관계를 식으로 나타내기	3점
❷ 기체의 부피가 24 mL일 때, 압력은 몇 기압인지 구하기	3점

01 ⑤	**02** ②	**03** ②, ④	**04** ④
05 $y=-5x$	**06** ③	**07** ③	
08 (1) $y=\dfrac{1}{6}x$	(2) 14 kg	**09** ②, ⑤	**10** ②, ④
11 4	**12** 6개	**13** -8	**14** 7
15 (1) $y=\dfrac{60}{x}$	(2) 12시간		

01 ③ $xy=3$에서 $y=\dfrac{3}{x}$

따라서 x의 값이 2배, 3배, 4배, …가 될 때 y의 값도 2배, 3배, 4배, …가 되는 것은 ⑤이다.

02 $x=4$일 때, $y=\dfrac{5}{4}\times4=5$

따라서 $y=\dfrac{5}{4}x$의 그래프는 점 $(4,5)$와 원점을 지나는 직선이므로 그래프는 ②이다.

03 ② 제2사분면과 제4사분면을 지난다.

③ $y=-\dfrac{2}{5}x$에 $x=-5$, $y=2$를 대입하면

$2=-\dfrac{2}{5}\times(-5)$이므로 점 $(-5,2)$를 지난다.

④ x의 값이 증가하면 y의 값은 감소한다.

따라서 옳지 않은 것은 ②, ④이다.

04 $y=ax\ (a\neq0)$의 그래프는 a의 절댓값이 클수록 y축에 가까워진다.

$\left|\dfrac{7}{2}\right|>\left|-\dfrac{8}{3}\right|>\left|-\dfrac{5}{2}\right|>\left|\dfrac{9}{4}\right|>|-2|$

이므로 $y=\dfrac{7}{2}x$의 그래프가 y축에 가장 가깝다.

05 $y=ax\ (a\neq0)$로 놓고 $x=6$, $y=-30$을 대입하면

$-30=6a$ $\therefore a=-5$

$\therefore y=-5x$

06 $y=ax$에 $x=2$, $y=-6$을 대입하면

$-6=2a$ $\therefore a=-3$

$\therefore y=-3x$

$y=-3x$에 $x=b$, $y=2$를 대입하면

$2=-3b$ $\therefore b=-\dfrac{2}{3}$

$\therefore a-b=-3-\left(-\dfrac{2}{3}\right)=-\dfrac{7}{3}$

07 $y=ax\ (a\neq0)$로 놓고 $x=6$, $y=-2$를 대입하면

$-2=6a$, $a=-\dfrac{1}{3}$

$\therefore y=-\dfrac{1}{3}x$

③ $y=-\dfrac{1}{3}x$에 $x=1$, $y=-3$을 대입하면

$-3\neq-\dfrac{1}{3}\times1$

08 (2) $y=\dfrac{1}{6}x$에 $x=84$를 대입하면

$$y=\dfrac{1}{6}\times84=14$$

따라서 지구에서의 몸무게가 84 kg인 우주 비행사가 달에 착륙했을 때의 몸무게는 14 kg이다.

09 ③ $\dfrac{x}{y}=6$에서 $y=\dfrac{x}{6}$

④ $x-y=8$에서 $y=x-8$

⑤ $xy=-10$에서 $y=-\dfrac{10}{x}$

따라서 y가 x에 반비례하는 것은 ②, ⑤이다.

10 $y=ax\ (a\ne0)$, $y=\dfrac{a}{x}\ (a\ne0)$의 그래프는 $a<0$일 때,

제2사분면과 제4사분면을 지난다.

따라서 그래프가 제2사분면과 제4사분면을 지나는 것은 ②, ④이다.

11 $y=-\dfrac{16}{x}$에 $x=-2$, $y=a$를 대입하면

$$a=-\dfrac{16}{-2}=8$$

$y=-\dfrac{16}{x}$에 $x=b$, $y=4$를 대입하면

$$4=-\dfrac{16}{b}\quad\therefore b=-4$$

$$\therefore a+b=8+(-4)=4$$

12 x좌표와 y좌표가 모두 정수가 되려면 양수 x는 9의 약수인 1, 3, 9이어야 한다.

따라서 주어진 그래프 위의 점 중에서 정수인 점은 $(1,-9)$, $(3,-3)$, $(9,-1)$, $(-1,9)$, $(-3,3)$, $(-9,1)$의 6개이다.

13 $y=\dfrac{a}{x}\ (a\ne0)$로 놓고 $x=-6$, $y=4$를 대입하면

$$4=\dfrac{a}{-6},\ a=-24$$

$$\therefore y=-\dfrac{24}{x}$$

$y=-\dfrac{24}{x}$에 $x=3$, $y=k$를 대입하면

$$k=-\dfrac{24}{3}=-8$$

14 $y=ax$에 $x=-2$, $y=6$을 대입하면

$$6=-2a\quad\therefore a=-3$$

$y=\dfrac{b}{x}$에 $x=-2$, $y=6$을 대입하면

$$6=\dfrac{b}{-2}\quad\therefore b=-12$$

$y=-3x$에 $x=c$, $y=-6$을 대입하면

$$-6=-3c\quad\therefore c=2$$

$$\therefore a-b-c=-3-(-12)-2=7$$

15 (1) $6\times10=x\times y$이므로 $y=\dfrac{60}{x}$

(2) $y=\dfrac{60}{x}$에 $x=5$를 대입하면 $y=\dfrac{60}{5}=12$

따라서 기계 5대를 가동하여 작업을 끝내려면 12시간이 걸린다.

교과서에서 쏙 빼온 문제 ──────160쪽

1 (1) $y=600x$ (2) 14400 kWh

2 1530 m

3 (1) $y=\dfrac{1.5}{x}$ (2) 0.5

4 (1) 30 MHz (2) 15 m (3) $y=\dfrac{300}{x}$

1 (1) $y=ax\ (a\ne0)$로 놓고 $x=1$, $y=600$을 대입하면

$$a=600\quad\therefore y=600x$$

(2) $y=600x$에 $x=24$를 대입하면

$$y=600\times24=14400$$

따라서 풍력 발전기가 쉬지 않고 돌아간다고 할 때, 하루 동안 생산할 수 있는 전력량은 14400 kWh이다.

2 소리가 1초에 340 m씩 이동하므로 x초 동안 $340x$ m만큼 이동한다.

즉, 소리가 x초 동안 이동하는 거리를 y m라 하면

$$y=340x$$

경모의 위치에서 번개가 친 곳까지의 거리는 천둥소리가 이동한 거리와 같으므로

$y=340x$에 $x=4.5$를 대입하면

$$y=340\times4.5=1530$$

따라서 경모의 위치에서 번개가 친 곳까지의 거리는 1530 m이다.

3 (1) $y=\dfrac{a}{x}\ (a\ne0)$로 놓고 $x=1.5$, $y=1.0$을 대입하면

$$1.0=\dfrac{a}{1.5},\ a=1.5$$

$$\therefore y=\dfrac{1.5}{x}$$

(2) $y=\dfrac{1.5}{x}$에 $x=3$을 대입하면 $y=\dfrac{1.5}{3}=0.5$

따라서 빈틈의 폭이 3 mm인 고리가 되어서야 빈틈을 판별할 수 있는 사람의 시력은 0.5이다.

4 (1) $y=10$일 때 $x=30$이므로 구하는 주파수는 30 MHz이다.

(2) $x=20$일 때 $y=15$이므로 구하는 파장은 15 m이다.

(3) $y=\dfrac{a}{x}\ (a\ne0)$로 놓고 $x=30$, $y=10$을 대입하면

$$10=\dfrac{a}{30},\ a=300$$

$$\therefore y=\dfrac{300}{x}$$

워크북 정답 및 풀이

1 | 소인수분해

01 소수와 합성수

한번 더 개념 확인문제 ──2쪽

01 2, 3, 5, 7, 11, 13, 17, 19, 23, 29, 31, 37, 41, 43, 47, 53, 59

02

자연수	약수	약수의 개수	소수/합성수
8	1, 2, 4, 8	4	합성수
17	1, 17	2	소수
28	1, 2, 4, 7, 14, 28	6	합성수
39	1, 3, 13, 39	4	합성수
47	1, 47	2	소수
52	1, 2, 4, 13, 26, 52	6	합성수

03 (1) 소 (2) 소 (3) 합 (4) 소 (5) 소
(6) 합 (7) 합 (8) 소

04 (1) × (2) ○ (3) × (4) × (5) ○

01

~~1~~	2	3	~~4~~	5	~~6~~	7	~~8~~	~~9~~	~~10~~
11	~~12~~	13	~~14~~	~~15~~	~~16~~	17	~~18~~	19	~~20~~
~~21~~	~~22~~	23	~~24~~	~~25~~	~~26~~	~~27~~	~~28~~	29	~~30~~
31	~~32~~	~~33~~	~~34~~	~~35~~	~~36~~	37	~~38~~	~~39~~	~~40~~
41	~~42~~	43	~~44~~	~~45~~	~~46~~	47	~~48~~	~~49~~	~~50~~
~~51~~	~~52~~	53	~~54~~	~~55~~	~~56~~	~~57~~	~~58~~	59	~~60~~

03 (1) 19의 약수는 1, 19의 2개이므로 소수이다.
(2) 23의 약수는 1, 23의 2개이므로 소수이다.
(3) 27의 약수는 1, 3, 9, 27의 4개이므로 합성수이다.
(4) 31의 약수는 1, 31의 2개이므로 소수이다.
(5) 43의 약수는 1, 43의 2개이므로 소수이다.
(6) 49의 약수는 1, 7, 49의 3개이므로 합성수이다.
(7) 57의 약수는 1, 3, 19, 57의 4개이므로 합성수이다.
(8) 71의 약수는 1, 71의 2개이므로 소수이다.

04 (1) 가장 작은 소수는 2이다.
(3) 1은 자연수이지만 소수도 합성수도 아니다.
(4) 1의 약수는 1의 1개이다.

한번 더! 개념 완성하기 ──3쪽

01 ⑤ **02** ③ **03** ① **04** 11
05 ① **06** 72 **07** ① **08** ②, ④

01 ⑤ 51의 약수는 1, 3, 17, 51의 4개이므로 합성수이다.

02 ③ 23의 약수는 1, 23의 2개이다.

03 소수는 3, 7, 11, 17의 4개이므로 $a=4$
합성수는 15, 22, 39, 45의 4개이므로 $b=4$
$\therefore a-b=4-4=0$

04 20 이하의 자연수 중 합성수는
4, 6, 8, 9, 10, 12, 14, 15, 16, 18, 20의 11개이다.

05 16에 가장 가까운 소수는 17이므로 $a=17$
16보다 작은 수 중 16에 가장 가까운 합성수는 15이므로
$b=15$
$\therefore a-b=17-15=2$

06 20보다 큰 소수는 23, 29, 31, …이므로 $a=23$
50보다 작은 합성수는 49, 48, 46, …이므로 $b=49$
$\therefore a+b=23+49=72$

07 ㄱ. 2는 소수이지만 짝수이다.
ㄴ. 합성수는 약수가 3개 이상이다.
ㄷ. 10보다 작은 소수는 2, 3, 5, 7의 4개이다.
따라서 옳지 않은 것은 ㄱ, ㄴ이다.

08 ① 3+5=8과 같이 두 소수의 합은 소수가 아닐 수도 있다.
③ 소수가 아닌 수 1은 약수가 1개이다.
④ 2는 짝수 중 유일한 소수이다.
⑤ 1은 소수도 아니고 합성수도 아니다.
따라서 옳은 것은 ②, ④이다.

02 소인수분해

한번 더 개념 확인문제 ──4쪽

01 (1) 밑 : 3, 지수 : 4 (2) 밑 : 7, 지수 : 5
(3) 밑 : 11, 지수 : 3 (4) 밑 : $\frac{2}{5}$, 지수 : 2

02 (1) 5^5 (2) $3^2 \times 5^3 \times 7$ (3) $2^3 \times 3^2$
(4) $\left(\frac{1}{11}\right)^2$ (5) $\left(\frac{1}{2}\right)^3 \times \left(\frac{1}{3}\right)^2$ (6) $\frac{1}{3 \times 5^3 \times 11^2}$

03 2, 3 / 2, 3, 5 / 2, 3, 5

04 (1) $84=2^2 \times 3 \times 7$ / 소인수 : 2, 3, 7
(2) $147=3 \times 7^2$ / 소인수 : 3, 7

05 2, 3, 3 / 2, 3^2, 5 / 2, 3, 5

06 (1) $20=2^2 \times 5$ / 소인수 : 2, 5
(2) $132=2^2 \times 3 \times 11$ / 소인수 : 2, 3, 11

07 (1) $3^2 \times 7$ (2) 1, 3, 9 (3) 1, 7
(4) (위에서부터) 1, 3, 9, 7, 21, 63 / 1, 3, 7, 9, 21, 63

08 (1) 6 (2) 12 (3) 10 (4) 9

04 (1) 84 $\rightarrow 84=2^2\times3\times7$
소인수 : 2, 3, 7

(2) 147 $\rightarrow 147=3\times7^2$
소인수 : 3, 7

06 (1)
$$\begin{array}{r|r} 2 & 20 \\ 2 & 10 \\ \hline & 5 \end{array}$$
$\rightarrow 20=2^2\times5$
소인수 : 2, 5

(2)
$$\begin{array}{r|r} 2 & 132 \\ 2 & 66 \\ 3 & 33 \\ \hline & 11 \end{array}$$
$\rightarrow 132=2^2\times3\times11$
소인수 : 2, 3, 11

08 (1) $(1+1)\times(2+1)=6$
(2) $(2+1)\times(3+1)=12$
(3) $80=2^4\times5$이므로 약수의 개수는
$(4+1)\times(1+1)=10$
(4) $225=3^2\times5^2$이므로 약수의 개수는
$(2+1)\times(2+1)=9$

개념 완성하기
5쪽~6쪽

01 ⑤	**02** 2	**03** ②, ③	**04** ⑤
05 14	**06** ⑤	**07** ④	**08** 9
09 14	**10** ③	**11** ⑤	**12** ①, ⑤
13 ⑤	**14** ㄹ, ㄷ, ㄱ, ㄴ	**15** 5	**16** ②

01 ⑤ $7+7+7+7+7=7\times5$

02 $2\times2\times5\times5\times2\times7=2^3\times5^2\times7$이므로
$a=3, b=2, c=1$
$\therefore a-b+c=3-2+1=2$

03 ① $42=2\times3\times7$
④ $150=2\times3\times5^2$
⑤ $180=2^2\times3^2\times5$
따라서 소인수분해 한 결과가 옳은 것은 ②, ③이다.

04 ⑤ $126=2\times3^2\times7$

05 $140=2^2\times5\times7$이므로 소인수는 2, 5, 7이다.
따라서 140의 모든 소인수의 합은
$2+5+7=14$

06 $60=2^2\times3\times5$이므로 소인수는 2, 3, 5이다.
① $28=2^2\times7$이므로 소인수는 2, 7이다.
② $35=5\times7$이므로 소인수는 5, 7이다.
③ $55=5\times11$이므로 소인수는 5, 11이다.
④ $84=2^2\times3\times7$이므로 소인수는 2, 3, 7이다.
⑤ $90=2\times3^2\times5$이므로 소인수는 2, 3, 5이다.
따라서 60과 소인수가 모두 같은 것은 ⑤이다.

07 $252=2^2\times3^2\times7$이므로 $a=2, b=2, c=7$
$\therefore a+b+c=2+2+7=11$

08 $270=2\times3^3\times5$이므로 $a=1, b=3, c=5$
$\therefore a+b+c=1+3+5=9$

09 $126=2\times3^2\times7$이고, 2와 7의 지수가 짝수가 되어야 하므로 곱해야 하는 가장 작은 자연수는 $2\times7=14$

10 $50=2\times5^2$이므로 $2\times5^2\times x$가 어떤 자연수의 제곱이 되려면 $x=2\times(\text{자연수})^2$ 꼴이어야 한다.
① $2=2\times1^2$ ② $8=2\times2^2$ ③ $15=3\times5$
④ $18=2\times3^2$ ⑤ $50=2\times5^2$
따라서 자연수 x가 될 수 없는 수는 ③이다.

11 $56=2^3\times7$이므로 약수를 구하면 다음과 같다.

×	1	2	2^2	2^3
1	1	2	2^2	2^3
7	7	2×7	$2^2\times7$	$2^3\times7$

따라서 56의 약수가 아닌 것은 ⑤이다.

12 $3^3\times5^2$의 약수를 구하면 다음과 같다.

×	1	3	3^2	3^3
1	1	3	9	27
5	5	15	45	135
5^2	25	75	225	675

따라서 $3^3\times5^2$의 약수인 것은 ①, ⑤이다.

13 각각의 수의 약수의 개수를 구하면 다음과 같다.
① $11+1=12$
② $(2+1)\times(3+1)=12$
③ $(5+1)\times(1+1)=12$
④ $(1+1)\times(1+1)\times(2+1)=12$
⑤ $(1+1)\times(2+1)\times(2+1)=18$
따라서 약수의 개수가 나머지 넷과 다른 하나는 ⑤이다.

> **Self 코칭**
>
> 자연수 A가 $A=a^l\times b^m\times c^n$ (a, b, c는 서로 다른 소수, l, m, n은 자연수)으로 소인수분해 될 때, A의 약수의 개수
> $\rightarrow (l+1)\times(m+1)\times(n+1)$

14 ㄱ. $30=2\times3\times5$이므로 약수의 개수는
$(1+1)\times(1+1)\times(1+1)=8$
ㄴ. $48=2^4\times3$이므로 약수의 개수는
$(4+1)\times(1+1)=10$
ㄷ. $75=3\times5^2$이므로 약수의 개수는
$(1+1)\times(2+1)=6$
ㄹ. $81=3^4$이므로 약수의 개수는 $4+1=5$
따라서 약수의 개수가 적은 것부터 차례로 나열하면
ㄹ, ㄷ, ㄱ, ㄴ이다.

15 $(4+1)\times(n+1)=30$에서
$5\times(n+1)=30, n+1=6$ $\therefore n=5$

16 $500=2^2\times5^3$이므로 약수의 개수는
$(2+1)\times(3+1)=12$
$2\times3^a\times5$의 약수의 개수가 12이므로
$(1+1)\times(a+1)\times(1+1)=12$에서
$4\times(a+1)=12$, $a+1=3$ $\therefore a=2$

실력 확인하기 ──────────7쪽

01 5개 **02** ⑤ **03** ③, ⑤ **04** ③
05 ④ **06** 18 **07** 6 **08** ①

01 약수가 2개인 수는 소수이다.
따라서 30보다 크고 50보다 작은 자연수 중 소수는
31, 37, 41, 43, 47의 5개이다.

02 ㄱ. 2는 짝수이지만 소수이다.
ㄴ. 합성수는 약수가 3개 이상이다.
ㄷ. 5의 배수 중 소수는 5뿐이다.
따라서 옳은 것은 ㄷ, ㄹ이다.

03 ① $3\times4=3+3+3+3\neq3^4$
② $3^4=81$과 같은 수이다.
④ 3을 밑, 4를 지수라 한다.
따라서 옳은 것은 ③, ⑤이다.

04 ① $20=2^2\times5$이므로 소인수는 2, 5이고, 그 합은 $2+5=7$
② $24=2^3\times3$이므로 소인수는 2, 3이고, 그 합은 $2+3=5$
③ $27=3^3$이므로 소인수는 3이다.
④ $34=2\times17$이므로 소인수는 2, 17이고, 그 합은 $2+17=19$
⑤ $35=5\times7$이므로 소인수는 5, 7이고, 그 합은 $5+7=12$
따라서 소인수의 합이 가장 작은 것은 ③이다.

05 $600=2^3\times3\times5^2$이므로 $a=3$, $b=3$, $c=5$
$\therefore a+b+c=3+3+5=11$

06 $75=3\times5^2$이므로 $3\times5^2\times a$가 어떤 자연수의 제곱이 되려면 지수가 모두 짝수이어야 한다.
즉, 가장 작은 자연수 a는 $a=3$
이때 $75\times a=75\times3=225=15^2$이므로 $b=15$
$\therefore a+b=3+15=18$

07 $140=2^2\times5\times7$의 약수 중 7의 배수는 $7\times$(자연수) 꼴이다.
즉, 7의 배수의 개수는 $2^2\times5$의 약수의 개수와 같다.
따라서 구하는 개수는 $(2+1)\times(1+1)=6$

08 ① $2^3\times2^2=32=2^5$이므로
(약수의 개수)$=5+1=6$
② $2^3\times3^2$에서
(약수의 개수)$=(3+1)\times(2+1)=12$
③ $2^3\times5^2$에서
(약수의 개수)$=(3+1)\times(2+1)=12$

④ $2^3\times7^2$에서
(약수의 개수)$=(3+1)\times(2+1)=12$
⑤ $2^3\times11^2$에서
(약수의 개수)$=(3+1)\times(2+1)=12$
따라서 □ 안에 들어갈 수 없는 수는 ①이다.

다른풀이
$2^3\times$□의 약수의 개수가 12이므로 □$=2^8$ 또는
□$=$(2가 아닌 소수)^2 꼴이어야 한다.

03 최대공약수

개념 확인문제 ──────────8쪽

01 1, 2, 3, 6, 9, 18 / 1, 3, 9, 27
(1) 1, 3, 9 (2) 9
02 (1) ○ (2) ○ (3) × (4) ○ (5) ×
(6) ○ (7) × (8) ○ (9) ○ (10) ×
03 (1) $2^2\times3^2$ (2) 2×7 (3) 2×5 (4) $2^2\times3^2\times7$
04 (1) 4 (2) 6 (3) 14 (4) 12

02 (1) 1과 10의 최대공약수는 1이므로 1과 10은 서로소이다.
(2) 3과 7의 최대공약수는 1이므로 3과 7은 서로소이다.
(3) 5와 35의 최대공약수는 5이므로 5와 35는 서로소가 아니다.
(4) 7과 20의 최대공약수는 1이므로 7과 20은 서로소이다.
(5) 9와 12의 최대공약수는 3이므로 9와 12는 서로소가 아니다.
(6) 10과 21의 최대공약수는 1이므로 10과 21은 서로소이다.
(7) 13과 52의 최대공약수는 13이므로 13과 52는 서로소가 아니다.
(8) 21과 38의 최대공약수는 1이므로 21과 38은 서로소이다.
(9) 25와 49의 최대공약수는 1이므로 25와 49는 서로소이다.
(10) 30과 51의 최대공약수는 3이므로 30과 51은 서로소가 아니다.

04

(1) $12=2^2\times3$
$16=2^4$
────────
(최대공약수)$=2^2\qquad=4$

(2) $18=2\times3^2$
$24=2^3\times3$
────────
(최대공약수)$=2\times3=6$

(3) $28=2^2\qquad\times7$
$42=2\times3\qquad\times7$
$70=2\qquad\times5\times7$
────────
(최대공약수)$=2\qquad\times7=14$

(4) $60=2^2\times3\times5$
$72=2^3\times3^2$
$96=2^5\times3$
────────
(최대공약수)$=2^2\times3\qquad=12$

개념 완성하기 ─────────────9쪽~10쪽

01 6	**02** ⑤	**03** ③	**04** ③, ④
05 6	**06** ④	**07** ②	**08** 5
09 ⑤	**10** ②, ⑤	**11** 18	**12** 36
13 13, 26	**14** 28	**15** 8명	**16** 27명

01 두 수의 공약수는 두 수의 최대공약수인 20의 약수이므로
1, 2, 4, 5, 10, 20의 6개이다.

02 두 수의 공약수는 두 수의 최대공약수인 $3^2 \times 5^3$의 약수이다.
② $15 = 3 \times 5$이므로 $3^2 \times 5^3$의 약수이다.
⑤ $135 = 3^3 \times 5$이므로 $3^2 \times 5^3$의 약수가 아니다.
따라서 두 수의 공약수가 아닌 것은 ⑤이다.

03 두 수의 최대공약수를 각각 구하면 다음과 같다.
① 3 　② 3 　③ 1 　④ 11 　⑤ 17

04 두 수의 최대공약수를 각각 구하면 다음과 같다.
① 5 　② 3 　③ 1 　④ 1 　⑤ 13
따라서 두 수가 서로소인 것은 ③, ④이다.

05 $12 = 2^2 \times 3$이므로 2의 배수와 3의 배수는 12와 서로소가 될 수 없다.
따라서 20보다 크고 40보다 작은 자연수 중 12와 서로소인 수는 23, 25, 29, 31, 35, 37의 6개이다.

06
$$
\begin{array}{r}
2^2 \quad\ \times 5^2 \times 7 \\
2^3 \times 3 \times 5^2 \\
\hline
(\text{최대공약수}) = 2^2 \quad\ \times 5^2
\end{array}
$$

07
$$
\begin{array}{r}
2 \times 3^2 \quad\ \times 11 \\
2^2 \times 3^2 \times 5 \\
2^3 \times 3^2 \times 5^2 \\
\hline
(\text{최대공약수}) = 2 \times 3^2
\end{array}
$$

08
$$
\begin{array}{r}
2^3 \times 3^a \times 7^2 \\
2^b \times 3^3 \times 7 \\
\hline
(\text{최대공약수}) = 2^2 \times 3^2 \times 7^c
\end{array}
$$
따라서 $a=2$, $b=2$, $c=1$이므로
$a+b+c = 2+2+1 = 5$

09 두 수의 최대공약수는 $2^2 \times 3^2$이므로 공약수는 $2^2 \times 3^2$의 약수이다.
따라서 두 수의 공약수가 아닌 것은 ⑤이다.

10 $180 = 2^2 \times 3^2 \times 5$, $270 = 2 \times 3^3 \times 5$, $450 = 2 \times 3^2 \times 5^2$의 최대공약수는 $2 \times 3^2 \times 5$이므로 세 수의 공약수는 $2 \times 3^2 \times 5$의 약수이다.
따라서 세 수의 공약수는 ②, ⑤이다.

11 $42 = 2 \times 3 \times 7$, $56 = 2^3 \times 7$이므로
두 수의 최대공약수는 $2 \times 7 = 14$ 　∴ $a=14$

공약수의 개수는 $(1+1) \times (1+1) = 4$ 　∴ $b=4$
∴ $a+b = 14+4 = 18$

12 두 수의 최대공약수는 $2^3 \times 3^2$이므로 공약수는 $2^3 \times 3^2$의 약수이다. 따라서 두 수의 공약수 중 두 번째로 큰 것은 $2^2 \times 3^2 = 36$

13 어떤 자연수는 $27-1 = 26$, $55-3 = 52$의 공약수이다.
26과 52의 최대공약수는 26이므로 구하는 수는 26의 약수 중 3보다 큰 수인 13, 26이다.

14 어떤 자연수는 $90-6 = 84$, $110+2 = 112$의 공약수이다.
84와 112의 최대공약수는 28이므로 구하는 가장 큰 자연수는 28이다.

15 56, 40의 최대공약수는 8이므로 나누어 줄 수 있는 학생은 8명이다.

16 84와 78의 최대공약수는 6이므로 반은 6개이다.
따라서 각 반에 속하는 남학생과 여학생은
남학생 : $84 \div 6 = 14$(명)
여학생 : $78 \div 6 = 13$(명)
이므로 한 반의 학생은 모두 $14+13 = 27$(명)

04 최소공배수

01 8, 16, 24, 32, 40, 48 / 12, 24, 36, 48, 60, 72
　(1) 24, 48, ... 　(2) 24
02 (1) $2^3 \times 3 \times 7$ 　(2) $2^4 \times 3 \times 5$ 　(3) $2^3 \times 3^2 \times 5^4 \times 7$
　(4) $2^3 \times 3^2$ 　(5) $2^2 \times 3 \times 5 \times 7$
03 (1) 120 　(2) 546 　(3) 180 　(4) 120
04 (1) 2×5, $2^2 \times 5^2 \times 7^2$ 　(2) $2^2 \times 3$, $2^3 \times 3^2 \times 5 \times 7$
　(3) 7, $3^3 \times 5^2 \times 7^2 \times 11^2$

03 (1)
$$
\begin{array}{r}
20 = 2^2 \quad\ \times 5 \\
24 = 2^3 \times 3 \\
\hline
(\text{최소공배수}) = 2^3 \times 3 \times 5 = 120
\end{array}
$$

(2)
$$
\begin{array}{r}
42 = 2 \times 3 \times 7 \\
78 = 2 \times 3 \quad\ \times 13 \\
\hline
(\text{최소공배수}) = 2 \times 3 \times 7 \times 13 = 546
\end{array}
$$

(3)
$$
\begin{array}{r}
18 = 2 \times 3^2 \\
36 = 2^2 \times 3^2 \\
45 = \quad\ 3^2 \times 5 \\
\hline
(\text{최소공배수}) = 2^2 \times 3^2 \times 5 = 180
\end{array}
$$

(4)
$$
\begin{array}{r}
24 = 2^3 \times 3 \\
30 = 2 \times 3 \times 5 \\
60 = 2^2 \times 3 \times 5 \\
\hline
(\text{최소공배수}) = 2^3 \times 3 \times 5 = 120
\end{array}
$$

개념 완성하기 ──────── 12쪽~13쪽

01 ③	02 160	03 ③, ⑤	04 ④
05 16	06 ④	07 5	08 ⑤
09 ③	10 11	11 13	12 118
13 72	14 $\dfrac{60}{7}$	15 21분 후	

16 오전 9시 24분

01 두 수의 공배수는 두 수의 최소공배수인 8의 배수이다.
따라서 두 수의 공배수가 아닌 것은 ③이다.

02 세 수의 공배수는 세 수의 최소공배수인 32의 배수, 즉
32, 64, 96, 128, 160, …이므로 세 수의 공배수 중 150에
가장 가까운 수는 160이다.

03 두 수의 공배수는 두 수의 최소공배수인 $2^3 \times 5^2$의 배수이다.
따라서 두 수의 공배수인 것은 ③, ⑤이다.

04
$$3 \times 5^2$$
$$2 \times 3^2 \times 5$$
$$2^2 \qquad \times 5 \times 7$$
$$\overline{\text{(최소공배수)}=2^2 \times 3^2 \times 5^2 \times 7}$$

05
$$2 \times 3^a \times 5$$
$$2^b \qquad \times 5^2 \times c$$
$$\overline{\text{(최소공배수)}=2^3 \times 3^2 \times 5^2 \times 11}$$
따라서 $a=2$, $b=3$, $c=11$이므로
$a+b+c=2+3+11=16$

06 $36=2^2 \times 3^2$, $45=3^2 \times 5$, $60=2^2 \times 3 \times 5$의 최소공배수는
$2^2 \times 3^2 \times 5$이므로 세 수의 공배수는 $2^2 \times 3^2 \times 5$의 배수이다.
따라서 세 수의 공배수가 아닌 것은 ④이다.

> **Self 코칭**
> 공배수를 찾으려면 최소공배수를 먼저 구한 다음 그 배수를
> 찾는다.

07 두 수의 최소공배수는 $2^3 \times 3 \times 7=168$이므로 공배수는 168의
배수이다.
따라서 구하는 자연수는 168, 336, 504, 672, 840의 5개이다.

08
$$2^5 \times 3^a$$
$$2^b \times 3^4 \times 5$$
$$\overline{\text{(최대공약수)}=2^4 \times 3^4} \quad \rightarrow b=4$$
$$\text{(최소공배수)}=2^5 \times 3^4 \times 5 \quad \rightarrow a=4$$
$$\therefore a+b=4+4=8$$

> **Self 코칭**
> 최대공약수를 구할 때는 공통인 소인수의 거듭제곱에서 지수
> 가 작거나 같은 것을, 최소공배수를 구할 때는 공통인 소인수
> 의 거듭제곱에서 지수가 크거나 같은 것을 택한다.

09
$$2^2 \times 3^a$$
$$3^3 \times b$$
$$\overline{\text{(최대공약수)}=\qquad 3^2} \quad \rightarrow a=2$$
$$\text{(최소공배수)}=2^2 \times 3^3 \times 5 \quad \rightarrow b=5$$
$$\therefore b-a=5-2=3$$

10
$$2^a \times 3^3 \qquad \times 7$$
$$2^2 \times 3^b \times c$$
$$\overline{\text{(최대공약수)}=2^2 \times 3^3}$$
$$\text{(최소공배수)}=2^3 \times 3^3 \times 5 \times 7 \quad \rightarrow a=3, b=3, c=5$$
$$\therefore a+b+c=3+3+5=11$$

11 3, 4, 6 중 어느 수로 나누어도 1이 남는 자연수를 x라 하면
$x-1$은 3, 4, 6의 공배수이다.
3, 4, 6의 최소공배수는 12이므로 $x-1=12$, 24, 36, …
따라서 $x=13$, 25, 37, …이므로 구하는 가장 작은 자연수
는 13이다.

12 4로 나누면 2가 남고, 5로 나누면 3이 남고, 6으로 나누면 4가
남는 자연수를 x라 하면 $x+2$는 4, 5, 6으로 나누어떨어진다.
즉, $x+2$는 4, 5, 6의 공배수이다.
4, 5, 6의 최소공배수는 60이므로 $x+2=60$, 120, 180, …
따라서 $x=58$, 118, 178, …이므로 구하는 수는 118이다.

13 두 분수 중 어느 것에 곱하여도 그 결과가 자연수가 되도록 하
는 가장 작은 자연수는 24와 36의 최소공배수이므로 72이다.

14 구하는 분수는
$$\frac{(15, 12의 최소공배수)}{(28, 35의 최대공약수)}=\frac{60}{7}$$

15 두 오르골이 다시 동시에 연주를 시작하는 때는 3과 7의 최
소공배수만큼 시간이 지난 후이다.
3과 7의 최소공배수는 21이므로 21분 후에 두 오르골은 다시
동시에 연주를 시작한다.

16 두 버스가 처음으로 다시 동시에 출발하는 때는 8과 12의 최
소공배수만큼 시간이 지난 후이다.
8과 12의 최소공배수는 24이므로 두 버스가 오전 9시 이후
처음으로 다시 동시에 출발하는 시각은 24분 후인 오전 9시
24분이다.

실력 확인하기 ──────── 14쪽

01 4개	02 ②	03 ③	04 480
05 ④	06 ④	07 오전 6시 50분	

01 9와 서로소인 수는 4, 17, 20, 25의 4개이다.

02 두 수의 최대공약수는 $3^2 \times 7$
공약수의 개수는 최대공약수의 약수의 개수와 같으므로
$(2+1) \times (1+1)=6$

03 두 분수 $\dfrac{20}{n}$, $\dfrac{36}{n}$이 자연수가 되도록 하는 자연수 n은 20과 36의 공약수이다. 이때 20과 36의 최대공약수는 4이고, 공약수는 최대공약수의 약수이므로 자연수 n은 1, 2, 4의 3개이다.

04 $15=3\times5$, $24=2^3\times3$, $40=2^3\times5$의 최소공배수는 $2^3\times3\times5=120$이므로 세 수의 공배수는 120의 배수이다. 즉, 120, 240, 360, 480, 600, …이므로 공배수 중 500에 가장 가까운 수는 480이다.

05
$$
\begin{array}{r}
2^a\times3^2 \\
2^4\times3^b\times7 \\
\hline
\end{array}
$$
(최대공약수)$=2^3\times3^2$ → $a=3$
(최소공배수)$=2^4\times3^4\times c$ → $b=4$, $c=7$
∴ $a+b+c=3+4+7=14$

06
$$
\begin{array}{r|ccc}
x & 3\times x & 9\times x & 12\times x \\
3 & 3 & 9 & 12 \\
\hline
 & 1 & 3 & 4
\end{array}
$$
세 수의 최소공배수가 180이므로
$x\times3\times1\times3\times4=180$ ∴ $x=5$
따라서 구하는 세 수의 최대공약수는 $x\times3=5\times3=15$

07 두 버스가 처음으로 다시 동시에 출발하는 때는 10과 25의 최소공배수만큼 시간이 지난 후이다.
10과 25의 최소공배수는 50이므로 두 버스가 오전 6시 이후 처음으로 다시 동시에 출발하는 시각은 50분 후인 오전 6시 50분이다.

실전! 중단원 마무리 ──────── 15쪽~16쪽

01 ③	**02** 0	**03** ⑤	**04** 9
05 35	**06** 3^2, 5^2, 3×5^2, $3^2\times5$		**07** ③
08 ③, ④	**09** 12개	**10** 5	**11** 50
12 31			

서술형 문제

13 25, 49	**14** 18	

01 소수는 19, 47, 53의 3개이다.

02 $2\times2\times5\times5\times3\times5\times5=2^2\times3^2\times5^4$이므로
$a=2$, $b=2$, $c=4$
∴ $a+b-c=2+2-4=0$

03 $420=2^2\times3\times5\times7$이므로 소인수는 2, 3, 5, 7이다.
따라서 420의 소인수가 아닌 것은 ⑤이다.

04 $16\times63=2^4\times3^2\times7$이므로 $a=4$, $b=2$, $c=7$
∴ $a-b+c=4-2+7=9$

05 $140=2^2\times5\times7$이고, 5와 7의 지수가 짝수가 되어야 하므로 곱해야 하는 가장 작은 자연수는 $5\times7=35$

---

06 3^3은 3의 지수가 2보다 크므로 $3^2\times5^3$의 약수가 아니다.
$3^2\times5^4$은 5의 지수가 3보다 크므로 $3^2\times5^3$의 약수가 아니다.
따라서 $3^2\times5^3$의 약수는 3^2, 5^2, 3×5^2, $3^2\times5$이다.

07 $2^a\times25=2^a\times5^2$의 약수의 개수가 12이므로
$(a+1)\times(2+1)=12$에서 $3\times(a+1)=12$, $a+1=4$
∴ $a=3$

08 $28=2^2\times7$, $84=2^2\times3\times7$, $2^3\times7^2$의 최대공약수는 $2^2\times7$이므로 세 수의 공약수는 $2^2\times7$의 약수이다.
따라서 세 수의 공약수는 ③, ④이다.

09 48과 60의 최대공약수는 12이므로 최대로 구성할 수 있는 모둠은 12개이다.

10
$$
\begin{array}{r}
2^a\times3^3\times5^b \\
2^3\times3^c\times5^2 \\
\hline
\end{array}
$$
(최대공약수)$=2^2\times3^3\times5^2$ → $a=2$
(최소공배수)$=2^3\times3^5\times5^2$ → $b=2$, $c=5$
∴ $a-b+c=2-2+5=5$

11 30과 A의 최대공약수가 10이고,
$$
\begin{array}{r|cc}
10 & 30 & A \\
\hline
 & 3 & a
\end{array}
$$
$30=10\times3$이므로
$A=10\times a$ (3, a는 서로소)라 하자.
이때 두 수의 최소공배수가 150이므로
$10\times3\times a=150$ ∴ $a=5$
∴ $A=10\times5=50$

12 2, 5, 6 중 어느 수로 나누어도 1이 남는 자연수를 x라 하면 $x-1$은 2, 5, 6의 공배수이다.
2, 5, 6의 최소공배수는 30이므로 $x-1=30$, 60, 90, …
따라서 $x=31$, 61, 91, …이므로 구하는 가장 작은 자연수는 31이다.

13 3개의 약수를 가지는 수는 (소수)^2 꼴인 수이다. ······ ❶
따라서 3개의 약수를 가지는 수는 2^2, 3^2, 5^2, 7^2, 11^2, …이고, 이 중에서 두 자리의 자연수는 $5^2=25$, $7^2=49$ ······ ❷

채점 기준	배점
❶ 3개의 약수를 가지는 수의 조건 구하기	3점
❷ ❶을 만족시키는 두 자리의 자연수 구하기	2점

14 $A=6\times a$, $B=6\times b$ (a, b는 서로소, $a<b$)라 하면 두 수의 곱이 360이므로
$A\times B=6\times a\times6\times b=360$ ∴ $a\times b=10$ ······ ❶
곱이 10이고 서로소인 두 자연수 a, b는
$a=1$, $b=10$ 또는 $a=2$, $b=5$ ······ ❷
(i) $a=1$, $b=10$이면 $A=6$, $B=60$이므로 두 자리의 자연수라는 조건에 맞지 않는다.
(ii) $a=2$, $b=5$이면 $A=12$, $B=30$이므로 조건을 만족시킨다. ······ ❸
(i), (ii)에서 $B-A=30-12=18$ ······ ❹

채점 기준	배점
❶ A, B의 서로소인 두 인수의 곱 구하기	2점
❷ 서로소인 두 인수 구하기	1점
❸ 조건을 만족시키는 두 자연수 A, B 구하기	2점
❹ $B-A$의 값 구하기	1점

1 | 정수와 유리수

01 정수와 유리수

한번 더 | 개념 확인문제 ————————17쪽

01 (1) $+5\ ℃$　　(2) $+30$분　　(3) $-4\ kg$

　　(4) $+300\ m$　　(5) -1000원　　(6) $+15$점　　(7) -2층

02 (1) $+2$　　(2) -5　　(3) $+\dfrac{1}{3}$　　(4) $-\dfrac{4}{7}$

　　(5) $+3.2$　　(6) -0.6

03 (1) $+\dfrac{21}{7}$, 5　　　　(2) -10, 0, -3, $+\dfrac{21}{7}$, 5

　　(3) -2.7, -10, -3　　(4) -2.7, $+\dfrac{3}{2}$

04 (1) ✕　　(2) ✕　　(3) ○

05

```
      (1)(4)          (2)           (3)
 ←——•—|—•—|——|——|——•—|——|—•—|—•——→
  -4  -3  -2  -1   0  +1  +2  +3  +4
```

03 (1) $+\dfrac{21}{7}=+3$이므로 자연수이다.

04 (1) 음의 정수가 아닌 정수는 0 또는 양의 정수이다.

　　(2) $\dfrac{1}{3}$은 유리수이지만 정수가 아니다.

05 (3) $+\dfrac{11}{3}=+3\dfrac{2}{3}$

한번 더! 개념 완성하기 ————————18쪽

01 ③, ⑤　　**02** 5　　**03** ④, ⑤　　**04** ㄱ, ㄷ

05 풀이 참조, -3, 3　　**06** ③

01 ① 자연수는 8의 1개이다.

② 음의 정수는 -2, $-\dfrac{16}{4}(=-4)$의 2개이다.

③ 양수는 $+4.5$, 0.3, 8의 3개이다.

④ 음의 유리수는 -2, $-\dfrac{16}{4}$, $-\dfrac{12}{5}$의 3개이다.

⑤ 정수가 아닌 유리수는 $+4.5$, 0.3, $-\dfrac{12}{5}$의 3개이다.

따라서 옳은 것은 ③, ⑤이다.

02 정수가 아닌 유리수는 -2.4, $\dfrac{4}{5}$, $-\dfrac{2}{3}$의 3개이므로 $a=3$

음의 정수는 $-\dfrac{18}{6}(=-3)$, -1의 2개이므로 $b=2$

$\therefore a+b=3+2=5$

03 ④ 0은 유리수이다.

⑤ 유리수는 양의 유리수, 0, 음의 유리수로 이루어져 있다.

04 ㄴ. 정수는 양의 정수, 0, 음의 정수로 이루어져 있다.

ㄹ. 유리수 1과 2 사이에는 정수가 없다.

따라서 옳은 것은 ㄱ, ㄷ이다.

---

05 $-\dfrac{8}{3}=-2\dfrac{2}{3}$, $\dfrac{13}{4}=3\dfrac{1}{4}$이므로 두 수를 각각 수직선 위에 나타내면 다음과 같다.

따라서 $-\dfrac{8}{3}$에 가장 가까운 정수는 -3이고, $\dfrac{13}{4}$에 가장 가까운 정수는 3이다.

06 $-\dfrac{9}{4}=-2\dfrac{1}{4}$, $\dfrac{12}{5}=2\dfrac{2}{5}$이므로 두 수를 각각 수직선 위에 나타내면 다음과 같다.

따라서 $-\dfrac{9}{4}$에 가장 가까운 정수는 -2이므로 $a=-2$

$\dfrac{12}{5}$에 가장 가까운 정수는 2이므로 $b=2$

02 정수와 유리수의 대소 관계

한번 더 | 개념 확인문제 ————————19쪽

01 (1) 5　　(2) 8　　(3) $\dfrac{3}{4}$　　(4) 1.5

02 (1) 3　　(2) 7　　(3) 1.2　　(4) $\dfrac{5}{2}$

03 (1) $+10$, -10　　(2) $+\dfrac{1}{4}$, $-\dfrac{1}{4}$　　(3) 0

　　(4) $+\dfrac{3}{5}$　　　　(5) -0.8　　　　(6) $+7$, -7

04 (1) $>$　　(2) $<$　　(3) $>$　　(4) $<$

　　(5) $<$　　(6) $<$　　(7) $>$　　(8) $>$

05 (1) $a>0$　　(2) $a\le-2$　　(3) $a>3$

　　(4) $a<\dfrac{5}{7}$　　(5) $a\le1.9$　　(6) $-5<a\le1$

　　(7) $-\dfrac{1}{2}\le a<3$　　(8) $-\dfrac{4}{3}\le a<\dfrac{1}{2}$

03 (4) 절댓값이 $\dfrac{3}{5}$인 수는 $+\dfrac{3}{5}$, $-\dfrac{3}{5}$이므로 이 중 양수는 $+\dfrac{3}{5}$이다.

(5) 절댓값이 0.8인 수는 $+0.8$, -0.8이므로 이 중 음수는 -0.8이다.

04 (4) $\dfrac{2}{3}=\dfrac{8}{12}$, $\dfrac{3}{4}=\dfrac{9}{12}$이므로 $\dfrac{2}{3}<\dfrac{3}{4}$

(6) $-\dfrac{7}{2}=-\dfrac{21}{6}$, $-\dfrac{5}{3}=-\dfrac{10}{6}$이므로

$-\dfrac{7}{2}<-\dfrac{5}{3}$

(8) $-\dfrac{1}{4}=-\dfrac{5}{20}$, $-0.3=-\dfrac{3}{10}=-\dfrac{6}{20}$이므로

$-\dfrac{1}{4}>-0.3$

05 (5) a는 1.9보다 크지 않다. ➡ a는 1.9보다 작거나 같다.

➡ $a \leq 1.9$

(7) a는 $-\dfrac{1}{2}$보다 작지 않고 3보다 작다.

➡ a는 $-\dfrac{1}{2}$보다 크거나 같고 3보다 작다.

➡ $-\dfrac{1}{2} \leq a < 3$

개념 완성하기 ────────── 20쪽~21쪽

01 6　　　　**02** 16　　　　**03** $0, \dfrac{1}{4}, -\dfrac{5}{7}, -1, 3.5$

04 ⑤　　　　**05** 2　　　　**06** -5

07 $a=12, b=-12$　　　　**08** 16　　　　**09** ③

10 -5　　　　**11** ④　　　　**12** $-1 < a \leq \dfrac{3}{7}$

13 ⑤

14 (1) $-1, 0, 1, 2, 3, 4, 5$　(2) $-2, -1, 0, 1, 2$

15 ⑤　　　　**16** -2

01 $a=|-8|=8$, $b=|+2|=2$

∴ $a-b=8-2=6$

02 $a=|-5|=5$

절댓값이 11인 수는 11, -11이므로 $b=11$

∴ $a+b=5+11=16$

03 각 수의 절댓값은 차례로 $\dfrac{1}{4}$, 1, 3.5, 0, $\dfrac{5}{7}$이므로

절댓값이 작은 수부터 차례로 나열하면

$0, \dfrac{1}{4}, -\dfrac{5}{7}, -1, 3.5$

04 각 수의 절댓값을 구하면 다음과 같다.

① $|-3|=3$　　　　② $\left|-\dfrac{2}{5}\right|=\dfrac{2}{5}$

③ $|2.4|=2.4$　　　　④ $\left|\dfrac{5}{3}\right|=\dfrac{5}{3}=1\dfrac{2}{3}$

⑤ $\left|-\dfrac{7}{2}\right|=\dfrac{7}{2}=3\dfrac{1}{2}$

따라서 절댓값이 가장 큰 수는 ⑤ $-\dfrac{7}{2}$이다.

05 각 수의 절댓값은 차례로 5, $\dfrac{10}{3}$, 0, 2.7, 2, $\dfrac{8}{5}$이므로

절댓값이 큰 수부터 차례로 나열하면

$-5, \dfrac{10}{3}, -2.7, 2, \dfrac{8}{5}, 0$

따라서 네 번째에 오는 수는 2이다.

06 두 수는 원점으로부터 $10 \times \dfrac{1}{2}=5$만큼 떨어진 점에 대응하는 수이므로 5, -5이다.

따라서 두 수 중 작은 수는 -5이다.

07 두 수는 원점으로부터 $24 \times \dfrac{1}{2}=12$만큼 떨어진 점에 대응하는 수이므로 12, -12이다.

이때 $a>b$이므로 $a=12$, $b=-12$

08 $a=|-8|=8$

a와 b는 절댓값이 같고 부호가 서로 다르므로 $b=-8$

따라서 두 수 a, b에 대응하는 두 점 사이의 거리는 $8 \times 2=16$

09 ① 음수는 0보다 작으므로 $0 > -2$

② $1.5=\dfrac{3}{2}=\dfrac{6}{4}$이므로 $1.5 < \dfrac{7}{4}$

③ $-\dfrac{1}{2}=-\dfrac{3}{6}$, $-\dfrac{2}{3}=-\dfrac{4}{6}$이므로 $-\dfrac{1}{2} > -\dfrac{2}{3}$

④ $|-1|=1$이므로 $|-1| > 0$

⑤ $\left|-\dfrac{1}{2}\right|=\dfrac{1}{2}=\dfrac{3}{6}$, $\left|-\dfrac{1}{3}\right|=\dfrac{1}{3}=\dfrac{2}{6}$이므로

$\left|-\dfrac{1}{2}\right| > \left|-\dfrac{1}{3}\right|$

따라서 두 수의 대소 관계가 옳은 것은 ③이다.

10 작은 수부터 차례로 나열하면

$-6.5, -5, -\dfrac{4}{3}, 0, 2.7, +\dfrac{7}{2}$

이므로 두 번째에 오는 수는 -5이다.

11 작은 수부터 차례로 나열하면

$-3, -2.1, -\dfrac{11}{6}, 1.5, 2, \dfrac{9}{4}$

④ 2보다 큰 수는 $\dfrac{9}{4}$의 1개이다.

12 a는 -1보다 크고 $\dfrac{3}{7}$보다 크지 않다.

➡ a는 -1보다 크고 $\dfrac{3}{7}$보다 작거나 같다.

➡ $-1 < a \leq \dfrac{3}{7}$

13 ⑤ x는 -2보다 작지 않고 2보다 크지 않다.

➡ x는 -2보다 크거나 같고 2보다 작거나 같다.

➡ $-2 \leq x \leq 2$

14 (1) $-\dfrac{5}{3}=-1\dfrac{2}{3}$이므로 $-1\dfrac{2}{3} < x \leq 5$를 만족시키는 정수 x는 $-1, 0, 1, 2, 3, 4, 5$이다.

(2) $-\dfrac{9}{4}=-2\dfrac{1}{4}$이므로 $-2\dfrac{1}{4} < x < 3$을 만족시키는 정수 x는 $-2, -1, 0, 1, 2$이다.

15 $-\dfrac{11}{3}=-3\dfrac{2}{3}$, $\dfrac{23}{7}=3\dfrac{2}{7}$이므로 두 유리수 사이에 있는 정수는 $-3, -2, -1, 0, 1, 2, 3$의 7개이다.

16 $-\dfrac{12}{5}=-2\dfrac{2}{5}$, $\dfrac{4}{3}=1\dfrac{1}{3}$이므로 두 유리수 사이에 있는 정수는
-2, -1, 0, 1이고 이 중 절댓값이 가장 큰 수는 -2이다.

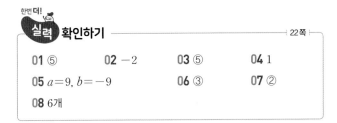
한번 더!
실력 확인하기 ──────────────── 22쪽

01 ⑤	**02** -2	**03** ⑤	**04** 1
05 $a=9$, $b=-9$		**06** ③	**07** ②
08 6개			

01 ① 작은 수부터 차례로 나열하면 -2, -1.5, $-\dfrac{3}{4}$, 0, $+\dfrac{6}{2}$,
$+4$이므로 가장 작은 수는 -2이다.

② 음의 유리수는 $-\dfrac{3}{4}$, -2, -1.5의 3개이다.

③ 정수는 $+4$, 0, -2, $+\dfrac{6}{2}(=+3)$의 4개이다.

④ 절댓값이 2보다 큰 수는 $+4$, $+\dfrac{6}{2}$의 2개이다.

⑤ $-\dfrac{3}{4}=-0.75$이므로 -1.5와 $-\dfrac{3}{4}$ 중 -1에 더 가까운
수는 $-\dfrac{3}{4}$이다.

따라서 옳지 않은 것은 ⑤이다.

02 -7과 3을 수직선 위에 나타내면 다음 그림과 같고, 이때 두
수에 대응하는 두 점 사이의 거리는 10이다.

따라서 -7과 3에 대응하는 두 점으로부터 같은 거리에 있는
점에 대응하는 수는 -7에서 오른쪽으로 5만큼 떨어져 있는
-2이다.

03 ① 가장 작은 정수는 알 수 없다.
② 절댓값이 가장 작은 정수는 0이다.
③ 음의 유리수는 절댓값이 클수록 작다.
④ 0.3은 유리수이지만 정수가 아니다.
따라서 옳은 것은 ⑤이다.

04 각 수의 절댓값은 차례로 $\dfrac{5}{3}$, 1.7, 3.4, $\dfrac{3}{2}$, 1이므로 절댓값
이 가장 작은 수는 1이다.
따라서 원점에 가장 가까운 점에 대응하는 수는 절댓값이 가
장 작은 수인 1이다.

05 a가 b보다 18만큼 크므로 수직선에서 두 수 a, b에 대응하는
두 점 사이의 거리는 18이다.
즉, 두 수는 원점으로부터 $18\times\dfrac{1}{2}=9$만큼 떨어진 점에 대응
하는 수이므로 9, -9이다.
이때 $a>b$이므로 $a=9$, $b=-9$

06 ① $-0.5 > -0.8$
② $\dfrac{5}{2}=\dfrac{15}{6}$, $\dfrac{7}{3}=\dfrac{14}{6}$이므로 $\dfrac{5}{2} > \dfrac{7}{3}$

③ $\left|-\dfrac{1}{2}\right|=\dfrac{1}{2}=\dfrac{5}{10}$이므로 $\left|-\dfrac{1}{2}\right| < \dfrac{7}{10}$

④ $\left|-\dfrac{34}{3}\right|=\dfrac{34}{3}$이므로 $13 > \left|-\dfrac{34}{3}\right|$

⑤ $\left|-4.2\right|=4.2$, $\left|-\dfrac{11}{3}\right|=\dfrac{11}{3}=3\dfrac{2}{3}$이므로
$\left|-4.2\right| > \left|-\dfrac{11}{3}\right|$

따라서 부등호의 방향이 나머지 넷과 다른 하나는 ③이다.

07 $-\dfrac{19}{4}=-4\dfrac{3}{4}$보다 큰 음의 정수는
-4, -3, -2, -1의 4개이므로 $a=4$
-2보다 작지 않고 5 이하인 정수는
-2, -1, 0, 1, 2, 3, 4, 5의 8개이므로 $b=8$
$\therefore a+b=4+8=12$

08 $-\dfrac{4}{3}=-\dfrac{16}{12}$, $\dfrac{1}{4}=\dfrac{3}{12}$이므로 두 유리수 사이에 있는 분모가
12인 기약분수는
$-\dfrac{13}{12}$, $-\dfrac{11}{12}$, $-\dfrac{7}{12}$, $-\dfrac{5}{12}$, $-\dfrac{1}{12}$, $\dfrac{1}{12}$의 6개이다.

한번 더!
실전! 중단원 마무리 ──────────────── 23쪽~24쪽

01 ③	**02** ③, ⑤	**03** ⑤	**04** ④
05 ④	**06** ⑤	**07** ②	**08** ⑤
09 ④	**10** 4	**11** 4	

서술형 문제 ─────

12 6	**13** a, b, c

01 ③ 1000원을 저축 : $+1000$원

02 자연수가 아닌 정수는 0 또는 음의 정수이므로 ③ 0, ⑤ -4
이다.

03 ① 정수는 3, 0, $-\dfrac{12}{4}(=-3)$의 3개이다.
② 주어진 수는 모두 유리수이므로 7개이다.
③ 양의 유리수는 3, $+\dfrac{1}{2}$, $+5.5$의 3개이다.
④ 음의 유리수는 -2.1, $-\dfrac{5}{3}$, $-\dfrac{12}{4}$의 3개이다.
⑤ 정수가 아닌 유리수는 -2.1, $+\dfrac{1}{2}$, $-\dfrac{5}{3}$, $+5.5$의 4개이
다.
따라서 옳지 않은 것은 ⑤이다.

04 ④ 정수는 양의 정수, 0, 음의 정수를 통틀어 말한다.

05 $-3.4<-\dfrac{5}{2}<0<1.5<\dfrac{12}{5}$이므로 수직선에서 가장 오른쪽
에 있는 점에 대응하는 수는 ④ $\dfrac{12}{5}$이다.

06 절댓값이 $\dfrac{7}{2}$인 두 수는 $\dfrac{7}{2}$, $-\dfrac{7}{2}$ 이므로 수직선 위에 나타내면 오른쪽 그림과 같다. 이때 두 수에 대응하는 두 점 사이의 거리는 $\dfrac{7}{2}\times2=7$

07 각 수의 절댓값을 구하면 다음과 같다.

① $\left|\dfrac{1}{2}\right|=\dfrac{1}{2}$ ② $|-0.3|=0.3$ ③ $\left|\dfrac{2}{3}\right|=\dfrac{2}{3}$

④ $|-1|=1$ ⑤ $\left|-\dfrac{3}{4}\right|=\dfrac{3}{4}$

$0.3<\dfrac{1}{2}<\dfrac{2}{3}<\dfrac{3}{4}<1$이므로 절댓값이 가장 작은 수는

② -0.3이다.

08 ① $-4<-2$

② $|-9|=9>3$

③ $\dfrac{2}{3}=\dfrac{8}{12}$, $\dfrac{3}{4}=\dfrac{9}{12}$이므로 $\dfrac{2}{3}<\dfrac{3}{4}$

④ $-\dfrac{5}{2}=-\dfrac{15}{6}$, $-\dfrac{8}{3}=-\dfrac{16}{6}$이므로 $-\dfrac{5}{2}>-\dfrac{8}{3}$

⑤ $\dfrac{7}{5}=\dfrac{14}{10}$, $|-1.3|=1.3=\dfrac{13}{10}$이므로 $\dfrac{7}{5}>|-1.3|$

따라서 두 수의 대소 관계가 옳은 것은 ⑤이다.

09 ④ x는 $\dfrac{2}{3}$보다 작지 않고 4 이하이다.

➡ x는 $\dfrac{2}{3}$보다 크거나 같고 4 이하이다.

➡ $\dfrac{2}{3}\leq x\leq4$

10 -0.5와 $\dfrac{10}{3}=3\dfrac{1}{3}$ 사이에 있는 정수는 0, 1, 2, 3의 4개이다.

11 ㈎에서 A는 $-5\leq A<\dfrac{5}{4}$인 정수이므로

-5, -4, -3, -2, -1, 0, 1

㈏에서 A의 값은 -5, -4, -3, -2의 4개이다.

12 두 수의 절댓값이 같고, 두 점 A, B 사이의 거리가 12이므로 두 수 a, b는 원점으로부터 $12\times\dfrac{1}{2}=6$만큼 떨어진 점에 대응하는 수이다.

즉, $a=-6$, $b=6$ 또는 $a=6$, $b=-6$ ······ ❶

따라서 $a=-6$ 또는 $a=6$이므로

$|a|=6$ ······ ❷

채점 기준	배점
❶ 두 수 a, b의 값을 각각 구하기	4점
❷ $|a|$ 구하기	2점

13 ㈎, ㈏에서 $b<0$이고 $a<b$이므로 $a<0$ ······ ❶

㈐에서 $|a|=|c|$이고 $a<0$이므로 $c>0$ ······ ❷

따라서 세 수 a, b, c를 작은 수부터 차례로 나열하면 a, b, c이다. ······ ❸

채점 기준	배점
❶ a, b의 부호를 각각 구하기	2점
❷ c의 부호 구하기	3점
❸ a, b, c를 작은 수부터 차례로 나열하기	1점

2 | 정수와 유리수의 계산

01 정수와 유리수의 덧셈과 뺄셈

한번 더 개념 확인문제 ──────────── 25쪽~26쪽

01 (1) $(+5)+(+3)=+8$ (2) $(-2)+(-5)=-7$

(3) $(+4)+(-6)=-2$ (4) $(-7)+(+3)=-4$

02 (1) $+6$ (2) -10 (3) $+4$ (4) -6

03 (1) $+3$ (2) $+\dfrac{7}{6}$ (3) -6 (4) -2 (5) $+\dfrac{1}{10}$

04 ㉠ 덧셈의 교환법칙 ㉡ 덧셈의 결합법칙

05 (1) $+5$ (2) -2 (3) $-\dfrac{11}{2}$

06 (1) -3 (2) -8 (3) $+12$ (4) $+2$

(5) $+15$ (6) -7

07 (1) $+\dfrac{7}{8}$ (2) $+4$ (3) $-\dfrac{3}{2}$ (4) -1.4

(5) $+2.1$ (6) -8

08 (1) $+6$ (2) -16 (3) $+3$ (4) $-\dfrac{5}{12}$

(5) $+4$ (6) $+0.5$

09 (1) $+2$ (2) -3 (3) $+1$ (4) $-\dfrac{7}{12}$

(5) -1 (6) $+5.5$

01 (1) 원점에서 오른쪽으로 5만큼 이동한 후 오른쪽으로 3만큼 이동한 것은 원점에서 오른쪽으로 8만큼 이동한 것과 같다.

➡ $(+5)+(+3)=+8$

(2) 원점에서 왼쪽으로 2만큼 이동한 후 왼쪽으로 5만큼 이동한 것은 원점에서 왼쪽으로 7만큼 이동한 것과 같다.

➡ $(-2)+(-5)=-7$

(3) 원점에서 오른쪽으로 4만큼 이동한 후 왼쪽으로 6만큼 이동한 것은 원점에서 왼쪽으로 2만큼 이동한 것과 같다.

➡ $(+4)+(-6)=-2$

(4) 원점에서 왼쪽으로 7만큼 이동한 후 오른쪽으로 3만큼 이동한 것은 원점에서 왼쪽으로 4만큼 이동한 것과 같다.

➡ $(-7)+(+3)=-4$

02 (1) $(+4)+(+2)=+(4+2)=+6$

(2) $(-7)+(-3)=-(7+3)=-10$

(3) $(+9)+(-5)=+(9-5)=+4$

(4) $(-12)+(+6)=-(12-6)=-6$

03 (1) $\left(+\dfrac{1}{2}\right)+\left(+\dfrac{5}{2}\right)=+\left(\dfrac{1}{2}+\dfrac{5}{2}\right)=+\dfrac{6}{2}=+3$

(2) $\left(-\dfrac{1}{3}\right)+\left(+\dfrac{3}{2}\right)=\left(-\dfrac{2}{6}\right)+\left(+\dfrac{9}{6}\right)$

$=+\left(\dfrac{9}{6}-\dfrac{2}{6}\right)=+\dfrac{7}{6}$

(3) $(-3.3)+(-2.7)=-(3.3+2.7)=-6$

(4) $(+2.5)+(-4.5)=-(4.5-2.5)=-2$

$(5)\left(-\dfrac{3}{5}\right)+(+0.7)=\left(-\dfrac{6}{10}\right)+\left(+\dfrac{7}{10}\right)$
$=+\left(\dfrac{7}{10}-\dfrac{6}{10}\right)=+\dfrac{1}{10}$

05 $(1)\ (-10)+(+5)+(+10)$
$=(-10)+(+10)+(+5)$
$=\{(-10)+(+10)\}+(+5)$
$=0+(+5)=+5$

$(2)\left(+\dfrac{2}{5}\right)+(-1)+\left(-\dfrac{7}{5}\right)=\left(+\dfrac{2}{5}\right)+\left(-\dfrac{7}{5}\right)+(-1)$
$=\left\{\left(+\dfrac{2}{5}\right)+\left(-\dfrac{7}{5}\right)\right\}+(-1)$
$=(-1)+(-1)=-2$

$(3)\ (-4.7)+\left(+\dfrac{1}{2}\right)+(-1.3)$
$=(-4.7)+(-1.3)+\left(+\dfrac{1}{2}\right)$
$=\{(-4.7)+(-1.3)\}+\left(+\dfrac{1}{2}\right)$
$=(-6)+\left(+\dfrac{1}{2}\right)=\left(-\dfrac{12}{2}\right)+\left(+\dfrac{1}{2}\right)=-\dfrac{11}{2}$

06 $(1)\ (+6)-(+9)=(+6)+(-9)=-(9-6)=-3$
$(2)\ (-3)-(+5)=(-3)+(-5)=-(3+5)=-8$
$(3)\ (+5)-(-7)=(+5)+(+7)=+(5+7)=+12$
$(4)\ (-8)-(-10)=(-8)+(+10)=+(10-8)=+2$
$(5)\ (+12)-(-3)=(+12)+(+3)=+(12+3)=+15$
$(6)\ (-15)-(-8)=(-15)+(+8)=-(15-8)=-7$

07 $(1)\left(+\dfrac{1}{8}\right)-\left(-\dfrac{3}{4}\right)=\left(+\dfrac{1}{8}\right)+\left(+\dfrac{6}{8}\right)$
$=+\left(\dfrac{1}{8}+\dfrac{6}{8}\right)=+\dfrac{7}{8}$

$(2)\left(-\dfrac{1}{2}\right)-\left(-\dfrac{9}{2}\right)=\left(-\dfrac{1}{2}\right)+\left(+\dfrac{9}{2}\right)$
$=+\left(\dfrac{9}{2}-\dfrac{1}{2}\right)=+\dfrac{8}{2}=+4$

$(3)\left(-\dfrac{4}{3}\right)-\left(+\dfrac{1}{6}\right)=\left(-\dfrac{8}{6}\right)+\left(-\dfrac{1}{6}\right)$
$=-\left(\dfrac{8}{6}+\dfrac{1}{6}\right)=-\dfrac{9}{6}=-\dfrac{3}{2}$

$(4)\ (+3.9)-(+5.3)=(+3.9)+(-5.3)$
$=-(5.3-3.9)=-1.4$

$(5)\ (-4.6)-(-6.7)=(-4.6)+(+6.7)$
$=+(6.7-4.6)=+2.1$

$(6)\ (-7.5)-\left(+\dfrac{1}{2}\right)=(-7.5)+(-0.5)$
$=-(7.5+0.5)=-8$

08 $(1)\ (+2)+(-3)-(-7)=(+2)+(-3)+(+7)$
$=(+2)+(+7)+(-3)$
$=\{(+2)+(+7)\}+(-3)$
$=(+9)+(-3)=+6$

$(2)\ (-9)-(+2)+(-5)=(-9)+(-2)+(-5)$
$=-(9+2+5)=-16$

$(3)\left(-\dfrac{3}{4}\right)+\left(+\dfrac{5}{2}\right)-\left(-\dfrac{5}{4}\right)=\left(-\dfrac{3}{4}\right)+\left(+\dfrac{5}{2}\right)+\left(+\dfrac{5}{4}\right)$
$=\left(-\dfrac{3}{4}\right)+\left(+\dfrac{5}{4}\right)+\left(+\dfrac{5}{2}\right)$
$=\left\{\left(-\dfrac{3}{4}\right)+\left(+\dfrac{5}{4}\right)\right\}+\left(+\dfrac{5}{2}\right)$
$=\left(+\dfrac{1}{2}\right)+\left(+\dfrac{5}{2}\right)=+3$

$(4)\left(-\dfrac{1}{2}\right)-\left(-\dfrac{1}{3}\right)+\left(-\dfrac{1}{4}\right)$
$=\left(-\dfrac{1}{2}\right)+\left(+\dfrac{1}{3}\right)+\left(-\dfrac{1}{4}\right)$
$=\left\{\left(-\dfrac{6}{12}\right)+\left(+\dfrac{4}{12}\right)\right\}+\left(-\dfrac{3}{12}\right)$
$=\left(-\dfrac{2}{12}\right)+\left(-\dfrac{3}{12}\right)=-\dfrac{5}{12}$

$(5)\ (+5.3)+(-2.8)-(-1.5)$
$=(+5.3)+(-2.8)+(+1.5)$
$=(+5.3)+(+1.5)+(-2.8)$
$=\{(+5.3)+(+1.5)\}+(-2.8)$
$=(+6.8)+(-2.8)=+4$

$(6)\ (-1.2)-(-3.4)+(-1.7)$
$=(-1.2)+(+3.4)+(-1.7)$
$=(+3.4)+(-1.2)+(-1.7)$
$=(+3.4)+\{(-1.2)+(-1.7)\}$
$=(+3.4)+(-2.9)=+0.5$

09 $(1)\ -3+1+4=(-3)+(+1)+(+4)$
$=(-3)+\{(+1)+(+4)\}$
$=(-3)+(+5)=+2$

$(2)\ 7-2+3-11=(+7)-(+2)+(+3)-(+11)$
$=(+7)+(-2)+(+3)+(-11)$
$=(+7)+(+3)+(-2)+(-11)$
$=\{(+7)+(+3)\}+\{(-2)+(-11)\}$
$=(+10)+(-13)=-3$

$(3)\ \dfrac{3}{2}-\dfrac{2}{3}+\dfrac{1}{6}=\left(+\dfrac{3}{2}\right)-\left(+\dfrac{2}{3}\right)+\left(+\dfrac{1}{6}\right)$
$=\left(+\dfrac{3}{2}\right)+\left(-\dfrac{2}{3}\right)+\left(+\dfrac{1}{6}\right)$
$=\left\{\left(+\dfrac{9}{6}\right)+\left(-\dfrac{4}{6}\right)\right\}+\left(+\dfrac{1}{6}\right)$
$=\left(+\dfrac{5}{6}\right)+\left(+\dfrac{1}{6}\right)=+1$

$(4)\ \dfrac{3}{4}-\dfrac{5}{2}-\dfrac{1}{3}+\dfrac{3}{2}$
$=\left(+\dfrac{3}{4}\right)-\left(+\dfrac{5}{2}\right)-\left(+\dfrac{1}{3}\right)+\left(+\dfrac{3}{2}\right)$
$=\left(+\dfrac{3}{4}\right)+\left(-\dfrac{5}{2}\right)+\left(-\dfrac{1}{3}\right)+\left(+\dfrac{3}{2}\right)$
$=\left(+\dfrac{3}{4}\right)+\left(-\dfrac{1}{3}\right)+\left(-\dfrac{5}{2}\right)+\left(+\dfrac{3}{2}\right)$
$=\left\{\left(+\dfrac{9}{12}\right)+\left(-\dfrac{4}{12}\right)\right\}+\left\{\left(-\dfrac{5}{2}\right)+\left(+\dfrac{3}{2}\right)\right\}$
$=\left(+\dfrac{5}{12}\right)+(-1)=\left(+\dfrac{5}{12}\right)+\left(-\dfrac{12}{12}\right)=-\dfrac{7}{12}$

(5) $1.8+4.5-7.3=(+1.8)+(+4.5)-(+7.3)$
$=(+1.8)+(+4.5)+(-7.3)$
$=\{(+1.8)+(+4.5)\}+(-7.3)$
$=(+6.3)+(-7.3)=-1$

(6) $-2+3.7-1.2+5$
$=(-2)+(+3.7)-(+1.2)+(+5)$
$=(-2)+(+3.7)+(-1.2)+(+5)$
$=(-2)+(+5)+(+3.7)+(-1.2)$
$=\{(-2)+(+5)\}+\{(+3.7)+(-1.2)\}$
$=(+3)+(+2.5)=+5.5$

개념 완성하기

27쪽~29쪽

01 ③	**02** ②	**03** $-\dfrac{7}{2}$	**04** ②
05 ㉠ 교환 ㉡ 결합 ㉢ $+4$ ㉣ -2			
06 ③	**07** -11	**08** 6	**09** 0
10 $-\dfrac{13}{2}$	**11** ④	**12** $\dfrac{3}{4}$	**13** $-\dfrac{1}{6}$
14 ③	**15** -11	**16** $a=-\dfrac{7}{2}, b=-\dfrac{10}{3}$	
17 $-\dfrac{1}{12}$	**18** $-\dfrac{1}{2}$	**19** $\dfrac{8}{3}$	
20 (1) $-\dfrac{1}{6}$ (2) $\dfrac{1}{6}$		**21** 4	
22 (1) 6 (2) -6		**23** 10	**24** -13

01 ③ $\left(-\dfrac{3}{2}\right)+\left(-\dfrac{5}{2}\right)=-\dfrac{8}{2}=-4$

02 ① $(+3)+(-4)=-1$

② $(-1)+\left(-\dfrac{3}{2}\right)=\left(-\dfrac{2}{2}\right)+\left(-\dfrac{3}{2}\right)=-\dfrac{5}{2}$

③ $(-2)+\left(+\dfrac{3}{4}\right)=\left(-\dfrac{8}{4}\right)+\left(+\dfrac{3}{4}\right)=-\dfrac{5}{4}$

④ $(+2)+(+1.5)=3.5$

⑤ $(-3.5)+(+1.2)=-2.3$

따라서 계산 결과가 가장 작은 것은 ②이다.

03 $a=(-3.2)+(-1.8)=-5$

$b=\left(-\dfrac{1}{3}\right)+\left(+\dfrac{11}{6}\right)=\left(-\dfrac{2}{6}\right)+\left(+\dfrac{11}{6}\right)=\dfrac{9}{6}=\dfrac{3}{2}$

$\therefore a+b=(-5)+\dfrac{3}{2}=\left(-\dfrac{10}{2}\right)+\dfrac{3}{2}=-\dfrac{7}{2}$

06 ③ $\left(-\dfrac{1}{3}\right)-\left(-\dfrac{4}{3}\right)=\left(-\dfrac{1}{3}\right)+\left(+\dfrac{4}{3}\right)=\dfrac{3}{3}=1$

07 $a=\left(-\dfrac{7}{2}\right)-\left(+\dfrac{1}{2}\right)=\left(-\dfrac{7}{2}\right)+\left(-\dfrac{1}{2}\right)=-\dfrac{8}{2}=-4$

$b=(+1)-(-6)=(+1)+(+6)=7$

$\therefore a-b=(-4)-7=-11$

08 가장 큰 수는 $+2.5$, 가장 작은 수는 $-\dfrac{7}{2}$이다.

따라서 구하는 차는

$(+2.5)-\left(-\dfrac{7}{2}\right)=\left(+\dfrac{5}{2}\right)+\left(+\dfrac{7}{2}\right)=\dfrac{12}{2}=6$

09 $(-0.25)+\left(+\dfrac{1}{12}\right)-\left(-\dfrac{5}{6}\right)+\left(-\dfrac{2}{3}\right)$

$=\left(-\dfrac{1}{4}\right)+\left(+\dfrac{1}{12}\right)+\left(+\dfrac{5}{6}\right)+\left(-\dfrac{2}{3}\right)$

$=\left(-\dfrac{1}{4}\right)+\left(-\dfrac{2}{3}\right)+\left(+\dfrac{1}{12}\right)+\left(+\dfrac{5}{6}\right)$

$=\left\{\left(-\dfrac{3}{12}\right)+\left(-\dfrac{8}{12}\right)\right\}+\left\{\left(+\dfrac{1}{12}\right)+\left(+\dfrac{10}{12}\right)\right\}$

$=\left(-\dfrac{11}{12}\right)+\left(+\dfrac{11}{12}\right)=0$

10 $a=(+4)+(-7)-(-12)+(-15)$

$=(+4)+(-7)+(+12)+(-15)$

$=(+4)+(+12)+(-7)+(-15)$

$=\{(+4)+(+12)\}+\{(-7)+(-15)\}$

$=(+16)+(-22)=-6$

$b=\left(+\dfrac{1}{3}\right)-\left(+\dfrac{1}{2}\right)-\left(-\dfrac{3}{2}\right)+\left(-\dfrac{5}{6}\right)$

$=\left(+\dfrac{1}{3}\right)+\left(-\dfrac{1}{2}\right)+\left(+\dfrac{3}{2}\right)+\left(-\dfrac{5}{6}\right)$

$=\left(+\dfrac{1}{3}\right)+\left(+\dfrac{3}{2}\right)+\left(-\dfrac{1}{2}\right)+\left(-\dfrac{5}{6}\right)$

$=\left\{\left(+\dfrac{2}{6}\right)+\left(+\dfrac{9}{6}\right)\right\}+\left\{\left(-\dfrac{3}{6}\right)+\left(-\dfrac{5}{6}\right)\right\}$

$=\left(+\dfrac{11}{6}\right)+\left(-\dfrac{8}{6}\right)=\dfrac{3}{6}=\dfrac{1}{2}$

$\therefore a-b=(-6)-\dfrac{1}{2}=\left(-\dfrac{12}{2}\right)+\left(-\dfrac{1}{2}\right)=-\dfrac{13}{2}$

11 ① $-3+5-4=(-3)+(+5)-(+4)$

$=(-3)+(+5)+(-4)$

$=(-3)+(-4)+(+5)$

$=\{(-3)+(-4)\}+(+5)$

$=(-7)+(+5)=-2$

② $2-8+5=(+2)-(+8)+(+5)$

$=(+2)+(-8)+(+5)$

$=(+2)+(+5)+(-8)$

$=\{(+2)+(+5)\}+(-8)$

$=(+7)+(-8)=-1$

③ $-9-2+7=(-9)-(+2)+(+7)$

$=(-9)+(-2)+(+7)$

$=\{(-9)+(-2)\}+(+7)$

$=(-11)+(+7)=-4$

④ $1.2-3.7+2=(+1.2)-(+3.7)+(+2)$

$=(+1.2)+(-3.7)+(+2)$

$=(+1.2)+(+2)+(-3.7)$

$=\{(+1.2)+(+2)\}+(-3.7)$

$=(+3.2)+(-3.7)=-0.5$

⑤ $-1+\dfrac{1}{2}-\dfrac{5}{4}=(-1)+\left(+\dfrac{1}{2}\right)-\left(+\dfrac{5}{4}\right)$

$\qquad\qquad\quad =(-1)+\left(+\dfrac{1}{2}\right)+\left(-\dfrac{5}{4}\right)$

$\qquad\qquad\quad =(-1)+\left\{\left(+\dfrac{2}{4}\right)+\left(-\dfrac{5}{4}\right)\right\}$

$\qquad\qquad\quad =(-1)+\left(-\dfrac{3}{4}\right)$

$\qquad\qquad\quad =\left(-\dfrac{4}{4}\right)+\left(-\dfrac{3}{4}\right)$

$\qquad\qquad\quad =-\dfrac{7}{4}$

따라서 계산 결과가 가장 큰 것은 ④이다.

12 $\dfrac{3}{4}-\dfrac{1}{3}-\dfrac{1}{2}+\dfrac{5}{6}$

$\quad =\left(+\dfrac{3}{4}\right)-\left(+\dfrac{1}{3}\right)-\left(+\dfrac{1}{2}\right)+\left(+\dfrac{5}{6}\right)$

$\quad =\left(+\dfrac{3}{4}\right)+\left(-\dfrac{1}{3}\right)+\left(-\dfrac{1}{2}\right)+\left(+\dfrac{5}{6}\right)$

$\quad =\left(+\dfrac{3}{4}\right)+\left(+\dfrac{5}{6}\right)+\left(-\dfrac{1}{3}\right)+\left(-\dfrac{1}{2}\right)$

$\quad =\left\{\left(+\dfrac{9}{12}\right)+\left(+\dfrac{10}{12}\right)\right\}+\left\{\left(-\dfrac{4}{12}\right)+\left(-\dfrac{6}{12}\right)\right\}$

$\quad =\left(+\dfrac{19}{12}\right)+\left(-\dfrac{10}{12}\right)=\dfrac{9}{12}=\dfrac{3}{4}$

13 $a=-\dfrac{1}{2}+\dfrac{3}{2}-\dfrac{1}{3}+\dfrac{1}{6}$

$\quad =\left(-\dfrac{1}{2}\right)+\left(+\dfrac{3}{2}\right)-\left(+\dfrac{1}{3}\right)+\left(+\dfrac{1}{6}\right)$

$\quad =\left(-\dfrac{1}{2}\right)+\left(+\dfrac{3}{2}\right)+\left(-\dfrac{1}{3}\right)+\left(+\dfrac{1}{6}\right)$

$\quad =\left(-\dfrac{1}{2}\right)+\left(-\dfrac{1}{3}\right)+\left(+\dfrac{3}{2}\right)+\left(+\dfrac{1}{6}\right)$

$\quad =\left\{\left(-\dfrac{3}{6}\right)+\left(-\dfrac{2}{6}\right)\right\}+\left\{\left(+\dfrac{9}{6}\right)+\left(+\dfrac{1}{6}\right)\right\}$

$\quad =\left(-\dfrac{5}{6}\right)+\left(+\dfrac{10}{6}\right)=\dfrac{5}{6}$

$\quad b=-7+3-5+8$

$\quad =(-7)+(+3)-(+5)+(+8)$

$\quad =(-7)+(+3)+(-5)+(+8)$

$\quad =(-7)+(-5)+(+3)+(+8)$

$\quad =\{(-7)+(-5)\}+\{(+3)+(+8)\}$

$\quad =(-12)+(+11)=-1$

$\quad \therefore a+b=\left(+\dfrac{5}{6}\right)+(-1)=\left(+\dfrac{5}{6}\right)+\left(-\dfrac{6}{6}\right)=-\dfrac{1}{6}$

14 ① $1+3=4$

$\quad$ ② $6-2=4$

$\quad$ ③ $8-(-4)=8+(+4)=12$

$\quad$ ④ $(-1)+5=4$

$\quad$ ⑤ $(-3)-(-7)=(-3)+(+7)=4$

$\quad$ 따라서 나머지 넷과 다른 하나는 ③이다.

15 $a=2-8=-6,\ b=(-1)+(-4)=-5$

$\quad \therefore a+b=(-6)+(-5)=-11$

16 $a=(-5)+\dfrac{3}{2}=\left(-\dfrac{10}{2}\right)+\dfrac{3}{2}=-\dfrac{7}{2}$

$\quad b=\left(-\dfrac{7}{2}\right)-\left(-\dfrac{1}{6}\right)=\left(-\dfrac{7}{2}\right)+\dfrac{1}{6}$

$\qquad =\left(-\dfrac{21}{6}\right)+\dfrac{1}{6}=-\dfrac{20}{6}$

$\qquad =-\dfrac{10}{3}$

17 $\square=\left(-\dfrac{11}{6}\right)-\left(-\dfrac{7}{4}\right)=\left(-\dfrac{11}{6}\right)+\left(+\dfrac{7}{4}\right)$

$\qquad =\left(-\dfrac{22}{12}\right)+\dfrac{21}{12}$

$\qquad =-\dfrac{1}{12}$

18 $\square=\dfrac{1}{2}+(-1)=\dfrac{1}{2}+\left(-\dfrac{2}{2}\right)=-\dfrac{1}{2}$

19 어떤 수를 $\square$라 하면

$\quad \square+(-2)=\dfrac{2}{3}$

$\quad \therefore \square=\dfrac{2}{3}-(-2)=\dfrac{2}{3}+2=\dfrac{2}{3}+\dfrac{6}{3}=\dfrac{8}{3}$

20 (1) 어떤 수를 $\square$라 하면

$\qquad \square-\dfrac{1}{3}=-\dfrac{1}{2}$

$\qquad \therefore \square=\left(-\dfrac{1}{2}\right)+\dfrac{1}{3}=\left(-\dfrac{3}{6}\right)+\dfrac{2}{6}=-\dfrac{1}{6}$

$\quad$ (2) $\left(-\dfrac{1}{6}\right)+\dfrac{1}{3}=\left(-\dfrac{1}{6}\right)+\dfrac{2}{6}=\dfrac{1}{6}$

21 어떤 수를 $\square$라 하면

$\quad \dfrac{3}{4}+\square=-\dfrac{5}{2}$

$\quad \therefore \square=\left(-\dfrac{5}{2}\right)-\dfrac{3}{4}=\left(-\dfrac{10}{4}\right)-\dfrac{3}{4}=-\dfrac{13}{4}$

$\quad$ 따라서 바르게 계산한 답은

$\quad \dfrac{3}{4}-\left(-\dfrac{13}{4}\right)=\dfrac{3}{4}+\dfrac{13}{4}=\dfrac{16}{4}=4$

22 x의 절댓값은 1이므로 $x=1$ 또는 $x=-1$

$\quad y$의 절댓값은 5이므로 $y=5$ 또는 $y=-5$

$\quad$ (1) $x+y$의 값 중 가장 큰 값은 $x=1,\ y=5$일 때이므로

$\qquad 1+5=6$

$\quad$ (2) $x+y$의 값 중 가장 작은 값은 $x=-1,\ y=-5$일 때이므로

$\qquad (-1)+(-5)=-6$

23 x의 절댓값은 7이므로 $x=7$ 또는 $x=-7$

$\quad y$의 절댓값은 3이므로 $y=3$ 또는 $y=-3$

$\quad x+y$의 값 중 가장 큰 값은 $x=7,\ y=3$일 때이므로

$\quad 7+3=10$

24 $|x|=4$이므로 $x=4$ 또는 $x=-4$

$\quad |y|=9$이므로 $y=9$ 또는 $y=-9$

$\quad x-y$의 값 중 가장 작은 값은 $x=-4,\ y=9$일 때이므로

$\quad (-4)-9=-13$

01 $-\dfrac{19}{6}$　　02 ②　　03 ①　　04 ⑤

05 $-\dfrac{7}{3}$　　06 ④　　07 13 ℃　　08 8

01 각 수의 절댓값은 차례로 2.4, 3, $\dfrac{7}{2}$, $\dfrac{1}{3}$, $\dfrac{5}{6}$이므로

$a=-\dfrac{7}{2}$, $b=\dfrac{1}{3}$

$\therefore a+b=\left(-\dfrac{7}{2}\right)+\dfrac{1}{3}=\left(-\dfrac{21}{6}\right)+\dfrac{2}{6}=-\dfrac{19}{6}$

02 $a=\left(-\dfrac{2}{3}\right)+\left(+\dfrac{5}{6}\right)=\left(-\dfrac{4}{6}\right)+\left(+\dfrac{5}{6}\right)=\dfrac{1}{6}$

$b=\left(-\dfrac{1}{2}\right)-\left(-\dfrac{3}{4}\right)-\left(+\dfrac{2}{3}\right)$

$=\left(-\dfrac{1}{2}\right)+\left(+\dfrac{3}{4}\right)+\left(-\dfrac{2}{3}\right)$

$=\left(-\dfrac{1}{2}\right)+\left(-\dfrac{2}{3}\right)+\left(+\dfrac{3}{4}\right)$

$=\left\{\left(-\dfrac{6}{12}\right)+\left(-\dfrac{8}{12}\right)\right\}+\left(+\dfrac{9}{12}\right)$

$=\left(-\dfrac{14}{12}\right)+\left(+\dfrac{9}{12}\right)=-\dfrac{5}{12}$

$\therefore a+b=\left(+\dfrac{1}{6}\right)+\left(-\dfrac{5}{12}\right)=\left(+\dfrac{2}{12}\right)+\left(-\dfrac{5}{12}\right)$

$=-\dfrac{3}{12}=-\dfrac{1}{4}$

03 $\dfrac{3}{2}-\dfrac{5}{3}-2+\dfrac{1}{3}$

$=\left(+\dfrac{3}{2}\right)-\left(+\dfrac{5}{3}\right)-(+2)+\left(+\dfrac{1}{3}\right)$

$=\left(+\dfrac{3}{2}\right)+\left(-\dfrac{5}{3}\right)+(-2)+\left(+\dfrac{1}{3}\right)$

$=\left(-\dfrac{5}{3}\right)+(-2)+\left(+\dfrac{3}{2}\right)+\left(+\dfrac{1}{3}\right)$

$=\left\{\left(-\dfrac{10}{6}\right)+\left(-\dfrac{12}{6}\right)\right\}+\left\{\left(+\dfrac{9}{6}\right)+\left(+\dfrac{2}{6}\right)\right\}$

$=\left(-\dfrac{22}{6}\right)+\left(+\dfrac{11}{6}\right)=-\dfrac{11}{6}$

따라서 $-\dfrac{11}{6}=-1\dfrac{5}{6}$에 가장 가까운 정수는 -2이다.

04 $a=(-2)-3=-5$, $b=(-5)+2=-3$

$\therefore b-a=(-3)-(-5)=(-3)+5=2$

05 어떤 수를 □라 하면 $□-\left(-\dfrac{5}{4}\right)=\dfrac{1}{6}$

$\therefore □=\dfrac{1}{6}+\left(-\dfrac{5}{4}\right)=\dfrac{2}{12}+\left(-\dfrac{15}{12}\right)=-\dfrac{13}{12}$

따라서 바르게 계산한 답은

$\left(-\dfrac{13}{12}\right)+\left(-\dfrac{5}{4}\right)=\left(-\dfrac{13}{12}\right)+\left(-\dfrac{15}{12}\right)=-\dfrac{28}{12}=-\dfrac{7}{3}$

06 $|x|=\dfrac{1}{2}$이므로 $x=\dfrac{1}{2}$ 또는 $x=-\dfrac{1}{2}$

$|y|=\dfrac{1}{6}$이므로 $y=\dfrac{1}{6}$ 또는 $y=-\dfrac{1}{6}$

$x-y$의 값 중 가장 큰 값은 $x=\dfrac{1}{2}$, $y=-\dfrac{1}{6}$일 때이므로

$\dfrac{1}{2}-\left(-\dfrac{1}{6}\right)=\dfrac{3}{6}+\dfrac{1}{6}=\dfrac{4}{6}=\dfrac{2}{3}$

07 최고 기온은 8 ℃이고 최저 기온은 -5 ℃이므로 최고 기온과 최저 기온의 차는

$8-(-5)=8+5=13($℃$)$

08 한 변에 놓인 세 수의 합은 $(-3)+7+(-5)=-1$이므로

$(-3)+4+b=-1$, $1+b=-1$

$\therefore b=(-1)-1=-2$

$(-5)+a+b=-1$에서

$(-5)+a+(-2)=-1$, $(-7)+a=-1$

$\therefore a=(-1)-(-7)=(-1)+7=6$

$\therefore a-b=6-(-2)=6+2=8$

02 정수와 유리수의 곱셈

01 (1) $+15$　(2) $+35$　(3) -24　(4) -30

(5) $+52$　(6) -90

02 (1) $+\dfrac{1}{5}$　(2) -10　(3) -9　(4) $+2$

(5) -1　(6) $+\dfrac{3}{2}$

03 (1) $+9$　(2) -1.5　(3) -3　(4) 0

04 ㉠ 곱셈의 교환법칙　㉡ 곱셈의 결합법칙

05 (1) -900　(2) $+73$　(3) -30

06 (1) -7　(2) $+105$　(3) -60　(4) $+96$

07 (1) $-\dfrac{1}{9}$　(2) $+12$　(3) $+5$　(4) -6

08 (1) $+90$　(2) -4

09 (1) $+25$　(2) -25　(3) -27　(4) -27

(5) $+\dfrac{1}{16}$　(6) $-\dfrac{1}{8}$　(7) $+\dfrac{16}{81}$　(8) $-\dfrac{1}{81}$

(9) $+32$　(10) -1

10 (1) 1590　(2) -43　(3) -4　(4) 21

01 (1) $(+3)\times(+5)=+(3\times5)=+15$

(2) $(-5)\times(-7)=+(5\times7)=+35$

(3) $(+8)\times(-3)=-(8\times3)=-24$

(4) $(-6)\times(+5)=-(6\times5)=-30$

(5) $(-13)\times(-4)=+(13\times4)=+52$

(6) $(+15)\times(-6)=-(15\times6)=-90$

02 (1) $\left(+\dfrac{1}{2}\right)\times\left(+\dfrac{2}{5}\right)=+\left(\dfrac{1}{2}\times\dfrac{2}{5}\right)=+\dfrac{1}{5}$

(2) $(+15)\times\left(-\dfrac{2}{3}\right)=-\left(15\times\dfrac{2}{3}\right)=-10$

(3) $\left(-\dfrac{3}{7}\right)\times(+21)=-\left(\dfrac{3}{7}\times21\right)=-9$

(4) $\left(-\dfrac{5}{4}\right)\times\left(-\dfrac{8}{5}\right)=+\left(\dfrac{5}{4}\times\dfrac{8}{5}\right)=+2$

(5) $\left(+\dfrac{7}{2}\right)\times\left(-\dfrac{2}{7}\right)=-\left(\dfrac{7}{2}\times\dfrac{2}{7}\right)=-1$

(6) $\left(-\dfrac{5}{3}\right)\times\left(-\dfrac{9}{10}\right)=+\left(\dfrac{5}{3}\times\dfrac{9}{10}\right)=+\dfrac{3}{2}$

03 (1) $(-5)\times(-1.8)=+(5\times1.8)=+9$

(2) $(+2.5)\times(-0.6)=-(2.5\times0.6)=-1.5$

(3) $(-3.9)\times\left(+\dfrac{10}{13}\right)=\left(-\dfrac{39}{10}\right)\times\left(+\dfrac{10}{13}\right)$

$\qquad\qquad =-\left(\dfrac{39}{10}\times\dfrac{10}{13}\right)=-3$

05 (1) $(+4)\times(+9)\times(-25)=(+4)\times(-25)\times(+9)$

$\qquad\qquad =\{(+4)\times(-25)\}\times(+9)$

$\qquad\qquad =(-100)\times(+9)=-900$

(2) $(-5)\times(+7.3)\times(-2)=(-5)\times(-2)\times(+7.3)$

$\qquad\qquad =\{(-5)\times(-2)\}\times(+7.3)$

$\qquad\qquad =(+10)\times(+7.3)=+73$

(3) $\left(-\dfrac{4}{3}\right)\times(-5)\times\left(-\dfrac{9}{2}\right)=\left(-\dfrac{4}{3}\right)\times\left(-\dfrac{9}{2}\right)\times(-5)$

$\qquad\qquad =\left\{\left(-\dfrac{4}{3}\right)\times\left(-\dfrac{9}{2}\right)\right\}\times(-5)$

$\qquad\qquad =(+6)\times(-5)=-30$

06 (1) $(+1)\times(-1)\times(+7)=-(1\times1\times7)=-7$

(2) $(+3)\times(-7)\times(-5)=+(3\times7\times5)=+105$

(3) $(-2)\times(-5)\times(-6)=-(2\times5\times6)=-60$

(4) $(-8)\times(+4)\times(-3)=+(8\times4\times3)=+96$

07 (1) $\left(-\dfrac{1}{2}\right)\times\left(+\dfrac{1}{3}\right)\times\left(+\dfrac{2}{3}\right)=-\left(\dfrac{1}{2}\times\dfrac{1}{3}\times\dfrac{2}{3}\right)=-\dfrac{1}{9}$

(2) $\left(-\dfrac{8}{5}\right)\times(-2)\times\left(+\dfrac{15}{4}\right)=+\left(\dfrac{8}{5}\times2\times\dfrac{15}{4}\right)=+12$

(3) $(-6)\times\left(+\dfrac{2}{3}\right)\times\left(-\dfrac{5}{4}\right)=+\left(6\times\dfrac{2}{3}\times\dfrac{5}{4}\right)=+5$

(4) $\left(-\dfrac{2}{7}\right)\times(-1.4)\times(-15)=\left(-\dfrac{2}{7}\right)\times\left(-\dfrac{7}{5}\right)\times(-15)$

$\qquad\qquad =-\left(\dfrac{2}{7}\times\dfrac{7}{5}\times15\right)=-6$

08 (1) $(+6)\times(-1)\times(+3)\times(-5)=+(6\times1\times3\times5)=+90$

(2) $(-10)\times\left(+\dfrac{1}{2}\right)\times\left(-\dfrac{3}{5}\right)\times\left(-\dfrac{4}{3}\right)$

$\qquad =-\left(10\times\dfrac{1}{2}\times\dfrac{3}{5}\times\dfrac{4}{3}\right)=-4$

09 (9) $-(-2)^5=-(-32)=+32$

10 (1) $15\times(100+6)=15\times100+15\times6$

$\qquad\qquad =1500+90=1590$

(2) $43\times\dfrac{2}{9}+43\times\left(-\dfrac{11}{9}\right)=43\times\left\{\dfrac{2}{9}+\left(-\dfrac{11}{9}\right)\right\}$

$\qquad\qquad\qquad =43\times(-1)=-43$

(3) $\left\{\left(-\dfrac{1}{2}\right)+\dfrac{9}{14}\right\}\times(-28)$

$\qquad =\left(-\dfrac{1}{2}\right)\times(-28)+\dfrac{9}{14}\times(-28)$

$\qquad =14+(-18)=-4$

(4) $10.2\times\dfrac{7}{3}+(-1.2)\times\dfrac{7}{3}=(10.2-1.2)\times\dfrac{7}{3}=9\times\dfrac{7}{3}=21$

개념 완성하기 ——————— 33쪽~34쪽

01 ④	**02** ⑤	**03** $-\dfrac{3}{8}$	**04** -5

05 ③

06 (가) 곱셈의 교환법칙 (나) 곱셈의 결합법칙 / ㉠ $+9$ ㉡ 18

07 ③	**08** -4	**09** 2	**10** ③
11 ⑤	**12** ②	**13** ③	**14** 6

15 $a=-10,\ b=87$

01 ④ $\left(+\dfrac{4}{5}\right)\times\left(-\dfrac{1}{2}\right)=-\dfrac{2}{5}$

02 ① $(+2)\times(+6)=12$

② $(-4)\times(-3)=12$

③ $\left(+\dfrac{6}{5}\right)\times(+10)=12$

④ $(-0.5)\times(-24)=\left(-\dfrac{1}{2}\right)\times(-24)=12$

⑤ $\left(-\dfrac{4}{3}\right)\times(-4.5)=\left(-\dfrac{4}{3}\right)\times\left(-\dfrac{9}{2}\right)=6$

따라서 계산 결과가 나머지 넷과 다른 하나는 ⑤이다.

03 $A=\left(-\dfrac{7}{3}\right)\times\left(-\dfrac{9}{14}\right)=\dfrac{3}{2}$

$B=(-0.2)\times\left(+\dfrac{5}{4}\right)=\left(-\dfrac{1}{5}\right)\times\left(+\dfrac{5}{4}\right)=-\dfrac{1}{4}$

$\therefore A\times B=\dfrac{3}{2}\times\left(-\dfrac{1}{4}\right)=-\dfrac{3}{8}$

04 가장 큰 수는 $\dfrac{10}{7}$, 가장 작은 수는 $-\dfrac{7}{2}$이므로

구하는 곱은 $\dfrac{10}{7}\times\left(-\dfrac{7}{2}\right)=-5$

07 $\left(-\dfrac{5}{3}\right)\times\left(-\dfrac{2}{15}\right)\times\left(+\dfrac{9}{4}\right)=+\left(\dfrac{5}{3}\times\dfrac{2}{15}\times\dfrac{9}{4}\right)=\dfrac{1}{2}$

08 $A=\left(-\dfrac{2}{3}\right)\times\left(-\dfrac{2}{9}\right)\times(-3)=-\left(\dfrac{2}{3}\times\dfrac{2}{9}\times3\right)=-\dfrac{4}{9}$

$B=\left(+\dfrac{3}{7}\right)\times(-35)\times\left(-\dfrac{3}{5}\right)=+\left(\dfrac{3}{7}\times35\times\dfrac{3}{5}\right)=9$

$\therefore A\times B=\left(-\dfrac{4}{9}\right)\times9=-4$

09 $\left(-\dfrac{1}{3}\right)\times\left(-\dfrac{3}{5}\right)\times\left(-\dfrac{5}{7}\right)\times(-14)$

$=+\left(\dfrac{1}{3}\times\dfrac{3}{5}\times\dfrac{5}{7}\times14\right)=2$

10 ③ $-4^2=-16$

11 ①, ②, ③, ④ -4　⑤ 4
따라서 계산 결과가 나머지 넷과 다른 하나는 ⑤이다.

12 ① $-2^3\times\left(-\dfrac{1}{2}\right)^3=(-8)\times\left(-\dfrac{1}{8}\right)=1$

② $\left(-\dfrac{1}{3}\right)^2\times(-1)^2=\dfrac{1}{9}\times1=\dfrac{1}{9}$

③ $-4^2\times(-1)^3=(-16)\times(-1)=16$

④ $(-5)\times\left(-\dfrac{1}{3}\right)^2\times\left(-\dfrac{3}{10}\right)=(-5)\times\dfrac{1}{9}\times\left(-\dfrac{3}{10}\right)$

$=+\left(5\times\dfrac{1}{9}\times\dfrac{3}{10}\right)=\dfrac{1}{6}$

⑤ $\dfrac{1}{2}\times(-2)^2\times\dfrac{1}{8}\times(-1)^4=\dfrac{1}{2}\times4\times\dfrac{1}{8}\times1=\dfrac{1}{4}$

따라서 계산 결과가 가장 작은 것은 ②이다.

13 $-(-1)+(-1)^2+(-1)^3-(-1)^4$
$=-(-1)+(+1)+(-1)-(+1)=1+1-1-1=0$

14 $a\times(b+c)=a\times b+a\times c=10$이므로
$4+a\times c=10$　∴ $a\times c=6$

15 $(-8.7)\times(-15.7)+(-8.7)\times(+5.7)$
$=(-8.7)\times(-15.7+5.7)=(-8.7)\times(-10)=87$
∴ $a=-10,\ b=87$

03 정수와 유리수의 나눗셈

한번 더 개념 확인문제 ──────── 35쪽~36쪽

01 (1) $+5$　(2) $+4$　(3) -4　(4) -7　(5) $+8$
　　(6) $+9$　(7) -5　(8) -9　(9) 0　(10) 0

02 (1) $-\dfrac{1}{2}$　(2) $\dfrac{1}{5}$　(3) $-\dfrac{9}{4}$　(4) 3
　　(5) $-\dfrac{7}{9}$　(6) $\dfrac{2}{7}$　(7) $-\dfrac{10}{3}$　(8) $\dfrac{5}{6}$

03 (1) $+16$　(2) -8　(3) $-\dfrac{1}{9}$　(4) $+12$　(5) $-\dfrac{3}{4}$
　　(6) $+3$　(7) -8　(8) -6　(9) $+4$　(10) 0

04 (1) $+15$　(2) $-\dfrac{10}{3}$

05 (1) -3　(2) $+40$　(3) $-\dfrac{1}{4}$　(4) $+3$　(5) -10

06 (1) $+1$　(2) $+2$　(3) $+\dfrac{8}{3}$　(4) -6　(5) -1

07 (1) $\dfrac{4}{3}$　(2) -1　(3) 7　(4) 28　(5) -25

08 (1) 5　(2) 0　(3) -7　(4) -2　(5) $-\dfrac{4}{5}$

01 (1) $(+35)\div(+7)=+(35\div7)=+5$
　　(2) $(-20)\div(-5)=+(20\div5)=+4$
　　(3) $(+12)\div(-3)=-(12\div3)=-4$
　　(4) $(-28)\div(+4)=-(28\div4)=-7$
　　(5) $(+48)\div(+6)=+(48\div6)=+8$
　　(6) $(-72)\div(-8)=+(72\div8)=+9$
　　(7) $(+50)\div(-10)=-(50\div10)=-5$
　　(8) $(-81)\div(+9)=-(81\div9)=-9$

02 (1) $-2=-\dfrac{2}{1}$의 역수는 $-\dfrac{1}{2}$이다.

　　(2) $5=\dfrac{5}{1}$의 역수는 $\dfrac{1}{5}$이다.

　　(4) $\dfrac{1}{3}$의 역수는 $\dfrac{3}{1}=3$이다.

　　(5) $-1\dfrac{2}{7}=-\dfrac{9}{7}$의 역수는 $-\dfrac{7}{9}$이다.

　　(6) $3\dfrac{1}{2}=\dfrac{7}{2}$의 역수는 $\dfrac{2}{7}$이다.

　　(7) $-0.3=-\dfrac{3}{10}$의 역수는 $-\dfrac{10}{3}$이다.

　　(8) $1.2=\dfrac{12}{10}=\dfrac{6}{5}$의 역수는 $\dfrac{5}{6}$이다.

03 (1) $(+8)\div\left(+\dfrac{1}{2}\right)=(+8)\times(+2)=+16$

　　(2) $(+10)\div\left(-\dfrac{5}{4}\right)=(+10)\times\left(-\dfrac{4}{5}\right)=-8$

　　(3) $\left(-\dfrac{2}{3}\right)\div(+6)=\left(-\dfrac{2}{3}\right)\times\left(+\dfrac{1}{6}\right)=-\dfrac{1}{9}$

　　(4) $\left(-\dfrac{6}{5}\right)\div\left(-\dfrac{1}{10}\right)=\left(-\dfrac{6}{5}\right)\times(-10)=+12$

　　(5) $\left(+\dfrac{5}{4}\right)\div\left(-\dfrac{5}{3}\right)=\left(+\dfrac{5}{4}\right)\times\left(-\dfrac{3}{5}\right)=-\dfrac{3}{4}$

　　(6) $\left(-\dfrac{9}{2}\right)\div\left(-\dfrac{3}{2}\right)=\left(-\dfrac{9}{2}\right)\times\left(-\dfrac{2}{3}\right)=+3$

　　(7) $(-5.6)\div(+0.7)=-(5.6\div0.7)=-8$

　　(8) $(+9)\div(-1.5)=(+9)\div\left(-\dfrac{3}{2}\right)$

$=(+9)\times\left(-\dfrac{2}{3}\right)$

$=-6$

　　(9) $(-2.4)\div\left(-\dfrac{3}{5}\right)=\left(-\dfrac{12}{5}\right)\times\left(-\dfrac{5}{3}\right)=+4$

04 (1) $(+7)\div\left(-\dfrac{7}{6}\right)\div\left(-\dfrac{2}{5}\right)=(+7)\times\left(-\dfrac{6}{7}\right)\times\left(-\dfrac{5}{2}\right)$

$=+\left(7\times\dfrac{6}{7}\times\dfrac{5}{2}\right)$

$=+15$

　　(2) $\left(-\dfrac{2}{3}\right)\div(-0.8)\div\left(-\dfrac{1}{4}\right)=\left(-\dfrac{2}{3}\right)\times\left(-\dfrac{5}{4}\right)\times(-4)$

$=-\left(\dfrac{2}{3}\times\dfrac{5}{4}\times4\right)$

$=-\dfrac{10}{3}$

05

(1) $(+6)\times(-5)\div(+10)=(+6)\times(-5)\times\left(+\dfrac{1}{10}\right)$
$=-\left(6\times5\times\dfrac{1}{10}\right)$
$=-3$

(2) $(+2)\div\left(-\dfrac{2}{5}\right)\times(-8)=(+2)\times\left(-\dfrac{5}{2}\right)\times(-8)$
$=+\left(2\times\dfrac{5}{2}\times8\right)$
$=+40$

(3) $\left(-\dfrac{1}{8}\right)\times(-4)\div(-2)=\left(-\dfrac{1}{8}\right)\times(-4)\times\left(-\dfrac{1}{2}\right)$
$=-\left(\dfrac{1}{8}\times4\times\dfrac{1}{2}\right)$
$=-\dfrac{1}{4}$

(4) $(-16)\times\left(+\dfrac{1}{16}\right)\div\left(-\dfrac{1}{3}\right)$
$=(-16)\times\left(+\dfrac{1}{16}\right)\times(-3)$
$=+\left(16\times\dfrac{1}{16}\times3\right)=+3$

(5) $\left(-\dfrac{9}{2}\right)\div\left(-\dfrac{3}{8}\right)\times\left(-\dfrac{5}{6}\right)$
$=\left(-\dfrac{9}{2}\right)\times\left(-\dfrac{8}{3}\right)\times\left(-\dfrac{5}{6}\right)$
$=-\left(\dfrac{9}{2}\times\dfrac{8}{3}\times\dfrac{5}{6}\right)=-10$

06

(1) $(-1)\times(+2)^3\div(-2)^3$
$=(-1)\times8\div(-8)$
$=(-1)\times8\times\left(-\dfrac{1}{8}\right)=+1$

(2) $\left(+\dfrac{2}{3}\right)^2\times(-4)\div\left(-\dfrac{8}{9}\right)$
$=\dfrac{4}{9}\times(-4)\times\left(-\dfrac{9}{8}\right)$
$=+\left(\dfrac{4}{9}\times4\times\dfrac{9}{8}\right)=+2$

(3) $\left(-\dfrac{2}{5}\right)\div\left(-\dfrac{3}{5}\right)\times(-2)^2$
$=\left(-\dfrac{2}{5}\right)\times\left(-\dfrac{5}{3}\right)\times4$
$=+\left(\dfrac{2}{5}\times\dfrac{5}{3}\times4\right)=+\dfrac{8}{3}$

(4) $(-2^2)\div\left(-\dfrac{4}{9}\right)\times\left(-\dfrac{2}{3}\right)$
$=(-4)\times\left(-\dfrac{9}{4}\right)\times\left(-\dfrac{2}{3}\right)$
$=-\left(4\times\dfrac{9}{4}\times\dfrac{2}{3}\right)=-6$

(5) $(-1)^4\div(-2)^2\times(-1)^3\div\left(-\dfrac{1}{2}\right)^2$
$=1\div4\times(-1)\div\dfrac{1}{4}$
$=1\times\dfrac{1}{4}\times(-1)\times4=-1$

07

(1) $\left(-\dfrac{1}{2}\right)^2\times8-7\div\dfrac{21}{2}=\dfrac{1}{4}\times8-7\times\dfrac{2}{21}$
$=2-\dfrac{2}{3}=\dfrac{4}{3}$

(2) $1-(-2)\times\dfrac{2}{5}\div\left(-\dfrac{2}{5}\right)=1-\left(-\dfrac{4}{5}\right)\times\left(-\dfrac{5}{2}\right)$
$=1-2=-1$

(3) $\dfrac{2}{3}-\left(-\dfrac{1}{2}\right)^2\div\left(-\dfrac{3}{4}\right)-(-6)$
$=\dfrac{2}{3}-\dfrac{1}{4}\times\left(-\dfrac{4}{3}\right)+(+6)$
$=\dfrac{2}{3}+\dfrac{1}{3}+6=7$

(4) $10-16\div\left(-\dfrac{2}{3}\right)^4\times\left(-\dfrac{2}{9}\right)$
$=10-16\div\dfrac{16}{81}\times\left(-\dfrac{2}{9}\right)$
$=10-16\times\dfrac{81}{16}\times\left(-\dfrac{2}{9}\right)$
$=10+18=28$

(5) $-3^2+(-4)^2\div\left(4\div\dfrac{2}{3}-7\right)$
$=-9+16\div\left(4\times\dfrac{3}{2}-7\right)$
$=-9+16\div(6-7)$
$=-9+16\div(-1)$
$=-9+(-16)=-25$

08

(1) $\{6-(-2)^4\}\div(-5)+3=(6-16)\div(-5)+3$
$=(-10)\div(-5)+3$
$=2+3=5$

(2) $5-10\div\left\{(-3)^2\times\dfrac{2}{9}\right\}=5-10\div\left(9\times\dfrac{2}{9}\right)$
$=5-10\div2$
$=5-5=0$

(3) $(-1)^3\times\left\{\left(\dfrac{2}{3}-\dfrac{1}{5}\right)\div\dfrac{1}{15}\right\}$
$=(-1)\times\left\{\left(\dfrac{10}{15}-\dfrac{3}{15}\right)\div\dfrac{1}{15}\right\}$
$=(-1)\times\left(\dfrac{7}{15}\times15\right)=(-1)\times7=-7$

(4) $8-\left\{4\div\dfrac{8}{9}-(-2)^2\times\left(-\dfrac{1}{8}\right)\right\}\div\dfrac{1}{2}$
$=8-\left\{4\times\dfrac{9}{8}-4\times\left(-\dfrac{1}{8}\right)\right\}\times2$
$=8-\left(\dfrac{9}{2}+\dfrac{1}{2}\right)\times2$
$=8-5\times2=8-10=-2$

(5) $\dfrac{4}{5}\div(-2)^2-\left\{\dfrac{3}{4}+\left(-\dfrac{1}{2}\right)^3\div\left(-\dfrac{1}{2}\right)\right\}$
$=\dfrac{4}{5}\div4-\left\{\dfrac{3}{4}+\left(-\dfrac{1}{8}\right)\div\left(-\dfrac{1}{2}\right)\right\}$
$=\dfrac{4}{5}\times\dfrac{1}{4}-\left\{\dfrac{3}{4}+\left(-\dfrac{1}{8}\right)\times(-2)\right\}$
$=\dfrac{1}{5}-\left(\dfrac{3}{4}+\dfrac{1}{4}\right)=\dfrac{1}{5}-1=-\dfrac{4}{5}$

01 ③ **02** $\dfrac{2}{3}$ **03** -1 **04** ⑤

05 ③ **06** 4 **07** ① **08** -10

09 ㄹ, ㄷ, ㄴ, ㅁ, ㄱ / 4 **10** ⑤ **11** -2

12 (1) $-\dfrac{5}{4}$ (2) 9 **13** $\dfrac{3}{2}$ **14** $-\dfrac{5}{3}$

15 ② **16** ②

02 $a=\dfrac{4}{9},\ -4\dfrac{1}{2}=-\dfrac{9}{2}$이므로 $b=-\dfrac{2}{9}$

$\therefore a-b=\dfrac{4}{9}-\left(-\dfrac{2}{9}\right)=\dfrac{4}{9}+\dfrac{2}{9}=\dfrac{6}{9}=\dfrac{2}{3}$

03 $-0.4=-\dfrac{2}{5}$이므로 $a=-\dfrac{5}{2}$

$2\dfrac{1}{2}=\dfrac{5}{2}$이므로 $b=\dfrac{2}{5}$

$\therefore a\times b=\left(-\dfrac{5}{2}\right)\times\dfrac{2}{5}=-1$

04 ④ $(+10)\div\left(+\dfrac{5}{2}\right)=(+10)\times\left(+\dfrac{2}{5}\right)$
$=4$

⑤ $\left(-\dfrac{20}{9}\right)\div\left(+\dfrac{5}{18}\right)=\left(-\dfrac{20}{9}\right)\times\left(+\dfrac{18}{5}\right)$
$=-8$

따라서 옳지 않은 것은 ⑤이다.

05 ① $\left(-\dfrac{1}{4}\right)\div\left(-\dfrac{1}{2}\right)=\left(-\dfrac{1}{4}\right)\times(-2)=\dfrac{1}{2}$

② $(+3)\div\left(-\dfrac{1}{2}\right)=(+3)\times(-2)=-6$

③ $\left(+\dfrac{1}{4}\right)\div\left(+\dfrac{1}{5}\right)=\left(+\dfrac{1}{4}\right)\times(+5)=\dfrac{5}{4}$

④ $\left(-\dfrac{2}{3}\right)\div\left(-\dfrac{3}{4}\right)=\left(-\dfrac{2}{3}\right)\times\left(-\dfrac{4}{3}\right)=\dfrac{8}{9}$

⑤ $(-0.5)\div\left(+\dfrac{1}{6}\right)=\left(-\dfrac{1}{2}\right)\times(+6)=-3$

따라서 계산 결과가 가장 큰 것은 ③이다.

06 $A=\left(-\dfrac{1}{2}\right)\div(-5)=\left(-\dfrac{1}{2}\right)\times\left(-\dfrac{1}{5}\right)=\dfrac{1}{10}$

$B=(-0.2)\div(-2)^3=\left(-\dfrac{1}{5}\right)\div(-8)$

$=\left(-\dfrac{1}{5}\right)\times\left(-\dfrac{1}{8}\right)=\dfrac{1}{40}$

$\therefore A\div B=\dfrac{1}{10}\div\dfrac{1}{40}=\dfrac{1}{10}\times40=4$

07 $\left(-\dfrac{4}{15}\right)\times(-3^2)\div(-2)^3$

$=\left(-\dfrac{4}{15}\right)\times(-9)\div(-8)$

$=\left(-\dfrac{4}{15}\right)\times(-9)\times\left(-\dfrac{1}{8}\right)$

$=-\left(\dfrac{4}{15}\times9\times\dfrac{1}{8}\right)=-\dfrac{3}{10}$

08 $A=(-15)\times\left(-\dfrac{1}{3}\right)^2\div\left(-\dfrac{1}{3}\right)$

$=(-15)\times\dfrac{1}{9}\times(-3)$

$=+\left(15\times\dfrac{1}{9}\times3\right)=5$

$B=\left(-\dfrac{1}{2}\right)^3\div\left(-\dfrac{1}{4}\right)\times(-2^2)$

$=\left(-\dfrac{1}{8}\right)\times(-4)\times(-4)$

$=-\left(\dfrac{1}{8}\times4\times4\right)=-2$

$\therefore A\times B=5\times(-2)=-10$

09 $11-\left\{\dfrac{3}{4}-8\div(-2)^3\right\}\times4$

$=11-\left\{\dfrac{3}{4}-8\div(-8)\right\}\times4$

$=11-\left(\dfrac{3}{4}+1\right)\times4$

$=11-\dfrac{7}{4}\times4$

$=11-7=4$

10 $(-2)^2-12\div\left\{4-\left(5-8\times\dfrac{1}{2}\right)\right\}\times\left(-\dfrac{1}{4}\right)$

$=4-12\div\{4-(5-4)\}\times\left(-\dfrac{1}{4}\right)$

$=4-12\times\dfrac{1}{3}\times\left(-\dfrac{1}{4}\right)$

$=4+1=5$

11 $2\times(-1)^3-\left[9+\left\{5\div\left(-\dfrac{1}{2}\right)+1\right\}\right]$

$=2\times(-1)-[9+\{5\times(-2)+1\}]$

$=2\times(-1)-\{9+(-10+1)\}$

$=-2-\{9+(-9)\}$

$=-2-0=-2$

12 (1) $\square=2\div\left(-\dfrac{8}{5}\right)=2\times\left(-\dfrac{5}{8}\right)=-\dfrac{5}{4}$

(2) $\square=(-6)\times\left(-\dfrac{3}{2}\right)=9$

13 $\dfrac{4}{3}\div\left(-\dfrac{2}{3}\right)^2\times\square=\dfrac{9}{2}$에서 $\dfrac{4}{3}\div\dfrac{4}{9}\times\square=\dfrac{9}{2}$

$\dfrac{4}{3}\times\dfrac{9}{4}\times\square=\dfrac{9}{2},\ 3\times\square=\dfrac{9}{2}$

$\therefore \square=\dfrac{9}{2}\div3=\dfrac{9}{2}\times\dfrac{1}{3}=\dfrac{3}{2}$

14 $\left(-\dfrac{1}{2}\right)^3\div\square\times\dfrac{16}{3}=\dfrac{2}{5}$에서 $\left(-\dfrac{1}{8}\right)\div\square\times\dfrac{16}{3}=\dfrac{2}{5}$

$\left(-\dfrac{1}{8}\right)\times\dfrac{16}{3}\div\square=\dfrac{2}{5},\ \left(-\dfrac{2}{3}\right)\div\square=\dfrac{2}{5}$

$\therefore \square=\left(-\dfrac{2}{3}\right)\div\dfrac{2}{5}=\left(-\dfrac{2}{3}\right)\times\dfrac{5}{2}=-\dfrac{5}{3}$

15 ① 알 수 없다. ② $a-b>0$ ③ $b-a<0$
④ $a\times b<0$ ⑤ $b\div a<0$
따라서 항상 양수인 것은 ②이다.

16 $a\times b<0$에서 a, b의 부호는 다르고 $a<b$이므로
$a<0$, $b>0$
① $a-b<0$ ② $b-a>0$ ③ $(-a)\div b>0$
④ $b\div a<0$ ⑤ $-a>0$
따라서 옳은 것은 ②이다.

실력 확인하기 ——————————39쪽

01 ②	**02** $-\dfrac{3}{8}$	**03** ⑤	**04** 3개
05 ①	**06** $\dfrac{4}{5}$	**07** -12	**08** -16

01 $a=6+(-3)=3$
$b=\dfrac{1}{3}-\dfrac{1}{2}=\dfrac{2}{6}-\dfrac{3}{6}=-\dfrac{1}{6}$
$\therefore a\times b=3\times\left(-\dfrac{1}{6}\right)=-\dfrac{1}{2}$

02 $-\left(-\dfrac{1}{2}\right)^2=-\dfrac{1}{4}$, $\left(-\dfrac{1}{2}\right)^3=-\dfrac{1}{8}$, $-\left(-\dfrac{1}{2}\right)^3=\dfrac{1}{8}$
따라서 가장 큰 수는 $-\left(-\dfrac{1}{2}\right)^3=\dfrac{1}{8}$, 가장 작은 수는 $-\dfrac{1}{2}$
이므로 구하는 합은
$\dfrac{1}{8}+\left(-\dfrac{1}{2}\right)=\dfrac{1}{8}+\left(-\dfrac{4}{8}\right)=-\dfrac{3}{8}$

03 $a\times(b+c)=a\times b+a\times c=\left(-\dfrac{2}{3}\right)+\dfrac{8}{3}=\dfrac{6}{3}=2$

04 $A=(-2)\div\left(+\dfrac{4}{3}\right)=(-2)\times\left(+\dfrac{3}{4}\right)=-\dfrac{3}{2}$
$B=\left(-\dfrac{6}{5}\right)\div\left(-\dfrac{9}{10}\right)=\left(-\dfrac{6}{5}\right)\times\left(-\dfrac{10}{9}\right)=\dfrac{4}{3}$
따라서 $-\dfrac{3}{2}=-1\dfrac{1}{2}$과 $\dfrac{4}{3}=1\dfrac{1}{3}$ 사이에 있는 정수는
-1, 0, 1의 3개이다.

05 $A=(-5^2)\div\left(-\dfrac{2}{3}\right)^2\times0.8$
$=(-25)\div\dfrac{4}{9}\times\dfrac{4}{5}$
$=(-25)\times\dfrac{9}{4}\times\dfrac{4}{5}$
$=-\left(25\times\dfrac{9}{4}\times\dfrac{4}{5}\right)=-45$
$B=\left(-\dfrac{3}{4}\right)\times(-2)^3$
$=\left(-\dfrac{3}{4}\right)\times(-8)=6$
$\therefore A\div B=(-45)\div6=(-45)\times\dfrac{1}{6}=-\dfrac{15}{2}$

06 $A=\dfrac{5}{2}+(-3)\div\left\{(-2)^3\times\left(-\dfrac{3}{10}\right)\right\}$
$=\dfrac{5}{2}+(-3)\div\left\{(-8)\times\left(-\dfrac{3}{10}\right)\right\}$
$=\dfrac{5}{2}+(-3)\div\dfrac{12}{5}$
$=\dfrac{5}{2}+(-3)\times\dfrac{5}{12}$
$=\dfrac{5}{2}-\dfrac{5}{4}=\dfrac{10}{4}-\dfrac{5}{4}=\dfrac{5}{4}$
따라서 $\dfrac{5}{4}$의 역수는 $\dfrac{4}{5}$이다.

07 $-5-\left(-\dfrac{1}{2}\right)=-\dfrac{10}{2}+\dfrac{1}{2}=-\dfrac{9}{2}$이므로
$\square\div\dfrac{8}{3}=-\dfrac{9}{2}$
$\therefore \square=\left(-\dfrac{9}{2}\right)\times\dfrac{8}{3}=-12$

08 어떤 유리수를 $\square$라 하면 $\square\div8=-\dfrac{1}{4}$
$\therefore \square=\left(-\dfrac{1}{4}\right)\times8=-2$
따라서 바르게 계산한 답은
$(-2)\times8=-16$

중단원 마무리 ——————————40쪽~41쪽

01 ③	**02** $a=-\dfrac{5}{3}$, $b=\dfrac{3}{4}$	**03** ④	
04 $\dfrac{19}{15}$	**05** $a=-2$, $b=-3$, $c=-1$, $d=1$		
06 ⑤	**07** ④	**08** 4	**09** 22
10 ③			

서술형 문제 ——————————
11 16   **12** (1) 4   (2) -3

01 ① $(+4)+(-6)=-2$
② $(-12)+(-5)=-17$
③ $\left(+\dfrac{1}{4}\right)+\left(-\dfrac{5}{2}\right)=\left(+\dfrac{1}{4}\right)+\left(-\dfrac{10}{4}\right)=-\dfrac{9}{4}$
④ $\left(-\dfrac{2}{3}\right)+(+1.5)=\left(-\dfrac{2}{3}\right)+\left(+\dfrac{3}{2}\right)$
$=\left(-\dfrac{4}{6}\right)+\left(+\dfrac{9}{6}\right)=\dfrac{5}{6}$
⑤ $(-1.8)+(-2.4)=-4.2$
따라서 옳은 것은 ③이다.

02 a의 절댓값이 $\dfrac{5}{3}$이므로

$a=\dfrac{5}{3}$ 또는 $a=-\dfrac{5}{3}$

b의 절댓값이 $\dfrac{3}{4}$이므로

$b=\dfrac{3}{4}$ 또는 $b=-\dfrac{3}{4}$

$\dfrac{5}{3}=\dfrac{20}{12}$, $\dfrac{3}{4}=\dfrac{9}{12}$이고 a와 b의 합이 $-\dfrac{11}{12}$이므로

$a=-\dfrac{20}{12}=-\dfrac{5}{3}$, $b=\dfrac{9}{12}=\dfrac{3}{4}$

03 ④ $-7-3+15-6=-10+15-6$
$\qquad\qquad\qquad\quad =5-6=-1$

04 어떤 수를 $\square$라 하면

$\dfrac{2}{3}+\square=\dfrac{1}{15}$

$\therefore \square=\dfrac{1}{15}-\dfrac{2}{3}=\dfrac{1}{15}-\dfrac{10}{15}=-\dfrac{9}{15}=-\dfrac{3}{5}$

따라서 바르게 계산한 답은

$\dfrac{2}{3}-\left(-\dfrac{3}{5}\right)=\dfrac{2}{3}+\dfrac{3}{5}=\dfrac{10}{15}+\dfrac{9}{15}=\dfrac{19}{15}$

05 가로, 세로, 대각선에 있는 세 수의 합은

$2+(-5)+0=-3$이므로

$a+3+(-4)=-3$에서 $a=-2$

$a+b+2=-3$에서

$-2+b+2=-3$ $\quad \therefore b=-3$

$3+c+(-5)=-3$에서 $c=-1$

$-4+d+0=-3$에서 $d=1$

06 각 수의 절댓값은 차례로 0.3, 1, $\dfrac{7}{3}$, $\dfrac{3}{8}$, $\dfrac{5}{4}$, 2이므로

절댓값이 가장 큰 수는 $-\dfrac{7}{3}$, 절댓값이 가장 작은 수는

-0.3이다. 따라서 두 수의 곱은

$\left(-\dfrac{7}{3}\right)\times(-0.3)=\left(-\dfrac{7}{3}\right)\times\left(-\dfrac{3}{10}\right)=\dfrac{7}{10}$

07 ① $(-1)^{10}=1$

② $-(-1)^{11}=-(-1)=1$

③ $\{-(-1)\}^{10}=1^{10}=1$

④ $-(-1)^8=-1$

⑤ $\{-(-1)\}^{11}=1^{11}=1$

따라서 계산 결과가 나머지 넷과 다른 하나는 ④이다.

08 $\dfrac{5}{11}$의 역수는 $\dfrac{11}{5}$이므로

$a=\dfrac{11}{5}-1=\dfrac{6}{5}$

$b=-\dfrac{1}{2}-\left(-\dfrac{4}{5}\right)=-\dfrac{1}{2}+\dfrac{4}{5}$

$\quad =-\dfrac{5}{10}+\dfrac{8}{10}=\dfrac{3}{10}$

$\therefore a\div b=\dfrac{6}{5}\div\dfrac{3}{10}=\dfrac{6}{5}\times\dfrac{10}{3}=4$

09 $8+\left\{(-3)^2+(-6)\div\dfrac{2}{5}\right\}\times\left(-\dfrac{7}{3}\right)$

$=8+\left\{9+(-6)\div\dfrac{2}{5}\right\}\times\left(-\dfrac{7}{3}\right)$

$=8+\left\{9+(-6)\times\dfrac{5}{2}\right\}\times\left(-\dfrac{7}{3}\right)$

$=8+\{9+(-15)\}\times\left(-\dfrac{7}{3}\right)$

$=8+(-6)\times\left(-\dfrac{7}{3}\right)$

$=8+14=22$

10 $a\times b>0$에서 a와 b의 부호는 같고 $a+b<0$이므로

$a<0$, $b<0$

①, ② $a-b$, $b-a$의 부호는 알 수 없다.

③ $a<0$에서 $-a>0$, $b<0$에서 $-b>0$이므로

$\quad -a-b>0$

④ $(-a)\div b<0$

⑤ $b\div a>0$

따라서 항상 옳은 것은 ③이다.

11 a의 절댓값이 2이므로 $a=2$ 또는 $a=-2$

b의 절댓값이 6이므로 $b=6$ 또는 $b=-6$ $\quad$…… ❶

(i) $a=2$, $b=6$일 때,

$\quad a-b=2-6=-4$

(ii) $a=2$, $b=-6$일 때,

$\quad a-b=2-(-6)=2+6=8$

(iii) $a=-2$, $b=6$일 때,

$\quad a-b=-2-6=-8$

(iv) $a=-2$, $b=-6$일 때,

$\quad a-b=-2-(-6)=-2+6=4$ $\quad$…… ❷

(i)~(iv)에서 $a-b$의 값 중 가장 큰 값은 8, 가장 작은 값은

-8이므로 $M=8$, $m=-8$ $\quad$…… ❸

$\therefore M-m=8-(-8)=8+8=16$ $\quad$…… ❹

채점 기준	배점
❶ a, b의 값으로 가능한 수 모두 구하기	2점
❷ a, b의 값에 따라 가능한 $a-b$의 값 모두 구하기	3점
❸ M, m의 값을 각각 구하기	1점
❹ $M-m$의 값 구하기	1점

12 (1) 곱한 결과가 가장 클 때는 세 수의 곱이 양수일 때이므로

네 수 중 음수 2개와 절댓값이 큰 양수 1개를 뽑으면 된다.

$\therefore \left(-\dfrac{4}{5}\right)\times(-1)\times5=+\left(\dfrac{4}{5}\times1\times5\right)=4$ $\quad$…… ❶

(2) 곱한 결과가 가장 작을 때는 세 수의 곱이 음수일 때이므

로 네 수 중 양수 2개와 절댓값이 큰 음수 1개를 뽑으면

된다.

$\therefore \dfrac{3}{5}\times5\times(-1)=-\left(\dfrac{3}{5}\times5\times1\right)=-3$ $\quad$…… ❷

채점 기준	배점
❶ 곱한 결과 중 가장 큰 수 구하기	3점
❷ 곱한 결과 중 가장 작은 수 구하기	3점

1 문자의 사용과 식

01 문자의 사용과 식의 값

한번 더! 개념 확인문제 —————— 42쪽

01 (1) $(700 \times a)$원　　(2) $(x \div 6)$ cm　　(3) $(x \times 4)$ cm
　　　(4) $(a \times 3)$ km

02 (1) a^2　　(2) $-ab$　　(3) $0.1x^2y$　　(4) $\dfrac{3}{4}(x+y)$
　　　(5) $7x-2y$

03 (1) $\dfrac{4}{x}$　　(2) $-3a$　　(3) $\dfrac{x}{yz}$　　(4) $\dfrac{a-b}{5}$
　　　(5) $-\dfrac{8}{x}-\dfrac{y}{4}$

04 (1) $\dfrac{2a}{x}$　　(2) $5a+8b$　　(3) $\dfrac{4(a+b)}{c}$　　(4) $\dfrac{2x^3}{3y}$

05 (1) $5a+2$　　(2) $(50000-4000x)$원　　(3) $\dfrac{x+y}{2}$점

06 (1) -4　　(2) 5　　(3) -1　　(4) 7　　(5) -2
　　　(6) 5

03 (2) $(-a) \div \dfrac{1}{3} = (-a) \times 3 = -3a$

　　(3) $x \div y \div z = x \times \dfrac{1}{y} \times \dfrac{1}{z} = \dfrac{x}{yz}$

　　(4) $(a-b) \div 5 = (a-b) \times \dfrac{1}{5} = \dfrac{a-b}{5}$

　　(5) $8 \div (-x) - y \div 4 = 8 \times \left(-\dfrac{1}{x}\right) - y \times \dfrac{1}{4}$
　　　　　　　　　　　　　$= -\dfrac{8}{x} - \dfrac{y}{4}$

04 (1) $a \div x \times 2 = a \times \dfrac{1}{x} \times 2 = \dfrac{2a}{x}$

　　(2) $a \times 5 + b \div \dfrac{1}{8} = a \times 5 + b \times 8 = 5a + 8b$

　　(3) $(a+b) \times 4 \div c = (a+b) \times 4 \times \dfrac{1}{c} = \dfrac{4(a+b)}{c}$

　　(4) $2 \times x \times x \div y \times x \div 3 = 2 \times x \times x \times \dfrac{1}{y} \times x \times \dfrac{1}{3}$
　　　　　　　　　　　　　　　　　$= \dfrac{2x^3}{3y}$

05 (3) $(x+y) \div 2 = \dfrac{x+y}{2}$(점)

06 (1) $2 - 3x = 2 - 3 \times 2 = -4$
　　(2) $a^2 - 4 = 3^2 - 4 = 9 - 4 = 5$
　　(3) $\dfrac{8}{a} + 1 = \dfrac{8}{-4} + 1 = -2 + 1 = -1$
　　(4) $3a + 5b - 2 = 3 \times (-2) + 5 \times 3 - 2 = -6 + 15 - 2 = 7$
　　(5) $4x - 12y = 4 \times \dfrac{1}{2} - 12 \times \dfrac{1}{3} = 2 - 4 = -2$
　　(6) $\dfrac{x}{y^2} = \dfrac{5}{(-1)^2} = 5$

한번 더! 개념 완성하기 —————— 43쪽

01 ③, ⑤　　**02** $\dfrac{a^2c}{b}$　　**03** ④

04 $\dfrac{1}{2}(x+y)h$ cm^2　　**05** $-\dfrac{1}{2}$　　**06** ④

07 ⑤

01 ① $a \times 4 = 4a$
　　② $0.1 \times a = 0.1a$
　　④ $a - b \div 3 = a - b \times \dfrac{1}{3} = a - \dfrac{b}{3}$
　　따라서 옳은 것은 ③, ⑤이다.

02 $a \div (b \div c) \times a = a \div \left(b \times \dfrac{1}{c}\right) \times a = a \div \dfrac{b}{c} \times a$
　　　　　　　　$= a \times \dfrac{c}{b} \times a = \dfrac{a^2c}{b}$

03 ④ $a \times 0.1 + 7 \times 0.01 = 0.1a + 0.07$

04 (사다리꼴의 넓이)
　　$= \dfrac{1}{2} \times \{($윗변의 길이$) + ($아랫변의 길이$)\} \times ($높이$)$
　　$= \dfrac{1}{2} \times (x+y) \times h = \dfrac{1}{2}(x+y)h(\text{cm}^2)$

05 $xy^2 + y = (-4) \times \left(\dfrac{1}{2}\right)^2 + \dfrac{1}{2}$
　　　　　　$= (-4) \times \dfrac{1}{4} + \dfrac{1}{2} = -1 + \dfrac{1}{2} = -\dfrac{1}{2}$

06 ① $3x = 3 \times (-2) = -6$
　　② $\dfrac{1}{x} = \dfrac{1}{-2} = -\dfrac{1}{2}$
　　③ $-x^2 = -(-2)^2 = -4$
　　④ $-x = -(-2) = 2$
　　⑤ $3 + x = 3 + (-2) = 1$
　　따라서 식의 값이 가장 큰 것은 ④이다.

07 ① $-a = -(-1) = 1$
　　② $a^2 = (-1)^2 = 1$
　　③ $(-a)^2 = \{-(-1)\}^2 = 1$
　　④ $-\dfrac{1}{a} = -\dfrac{1}{-1} = 1$
　　⑤ $-a^2 = -(-1)^2 = -1$
　　따라서 식의 값이 나머지 넷과 다른 하나는 ⑤이다.

한번 더! 실력 확인하기 —————— 44쪽

01 ③　　**02** ②　　**03** $(200-3x)$ km
04 ④　　**05** ③　　**06** 1

07 초속 346 m

01 ③ $\dfrac{a}{b} \div c = \dfrac{a}{b} \times \dfrac{1}{c} = \dfrac{a}{bc}$

⑤ $a \div (b \div c) = a \div \left(b \times \dfrac{1}{c}\right) = a \div \dfrac{b}{c} = a \times \dfrac{c}{b} = \dfrac{ac}{b}$

따라서 옳지 않은 것은 ③이다.

02 ㄴ. $(1200a + 800b)$ 원

ㅁ. $10x + 8$

따라서 옳은 것은 ㄱ, ㄷ, ㄹ이다.

03 시속 x km로 3시간 동안 자동차를 타고 간 거리는
$x \times 3 = 3x$ (km)이므로 남은 거리는 $(200 - 3x)$ km이다.

04 $a \times \left(1 + \dfrac{15}{100}\right) = 1.15a$ (명)

05 ① $x + y = -\dfrac{1}{2} + 4 = \dfrac{7}{2}$

② $xy = \left(-\dfrac{1}{2}\right) \times 4 = -2$

③ $4x - y = 4 \times \left(-\dfrac{1}{2}\right) - 4 = -2 - 4 = -6$

④ $x^2 y = \left(-\dfrac{1}{2}\right)^2 \times 4 = \dfrac{1}{4} \times 4 = 1$

⑤ $y - x = 4 - \left(-\dfrac{1}{2}\right) = \dfrac{9}{2}$

따라서 식의 값이 가장 작은 것은 ③이다.

06 $\dfrac{3}{a} + \dfrac{5}{b} - 2 = 3 \div a + 5 \div b - 2$

$\qquad = 3 \div \dfrac{1}{6} + 5 \div \left(-\dfrac{1}{3}\right) - 2$

$\qquad = 3 \times 6 + 5 \times (-3) - 2$

$\qquad = 18 - 15 - 2 = 1$

07 $331 + 0.6x$에 $x = 25$를 대입하면
$331 + 0.6 \times 25 = 331 + 15 = 346$
따라서 기온이 $25\,^\circ\text{C}$일 때, 소리의 속력은 초속 346 m이다.

---

02 일차식과 수의 곱셈, 나눗셈

한번 더 개념 확인문제 ─────── 45쪽

01 (1) $-x$, $-2y$, 4　　(2) 4　　(3) -1　　(4) -2

02 (1) 차수 : 1, 일차식이다.

(2) 차수 : 2, 일차식이 아니다.

(3) 차수 : 0, 일차식이 아니다.

(4) 차수 : 1, 일차식이다.

03 (1) ○　　(2) ○　　(3) ×　　(4) ○

04 (1) $10x$　　(2) $-6x$　　(3) $9x$　　(4) $-4x$

(5) $10x$　　(6) $-3x$

05 (1) $6x + 8$　　(2) $-3x + 5$　　(3) $-3x - 2$

(4) $2x + 1$　　(5) $3x + 4$　　(6) $\dfrac{4}{5}x - 6$

---

03 (1) $a^2 + a - a^2 = a$이므로 일차식이다.

(3) 분모에 문자가 있는 식은 다항식이 아니므로 일차식이 아니다.

04 (5) $(-6x) \div \left(-\dfrac{3}{5}\right) = (-6x) \times \left(-\dfrac{5}{3}\right) = 10x$

(6) $\dfrac{1}{2}x \div \left(-\dfrac{1}{6}\right) = \dfrac{1}{2}x \times (-6) = -3x$

05 (5) $(-9x - 12) \div (-3) = (-9x - 12) \times \left(-\dfrac{1}{3}\right)$

$\qquad = 3x + 4$

(6) $\left(\dfrac{6}{5}x - 9\right) \div \dfrac{3}{2} = \left(\dfrac{6}{5}x - 9\right) \times \dfrac{2}{3}$

$\qquad = \dfrac{4}{5}x - 6$

개념 완성하기 ─────── 46쪽

01 ②, ③	**02** 0	**03** ③	**04** ④
05 4개	**06** ③	**07** ④	

01 ① 항은 $2x$, $-5y$, -4이다.

④ y의 계수는 -5이다.

⑤ 상수항은 -4이다.

따라서 옳은 것은 ②, ③이다.

02 차수가 가장 큰 항은 $-x^2$이고 $-x^2$의 차수는 2이므로 $a = 2$
x의 계수는 3이므로 $b = 3$
상수항은 -5이므로 $c = -5$
∴ $a + b + c = 2 + 3 + (-5) = 0$

03 ③ 분모에 문자가 있으므로 다항식이 아니다.

04 ④ $0 \times x + 4 = 4$이므로 차수가 0이다. 즉, 일차식이 아니다.

05 ㄱ. 분모에 문자가 있는 식은 다항식이 아니므로 일차식이 아니다.

ㅁ. 차수가 2이므로 일차식이 아니다.

따라서 일차식인 것은 ㄴ, ㄷ, ㄹ, ㅂ의 4개이다.

06 ㄱ. $4(x - 3) = 4x - 12$

ㄹ. $(4x + 6) \div (-2) = -2x - 3$

ㅂ. $(6x - 18) \div \dfrac{3}{2} = (6x - 18) \times \dfrac{2}{3} = 4x - 12$

따라서 옳은 것은 ㄴ, ㄷ, ㅁ이다.

07 $(-2x + 3) \times 3 = -6x + 9$

$(12x - 4) \div \dfrac{4}{5} = (12x - 4) \times \dfrac{5}{4} = 15x - 5$

따라서 두 식의 상수항의 합은 $9 + (-5) = 4$

03 일차식의 덧셈과 뺄셈

한번 더 개념 확인문제 ─────── 47쪽

01 (1) ○ (2) × (3) ○ (4) × (5) × (6) ○

　　(7) ×

02 (1) $6a$ (2) $-0.4b$ (3) $-3x$ (4) $5y$

　　(5) $3x+2$ (6) $2y-1$

03 (1) $5x+1$ (2) $a+2$ (3) $3a+5$

　　(4) $9x-6$ (5) $2x-2$ (6) $-x+1$

　　(7) $-4x-3y$ (8) $-2x-5$

04 (1) $\dfrac{3x-1}{4}$ (2) $-\dfrac{5}{6}x-2$ (3) $-\dfrac{1}{6}x+\dfrac{17}{12}$

　　(4) $\dfrac{1}{2}x+\dfrac{3}{2}$

02 (6) $7y+\dfrac{1}{2}-5y-\dfrac{3}{2}=7y-5y+\dfrac{1}{2}-\dfrac{3}{2}=2y-1$

03 (2) $\left(-\dfrac{2}{3}a+\dfrac{4}{7}\right)+\left(\dfrac{5}{3}a+\dfrac{10}{7}\right)=-\dfrac{2}{3}a+\dfrac{5}{3}a+\dfrac{4}{7}+\dfrac{10}{7}$

$$=a+2$$

　　(3) $(-3a-4)+3(2a+3)=-3a-4+6a+9$

$$=3a+5$$

　　(4) $6\left(\dfrac{1}{2}x-\dfrac{1}{3}\right)+4\left(\dfrac{3}{2}x-1\right)=3x-2+6x-4=9x-6$

　　(5) $(7x-5)-(5x-3)=7x-5-5x+3=2x-2$

　　(6) $\left(\dfrac{1}{3}x+\dfrac{1}{2}\right)-\left(\dfrac{4}{3}x-\dfrac{1}{2}\right)=\dfrac{1}{3}x+\dfrac{1}{2}-\dfrac{4}{3}x+\dfrac{1}{2}$

$$=-x+1$$

　　(7) $2(x-3y)-3(2x-y)=2x-6y-6x+3y=-4x-3y$

　　(8) $-\dfrac{1}{3}(-6x+9)-\dfrac{1}{2}(8x+4)=2x-3-4x-2$

$$=-2x-5$$

04 (1) $\dfrac{x-2}{2}+\dfrac{x+3}{4}=\dfrac{2(x-2)+x+3}{4}$

$$=\dfrac{2x-4+x+3}{4}=\dfrac{3x-1}{4}$$

　　(2) $\dfrac{2x+3}{3}+\dfrac{-3x-6}{2}=\dfrac{2(2x+3)+3(-3x-6)}{6}$

$$=\dfrac{4x+6-9x-18}{6}$$

$$=\dfrac{-5x-12}{6}$$

$$=-\dfrac{5}{6}x-2$$

　　(3) $\dfrac{x-1}{3}-\dfrac{2x-7}{4}=\dfrac{4(x-1)-3(2x-7)}{12}$

$$=\dfrac{4x-4-6x+21}{12}$$

$$=\dfrac{-2x+17}{12}$$

$$=-\dfrac{1}{6}x+\dfrac{17}{12}$$

　　(4) $\dfrac{4x+5}{3}-\dfrac{5x+1}{6}=\dfrac{2(4x+5)-(5x+1)}{6}$

$$=\dfrac{8x+10-5x-1}{6}$$

$$=\dfrac{3x+9}{6}=\dfrac{1}{2}x+\dfrac{3}{2}$$

한번 더! 개념 **완성하기** ─────── 48쪽~49쪽

01 ⑤

02 x와 $4x$, $-3y$와 $4y$, $2x^2$과 $5x^2$, 5와 $-\dfrac{1}{3}$, a와 $\dfrac{a}{3}$

03 ① **04** $-\dfrac{3}{2}x$ **05** ③ **06** 13

07 -4 **08** $2x$ **09** 10

10 $-\dfrac{2}{5}x+\dfrac{17}{10}$ **11** $\dfrac{2}{3}$ **12** $14x$

13 ④ **14** $-3x-8$ **15** $3x-7$ **16** $5x+2$

03 $-x+4y+3x-y=2x+3y$이므로 $a=2$, $b=3$

　　$\therefore a-b=2-3=-1$

04 $-2x$와 동류항인 것은 $3x$, $\dfrac{1}{2}x$, $-5x$이므로 구하는 합은

　　$3x+\dfrac{1}{2}x-5x=-\dfrac{3}{2}x$

05 $-\dfrac{1}{2}(2x-4)+2(3x-2)=-x+2+6x-4=5x-2$

06 $5(x+2y)-3\left(2x-\dfrac{4}{3}y\right)=5x+10y-6x+4y=-x+14y$

　　따라서 x의 계수는 -1, y의 계수는 14이므로 구하는 합은

　　$-1+14=13$

07 $3+4x-\{3-(x-2)+3x\}=3+4x-(3-x+2+3x)$

$$=3+4x-(5+2x)$$

$$=3+4x-5-2x=2x-2$$

　　따라서 $a=2$, $b=-2$이므로 $ab=2\times(-2)=-4$

08 $4x-\{7+2(x-6)\}-5=4x-(7+2x-12)-5$

$$=4x-(2x-5)-5$$

$$=4x-2x+5-5=2x$$

09 $6x+5-\{x-3(x-1)\}=6x+5-(x-3x+3)$

$$=6x+5-(-2x+3)$$

$$=6x+5+2x-3=8x+2$$

　　따라서 x의 계수는 8, 상수항은 2이므로 구하는 합은

　　$8+2=10$

10 $\dfrac{-3x+12}{5}-\dfrac{7-2x}{10}=\dfrac{2(-3x+12)-(7-2x)}{10}$

$$=\dfrac{-6x+24-7+2x}{10}$$

$$=\dfrac{-4x+17}{10}=-\dfrac{2}{5}x+\dfrac{17}{10}$$

11 $\dfrac{x-3}{2}+\dfrac{4x+1}{3}=\dfrac{3(x-3)+2(4x+1)}{6}$

$\qquad\qquad\qquad\ =\dfrac{3x-9+8x+2}{6}$

$\qquad\qquad\qquad\ =\dfrac{11x-7}{6}=\dfrac{11}{6}x-\dfrac{7}{6}$

따라서 $a=\dfrac{11}{6}$, $b=-\dfrac{7}{6}$ 이므로

$a+b=\dfrac{11}{6}+\left(-\dfrac{7}{6}\right)=\dfrac{4}{6}=\dfrac{2}{3}$

12 $-A+3B=-(-2x+3)+3(4x+1)$

$\qquad\qquad\ =2x-3+12x+3$

$\qquad\qquad\ =14x$

13 $A+2B-(-A+3B)=A+2B+A-3B$

$\qquad\qquad\qquad\qquad\quad\ =2A-B$

$\therefore 2A-B=2(x-1)-(-3x+1)$

$\qquad\qquad\ =2x-2+3x-1$

$\qquad\qquad\ =5x-3$

14 $2(x-3)-(\boxed{})=5x+2$ 에서

$\boxed{}=2(x-3)-(5x+2)$

$\qquad\ =2x-6-5x-2=-3x-8$

15 $\boxed{}+3(2x-2)=9x-13$ 에서

$\boxed{}=(9x-13)-3(2x-2)$

$\qquad\ =9x-13-6x+6=3x-7$

16 어떤 다항식을 $\boxed{}$ 라 하면

$\boxed{}-(2x-3)=3x+5$

$\therefore \boxed{}=(3x+5)+(2x-3)=5x+2$

따라서 어떤 다항식은 $5x+2$ 이다.

실력 확인하기 ───────────────── 50쪽

01 ③   02 -1 03 ⑤   04 ④

05 6   06 -5 07 $3x+17$ 08 5

09 $x-6$

01 ③ x 의 계수는 $-\dfrac{1}{3}$ 이다.

02 일차식이 되려면 $a+1=0$ 이어야 하므로 $a=-1$

03 $-(4x-6)=-4x+6$

① $2(2x-3)=4x-6$

② $(2x+3)\times(-2)=-4x-6$

③ $(12-8x)\times\left(-\dfrac{1}{2}\right)=-6+4x=4x-6$

④ $(8x+12)\div 2=4x+6$

⑤ $(2x-3)\div\left(-\dfrac{1}{2}\right)=(2x-3)\times(-2)=-4x+6$

따라서 계산 결과가 $-(4x-6)$ 과 같은 것은 ⑤이다.

04 ① $3x+2-2x=x+2$

② $(2x+5)-(x+3)=2x+5-x-3=x+2$

③ $(5x-4)+(6-4x)=x+2$

④ $4(2-x)+(5x-8)=8-4x+5x-8=x$

⑤ $3(x-2)-2(x-4)=3x-6-2x+8=x+2$

따라서 계산 결과가 나머지 넷과 다른 하나는 ④이다.

05 $3x-[5x+2\{x-(3x-2)\}]$

$=3x-\{5x+2(x-3x+2)\}$

$=3x-\{5x+2(-2x+2)\}$

$=3x-(5x-4x+4)$

$=3x-(x+4)$

$=3x-x-4=2x-4$

따라서 $a=2$, $b=-4$ 이므로 $a-b=2-(-4)=6$

06 $\dfrac{3-x}{2}-\dfrac{2x+4}{3}+\dfrac{2x+5}{6}$

$=\dfrac{3(3-x)-2(2x+4)+2x+5}{6}$

$=\dfrac{9-3x-4x-8+2x+5}{6}$

$=\dfrac{-5x+6}{6}=-\dfrac{5}{6}x+1$

따라서 $a=-\dfrac{5}{6}$, $b=1$ 이므로

$6ab=6\times\left(-\dfrac{5}{6}\right)\times 1=-5$

07 (색칠한 부분의 넓이)

$=$ (큰 직사각형의 넓이)$-$(작은 직사각형의 넓이)

$=(x+3)\times 5-(x-1)\times 2$

$=5x+15-2x+2=3x+17$

08 $\dfrac{1}{2}A-B=\dfrac{1}{2}(4x-2)-(x+3)=2x-1-x-3=x-4$

따라서 $a=1$, $b=-4$ 이므로 $a-b=1-(-4)=5$

09 $4x-3-(\boxed{})=3(x+1)$ 에서

$\boxed{}=(4x-3)-3(x+1)=4x-3-3x-3=x-6$

실전! 중단원 마무리 ───────────── 51쪽 ~ 52쪽

01 ②   02 $(1080a+2000)$원   03 ④

04 7   05 ①, ④   06 3   07 ③

08 ⑤   09 $6a+16$ 10 ②   11 $x-7$

서술형 문제

12 (1) $(2ab+2bc+2ac)$ cm^2 (2) 52 cm^2

13 $A=3x+4$, $B=7x+2$

01 $x\times(-5)\div y+x\div(x-y)$

$=x\times(-5)\times\dfrac{1}{y}+x\times\dfrac{1}{x-y}=-\dfrac{5x}{y}+\dfrac{x}{x-y}$

02 초콜릿 1개의 구입 가격은

$$1200 \times \left(1 - \frac{10}{100}\right) = 1200 \times 0.9 = 1080\,(원)$$

이므로 초콜릿 a개의 구입 가격은

$$1080 \times a = 1080a\,(원)$$

이때 상자의 가격이 2000원이므로 성규가 선물에 사용한 금액은 $(1080a + 2000)$원이다.

03 ① $2ab = 2 \times (-2) \times \dfrac{1}{4} = -1$

② $\dfrac{1}{b} - a = 1 \div b - a = 1 \div \dfrac{1}{4} - (-2) = 4 + 2 = 6$

③ $2a + \dfrac{2}{b} = 2 \times a + 2 \div b$

$\qquad = 2 \times (-2) + 2 \div \dfrac{1}{4}$

$\qquad = -4 + 8 = 4$

④ $\dfrac{2}{b} - \dfrac{1}{a} = 2 \div b - 1 \div a$

$\qquad = 2 \div \dfrac{1}{4} - 1 \div (-2)$

$\qquad = 8 + \dfrac{1}{2} = \dfrac{17}{2}$

⑤ $a^2 + \dfrac{1}{ab} = a^2 + 1 \div a \div b$

$\qquad = (-2)^2 + 1 \div (-2) \div \dfrac{1}{4}$

$\qquad = 4 + \left(-\dfrac{1}{2}\right) \times 4$

$\qquad = 4 + (-2) = 2$

따라서 식의 값이 가장 큰 것은 ④이다.

04 $5x^2 - 4x + 1$의 차수는 2, x의 계수는 -4, 상수항은 1이므로

$a = 2$, $b = -4$, $c = 1$

$\therefore a - b + c = 2 - (-4) + 1 = 7$

05 ② 차수가 2이므로 일차식이 아니다.

③ $0 \times x + 5 = 5$이므로 차수가 0이다. 즉, 일차식이 아니다.

⑤ 분모에 문자가 있는 식은 다항식이 아니므로 일차식이 아니다.

따라서 일차식인 것은 ①, ④이다.

06 $(-2a - 6) \times \dfrac{2}{3} = -\dfrac{4}{3}a - 4$

$(3b - 1) \div \dfrac{4}{3} = (3b - 1) \times \dfrac{3}{4} = \dfrac{9}{4}b - \dfrac{3}{4}$

따라서 두 식의 상수항의 곱은

$(-4) \times \left(-\dfrac{3}{4}\right) = 3$

07 동류항은 문자와 차수가 각각 같아야 하므로 바르게 짝 지어진 것은 ③이다.

08 $\dfrac{2x+1}{3} + \dfrac{x-3}{2} = \dfrac{2(2x+1) + 3(x-3)}{6}$

$\qquad = \dfrac{4x + 2 + 3x - 9}{6} = \dfrac{7}{6}x - \dfrac{7}{6}$

따라서 $a = \dfrac{7}{6}$, $b = -\dfrac{7}{6}$이므로

$a - b = \dfrac{7}{6} - \left(-\dfrac{7}{6}\right) = \dfrac{14}{6} = \dfrac{7}{3}$

09 (도형의 둘레의 길이) $= 2\{(a+3) + a\} + 2(a+5)$

$\qquad = 2(2a+3) + 2a + 10$

$\qquad = 4a + 6 + 2a + 10 = 6a + 16$

10 $2(3x+4) + (\boxed{}) = 4x + 11$에서

$\boxed{} = (4x + 11) - 2(3x + 4)$

$\qquad = 4x + 11 - 6x - 8 = -2x + 3$

Self 코칭

$A + \square = B \Rightarrow \square = B - A$

11 $A + (2x+2) = -x - 3$에서

$A = (-x - 3) - (2x + 2)$

$\quad = -x - 3 - 2x - 2 = -3x - 5$

$A - (-5x - 4) = B$에서

$B = (-3x - 5) + (5x + 4) = 2x - 1$

$\therefore A + 2B = (-3x - 5) + 2(2x - 1)$

$\qquad = -3x - 5 + 4x - 2 = x - 7$

12 (1) (직육면체의 겉넓이)

$\quad = (a \times b + b \times c + a \times c) \times 2$

$\quad = 2ab + 2bc + 2ac\,(\mathrm{cm}^2)$ ······ ❶

(2) $2ab + 2bc + 2ac$에 $a = 3$, $b = 2$, $c = 4$를 대입하면

(직육면체의 겉넓이)

$\quad = 2 \times 3 \times 2 + 2 \times 2 \times 4 + 2 \times 3 \times 4$

$\quad = 12 + 16 + 24$

$\quad = 52\,(\mathrm{cm}^2)$ ······ ❷

채점 기준	배점
❶ 직육면체의 겉넓이를 a, b, c를 사용한 식으로 나타내기	3점
❷ $a=3$, $b=2$, $c=4$일 때, 직육면체의 겉넓이 구하기	3점

13 대각선에 놓인 세 식의 합이

$11x + (5x+3) + (-x+6) = 15x + 9$이므로 ······ ❶

$(-x+6) + (9x+1) + B = 15x + 9$에서

$8x + 7 + B = 15x + 9$

$\therefore B = (15x + 9) - (8x + 7)$

$\qquad = 15x + 9 - 8x - 7$

$\qquad = 7x + 2$ ······ ❷

$A + (5x+3) + B = 15x + 9$이므로

$A + (5x+3) + (7x+2) = 15x + 9$에서

$A + 12x + 5 = 15x + 9$

$\therefore A = (15x + 9) - (12x + 5)$

$\qquad = 15x + 9 - 12x - 5$

$\qquad = 3x + 4$ ······ ❸

채점 기준	배점
❶ 대각선에 놓인 세 식의 합 구하기	2점
❷ 다항식 B 구하기	2점
❸ 다항식 A 구하기	2점

01 방정식과 그 해

01 (1) 등식이다. / 좌변 : $x+6$, 우변 : 0

　　(2) 등식이 아니다.

　　(3) 등식이다. / 좌변 : $5x+9$, 우변 : $3-x$

　　(4) 등식이 아니다.

02 (1) × 　(2) ○ 　(3) × 　(4) ○

03 (1) × 　(2) ○ 　(3) × 　(4) ○

04 (1) × 　(2) ○ 　(3) ○ 　(4) ○ 　(5) ×

05 (1) 3 　(2) 7 　(3) 5 　(4) 2

06 4, 4, 9, 3, 3, 3 /

　　㉠ 등식의 양변에 같은 수를 더하여도 등식은 성립한다.

　　㉡ 등식의 양변을 0이 아닌 같은 수로 나누어도 등식은 성립한다.

02 (2), (4) 등호를 사용하여 나타내었으므로 등식이다.

03 (2) (우변)$=2x-3$에서 (좌변)$=$(우변)이므로 항등식이다.

　　(4) (좌변)$=3x-9$에서 (좌변)$=$(우변)이므로 항등식이다.

04 (1) $x=-2$를 대입하면 $3\times(-2)-2\neq4$

　　　따라서 $x=-2$는 주어진 방정식의 해가 아니다.

　　(2) $x=-1$을 대입하면 $4-2\times(-1)=6$

　　　따라서 $x=-1$은 주어진 방정식의 해이다.

　　(3) $x=1$을 대입하면 $2\times1=3\times1-1$

　　　따라서 $x=1$은 주어진 방정식의 해이다.

　　(4) $x=3$을 대입하면 $2\times(3+4)=5\times3-1$

　　　따라서 $x=3$은 주어진 방정식의 해이다.

　　(5) $x=2$를 대입하면 $\dfrac{5\times2-4}{3}\neq\dfrac{2}{2}$

　　　따라서 $x=2$는 주어진 방정식의 해가 아니다.

개념 완성하기 ─────────────────54쪽~56쪽├

01 ③ 　　**02** ④ 　　**03** $x+14=3x-8$

04 ② 　　**05** ③ 　　**06** $x=-1$ 　**07** ②, ④

08 ④ 　　**09** ③ 　　**10** $a=5,\ b=-7$

11 ⑤ 　　**12** -2 　　**13** $a=3,\ b=5$

14 ④ 　　**15** ③, ⑤ 　**16** ①

17 (가) ㄱ　(나) ㄹ 　　**18** ㉠ 　　**19** ③

01 ③ $4(x+2)=45$

02 ① $x<3$ 　　　　　② $4x+2$

　　③ $500x$원 　　　　④ $x+y=30$

　　⑤ $8x$원

　　따라서 등식으로 나타낼 수 있는 것은 ④이다.

03 x와 14의 합은 $x+14$이고, x의 3배보다 8만큼 작은 수는 $3x-8$이므로 등식으로 나타내면 $x+14=3x-8$

04 주어진 방정식에 $x=3$을 각각 대입하면

　　ㄱ. $3+5=8$

　　ㄴ. $6\times3-8\neq3\times3$

　　ㄷ. $4\times3-10\neq-5\times3+9$

　　ㄹ. $3-(3+5)\neq3$

　　ㅁ. $3\times3-(4\times3-2)=-1$

　　ㅂ. $\dfrac{3}{2}-3\neq3$

　　따라서 해가 $x=3$인 것은 ㄱ, ㅁ이다.

05 ① $x=2$를 대입하면 $2\times2-1=3$

　　② $x=-3$을 대입하면 $-6\times(-3)=3-5\times(-3)$

　　③ $x=6$을 대입하면 $\dfrac{1}{3}\times6-2\neq-1$

　　④ $x=-1$을 대입하면 $4\times(-1)-5=3\times(-1-2)$

　　⑤ $x=5$를 대입하면 $-(5+3)=2\times(5-9)$

　　따라서 [　]안의 수가 주어진 방정식의 해가 아닌 것은 ③이다.

06 x가 $-1\leq x\leq1$인 정수이므로 $x=-1,\ 0,\ 1$

　　주어진 방정식에

　　$x=-1$을 대입하면 $-5-\{3\times(-1)-2\}=0$

　　$x=0$을 대입하면 $-5-(3\times0-2)\neq0$

　　$x=1$을 대입하면 $-5-(3\times1-2)\neq0$

　　따라서 주어진 방정식의 해는 $x=-1$이다.

07 ①, ③ 방정식

　　② (좌변)$=-3x$에서 (좌변)$=$(우변)이므로 항등식이다.

　　④ (좌변)$=4x-10$에서 (좌변)$=$(우변)이므로 항등식이다.

　　⑤ 거짓인 등식

08 x의 값에 관계없이 항상 성립하는 등식은 x에 대한 항등식이다.

　　① 등식이 아니므로 항등식이 아니다.

　　②, ③, ⑤ 방정식

　　④ (우변)$=3x+9-9=3x$에서 (좌변)$=$(우변)이므로 항등식이다.

09 x의 값에 관계없이 항상 참인 등식은 x에 대한 항등식이다.

　　ㄱ. (좌변)$=-x$에서 (좌변)$=$(우변)이므로 항등식이다.

　　ㄴ. 다항식이므로 등식이 아니다.

　　ㄷ. 방정식

　　ㄹ. 거짓인 등식

　　ㅁ. (우변)$=3x-2x+3=x+3$에서 (좌변)$=$(우변)이므로 항등식이다.

　　ㅂ. (좌변)$=-x+7$에서 (좌변)$=$(우변)이므로 항등식이다.

　　따라서 항등식인 것은 ㄱ, ㅁ, ㅂ이다.

10 항등식은 (좌변)=(우변)이므로 $a=5$, $b=-7$

11 $2(3x-2)=ax-4$, 즉 $6x-4=ax-4$가 x에 대한 항등식이다.
항등식은 (좌변)=(우변)이므로 $a=6$

12 $2(5x-3)+4=10x+\square$에서 $10x-6+4=10x+\square$
항등식은 (좌변)=(우변)이므로
$-6+4=\square$ $\therefore \square=-2$

13 $3x-8=a(x-1)-b$, 즉 $3x-8=ax-a-b$가 x에 대한 항등식이다.
항등식은 (좌변)=(우변)이므로
$3=a$, $-8=-a-b$ $\therefore a=3$, $b=5$

14 ① $a=b$의 양변에 2를 더하면 $a+2=b+2$
② $a=b$의 양변에서 3을 빼면 $a-3=b-3$
③ $a=b$의 양변에 -5를 곱하면 $-5a=-5b$
  $-5a=-5b$의 양변에 6을 더하면 $-5a+6=-5b+6$
④ $a=b$의 양변을 -3으로 나누면 $-\dfrac{a}{3}=-\dfrac{b}{3}$
  $-\dfrac{a}{3}=-\dfrac{b}{3}$의 양변에 1을 더하면 $1-\dfrac{a}{3}=1-\dfrac{b}{3}$
⑤ $a=b$의 양변에 $\dfrac{3}{4}$을 곱하면 $\dfrac{3}{4}a=\dfrac{3}{4}b$
  $\dfrac{3}{4}a=\dfrac{3}{4}b$의 양변에서 2를 빼면 $\dfrac{3}{4}a-2=\dfrac{3}{4}b-2$
따라서 옳지 않은 것은 ④이다.

15 $x+2=y+2$의 양변에서 2를 빼면 $x=y$
③ $x=y$의 양변에 -3을 곱하면 $-3x=-3y$
⑤ $x=y$의 양변을 5로 나누면 $\dfrac{x}{5}=\dfrac{y}{5}$
  $\dfrac{x}{5}=\dfrac{y}{5}$의 양변에 7을 더하면 $\dfrac{x}{5}+7=\dfrac{y}{5}+7$

16 ㄱ. $x-7=y-7$의 양변에 7을 더하면 $x=y$
ㄴ. $3x=3y$의 양변을 3으로 나누면 $x=y$
  $x=y$의 양변에 2를 더하면 $x+2=y+2$
ㄹ. $\dfrac{x}{2}=\dfrac{y}{2}$의 양변에 8을 곱하면 $4x=4y$
  $4x=4y$의 양변에서 1을 빼면 $4x-1=4y-1$
따라서 옳은 것은 ㄱ, ㄴ, ㄹ이다.

17 ㈎ 등식의 양변에 5를 더한다.
  즉, $a=b$이면 $a+c=b+c$이다. (ㄱ)
㈏ 등식의 양변을 2로 나눈다.
  즉, $a=b$이면 $\dfrac{a}{c}=\dfrac{b}{c}$이다. (ㄹ)

18 ㉠ 등식의 양변에 4를 곱한다. 즉, $a=b$이면 $ac=bc$이다.
㉡ 등식의 양변에 4를 더한다. 즉, $a=b$이면
  $a+c=b+c$이다.
㉢ 등식의 양변을 2로 나눈다. 즉, $a=b$이면 $\dfrac{a}{c}=\dfrac{b}{c}$이다.
따라서 등식의 성질 '$a=b$이면 $ac=bc$이다.'를 이용한 곳은 ㉠이다.

19 $-3x+8=-1$의 양변에서 8을 빼면 $-3x=-9$
$-3x=-9$의 양변을 -3으로 나누면 $x=3$

──57쪽

01 ①, ③　　**02** ④　　**03** $x=1$　　**04** ⑤
05 ⑤　　**06** ①, ④　　**07** ③

02 주어진 방정식에 $x=-2$를 각각 대입하면
① $-2+2=0$
② $1-2\times(-2)=5$
③ $3\times(-2)-2=-2-6$
④ $\dfrac{1}{3}\times(-2+8)\neq1$
⑤ $4\times\{1-(-2)\}=-2+14$
따라서 해가 $x=-2$가 아닌 것은 ④이다.

03 x가 절댓값이 1 이하인 정수이므로 $x=-1$, 0, 1
주어진 방정식에
$x=-1$을 대입하면 $5-3\times(-1)\neq-1+1$
$x=0$을 대입하면 $5-3\times0\neq0+1$
$x=1$을 대입하면 $5-3\times1=1+1$
따라서 구하는 해는 $x=1$이다.

04 x의 값에 관계없이 항상 성립하는 등식은 x에 대한 항등식이다.
①, ②, ③, ④ 방정식
⑤ (좌변)$=3x-3+5=3x+2$에서 (좌변)=(우변)이므로 항등식이다.

05 $2(x-a)=8-bx$에서 $2x-2a=8-bx$
항등식은 (좌변)=(우변)이므로
$2=-b$, $-2a=8$
$\therefore a=-4$, $b=-2$
$\therefore ab=-4\times(-2)=8$

06 ① $a=b$의 양변에서 b를 빼면 $a-b=b-b$ $\therefore a-b=0$
② $c=0$이면 $ac=bc$이지만 $a\neq b$일 수 있으므로 등식이 성립하려면 $c\neq0$의 조건이 있어야 한다.
③ $a+3=b+3$의 양변에서 6을 빼면 $a-3=b-3$
④ $\dfrac{a}{5}=\dfrac{b}{2}$의 양변에 10을 곱하면 $2a=5b$
⑤ $\dfrac{a}{-2}=\dfrac{b}{-4}$의 양변에 -4를 곱하면 $2a=b$
따라서 옳은 것은 ①, ④이다.

07 ③ $2x-1=-3$의 양변에 1을 더하면
$2x-1+1=-3+1$ $\therefore 2x=-2$
$2x=-2$의 양변을 2로 나누면 $x=-1$

개념 확인문제 ─────────────────────── 58쪽

01 (1) $x=4+2$　　(2) $2x+x=6$　　(3) $5x-3x=-2$
　　(4) $4x+2x=2+6$

02 (1) ○　　(2) ×　　(3) ×　　(4) ○

03 (1) $x=3$　　(2) $x=\dfrac{1}{2}$　　(3) $x=2$　　(4) $x=-1$
　　(5) $x=-3$　　(6) $x=-2$

04 (1) $x=-3$　　(2) $x=-1$　　(3) $x=3$　　(4) $x=2$

05 (1) $x=-1$　　(2) $x=4$　　(3) $x=-6$　　(4) $x=5$

06 (1) $x=6$　　(2) $x=4$　　(3) $x=-5$　　(4) $x=2$

02 (1) $2x+5=9$에서 $2x-4=0$이므로 일차방정식이다.
(2) $3x-1=3x+4$에서 $-5=0$이므로 일차방정식이 아니다.
(3) $7+x=7+x^2$에서 $-x^2+x=0$이므로 일차방정식이 아니다.
(4) $x^2-2x=x(1+x)$에서 $x^2-2x=x+x^2$, $-3x=0$이므로
일차방정식이다.

03 (1) $2x-4=2$에서 $2x=6$　　∴ $x=3$
(2) $x=3-5x$에서 $6x=3$　　∴ $x=\dfrac{1}{2}$
(3) $4x-1=-2x+11$에서 $6x=12$　　∴ $x=2$
(4) $-x+3=4x+8$에서 $-5x=5$　　∴ $x=-1$
(5) $5x+1=3x-5$에서 $2x=-6$　　∴ $x=-3$
(6) $9+x=3-2x$에서 $3x=-6$　　∴ $x=-2$

04 (1) $7x+5=4(x-1)$에서 괄호를 풀면
　　$7x+5=4x-4$, $3x=-9$　　∴ $x=-3$
(2) $2(5-4x)=3(x+7)$에서 괄호를 풀면
　　$10-8x=3x+21$, $-11x=11$　　∴ $x=-1$
(3) $-2(2x-3)=3(x-5)$에서 괄호를 풀면
　　$-4x+6=3x-15$, $-7x=-21$　　∴ $x=3$
(4) $12-(2x-6)=3x+8$에서 괄호를 풀면
　　$12-2x+6=3x+8$, $-5x=-10$　　∴ $x=2$

05 (1) $0.2x-0.8=x$의 양변에 10을 곱하면
　　$2x-8=10x$, $-8x=8$　　∴ $x=-1$
(2) $1.4-0.3x=0.2x-0.6$의 양변에 10을 곱하면
　　$14-3x=2x-6$, $-5x=-20$　　∴ $x=4$
(3) $0.1x+0.24=0.05x-0.06$의 양변에 100을 곱하면
　　$10x+24=5x-6$, $5x=-30$　　∴ $x=-6$
(4) $0.5(x+2)=0.3x+2$의 양변에 10을 곱하면
　　$5(x+2)=3x+20$, $5x+10=3x+20$
　　$2x=10$　　∴ $x=5$

06 (1) $\dfrac{1}{2}x-2=x-5$의 양변에 2를 곱하면
　　$x-4=2x-10$, $-x=-6$　　∴ $x=6$
(2) $\dfrac{-x+10}{3}=\dfrac{3x-8}{2}$의 양변에 6을 곱하면

　　$2(-x+10)=3(3x-8)$, $-2x+20=9x-24$
　　$-11x=-44$　　∴ $x=4$
(3) $\dfrac{1}{5}x-\dfrac{1}{2}=\dfrac{x+2}{2}$의 양변에 10을 곱하면
　　$2x-5=5(x+2)$, $2x-5=5x+10$
　　$-3x=15$　　∴ $x=-5$
(4) $\dfrac{2-x}{4}+1=\dfrac{2x-1}{3}$의 양변에 12를 곱하면
　　$3(2-x)+12=4(2x-1)$, $6-3x+12=8x-4$
　　$-11x=-22$　　∴ $x=2$

개념 완성하기 ─────────────────────── 59쪽～60쪽

01 ①, ④　　**02** 4개　　**03** ⑤　　**04** -5
05 ㄷ, ㄴ, ㄱ　　**06** $x=7$　　**07** $x=-\dfrac{1}{5}$　　**08** 30
09 $x=-4$　　**10** $x=-1$　　**11** 14　　**12** 10
13 -4　　**14** 7　　**15** -3　　**16** 3

01 ① $2x-1=3x+2$에서 $-x-3=0$이므로 일차방정식이다.
②, ⑤ 항등식
③ 등식이 아니므로 일차방정식이 아니다.
④ $x^2-3x-2=4+x^2$에서 $-3x-6=0$이므로 일차방정식
이다.
따라서 일차방정식인 것은 ①, ④이다.

02 ㄱ. $x-3=5$에서 $x-8=0$이므로 일차방정식이다.
ㄴ. 항등식
ㄷ. $x^2-x=x(x+1)$에서 $x^2-x=x^2+x$, $-2x=0$이므로
일차방정식이다.
ㄹ. $2x-5=2x+3$에서 $-8=0$이므로 일차방정식이 아니다.
ㅁ. $4(x+3)=2(x+3)$에서 $4x+12=2x+6$, $2x+6=0$
이므로 일차방정식이다.
ㅂ. $1-5x=3-4x$에서 $-x-2=0$이므로 일차방정식이다.
따라서 일차방정식인 것은 ㄱ, ㄷ, ㅁ, ㅂ의 4개이다.

03 ① $x+3=-2x$에서 $3x=-3$　　∴ $x=-1$
② $5x+6=1$에서 $5x=-5$　　∴ $x=-1$
③ $3(x-2)=5x-4$에서 $3x-6=5x-4$, $-2x=2$
　　∴ $x=-1$
④ $-4x+2=2(x+4)$에서 $-4x+2=2x+8$
　　$-6x=6$　　∴ $x=-1$
⑤ $4-x=3x-(2-2x)$에서 $4-x=3x-2+2x$
　　$4-x=5x-2$, $-6x=-6$　　∴ $x=1$
따라서 해가 나머지 넷과 다른 하나는 ⑤이다.

04 $2-x=5(x+3)-1$에서 $2-x=5x+15-1$
$2-x=5x+14$, $-6x=12$　　∴ $x=-2$
따라서 $a=-2$이므로 $3a+1=3\times(-2)+1=-5$

05 ㄱ. $-3(x-4)=2x-3$에서 $-3x+12=2x-3$
$-5x=-15$ $\therefore x=3$

ㄴ. $4x-(2x+6)=3x-7$에서 $4x-2x-6=3x-7$
$-x=-1$ $\therefore x=1$

ㄷ. $4(x-1)-1=3(2x+1)+2x$에서
$4x-4-1=6x+3+2x$, $-4x=8$ $\therefore x=-2$

따라서 해가 작은 것부터 차례로 나열하면 ㄷ, ㄴ, ㄱ이다.

06 $0.2(x+2)-0.3=0.15(x+3)$의 양변에 100을 곱하면
$20(x+2)-30=15(x+3)$
$20x+40-30=15x+45$, $5x=35$ $\therefore x=7$

07 $\dfrac{x+3}{4}+\dfrac{1}{3}=\dfrac{4x+7}{6}$의 양변에 12를 곱하면
$3(x+3)+4=2(4x+7)$
$3x+9+4=8x+14$, $-5x=1$ $\therefore x=-\dfrac{1}{5}$

08 $0.3x-4=1.2x+0.5$의 양변에 10을 곱하면
$3x-40=12x+5$, $-9x=45$ $\therefore x=-5$
$\dfrac{1}{2}x=-\dfrac{2}{3}x-7$의 양변에 6을 곱하면 $3x=-4x-42$
$7x=-42$ $\therefore x=-6$
따라서 $a=-5$, $b=-6$이므로 $ab=-5\times(-6)=30$

09 $0.25\left(x+\dfrac{2}{5}\right)=0.2\left(x-\dfrac{1}{2}\right)$에서 소수를 분수로 고치면
$\dfrac{1}{4}\left(x+\dfrac{2}{5}\right)=\dfrac{1}{5}\left(x-\dfrac{1}{2}\right)$, $\dfrac{1}{4}x+\dfrac{1}{10}=\dfrac{1}{5}x-\dfrac{1}{10}$
양변에 20을 곱하면 $5x+2=4x-2$ $\therefore x=-4$

10 $0.3x+0.4=\dfrac{1}{5}\left(x+\dfrac{3}{2}\right)$에서 소수를 분수로 고치면
$\dfrac{3}{10}x+\dfrac{2}{5}=\dfrac{1}{5}\left(x+\dfrac{3}{2}\right)$, $\dfrac{3}{10}x+\dfrac{2}{5}=\dfrac{1}{5}x+\dfrac{3}{10}$
양변에 10을 곱하면 $3x+4=2x+3$ $\therefore x=-1$

11 내항의 곱과 외항의 곱은 같으므로
$2(4x-1)=5(2x-6)$
$8x-2=10x-30$, $-2x=-28$ $\therefore x=14$

12 내항의 곱과 외항의 곱은 같으므로
$4(3x-2)=7(x+6)$, $12x-8=7x+42$
$5x=50$ $\therefore x=10$

13 $5x-2=3x+a$에 $x=-1$을 대입하면
$-5-2=-3+a$ $\therefore a=-4$

14 $3x-7=-2(2x-3a)$에 $x=7$을 대입하면
$21-7=-2(14-3a)$, $14=-28+6a$
$-6a=-42$ $\therefore a=7$

15 $6-5x=8-3x$에서 $-2x=2$ $\therefore x=-1$
$x=-1$을 $-2(1-3x)+5=a$에 대입하면
$-2\times4+5=a$ $\therefore a=-3$

16 $-\dfrac{1}{4}x=\dfrac{1}{3}x-\dfrac{7}{6}$의 양변에 12를 곱하면
$-3x=4x-14$, $-7x=-14$ $\therefore x=2$
$x=2$를 $3x-4a=-2(x+1)$에 대입하면
$6-4a=-6$, $-4a=-12$ $\therefore a=3$

03 일차방정식의 활용

한번 더 개념 확인문제 ————————61쪽

01 (1) $5x-3=2x+9$ (2) 4
02 (1) $(x-2)+x+(x+2)=63$ (2) 19, 21, 23
03 (1) $48+x=2(16+x)$ (2) 16년 후
04 (1) $(8-x)\times(4+12)=3\times(8\times4)$ (2) 2
05 (1) $\dfrac{x}{4}+\dfrac{x}{3}=7$ (2) 12 km
06 (1) $\dfrac{x}{8}-\dfrac{x}{10}=\dfrac{15}{60}$ (2) 10 km

01 (2) $5x-3=2x+9$에서 $3x=12$ $\therefore x=4$
따라서 어떤 수는 4이다.

02 (1) 연속하는 세 홀수는 $x-2$, x, $x+2$이므로
$(x-2)+x+(x+2)=63$
(2) $(x-2)+x+(x+2)=63$에서 $3x=63$ $\therefore x=21$
따라서 연속하는 세 홀수는 19, 21, 23이다.

03 (1) x년 후에 아버지의 나이는 $(48+x)$세,
아들의 나이는 $(16+x)$세이므로 $48+x=2(16+x)$
(2) $48+x=2(16+x)$에서 $48+x=32+2x$ $\therefore x=16$
따라서 아버지의 나이가 아들의 나이의 2배가 되는 것은
16년 후이다.

04 (2) $(8-x)\times(4+12)=3\times(8\times4)$에서
$16(8-x)=96$, $8-x=6$ $\therefore x=2$

05 (1) 갈 때 걸린 시간은 $\dfrac{x}{4}$시간, 올 때 걸린 시간은 $\dfrac{x}{3}$시간이므로
$\dfrac{x}{4}+\dfrac{x}{3}=7$
(2) $\dfrac{x}{4}+\dfrac{x}{3}=7$에서 $3x+4x=84$, $7x=84$ $\therefore x=12$
따라서 두 지점 A, B 사이의 거리는 12 km이다.

06 (1) 갈 때 걸린 시간은 $\dfrac{x}{8}$시간, 올 때 걸린 시간은 $\dfrac{x}{10}$시간이
므로 $\dfrac{x}{8}-\dfrac{x}{10}=\dfrac{15}{60}$
(2) $\dfrac{x}{8}-\dfrac{x}{10}=\dfrac{15}{60}$에서 $5x-4x=10$ $\therefore x=10$
따라서 집에서 도서관까지의 거리는 10 km이다.

01 36	**02** 46	**03** 28	**04** 8개
05 18마리	**06** 6개	**07** (1) 7명	(2) 40개
08 8명	**09** 긴 의자 : 6개, 학생 : 38명		
10 360명	**11** 550명	**12** 35분 후	**13** 30분 후
14 4시간	**15** 4일	**16** 1시간	

01 일의 자리의 숫자를 x라 하면
$30+x=4(3+x)$, $30+x=12+4x$
$-3x=-18$ $\therefore x=6$
따라서 두 자리의 자연수는 36이다.

02 처음 수의 일의 자리의 숫자를 x라 하면
$10x+4=(40+x)+18$, $9x=54$ $\therefore x=6$
따라서 처음 수는 46이다.

03 일의 자리의 숫자를 x라 하면 십의 자리의 숫자는 $x-6$이므로
각 자리의 숫자의 합은 $x+(x-6)=2x-6$
이 자연수는 각 자리의 숫자의 합의 3배보다 2만큼 작으므로
$10(x-6)+x=3(2x-6)-2$
$10x-60+x=6x-18-2$
$5x=40$ $\therefore x=8$
따라서 두 자리의 자연수는 28이다.

04 다현이가 넣은 2점짜리 슛을 x개라 하면 3점짜리 슛은
$(12-x)$개이므로 $2x+3(12-x)=28$
$2x+36-3x=28$, $-x=-8$ $\therefore x=8$
따라서 다현이가 넣은 2점짜리 슛은 모두 8개이다.

05 홍학을 x마리라 하면 코끼리는 $(24-x)$마리이므로
$2x+4(24-x)=60$
$2x+96-4x=60$, $-2x=-36$ $\therefore x=18$
따라서 홍학은 모두 18마리이다.

06 쿠키를 x개 샀다고 하면 마카롱은 $(9-x)$개 샀으므로
$1200x+1700(9-x)=15000-2700$
$1200x+15300-1700x=12300$
$-500x=-3000$ $\therefore x=6$
따라서 쿠키는 모두 6개 샀다.

07 (1) 학생을 x명이라 하면
$5x+5=7x-9$, $-2x=-14$ $\therefore x=7$
따라서 학생은 모두 7명이다.
(2) 귤은 모두 $5\times7+5=40$(개)

08 모임에 참석한 사람을 x명이라 하면
$7x+2=8x-6$, $-x=-8$ $\therefore x=8$
따라서 모임에 참석한 사람은 모두 8명이다.

09 긴 의자를 x개라 하면
$5x+8=6x+2$, $-x=-6$ $\therefore x=6$

따라서 긴 의자가 6개이므로 학생은 모두
$5\times6+8=38$(명)

10 작년의 학생을 x명이라 하면
$\left(1-\dfrac{5}{100}\right)\times x=342$
$\dfrac{19}{20}x=342$ $\therefore x=360$
따라서 작년의 학생은 모두 360명이다.

11 작년의 남자 회원을 x명이라 하면 작년의 여자 회원은
$(1300-x)$명이므로
$\dfrac{6}{100}x-\dfrac{12}{100}(1300-x)=-57$
$6x-12(1300-x)=-5700$
$6x-15600+12x=-5700$
$18x=9900$
$\therefore x=550$
따라서 작년의 남자 회원은 모두 550명이다.

12 누나가 출발한 지 x분 후에 시원이를 만난다고 하면
$70(x+20)=110x$, $70x+1400=110x$
$-40x=-1400$ $\therefore x=35$
따라서 누나가 출발한 지 35분 후에 시원이를 만난다.

13 오빠가 출발한 지 x분 후에 성아를 만난다고 하면 성아는 오빠
보다 15분 먼저 출발했으므로
$60(x+15)=90x$, $60x+900=90x$
$-30x=-900$ $\therefore x=30$
따라서 오빠가 출발한 지 30분 후에 성아를 만난다.

14 전체 일의 양을 1이라 하면 언니와 동생이 1시간에 하는 일
의 양은 각각 $\dfrac{1}{6}$, $\dfrac{1}{12}$이다.
두 사람이 함께 일을 한 시간을 x시간이라 하면
$\left(\dfrac{1}{6}+\dfrac{1}{12}\right)\times x=1$, $3x=12$ $\therefore x=4$
따라서 언니와 동생이 함께 하여 완성하려면 4시간이 걸린다.

15 전체 일의 양을 1이라 하면 연주와 어진이가 하루에 하는 일
의 양은 각각 $\dfrac{1}{8}$, $\dfrac{1}{16}$이다.
두 사람이 함께 일을 한 날을 x일이라 하면
$\dfrac{1}{8}\times2+\left(\dfrac{1}{8}+\dfrac{1}{16}\right)\times x=1$
$4+3x=16$, $3x=12$ $\therefore x=4$
따라서 연주와 어진이가 함께 일을 한 날은 4일이다.

16 물통에 가득 채운 물의 양을 1이라 하면 A 호스와 B 호스로
1시간에 채우는 물의 양은 각각 $\dfrac{1}{4}$, $\dfrac{1}{6}$이다.
B 호스로만 물을 더 받는 시간을 x시간이라 하면
$\left(\dfrac{1}{4}+\dfrac{1}{6}\right)\times2+\dfrac{1}{6}\times x=1$
$5+x=6$ $\therefore x=1$
따라서 B 호스로만 1시간을 더 받아야 한다.

실력 확인하기

01 $a\neq-4$	02 ④	03 5	04 2
05 13세	06 10분 후	07 45 cm	08 22개

01 $4-4x=ax$에서
$4-4x-ax=0$, $(-4-a)x+4=0$
x에 대한 일차방정식이 되려면 (x의 계수)$\neq0$이어야 하므로
$-4-a\neq0$ ∴ $a\neq-4$

02 $5x-2=3x+6$에서 $2x=8$ ∴ $x=4$
① $x-4=2$에서 $x=6$
② $5x-9=-4x$에서 $9x=9$ ∴ $x=1$
③ $2(x-3)+2=3x$에서 $2x-6+2=3x$
$-x=4$ ∴ $x=-4$
④ $0.1x+1=0.3x+0.2$의 양변에 10을 곱하면
$x+10=3x+2$, $-2x=-8$ ∴ $x=4$
⑤ $\frac{1}{2}x=\frac{2}{5}x-1$의 양변에 10을 곱하면
$5x=4x-10$ ∴ $x=-10$
따라서 주어진 방정식과 해가 같은 것은 ④이다.

03 $\frac{1}{4}x+\frac{1}{2}=\frac{1}{3}x+\frac{1}{6}$의 양변에 12를 곱하면
$3x+6=4x+2$, $-x=-4$ ∴ $x=4$
$x=4$를 $2x-a=3$에 대입하면
$8-a=3$ ∴ $a=5$

04 7을 a로 잘못 보았다고 하면
$x=3$은 $a+3x=11$의 해이므로
$a+9=11$ ∴ $a=2$
따라서 7을 2로 잘못 보았다.

05 올해 은주의 나이를 x세라 하면 이모의 나이는 $(54-x)$세
이므로
$(54-x)+15=2(x+15)$
$54-x+15=2x+30$
$-3x=-39$ ∴ $x=13$
따라서 올해 은주의 나이는 13세이다.

06 x분 후에 두 사람이 처음으로 만난다고 하면
$90x+110x=2000$, $200x=2000$ ∴ $x=10$
따라서 두 사람은 출발한 지 10분 후에 처음으로 만난다.

07 세로의 길이를 x cm라 하면 가로의 길이는 $3x$ cm이므로
$2(3x+x)=120$, $8x=120$ ∴ $x=15$
따라서 세로의 길이는 15 cm이므로 가로의 길이는
$3\times15=45(\text{cm})$

08 동아리의 학생을 x명이라 하면
$4x+6=6x-2$, $-2x=-8$ ∴ $x=4$
따라서 동아리의 학생이 4명이므로 초콜릿은 모두
$4\times4+6=22(\text{개})$

실전! 중단원 마무리

01 ④	02 ⑤	03 ③	04 8
05 ④	06 ③	07 ①	08 -7
09 36	10 12분 후	11 480000원	

서술형 문제

12 3   13 (1) $\left(\frac{13}{10}x-600\right)-x=1200$ (2) 6000원

01 ① 2000a원   ② $2x-1$ ③ $(20-a)$ cm
④ $4x=16$ ⑤ $(5000-500a)$원
따라서 등식으로 나타낼 수 있는 것은 ④이다.

02 주어진 방정식에 $x=2$를 각각 대입하면
① $3\times2+2\neq5$ ② $\frac{1}{2}\times2-4\neq3$
③ $2+6\neq5\times2-6$ ④ $-4\times(4-2)\neq8$
⑤ $-(2+1)+3=2\times2-4$
따라서 해가 $x=2$인 것은 ⑤이다.

03 ③ (좌변)$=$(우변)이므로 항등식이다.

04 $2x+6=a(x-2)+bx$에서
$2x+6=ax-2a+bx$, $2x+6=(a+b)x-2a$
즉, $a+b=2$, $6=-2a$이므로 $a=-3$, $b=5$
∴ $b-a=5-(-3)=8$

05 ① $a=2b$의 양변에 2를 더하면 $a+2=2b+2$
② $a=2b$의 양변에서 5를 빼면 $a-5=2b-5$
③ $a=2b$의 양변을 2로 나누면 $\frac{a}{2}=b$
④ $a=2b$의 양변에 2를 곱하면 $2a=4b$
$2a=4b$의 양변에 1을 더하면 $2a+1=4b+1$
⑤ $a=2b$의 양변에서 1을 빼면 $a-1=2b-1$
$a-1=2b-1$의 양변을 4로 나누면 $\frac{a-1}{4}=\frac{2b-1}{4}$
따라서 옳지 않은 것은 ④이다.

06 ① $3x-8=7$에서 $3x-15=0$이므로 일차방정식이다.
② $5x+1=x-3$에서 $4x+4=0$이므로 일차방정식이다.
③ $2(1-x)=6-2x$에서 $2-2x=6-2x$
$-4=0$이므로 일차방정식이 아니다.
④ $x^2-2x=x^2+4$에서 $-2x-4=0$이므로 일차방정식이다.
⑤ $\frac{x^2+1}{3}-x=\frac{x^2-1}{3}$에서 $x^2+1-3x=x^2-1$
$-3x+2=0$이므로 일차방정식이다.
따라서 일차방정식이 아닌 것은 ③이다.

07 ① $x+1=2x-1$에서 $x=2$
② $5x+2=2(x-5)$에서 $5x+2=2x-10$
$3x=-12$ ∴ $x=-4$
③ $\frac{1}{2}x+4=\frac{1}{3}x+2$에서 $3x+24=2x+12$
∴ $x=-12$

④ $0.4x+3.5=0.7-x$에서 $4x+35=7-10x$

$\quad 14x=-28 \quad \therefore x=-2$

⑤ $0.9x-0.1=-\dfrac{1}{2}(x+3)$에서 $9x-1=-5(x+3)$

$\quad 9x-1=-5x-15,\ 14x=-14 \quad \therefore x=-1$

따라서 해가 가장 큰 것은 ①이다.

08 $\dfrac{-2x-a}{3}=\dfrac{x+2a}{4}+4$에 $x=2$를 대입하면

$\quad \dfrac{-2\times 2-a}{3}=\dfrac{2+2a}{4}+4$

양변에 12를 곱하면 $4(-4-a)=3(2+2a)+48$

$\quad -16-4a=6+6a+48,\ -10a=70 \quad \therefore a=-7$

09 처음 수의 십의 자리의 숫자를 x라 하면

$\quad 60+x=(10x+6)+27,\ 60+x=10x+33$

$\quad -9x=-27 \quad \therefore x=3$

따라서 처음 수는 36이다.

10 동생이 출발한 지 x분 후에 건우를 만난다고 하면

건우가 동생보다 10분 먼저 출발했으므로

$\quad 60(x+10)=110x,\ 60x+600=110x,\ -50x=-600$

$\quad \therefore x=12$

따라서 동생이 집에서 출발한 지 12분 후에 건우를 만난다.

11 주경이네 가족이 계획한 여행 비용을 x원이라 하면

교통비는 $\dfrac{1}{8}x$원, 숙박비는 $\dfrac{1}{3}x$원, 식사비는 $\dfrac{1}{2}x$원이므로

$\quad \dfrac{1}{8}x+\dfrac{1}{3}x+\dfrac{1}{2}x+20000=x$

$\quad 3x+8x+12x+480000=24x,\ 23x+480000=24x$

$\quad \therefore x=480000$

따라서 주경이네 가족이 계획한 여행 비용은 480000원이다.

12 $3(x-2)=4(x-3)+1$에서 $3x-6=4x-12+1$

$\quad -x=-5 \quad \therefore x=5$ ...... ❶

$x=5$를 $2a-x=1$에 대입하면

$\quad 2a-5=1,\ 2a=6 \quad \therefore a=3$ ...... ❷

채점 기준	배점
❶ 일차방정식 $3(x-2)=4(x-3)+1$의 해 구하기	3점
❷ a의 값 구하기	3점

13 (1) (정가)$=x+\dfrac{30}{100}x=x+\dfrac{3}{10}x=\dfrac{13}{10}x$(원)

(판매 가격)$=\dfrac{13}{10}x-600$(원)이므로

$\quad \left(\dfrac{13}{10}x-600\right)-x=1200$ ...... ❶

(2) $\left(\dfrac{13}{10}x-600\right)-x=1200$의 양변에 10을 곱하면

$\quad 13x-6000-10x=12000,\ 3x=18000$

$\quad \therefore x=6000$

따라서 이 물건의 원가는 6000원이다. ...... ❷

채점 기준	배점
❶ 방정식 세우기	4점
❷ 물건의 원가 구하기	3점

1 좌표평면과 그래프

01 순서쌍과 좌표

한번 더 개념 확인문제 ───── 67쪽

01 $A(-5)$, $B\left(\dfrac{1}{2}\right)$, $C(2)$, $D\left(\dfrac{7}{2}\right)$ **02** 풀이 참조

03 (1) -4, 2 (2) -3, -4 (3) 0, -3 (4) 2, -2

 (5) 3, 0

04 풀이 참조

05 (1) $(2, -4)$ (2) $(-3, 6)$ (3) $(7, 0)$ (4) $(0, -1)$

06 (1) 제2사분면 (2) 제1사분면 (3) 제3사분면

 (4) 제4사분면 (5) 어느 사분면에도 속하지 않는다.

02

04

한번더! 개념 완성하기 ───── 68쪽 ~ 69쪽

01 $(-1, -2)$, $(-1, 2)$, $(1, -2)$, $(1, 2)$ **02** 3

03 27 **04** ③ **05** ③ **06** ②

07 -2 **08** -1 **09** 풀이 참조, 12

10 10 **11** ⑤ **12** ② **13** ③, ⑤

14 ② **15** ④

16 (1) 제4사분면 (2) 제2사분면 (3) 제3사분면

 (4) 제1사분면

01 $|a|=1$이므로 $a=-1$ 또는 $a=1$

$|b|=2$이므로 $b=-2$ 또는 $b=2$

따라서 구하는 순서쌍은 $(-1, -2)$, $(-1, 2)$, $(1, -2)$,

$(1, 2)$이다.

02 $2a=2$이므로 $a=1$, $-4=2b$이므로 $b=-2$

$\quad \therefore a-b=1-(-2)=3$

03 $\dfrac{1}{3}a=-3$이므로 $a=-9$, $-5=2b+1$이므로 $b=-3$

$\quad \therefore ab=-9\times(-3)=27$

04 점 P의 x좌표는 -3, y좌표는 5이므로 ③이다.

05 ① $A(0, 3)$ ② $B(4, 2)$ ④ $D(3, -3)$ ⑤ $E(-3, 1)$

따라서 옳은 것은 ③이다.

06 x축 위의 점은 y좌표가 0이므로 ②이다.

07 y축 위의 점은 x좌표가 0이므로 $2a+4=0$ $\quad\therefore a=-2$

08 x축 위의 점은 y좌표가 0이므로 $a+3=0$ $\quad\therefore a=-3$
y축 위의 점은 x좌표가 0이므로 $b-2=0$ $\quad\therefore b=2$
$\quad\therefore a+b=-3+2=-1$

09 네 점 A$(-1,\ 1)$, B$(-1,\ -2)$,
C$(3,\ -2)$, D$(3,\ 1)$을 좌표평면 위
에 나타내면 오른쪽 그림과 같다.
사각형 ABCD는 직사각형이고 가로
의 길이는 4, 세로의 길이는 3이므로
(사각형 ABCD의 넓이)$=4\times3=12$

10 세 점 A$(1,\ 3)$, B$(-4,\ -1)$,
C$(1,\ -1)$을 좌표평면 위에 나타
내면 오른쪽 그림과 같다.
삼각형 ABC의 밑변의 길이는 5,
높이는 4이므로
(삼각형 ABC의 넓이)
$=\dfrac{1}{2}\times5\times4=10$

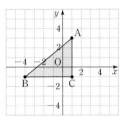

11 점 $(-1,\ 2)$는 제2사분면 위의 점이다.
①, ② 제4사분면 ③ 제3사분면
④ x축 위의 점이므로 어느 사분면에도 속하지 않는다.
⑤ 제2사분면
따라서 같은 사분면 위의 점은 ⑤이다.

12 ① 제1사분면 ③ 제4사분면 ④ 제2사분면
⑤ y축 위의 점이므로 어느 사분면에도 속하지 않는다.
따라서 바르게 짝 지은 것은 ②이다.

13 ① 점 $(4,\ 2)$는 제1사분면 위의 점이다.
② 점 $(-3,\ -5)$는 제3사분면 위의 점이다.
④ 점 $(3,\ -7)$은 제4사분면 위의 점이다.
따라서 옳은 것은 ③, ⑤이다.

14 $-a<0$, $b>0$이므로 점 $(-a,\ b)$는 제2사분면 위의 점이다.

15 ① $a<0$, $b>0$이므로 점 $(a,\ b)$는 제2사분면 위의 점이다.
② $-a>0$, $b>0$이므로 점 $(-a,\ b)$는 제1사분면 위의 점이
다.
③ $-a>0$, $-b<0$이므로 점 $(-a,\ -b)$는 제4사분면 위
의 점이다.
⑤ $-b<0$, $-a>0$이므로 점 $(-b,\ -a)$는 제2사분면 위
의 점이다.

16 점 $(a,\ b)$가 제3사분면 위의 점이므로 $a<0$, $b<0$
(1) $-a>0$, $b<0$이므로 점 $(-a,\ b)$는 제4사분면 위의 점이
다.
(2) $a<0$, $-b>0$이므로 점 $(a,\ -b)$는 제2사분면 위의 점이
다.
(3) $a+b<0$, $a<0$이므로 점 $(a+b,\ a)$는 제3사분면 위의
점이다.
(4) $-b>0$, $ab>0$이므로 점 $(-b,\ ab)$는 제1사분면 위의
점이다.

---

02 그래프의 뜻과 표현

한번 더 개념 확인문제 ──────────70쪽

01 (1) 풀이 참조 (2) 풀이 참조
02 (1) 풀이 참조 (2) 풀이 참조
03 (1) ㄴ (2) ㄱ (3) ㄷ (4) ㄹ
04 (1) 5분 (2) 12분

01 (1)

x(시간)	0	1	2	3	4	5	6
y(cm)	12	10	8	6	4	2	0

위의 표를 순서쌍 $(x,\ y)$로 나타내면
$(0,\ 12)$, $(1,\ 10)$, $(2,\ 8)$, $(3,\ 6)$, $(4,\ 4)$, $(5,\ 2)$, $(6,\ 0)$

(2)

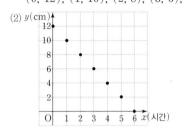

02 (1)

x(분)	0	1	2	3	4	5
y(cm)	0	20	40	60	80	100

위의 표를 순서쌍 $(x,\ y)$로 나타내면
$(0,\ 0)$, $(1,\ 20)$, $(2,\ 40)$, $(3,\ 60)$, $(4,\ 80)$, $(5,\ 100)$

(2)

04 (1) 출발점에서 반환점까지의 거리가 $500\ \text{m}$이므로 출발점에
서 반환점까지 가는 데 걸린 시간은 5분이다.
(2) 12분마다 출발점으로 다시 돌아오므로 출발점에서 반환점
사이를 1회 왕복하는 데 걸린 시간은 12분이다.

개념 완성하기 ──────────71쪽~72쪽

01 ㄷ **02** ㄹ **03** (1) 300 m (2) 15분
04 (1) 15 m (2) 20초 **05** (1) 9분 (2) 54분
06 (1) 8 m (2) 12초
07 (1) 민수 : 2000 m, 원준 : 1500 m (2) 5분
08 (1) 강호 : 2 km, 혜수 : 3 km (2) 24분 후 (3) 24분

01 일정한 속력으로 자전거를 타고 갈 때는 그래프의 모양이 오
른쪽 위로 향하는 직선이 되고, 멈춰서 이야기할 때는 거리

가 변하지 않으므로 그래프의 모양이 수평이 된다.

따라서 그래프로 알맞은 것은 ㄷ이다.

02 양초가 일정한 속력으로 탈 때는 양초의 길이가 일정하게 짧아지므로 그래프의 모양이 오른쪽 아래로 향하는 직선이 되고, 불이 꺼진 동안에는 양초의 길이의 변화가 없으므로 그래프의 모양이 수평이 된다.

처음 양초의 길이는 세로 눈금 4이고, 20분 후 양초의 길이가 처음 길이의 절반이 되었으므로 그래프는 세로 눈금 2에서 끝난다.

따라서 그래프로 알맞은 것은 ㄹ이다.

03 (1) 그래프가 점 $(10, 300)$을 지나므로 10분 동안 이동한 거리는 300 m이다.

(2) 집에서 출발한 지 10분 후부터 25분 후까지 서점에 머물렀으므로 머문 시간은 $25-10=15$(분)

04 (1) 그래프가 점 $(10, 15)$를 지나므로 10초 동안 이동한 거리는 15 m이다.

(2) 그래프가 점 $(20, 25)$를 지나므로 25 m를 이동하는 데 걸린 시간은 20초이다.

05 (1) 그래프에서 가장 큰 y의 값은 40이고, 처음으로 y의 값이 40이 되는 것은 x의 값이 9일 때이므로 처음으로 가장 높이 올라갈 때까지 걸린 시간은 9분이다.

(2) 한 바퀴 도는 데 18분이 걸리므로 3바퀴 도는 데 걸린 시간은 54분이다.

06 (1) 그래프에서 가장 큰 y의 값과 가장 작은 y의 값의 차가 8이므로 A 지점과 B 지점 사이의 거리는 8 m이다.

(2) 서빙 로봇이 A 지점을 출발하여 6초 후에 B 지점에 도착하고, 다시 B 지점을 출발하여 6초 후에 A 지점에 도착한다.

따라서 멈춰 있는 시간을 제외하고 한 번 왕복하는 데 걸리는 시간은 12초이다.

07 (1) 민수의 그래프는 점 $(10, 2000)$을 지나므로 10분 동안 이동한 거리는 2000 m이다.

원준이의 그래프는 점 $(10, 1500)$을 지나므로 10분 동안 이동한 거리는 1500 m이다.

(2) 민수의 그래프는 점 $(25, 3000)$을 지나므로 야구장까지 가는 데 민수는 25분 걸렸다.

원준이의 그래프는 점 $(20, 3000)$을 지나므로 야구장까지 가는 데 원준이는 20분 걸렸다.

따라서 구하는 시간의 차는 $25-20=5$(분)

08 (1) 강호의 그래프는 점 $(16, 2)$를 지나므로 강호가 출발하여 16분 동안 달린 거리는 2 km이다.

혜수의 그래프는 점 $(16, 3)$을 지나므로 혜수가 출발하여 16분 동안 달린 거리는 3 km이다.

(2) 두 그래프는 점 $(24, 3)$에서 만나고 24분 이후에는 같은 시간에 강호의 그래프가 혜수의 그래프보다 위에 있으므로 강호가 혜수보다 앞서기 시작한 것은 출발한 지 24분 후이다.

(3) 혜수는 16분부터 40분까지 쉬었으므로 $40-16=24$(분) 동안 쉬었다.

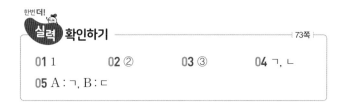

실력 **확인하기** ────────── 73쪽

01 1   **02** ②   **03** ③   **04** ㄱ, ㄴ

05 A : ㄱ, B : ㄷ

01 x축 위의 점은 y좌표가 0이므로
$a+1=0$ ∴ $a=-1$
y축 위의 점은 x좌표가 0이므로
$b-2=0$ ∴ $b=2$
∴ $a+b=-1+2=1$

02 점 $P(a, b)$가 제4사분면 위의 점이므로 $a>0$, $b<0$
따라서 $ab<0$, $a-b>0$이므로 점 $Q(ab, a-b)$는 제2사분면 위의 점이다.

03 ③ $100-20=80$(초) 동안 35 m/s로 달렸으므로 이동한 거리는 $80×35=2800$(m)

04 ㄱ. 그래프가 점 $(16, 0.8)$을 지나므로 16초 후의 지면으로부터의 높이는 0.8 m이다.

ㄴ. 그래프에서 가장 큰 y의 값은 1.6이므로 가장 높이 올라갔을 때의 높이는 1.6 m이다.

ㄷ. 그래프에서 $y=1.2$일 때의 x의 값은 4, 10, 14, 20, 26, 30이므로 높이가 1.2 m인 지점에 도달한 것은 총 6번이다.

따라서 옳은 것은 ㄱ, ㄴ이다.

05 컵 A는 폭이 일정하므로 물의 높이가 일정하게 증가한다.

컵 B는 폭이 위로 갈수록 좁아지므로 물의 높이는 점점 빠르게 증가한다.

따라서 컵 A의 그래프로 알맞은 것은 ㄱ, 컵 B의 그래프로 알맞은 것은 ㄷ이다.

실전! **중단원 마무리** ────────── 74쪽 ~ 75쪽

01 -1 **02** ⑤   **03** ④   **04** ③

05 21   **06** ②   **07** ⑤   **08** ㄷ

09 ㄱ, ㄴ, ㄹ   **10** (1) 800 m   (2) 20분 후

서술형 문제 ────────

11 5   **12** 제1사분면

01 점 A의 좌표는 $-\dfrac{3}{2}$이므로 $a=-\dfrac{3}{2}$

점 B의 좌표는 2이므로 $b=2$

∴ $2a+b=2×\left(-\dfrac{3}{2}\right)+2=-1$

02 $2a-1=3$이므로 $2a=4$ $\therefore a=2$

$6=b+2$이므로 $b=4$

$\therefore a+b=2+4=6$

03 ④ $D(0, -3)$

04 x축 위의 점은 y좌표가 0이고, x좌표는 7이므로 ③이다.

05 세 점 $A(1, 4)$, $B(-4, -2)$,
$C(3, -2)$를 좌표평면 위에 나타내면
오른쪽 그림과 같다.

삼각형 ABC의 밑변의 길이는 7, 높이
는 6이므로

$(\text{삼각형 ABC의 넓이})=\dfrac{1}{2}\times 7\times 6=21$

06 ① 제3사분면

③ x축 위의 점이므로 어느 사분면에도 속하지 않는다.

④ 제1사분면

⑤ 제4사분면

따라서 제2사분면 위의 점은 ②이다.

07 ⑤ $a>b$이므로 $a-b>0$

$a>0$, $b<0$이므로 $ab<0$

따라서 점 $(a-b, ab)$는 제4사분면 위의 점이다.

09 ㄷ. 60분 동안 25 km를 이동하였다.

ㄹ. 90분 동안 정지해 있던 시간은 총 $10+10=20$(분)

따라서 옳은 것은 ㄱ, ㄴ, ㄹ이다.

10 (2) 두 그래프가 점 $(20, 400)$에서 만나므로 수호와 준영이
는 출발한 지 20분 후에 다시 만난다.

11 점 $A(-2a-3, 2b+10)$은 x축 위의 점이므로 y좌표가 0
이다.

즉, $2b+10=0$에서 $2b=-10$ $\therefore b=-5$ ······ ❶

점 $B\left(a, \dfrac{1}{2}b\right)$는 y축 위의 점이므로 x좌표가 0이다.

즉, $a=0$ ······ ❷

$\therefore a-b=0-(-5)=5$ ······ ❸

채점 기준	배점
❶ b의 값 구하기	2점
❷ a의 값 구하기	2점
❸ $a-b$의 값 구하기	1점

12 점 $P(a, -b)$가 제3사분면 위의 점이므로

$a<0$이고 $-b<0$에서 $b>0$ ······ ❶

이때 $ab<0$이므로 $-ab>0$이고

$b>a$이므로 $b-a>0$ ······ ❷

따라서 점 $Q(-ab, b-a)$는 제1사분면 위의 점이다.

······ ❸

채점 기준	배점
❶ a, b의 부호를 각각 구하기	2점
❷ $-ab$, $b-a$의 부호를 각각 구하기	2점
❸ 점 $Q(-ab, b-a)$가 제몇 사분면 위의 점인지 구하기	2점

2 | 정비례와 반비례

01 정비례와 그 그래프

한번 더 **개념 확인문제** ─────76쪽

01 (1) 풀이 참조 (2) 정비례한다. (3) $y=4x$

02 (1) ○ (2) × (3) × (4) ○ (5) ×

03 (1) $y=3x$ (2) $y=-5x$ (3) $y=\dfrac{1}{2}x$

04 (1) 제1사분면, 제3사분면 (2) 제2사분면, 제4사분면

05 (1) × (2) ○ (3) × (4) ○

06 (1) $y=\dfrac{5}{6}x$ (2) $y=-3x$

01 (1)

x	1	2	3	4	⋯
y	4	8	12	16	⋯

(2) x의 값이 2배, 3배, 4배, ⋯로 변함에 따라 y의 값도 2배,
3배, 4배, ⋯로 변하므로 y는 x에 정비례한다.

03 (1) $y=ax$ ($a\neq 0$)로 놓고 $x=2$, $y=6$을 대입하면

$6=2a$, $a=3$ $\therefore y=3x$

(2) $y=ax$ ($a\neq 0$)로 놓고 $x=-4$, $y=20$을 대입하면

$20=-4a$, $a=-5$ $\therefore y=-5x$

(3) $y=ax$ ($a\neq 0$)로 놓고 $x=-10$, $y=-5$를 대입하면

$-5=-10a$, $a=\dfrac{1}{2}$ $\therefore y=\dfrac{1}{2}x$

05 (1) $-6\neq 3\times 2$ (2) $8=\dfrac{4}{5}\times 10$

(3) $-12\neq -4\times(-3)$ (4) $-2=-\dfrac{1}{10}\times 20$

06 (1) $y=ax$ ($a\neq 0$)로 놓고 $x=6$, $y=5$를 대입하면

$5=6a$, $a=\dfrac{5}{6}$ $\therefore y=\dfrac{5}{6}x$

(2) $y=ax$ ($a\neq 0$)로 놓고 $x=-1$, $y=3$을 대입하면

$3=-a$, $a=-3$ $\therefore y=-3x$

한번 더! **개념 완성하기** ─────77쪽~78쪽

01 ②, ③ **02** ② **03** ③ **04** ④

05 ③, ⑤ **06** ④ **07** ④, ⑤ **08** ④

09 -6 **10** $y=\dfrac{3}{4}x$ **11** ②

12 (1) $y=0.4x$ (2) 8 cm **13** (1) $y=5x$ (2) 18분

01 ② $y=-4x$ ④ $y=-\dfrac{7}{x}$

따라서 y가 x에 정비례하는 것은 ②, ③이다.

02 ① $xy=30$이므로 $y=\dfrac{30}{x}$

② $y=5x$

③ $2(x+y)=40$이므로 $x+y=20$ ∴ $y=20-x$

④ $y=\dfrac{10}{x}$

⑤ $y=\dfrac{20}{x}$

따라서 y가 x에 정비례하는 것은 ②이다.

03 $x=1$일 때, $y=5\times 1=5$

따라서 $y=5x$의 그래프는 점 $(1,\ 5)$와 원점을 지나는 직선이므로 그래프는 ③이다.

04 $x=-5$일 때, $y=-\dfrac{3}{5}\times(-5)=3$

따라서 $y=-\dfrac{3}{5}x$의 그래프는 점 $(-5,\ 3)$과 원점을 지나는 직선이므로 그래프는 ④이다.

05 ① $y=4x$에 $x=1$을 대입하면 $y=4\times 1=4$이므로 점 $(1,\ 4)$를 지난다.

②, ④ 오른쪽 위로 향하는 직선이다.

따라서 옳은 것은 ③, ⑤이다.

06 ① $y=-\dfrac{1}{3}x$에 $x=3$을 대입하면 $y=-\dfrac{1}{3}\times 3=-1$이므로 점 $(3,\ -1)$을 지난다.

② x의 값이 증가하면 y의 값은 감소한다.

③ 오른쪽 아래로 향한다.

⑤ 제2사분면과 제4사분면을 지난다.

따라서 옳은 것은 ④이다.

07 $y=ax\ (a\neq 0)$의 그래프는 $a<0$일 때, 제2사분면과 제4사분면을 지난다.

08 ④ $y=-\dfrac{3}{2}x$에 $x=2$, $y=3$을 대입하면 $3\neq -\dfrac{3}{2}\times 2$

따라서 점 $(2,\ 3)$은 $y=-\dfrac{3}{2}x$의 그래프 위의 점이 아니다.

09 $y=2x$에 $x=-2$, $y=a$를 대입하면 $a=2\times(-2)=-4$

$y=2x$에 $x=b$, $y=4$를 대입하면 $4=2b$ ∴ $b=2$

∴ $a-b=-4-2=-6$

10 $y=ax\ (a\neq 0)$로 놓고 $x=4$, $y=3$을 대입하면

$3=4a$, $a=\dfrac{3}{4}$ ∴ $y=\dfrac{3}{4}x$

11 $y=ax\ (a\neq 0)$로 놓고 $x=2$, $y=-6$을 대입하면

$-6=2a$, $a=-3$ ∴ $y=-3x$

12 (1) 1분에 0.4 cm씩 타므로 x분 동안 $0.4x$ cm 탄다.

∴ $y=0.4x$

(2) $y=0.4x$에 $x=20$을 대입하면 $y=0.4\times 20=8$

따라서 20분 동안 탄 양초의 길이는 8 cm이다.

13 (1) 1분에 5 cm씩 수면의 높이가 올라가므로 x분 후의 수면의 높이는 $5x$ cm이다.

∴ $y=5x$

(2) $y=5x$에 $y=90$을 대입하면 $90=5x$ ∴ $x=18$

따라서 물통에 물을 가득 채우는 데 걸리는 시간은 18분이다.

02 반비례와 그 그래프

한번 더 개념 확인문제 ─────── 79쪽

01 (1) 풀이 참조   (2) 반비례한다.   (3) $y=\dfrac{60}{x}$

02 (1) ○   (2) ×   (3) ×   (4) ○

03 (1) $y=\dfrac{3}{x}$ (2) $y=-\dfrac{10}{x}$ (3) $y=\dfrac{4}{x}$

04 (1) 제1사분면, 제3사분면   (2) 제2사분면, 제4사분면

05 (1) ×   (2) ○   (3) ○   (4) ×

06 (1) $y=-\dfrac{5}{x}$ (2) $y=\dfrac{14}{x}$

01 (1)

x	1	2	3	4	…
y	60	30	20	15	…

(2) x의 값이 2배, 3배, 4배, …로 변함에 따라 y의 값은 $\dfrac{1}{2}$배, $\dfrac{1}{3}$배, $\dfrac{1}{4}$배, …로 변하므로 y는 x에 반비례한다.

02 (4) $y=-\dfrac{1}{x}$

03 (1) $y=\dfrac{a}{x}\ (a\neq 0)$로 놓고 $x=3$, $y=1$을 대입하면

$1=\dfrac{a}{3}$, $a=3$ ∴ $y=\dfrac{3}{x}$

(2) $y=\dfrac{a}{x}\ (a\neq 0)$로 놓고 $x=5$, $y=-2$를 대입하면

$-2=\dfrac{a}{5}$, $a=-10$ ∴ $y=-\dfrac{10}{x}$

(3) $y=\dfrac{a}{x}\ (a\neq 0)$로 놓고 $x=-6$, $y=-\dfrac{2}{3}$를 대입하면

$-\dfrac{2}{3}=\dfrac{a}{-6}$, $a=4$ ∴ $y=\dfrac{4}{x}$

05 (1) $-3\neq\dfrac{6}{2}$ (2) $2=\dfrac{8}{4}$

(3) $2=-\dfrac{12}{-6}$ (4) $-3\neq -\dfrac{15}{-5}$

06 (1) $y=\dfrac{a}{x}\ (a\neq 0)$로 놓고 $x=1$, $y=-5$를 대입하면

$-5=\dfrac{a}{1}$, $a=-5$ ∴ $y=-\dfrac{5}{x}$

(2) $y=\dfrac{a}{x}\ (a\neq 0)$로 놓고 $x=-7$, $y=-2$를 대입하면

$-2=\dfrac{a}{-7}$, $a=14$ ∴ $y=\dfrac{14}{x}$

개념 완성하기 ─────────────80쪽~81쪽─

01 ②	02 ①, ④	03 ④	04 ③
05 ②, ⑤	06 ㄴ, ㄹ	07 ③	08 ④
09 -5	10 $y=\dfrac{15}{x}$	11 ②	

12 (1) $y=\dfrac{48}{x}$ (2) 8개 **13** (1) $y=\dfrac{30}{x}$ (2) 5 cm

01 ④ $y=8-x$ ⑤ $y=\dfrac{1}{10}x$

따라서 x의 값이 2배, 3배, 4배, …가 될 때 y의 값은 $\dfrac{1}{2}$배, $\dfrac{1}{3}$배, $\dfrac{1}{4}$배, …가 되는 것은 ②이다.

02 ① $\dfrac{1}{2}xy=7$이므로 $y=\dfrac{14}{x}$
② $y=3x$ ③ $y=2x$
④ $y=\dfrac{60}{x}$ ⑤ $y=50x$

03 $y=-\dfrac{3}{x}$의 그래프는 제2사분면과 제4사분면을 지나는 한 쌍의 매끄러운 곡선이다. 또, $x=1$일 때 $y=-\dfrac{3}{1}=-3$이므로 그래프는 점 $(1, -3)$을 지난다.
따라서 구하는 그래프는 ④이다.

04 $y=\dfrac{10}{x}$의 그래프는 제1사분면과 제3사분면을 지나는 한 쌍의 매끄러운 곡선이다. 또, $x=2$일 때 $y=\dfrac{10}{2}=5$이므로 그래프는 점 $(2, 5)$를 지난다.
따라서 구하는 그래프는 ③이다.

05 ② 원점을 지나지 않는다.
⑤ 지나는 각 사분면에서 x의 값이 증가하면 y의 값도 증가한다.

06 ㄱ. 좌표축에 점점 가까워지면서 한없이 뻗어 나가는 한 쌍의 매끄러운 곡선이다.
ㄷ. 지나는 각 사분면에서 x의 값이 증가하면 y의 값은 감소한다.
따라서 옳은 것은 ㄴ, ㄹ이다.

07 $y=\dfrac{a}{x}$ $(a\ne0)$의 그래프는 한 쌍의 매끄러운 곡선이고 $a>0$일 때, 제1사분면과 제3사분면을 지난다.
따라서 구하는 것은 ③이다.

08 ④ $y=\dfrac{18}{x}$에 $x=4$, $y=4$를 대입하면 $4\ne\dfrac{18}{4}$
따라서 점 $(4, 4)$는 $y=\dfrac{18}{x}$의 그래프 위의 점이 아니다.

09 $y=-\dfrac{20}{x}$에 $x=-4$, $y=a$를 대입하면 $a=-\dfrac{20}{-4}=5$
$y=-\dfrac{20}{x}$에 $x=b$, $y=2$를 대입하면 $2=-\dfrac{20}{b}$
$\therefore b=-10$
$\therefore a+b=5+(-10)=-5$

10 $y=\dfrac{a}{x}$ $(a\ne0)$로 놓고 $x=-3$, $y=-5$를 대입하면
$-5=\dfrac{a}{-3}$, $a=15$ $\therefore y=\dfrac{15}{x}$

11 $y=\dfrac{a}{x}$ $(a\ne0)$로 놓고 $x=6$, $y=-4$를 대입하면
$-4=\dfrac{a}{6}$, $a=-24$ $\therefore y=-\dfrac{24}{x}$

12 (1) $xy=48$이므로 $y=\dfrac{48}{x}$
(2) $y=\dfrac{48}{x}$에 $y=6$을 대입하면 $6=\dfrac{48}{x}$ $\therefore x=8$
따라서 한 개의 접시에 사탕을 6개씩 담을 때, 8개의 접시에 담아야 한다.

13 (1) $x\times y\times 8=240$이므로 $xy=30$ $\therefore y=\dfrac{30}{x}$
(2) $y=\dfrac{30}{x}$에 $x=6$을 대입하면 $y=\dfrac{30}{6}=5$
따라서 직육면체의 가로의 길이가 6 cm일 때, 세로의 길이는 5 cm이다.

실력 확인하기 ─────────────82쪽─

01 ②, ④	02 ④	03 -6	04 ⑤
05 ⑤	06 ③	07 12	08 5장

01 ② a의 값에 관계없이 항상 원점을 지난다.
④ a의 절댓값이 커질수록 y축에 가까워지고 x축에서는 멀어진다.

02 $y=ax$에 $x=-2$, $y=6$을 대입하면
$6=-2a$, $a=-3$ $\therefore y=-3x$
$y=-3x$에 주어진 각 점의 좌표를 대입하면
① $-9\ne-3\times(-3)$ ② $-3\ne-3\times(-1)$
③ $1\ne-3\times0$ ④ $-12=-3\times4$
⑤ $-2\ne-3\times6$
따라서 주어진 그래프 위의 점은 ④이다.

03 $y=ax$ $(a\ne0)$로 놓고 $x=3$, $y=-1$을 대입하면
$-1=3a$, $a=-\dfrac{1}{3}$ $\therefore y=-\dfrac{1}{3}x$
$y=-\dfrac{1}{3}x$에 $x=k$, $y=2$를 대입하면
$2=-\dfrac{1}{3}k$ $\therefore k=-6$

04 ⑤ $a<0$이고 $x<0$일 때, x의 값이 증가하면 y의 값도 증가한다.

05 $y=\dfrac{a}{x}$의 그래프가 제1사분면과 제3사분면을 지나므로 $a>0$
또, $y=\dfrac{a}{x}$의 그래프가 $y=\dfrac{3}{x}$의 그래프보다 원점에서 멀리 떨어져 있으므로 $|a|>|3|$ $\therefore a>3$

06 $y=\dfrac{a}{x}$ $(a\ne0)$로 놓고 $x=6$, $y=4$를 대입하면

$4=\dfrac{a}{6}$, $a=24$ $\therefore y=\dfrac{24}{x}$

$y=\dfrac{24}{x}$에 $x=-3$, $y=k$를 대입하면 $k=\dfrac{24}{-3}=-8$

07 점 A의 x좌표를 k라 하고 $y=3x$에 $x=k$, $y=6$을 대입하면
$6=3k$ $\therefore k=2$

$y=\dfrac{a}{x}$에 $x=2$, $y=6$을 대입하면 $6=\dfrac{a}{2}$ $\therefore a=12$

08 $xy=80$이므로 $y=\dfrac{80}{x}$

$y=\dfrac{80}{x}$에 $y=16$을 대입하면 $16=\dfrac{80}{x}$ $\therefore x=5$

따라서 직사각형의 세로에 놓인 색종이가 16장일 때, 가로에 놓인 색종이는 5장이다.

83쪽 ~ 84쪽

실전! 중단원 마무리

01 ④ **02** ①, ④ **03** ⑤ **04** -9
05 $\dfrac{5}{7}$ **06** ⑤ **07** ②, ③ **08** ④
09 ③ **10** ① **11** 5기압

서술형 문제

12 (1) $y=4x$ (2) 4 cm **13** -4

---

01 ① $y=3x$ ② $y=4x$ ③ $y=15x$
④ $y=2x+4$ ⑤ $y=500x$
따라서 y가 x에 정비례하지 않는 것은 ④이다.

02 ② $y=-3x$에 $x=-\dfrac{1}{3}$을 대입하면 $y=-3\times\left(-\dfrac{1}{3}\right)=1$

이므로 점 $\left(-\dfrac{1}{3},\ 1\right)$을 지난다.

③ 제2사분면과 제4사분면을 지난다.
⑤ 오른쪽 아래로 향하는 직선이다.
따라서 옳은 것은 ①, ④이다.

03 $y=ax$의 그래프는 제1사분면과 제3사분면을 지나고 $y=2x$의 그래프보다 x축에 더 가까우므로 $0<a<2$이다.
따라서 a의 값이 될 수 없는 것은 ⑤이다.

04 $y=\dfrac{2}{3}x$에 $x=a$, $y=-6$을 대입하면

$-6=\dfrac{2}{3}a$ $\therefore a=-6\times\dfrac{3}{2}=-9$

05 $y=ax$에 $x=7$, $y=5$를 대입하면
$5=7a$ $\therefore a=\dfrac{5}{7}$

06 ⑤ $x>0$일 때, x의 값이 증가하면 y의 값은 감소한다.

07 $y=ax$ $(a\ne0)$, $y=\dfrac{a}{x}$ $(a\ne0)$의 그래프는 $a>0$일 때, 제1사

분면과 제3사분면을 지난다.
따라서 구하는 것은 ②, ③이다.

08 $y=\dfrac{a}{x}$ $(a\ne0)$의 그래프는 a의 절댓값이 커질수록 원점에서 멀어진다. $\left|-\dfrac{1}{2}\right|<|1|<|-2|<|3|<|-4|$이므로

$y=-\dfrac{4}{x}$의 그래프가 원점에서 가장 멀다.

09 ③ $y=-\dfrac{24}{x}$에 $x=-\dfrac{1}{2}$을 대입하면

$y=-24\div\left(-\dfrac{1}{2}\right)=-24\times(-2)=48\ne12$이므로

점 $\left(-\dfrac{1}{2},\ 12\right)$는 $y=-\dfrac{24}{x}$의 그래프 위의 점이 아니다.

10 $y=\dfrac{a}{x}$에 $x=-5$, $y=4$를 대입하면

$4=\dfrac{a}{-5}$, $a=-20$ $\therefore y=-\dfrac{20}{x}$

$y=-\dfrac{20}{x}$에 $x=2$, $y=b$를 대입하면 $b=-\dfrac{20}{2}=-10$

$\therefore a-b=-20-(-10)=-10$

11 압력이 x기압일 때의 부피를 y mL라 하고 $y=\dfrac{a}{x}$ $(a\ne0)$로 놓자. 어떤 기체의 부피가 50 mL일 때, 압력이 3기압이므로

$y=\dfrac{a}{x}$에 $x=3$, $y=50$을 대입하면

$50=\dfrac{a}{3}$, $a=150$ $\therefore y=\dfrac{150}{x}$

$y=\dfrac{150}{x}$에 $y=30$을 대입하면 $30=\dfrac{150}{x}$ $\therefore x=5$

따라서 기체의 부피가 30 mL일 때, 압력은 5기압이다.

12 (1) $y=\dfrac{1}{2}\times x\times8$ $\therefore y=4x$ ……❶

(2) $y=4x$에 $y=32$를 대입하면 $32=4x$ $\therefore x=8$
따라서 선분 BP의 길이가 8 cm이므로   ……❷
선분 PC의 길이는 $12-8=4$ (cm)   ……❸

채점 기준	배점
❶ x와 y 사이의 관계를 식으로 나타내기	3점
❷ 삼각형 ABP의 넓이가 32 cm²일 때, 선분 BP의 길이 구하기	3점
❸ 선분 PC의 길이 구하기	1점

13 $y=-2x$에 $x=-2$, $y=b$를 대입하면
$b=-2\times(-2)=4$ ……❶

$y=\dfrac{a}{x}$에 $x=-2$, $y=4$를 대입하면

$4=\dfrac{a}{-2}$ $\therefore a=-8$ ……❷

$\therefore a+b=-8+4=-4$ ……❸

채점 기준	배점
❶ b의 값 구하기	3점
❷ a의 값 구하기	3점
❸ $a+b$의 값 구하기	1점

01 7개 **02** 14, 15, 17, 20

03 100만 : 10^6, 10억 : 10^9, 1조 : 10^{12}

04 2337 **05** 7 **06** 3^3, 5^2, $3^4 \times 7$

07 4 **08** 무신년, 60년

09 용돈 받음 : $+20000$원, 책 구입 : -11000원,
  교통비 지출 : -6000원, 음료수 구입 : -1500원,
  중고 거래로 책 판매 : $+5500$원

10 세대수도료가 전월보다 1010원 적게 나왔다.

11 ②

12 태양, 시리우스, 아크투루스, 아케르나르, 안카

13 풀이 참조 **14** -150 ℃ **15** -3

16 538원 **17** ㄱ : $\dfrac{27}{25}$, ㄴ : $-\dfrac{6}{5}$, ㄷ : $-\dfrac{10}{9}$

18 -22 **19** $-\dfrac{21}{4}$

20 선우 : 5칸 올라갔다.
  경재 : 4칸 내려갔다.

21 ㄱ : $\dfrac{ac}{b} \rightarrow \dfrac{a}{bc}$, ㄷ : $\dfrac{ac}{b} \rightarrow \dfrac{a}{bc}$

22 $\left(5x+\dfrac{3}{2}y\right)$ mg

23 수연 : 45 kg, 정민 : 54 kg

24 $(30x-270)$ cm^2

25 B 가게 **26** (다), $\dfrac{x+14}{6}$ **27** $-3x+1$

28 $2x+2$ **29** 민주, 현오 **30** 20 g

31 9 **32** 5 **33** 7.2 km

34 11 **35** 6250전

36 (1) 5명 (2) 34권 **37** 7

38 1 – 동생, 2 – 할머니, 3 – 선혜, 4 – 어머니, 5 – 할아버지,
  6 – 아버지

39 (1) 풀이 참조 (2) 풀이 참조

40 ㅁ

41 동환 – ㄴ, 우진 – ㄷ, 상훈 – ㄱ, 재연 – ㄹ

42 (1) 1시, 13시 (2) 13시부터 19시까지 (3) 12시간

43 ㄴ, ㄷ

44 (1) 풀이 참조 (2) 풀이 참조 (3) 풀이 참조

45 2 **46** 10

01 합성수는 8, 15, 21, 34, 39, 58, 65의 7개이다.
  따라서 정우가 준비해야 하는 선물은 모두 7개이다.

02 $6 \times 4 = 24$이므로 20 이하의 자연수를 6으로 나누었을 때의
  몫은 0, 1, 2, 3이고, 그중 소수는 2, 3이다.
  즉, 20 이하의 자연수 중에서 6×2와 6×3에 6보다 작은 소
  수를 더한 수를 찾으면 된다.
  따라서 구하는 자연수는

$6 \times 2 + 2 = 14$, $6 \times 2 + 3 = 15$,
$6 \times 2 + 5 = 17$, $6 \times 3 + 2 = 20$

03 100만은 $1000000 = 10^6$
  10억은 $1000000000 = 10^9$
  1조는 $1000000000000 = 10^{12}$

04 126 ─ 2
         63 ─ 3
             21 ─ 3
                 7

  $126 = 2 \times 3 \times 3 \times 7$이므로 비밀번호는 2337이다.

05 35를 소인수분해 하면 $35 = 5 \times 7$이므로 (가), (다)에서 구하는
  수는 5 또는 7이다.
  112를 소인수분해 하면 $112 = 2^4 \times 7$이므로 (나)에서 5와 7 중
  112의 약수는 7이다.
  따라서 구하는 수는 7이다.

06 $1 \times 2 \times 3 \times \cdots \times 9 \times 10$
  $= 2 \times 3 \times 2^2 \times 5 \times (2 \times 3) \times 7 \times 2^3 \times 3^2 \times (2 \times 5)$
  $= 2 \times 3 \times (2 \times 2) \times 5 \times (2 \times 3) \times 7 \times (2 \times 2 \times 2)$
     $\times (3 \times 3) \times (2 \times 5)$
  $= 2^8 \times 3^4 \times 5^2 \times 7$

  2^9은 2^8의 약수가 아니므로 $1 \times 2 \times 3 \times \cdots \times 9 \times 10$의 약수가
  아니다.
  7^2은 7의 약수가 아니므로 $1 \times 2 \times 3 \times \cdots \times 9 \times 10$의 약수가
  아니다.
  5^3은 5^2의 약수가 아니므로 $2^6 \times 5^3$은 $1 \times 2 \times 3 \times \cdots \times 9 \times 10$
  의 약수가 아니다.
  따라서 주어진 수 중 $1 \times 2 \times 3 \times \cdots \times 9 \times 10$의 약수는 3^3, 5^2,
  $3^4 \times 7$이다.

Self 코칭

$1 \times 2 \times 3 \times \cdots \times 9 \times 10$을 소수들의 곱으로 나타내어 본다.

07 4, 6, 240을 각각 소인수분해 하면
  $4 = 2^2$, $6 = 2 \times 3$, $240 = 2^4 \times 3 \times 5$
  240은 2^4을 인수로 가지므로 4를 4, 5, 6 중 4에 곱해야 최소
  공배수가 240이 된다.

08 2028년은 무신년이고, 10과 12의 최소공배수는 60이므로
  육십갑자는 60년마다 반복된다.
  따라서 무신년을 사용하는 해는 60년마다 돌아온다.

11 주어진 4개의 수 중에서
  정수는 -4, $\dfrac{6}{2} (=3)$, 5의 3개이고

  양수는 $\dfrac{6}{2}$, 5의 2개이므로

  뒤집어진 카드에 적힌 수는 정수가 아닌 음의 유리수이어야
  한다.

따라서 보기의 수 중 뒤집어진 카드에 적힌 수가 될 수 있는 것은 ②이다.

12 음수끼리는 절댓값이 큰 수가 작으므로
$$-26.73 < -1.47 < -0.04$$
양수끼리는 절댓값이 큰 수가 크므로 $0.45 < 2.4$
따라서 겉보기 등급이 낮은 별부터 차례로 나열하면
태양, 시리우스, 아크투루스, 아케르나르, 안카이다.

13 $(+2)+(-4)$를 바둑돌을 사용하여 나타내면

흰 바둑돌 2개와 검은 바둑돌 2개를 합하면 0이 되므로

검은 바둑돌 2개만 남게 되므로

따라서 $(+2)+(-4)=-2$

14 밤 평균 온도는 낮에 비해 $27\,℃$ 더 내려가므로 $-123\,℃$보다 $27\,℃$만큼 작은 값이다.
따라서 구하는 밤 평균 온도는
$$-123-27=-150(℃)$$

15 세 수를 차례로 a, b, c라 하면 $b=a+c$에서
$c=b-a$이므로 세 번째 수는 두 번째 수에서 첫 번째 수를 뺀 값이다.
7번째 수는 $(+2)-(-1)=+3$
8번째 수는 $(+3)-(+2)=+1$
9번째 수는 $(+1)-(+3)=-2$
10번째 수는 $(-2)-(+1)=-3$

> **Self 코칭**
> 세 수에서 세 번째 수를 첫 번째 수와 두 번째 수를 이용하여 구하는 식을 만들어 본다.

16 5월 1일 대비 5월 3일의 원/유로 환율의 등락은
$$7.25-12.63=-5.38(원)$$
이므로 5.38원 하락하였다.
따라서 5월 3일에 100유로를 산 사람은 5월 1일에 100유로를 산 사람보다 $5.38 \times 100 = 538(원)$ 더 싸게 샀다.

17 $\left|-\dfrac{5}{2}\right| < |3|$이므로 ㄴ에 알맞은 수는
$$3 \div \left(-\frac{5}{2}\right) = 3 \times \left(-\frac{2}{5}\right) = -\frac{6}{5}$$
$|3| < \left|-\dfrac{10}{3}\right|$이므로 ㄷ에 알맞은 수는
$$\left(-\frac{10}{3}\right) \div 3 = \left(-\frac{10}{3}\right) \times \frac{1}{3} = -\frac{10}{9}$$
$\left|-\dfrac{6}{5}\right| > \left|-\dfrac{10}{9}\right|$이므로 ㄱ에 알맞은 수는

$$\left(-\frac{6}{5}\right) \div \left(-\frac{10}{9}\right) = \left(-\frac{6}{5}\right) \times \left(-\frac{9}{10}\right) = \frac{27}{25}$$

18 a, b, c와 마주 보는 면에 적힌 수는 각각
$$-\frac{2}{3}, \ \frac{1}{8}, \ -\frac{4}{5}$$이므로
$$a = -\frac{3}{2}, \ b = 8, \ c = -\frac{5}{4}$$
$$\therefore (a+c) \times b = \left\{-\frac{3}{2} + \left(-\frac{5}{4}\right)\right\} \times 8$$
$$= \left(-\frac{11}{4}\right) \times 8 = -22$$

19 □ 안에 들어갈 수를 차례로 a, b, c라 하면
$a-b \div c$에서 $b \div c$를 먼저 계산한 후 a에서 그 값을 빼야 하므로 a는 작을수록, $b \div c$의 값은 클수록 계산 결과가 작다.
따라서 $a=-4$, $b=\dfrac{15}{8}$, $c=\dfrac{3}{2}$이고, 이때의 계산 결과는
$$-4 - \frac{15}{8} \div \frac{3}{2} = -4 - \frac{15}{8} \times \frac{2}{3} = -4 - \frac{5}{4} = -\frac{21}{4}$$
이므로 구하는 가장 작은 값은 $-\dfrac{21}{4}$이다.

20 선우는 가위로 1번, 바위로 3번, 보로 2번 이기고 4번 졌으므로 $1 \times 1 + 3 \times 2 + 2 \times 3 + 4 \times (-2) = 5$
즉, 선우는 처음 위치에서 5칸 올라갔다.
경재는 가위로 1번, 바위로 2번, 보로 1번 이기고 6번 졌으므로 $1 \times 1 + 2 \times 2 + 1 \times 3 + 6 \times (-2) = -4$
즉, 경재는 처음 위치에서 4칸 내려갔다.

> **Self 코칭**
> 선우가 진 횟수는 경재가 이긴 횟수와 같고, 경재가 진 횟수는 선우가 이긴 횟수와 같다.

21 ㄱ. $a \div b \div c = \dfrac{a}{b} \div c = \dfrac{a}{b} \times \dfrac{1}{c} = \dfrac{a}{bc}$
ㄴ. $a \div (b \div c) = a \div \dfrac{b}{c} = a \times \dfrac{c}{b} = \dfrac{ac}{b}$
ㄷ. $a \div (b \times c) = a \div bc = a \times \dfrac{1}{bc} = \dfrac{a}{bc}$

22 A 식품의 $1\,g$당 칼륨의 양은 $\dfrac{500}{100} = 5(mg)$
B 식품의 $1\,g$당 칼륨의 양은 $\dfrac{150}{100} = \dfrac{3}{2}(mg)$
따라서 A 식품 $x\,g$과 B 식품 $y\,g$을 섭취하였을 때 섭취한 칼륨의 양은 $\left(5x + \dfrac{3}{2}y\right)mg$이다.

23 수연이의 표준 체중은
$(h-100) \times 0.9$에 $h=150$을 대입하면
$$(150-100) \times 0.9 = 50 \times 0.9 = 45(kg)$$
정민이의 표준 체중은
$(h-100) \times 0.9$에 $h=160$을 대입하면
$$(160-100) \times 0.9 = 60 \times 0.9 = 54(kg)$$

24 사진 8장의 넓이는
$$(x-3\times3)\times(33-3)=(x-9)\times30=30x-270(\text{cm}^2)$$

25 음료수 1개의 가격을 x원이라 하고 음료수 5개를 구입할 때
A 가게의 음료수 1개당 구입 가격은
$$5x\div6=\frac{5}{6}x(\text{원})$$
B 가게의 음료수 1개당 구입 가격은
$$x\times\frac{75}{100}=\frac{3}{4}x(\text{원})$$
이때 $\dfrac{5}{6}x=\dfrac{10}{12}x$, $\dfrac{3}{4}x=\dfrac{9}{12}x$이므로
음료수 5개를 구입할 때 1개당 구입 가격이 더 저렴한 곳은
B 가게이다.

26 (다)에서 x와 14는 동류항이 아니므로 더 이상 계산할 수 없다.
따라서 주어진 식을 바르게 계산하면
$$\frac{x+4}{2}-\frac{x-1}{3}=\frac{3x+12-2x+2}{6}$$
$$=\frac{x+14}{6}$$

27 $(3x-1)+A=x+2$에서
$$A=(x+2)-(3x-1)=x+2-3x+1$$
$$=-2x+3$$
$$B=A+(2x+4)=(-2x+3)+(2x+4)$$
$$=7$$
$$C=(x+2)+B=(x+2)+7=x+9$$
$$\therefore A+B-C=(-2x+3)+7-(x+9)$$
$$=-2x+10-x-9$$
$$=-3x+1$$

28 $2x-3-x+4=x+1$
$$-x+(8x+6)\div2=-x+4x+3=3x+3$$
$$3(x-2)+(x+10)=3x-6+x+10=4x+4$$
네 식 사이의 규칙은 오른쪽으로 갈수록 x의 계수와 상수항이 1씩 증가한다는 것이다.
따라서 빈칸에 알맞은 식은 $2x+2$이다.

29 경미 : 주어진 방정식의 양변에 15를 곱하면
$$3x+30=15x-10$$
이 식을 이항하여 정리하면
$$3x-15x=-10-30$$
$$-12x=-40 \qquad \therefore x=\frac{10}{3}$$
민주 : 주어진 방정식을 이항하면 $\dfrac{x}{5}-x=-\dfrac{2}{3}-2$
현오 : 위의 식을 정리하면 $-\dfrac{4}{5}x=-\dfrac{8}{3}$
양변에 $-\dfrac{5}{4}$를 곱하면 $x=-\dfrac{8}{3}\times\left(-\dfrac{5}{4}\right)=\dfrac{10}{3}$
태준 : 주어진 방정식의 해는 $x=\dfrac{10}{3}$으로 1개이다.

따라서 바르게 설명한 학생은 민주, 현오이다.

30 공 한 개의 무게를 x g이라 하면
$$4x+5\times2=50+2x, \ 2x=40 \qquad \therefore x=20$$
따라서 공 한 개의 무게는 20 g이다.

31 ❶ $(8+0+0+5+4+8)+3\times(8+1+3+4+7+9)$
$$=25+3\times32=121$$
❷ □ 안에 알맞은 숫자를 x라 하면 121의 일의 자리의 숫자는 1이므로 $1+x=10$ $\qquad \therefore x=9$
따라서 □ 안에 알맞은 숫자는 9이다.

32 직사각형의 가로의 길이는 $10a-9$이고, 세로의 길이는 a이다.
직사각형의 둘레의 길이가 92이므로
$$2\{(10a-9)+a\}=92, \ 2(11a-9)=92$$
$$11a-9=46, \ 11a=55 \qquad \therefore a=5$$

33 출발점에서 반환점까지의 거리를 x km라 하면 가는 데 걸린 시간은 $\dfrac{x}{2}$시간, 오는 데 걸린 시간은 $\dfrac{x}{3}$시간이므로
$$\frac{x}{2}+\frac{x}{3}=6, \ 3x+2x=36, \ 5x=36 \qquad \therefore x=7.2$$
따라서 구하는 거리는 7.2 km이다.

34 4개의 수 중 맨 윗줄의 오른쪽에 있는 수를 x라 하면 왼쪽에 있는 수는 $x-1$, 아래쪽과 그 아래쪽에 있는 수는 각각 $x+7$, $x+14$이다.
이 4개의 수의 합이 68이므로
$$x+(x-1)+(x+7)+(x+14)=68$$
$$4x+20=68, \ 4x=48 \qquad \therefore x=12$$
따라서 4개의 수 중 가장 작은 수는 $x-1=12-1=11$

35 금 1근의 값을 x전이라 하면 금 12근에 대한 세금은
$$12x\times\frac{1}{10}=1.2x(\text{전})$$
세금으로 금 2근을 주고 5000전을 돌려받았으므로 낸 세금은 $(2x-5000)$전이다.
즉, $1.2x=2x-5000$이므로 $12x=20x-50000$
$$-8x=-50000 \qquad \therefore x=6250$$
따라서 금 1근의 값은 6250전이다.

36 (1) 구하는 학생을 x명이라 하면
$$6x+4=7(x-1)+6, \ 6x+4=7x-1$$
$$-x=-5 \qquad \therefore x=5$$
따라서 공동 구매에 참여한 학생은 모두 5명이다.
(2) 구매한 공책은 모두 $6\times5+4=34(\text{권})$

37 점 P가 점 C에 있을 때 a의 값은 4, b의 값은 -3이므로 $a-b$의 값이 될 수 있는 가장 큰 값은 $4-(-3)=7$

> **Self 코칭**
> $a-b$의 값이 최대이려면 a의 값은 최대이고 b의 값은 최소이어야 한다.

38 키가 작은 사람부터 차례로 나열하면
동생, 할머니, 선혜, 어머니, 할아버지, 아버지이므로
1—동생, 2—할머니, 3—선혜, 4—어머니, 5—할아버지,
6—아버지이다.

39 (1)

(2)

40 물의 높이가 점점 빠르게 증가하다가 일정한 속력으로 증가
하므로 병은 위로 갈수록 좁아지다가 일정한 폭을 가진 모양
이다.
따라서 병의 모양으로 가장 알맞은 것은 ㅁ이다.

42 (1) 1시, 13시에 높이가 2 m로 가장 낮았다.
(2) 7시부터 13시까지 해수면의 높이가 낮아지고, 13시부터
19시까지 해수면의 높이가 높아졌다가 19시부터 24시까
지 해수면의 높이가 다시 낮아졌다.
(3) 12시간마다 같은 모양의 그래프가 반복된다.

43 ㄱ. 가장 먼저 결승점에 도착한 사람은 의예이다.
ㄴ. 출발 후 2분 동안 가장 빨리 달린 사람은 2분이 지났을
때 이동 거리가 가장 긴 의예이다.
ㄷ. 화미는 4분부터 8분까지 멈추어 있었으므로 쉰 시간은
$8-4=4$(분)
ㄹ. 숙현이는 결승점에 도착하지 못했다.
따라서 옳은 것은 ㄴ, ㄷ이다.

44 (1) 원점을 지나고, 제1사분면과
제3사분면을 지나는 직선이어
야 한다.

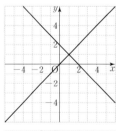

(2) 원점과 점 $(3, -1)$을 지나는
직선이어야 한다.

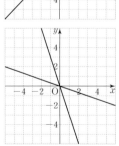

(3) 점 $(2, -2)$를 지나고 좌표축
에 접근하면서 한없이 뻗어
나가는 한 쌍의 매끄러운 곡
선이어야 한다.

45 $y=\dfrac{8}{x}$에 $x=2$를 대입하면 $y=\dfrac{8}{2}=4$이므로
점 A의 좌표는 $(2, 4)$이다.
$y=ax$에 $x=2$, $y=4$를 대입하면
$4=2a$ ∴ $a=2$

46 $y=\dfrac{15}{x}$에서 $xy=15$
즉, 두 점 P, Q는 각각 x좌표와 y좌표의 곱이 15이므로
두 직사각형 AODP와 BOEQ의 넓이는 모두 15이다.
∴ (직사각형 CDEQ의 넓이)
  =(직사각형 BOEQ의 넓이)−(직사각형 BODC의 넓이)
  =(직사각형 AODP의 넓이)−(직사각형 BODC의 넓이)
  =(직사각형 ABCP의 넓이)
  =10